對本書的讚譽

當 1998 年本書第一版出現時，我迫不及待地一面閱讀一面劃滿了線，甚至螢光墨水都從書頁中滲出。我不記得曾經在別的書裡學到這麼多東西。這一版加入了 Jorge 這位生力軍，Lou 和 Peter 再度完成一件超凡的任務：把一本開創性的著作，在高速變化的世界中漂亮地改換成適應最新現況的版本。（世界變得如此之快，現在還有賣螢光筆嗎？）。這證明第一版中整理出的精闢原則，在今天仍然非常重要。

—Steve Krug
Don't Make Me Think 作者

在本書第一版面世時，我是極少數掛著「資訊架構師」職稱的人之一。這本書無異於給予我的工作饒富意義的肯定，今天看到本書的第四版，我仍然有著相同感受。過了將近廿年，資訊架構比過去更具意義也更必要，這本書亦復如此。

—Karen McGrane
Bond Art + Science 執行合夥人

今日的網站早已不只是透過瀏覽器觀看的平台，而是連貫我們數位生活的線繩；這一點只不過是本書眾多要點中的一個。因應這個全通路、全連網的時代，這本經典之作亦重新架構並更新內容。如果你從來沒有看過這本書，現在就是最好的時候。如果你認為已經瞭解其內容，那你絕對需要獲取更新的資訊。

—Andrew Hinton
Understanding Context 作者
The Understanding Group 資深資訊架構師

看到這本資訊架構權威著作針對跨通路資訊架構再次更新，非常令人欣喜。Jorge Arango 帶進資訊架構的新興學派觀點，是最適合加入本書的新作者。我也要讚許歐萊禮出版社，能夠瞭解這個需要，把這本重要著作再度帶回大家的討論中。

—Abby Covert
資訊架構協會（IA Institute）主席

我被這次兼具再版與認可的行動深深吸引。藉由推出北極熊書的第四版，歐萊禮持續深化其在資訊架構方面的投入；同時也像是認可我們的努力，使我們得以繼續用好奇心來探索並建立資訊架構能力。如果資訊架構不重要，或曾經重要但已不是那麼一回事，或者只是使用者經驗的一個小部分，那麼為什麼值得出另一個新版？

我來告訴你為什麼：因為若沒有資訊架構提供的整體框架，我們將無從瞭解什麼才是「好」設計。

這本書可以給你這個框架。

—Dan Klyn
The Understanding Group 共同創辦人與資訊架構師

北極熊書再一次證明了在設計互動產品與服務時，資訊架構是如此不可或缺。本書提供關於基礎課題的新穎觀點，也是一本跨越時間、權威和必不可少的著作。

—Jim Kalbach
Mapping Experiences 作者

在推薦網站資訊架構的入門好書時，北極熊書一直是我的首選。現在本書除了更新資訊架構的基礎內容外，還加入了新的內容，包括行動、意義塑造、系統設計，及脈絡的重要性等。所以對從事任何型態數位資訊空間設計的人，這本書都會是我推薦的第一本書。

—Andy Fitzgerald 博士
frog design

這本書在近廿年前出現，改變了我們看待與設計資訊的方式。而第四版較過去更加簡明扼要，也更專注地帶領我們從網站走向日益擴增的跨通路設計。

—Andrea Resmini
延雪平（Jönköping）大學資深講師

資訊架構學 第四版
網站、App 與資訊空間

Information Architecture
For the Web and Beyond

Louis Rosenfeld, Peter Morville, and Jorge Arango 著
蔡明哲、陳書儀 譯

序

北極熊一書即將在台灣上市，Peter、Jorge 和我都非常開心！

約二十年前，本書的第一版面世，其後全世界的資訊蘊藏量以指數方式爆炸成長。雖然當中許多資訊已過時陳腐，其重要性與適用度也持續降低，不過幸好文明並未全面崩解。在這其中，我寧願相信資訊架構實務在維護人性存續上，至少有一點小小的助益；而我們的書在推動資訊架構上，也扮演了一個小小的角色。我們向所有致力於提昇資訊可尋性與可理解性的人們致上謝忱，其中當然也包括親愛的讀者您在內。

我們也很感謝譯者，他們投入大量心力來翻譯這本繁體中文版。他們並非為錢而翻譯，因為如果創作一本書非常痛苦，那麼翻譯別人的書只會更痛苦。我無法理解為什麼他們要投入如此辛苦的計畫，我唯一想到的可能，就是兩位譯者存心良善，希望幫助世界上的資訊更容易尋獲、更容易被理解。我們都應該為此而感激他們。謝謝 Richard 與 Max。

Peter、Jorge 和我都祝福你們！

— Louis Rosenfeld
Rosenfeld Media 出版社
Brooklyn, New York, USA
2017 年 10 月

譯者序

資訊架構學一書對於網路時代的數位產品與服務建構，有著難以言喻的重要性。第一版出現在值得紀念的 1998 年：當時我們剛有了奇摩網站不久，各式各樣新奇的網路服務也一一出現；PChome 從雜誌媒體轉戰網際網路，蕃薯藤成立公司。然而一直到資訊架構學第三版的中文翻譯於 2007 年面世，這門知識才首次有系統的進入網路從業工作者的學習範疇。

如今最新的第四版幫助我們得以進入資訊空間，以抽象卻全面的觀念來看待我們正在打造的產品與服務。時值使用者經驗設計熱門的現在，能夠跳脫表層的設計問題，深入人們與資訊的互動過程，是這本書最大的價值。

資訊架構一詞原意為「資訊建築」，而從事這個工作的專業人士則是「資訊建築師」，這種譯法較能貼切地傳達這個專業的價值。然則多年來，業界已經習慣資訊架構一詞，這一版的翻譯也維持這個譯法。然而，我們希望相關從業工作者應該把自己定位為資訊空間的建築師：我們必須理解人文與社會，同時也需要平衡技術與限制，正如實際空間中的建築師一樣。

由於資訊架構學本身已經相當抽象、不易表達，如果翻譯後仍難以理解，那也無濟於事。因此在幾個重要的概念上，我們選擇不依照第三版的譯法，例如用「命名」來翻譯 labeling（之前譯為「標籤」），以及用「體系」替代「系統」等，避免讀者過度注重資訊架構的技術層面。

雖然我們花了不少心力，但翻譯著實不易，我們也相信仍有許多值得改進和討論之處。慶幸在這個時代，除了單向的出版之外，我們也有部落格及社交媒體可以使用。歡迎讀者們透過各種管道與我們進行討論與交流。

最後，我們也要感謝我們的家人，允許我們把時間投入在本書的翻譯工作上。感謝出版社的容忍，從開始到完成花了超乎預期的時間。謝謝悠識同事們的支持，給我們許多空間進行翻譯。謝謝陳宜秀在翻譯上的協助與指導，以及陳啟亮的許多建議。

翻譯的工作結束了，資訊架構的任務才剛開始，讓我們一起打造更好的資訊空間體驗吧！

蔡明哲

悠識首席體驗架構師暨 HPX 社群創辦人

陳書儀

銘傳大學資訊管理學系助理教授

前言

改邑不改井，無喪無得，往來井井[譯註]

—易經／井卦

本書第一版於 1998 年出版，那時候沒有 Web 2.0，我們還在設法搞懂 Web 1.0。幾年之後，出現了 Facebook（2004）與 iPhone（2007），前者改變了我們與朋友之間的互動與聯絡方式，後者改變了我們分享孩子照片給親友的方式。本書比大眾分類 folksonomy 一詞更早六年（而這個名詞早已經不再流行了），也比物聯網（Internet of Things）一詞約早了十二年。即使經過這麼多的新事物，資訊架構學迄今依然屹立不搖。

和我們一樣從「早年」開始打造網站的人，都經歷過這個產業的驚人變動。我們看到這個媒介的底層技術（包括 HTML 和 JavaScript）由基本傳遞內容的機制，進化為全能的互動應用工具。我們也看到互動形式的變化，從透過滑鼠控制游標、間接與裝置互動的經驗，到現在以手指直接在螢幕上操控資訊、親身直接的體驗。我們同樣看到網路的使用，從坐在桌前以龐大電腦，透過網路線、謹慎節約地使用低速

譯註　城市更替但井不會改變。井水無增無減，往來途人得以從中取水。

網路，到現在隨時隨地掏出裝滿感應器與相機的迷你電腦或手機上網。時至今日，我們開始看到這樣的連線能力進入生活用品與環境，從根本開始改變我們視為理所當然的日常經驗。變化持續前進，且無所不在，雖令人興奮卻也有些駭人。

各種變化中唯一不變的是，每年人們都創造並消費更多的資訊，尤其當人們透過各式各樣裝置，與資訊空間互動。資訊超載的現象，使人們尋找資訊及理解資訊益發困難。而資訊架構學則是減緩此現象的實務領域，資訊架構的觀念、方法和技術，不僅對建立網站極為有用，亦能應用在更廣泛、異質的各種資訊生態系中，正如今日我們面臨的狀況。

本書之前的版本僅著重在單一的資訊生態，也就是網站（及其各種形式，包括企業內部網路和企業入口網站等）。第四版原文版以「For the Web and Beyond」作為副標題，因為我們瞭解資訊生態較過去更為多樣且複雜，不只是網站而已。愈來愈多人透過手機 app 與資訊互動的經驗，甚至透過沒有傳統瀏覽器的其他途徑。

此外，由於系統元件與感應器愈做愈小、價格愈低廉，像溫度調節裝置或門把這些非傳統電腦的日常用品，也開始需要重視雙向的資訊存取。雖然與日常用品互動的經驗中，類似傳統網站的語意結構屬非必要，但其語意結構仍是資訊生態系的重要元素，因此依然受《**資訊架構學**》書中許多設計原則的影響。若從抽象角度思考設計主體（例如**資訊空間**來替代網站）時，便可以發現，那些建立前述語意結構的設計原則，仍可以廣泛地應用於網站以外的資訊生態。

易經是中國早期的占卜文字，可能也是世界上最早的資訊空間。它由六十四種關於「變化」的模式（「卦」）及其應對之道組成。其中有一卦稱為「**井**」，代表即使短促的紊亂持續改變週遭環境，生命中仍有不變且能恆常滋養與重振人們的事物。我們視資訊架構為這樣的「井」，並以這種認知來切入「北極熊」書的第四版；意即只要是處理資訊空間的設計問題，我們就會需要一些工具與技術，讓資訊變得容易尋找也容易瞭解的結構。回歸基本，我們要找出在任何狀況與時空下均能應用的原則，讓各種形式的數位產品與服務更一致、更連貫且易於瞭解。我們期望即使科技不斷更替，多年後讀者仍能從資訊架構這口井中持續取水。

第四版有哪些新東西呢？

「資訊架構學—網站、*App* 與資訊空間（第四版）」這本書是寫給每位參與設計的讀者，我們將資訊架構視為解決資訊組織難題的一組工具及技巧，比較不把資訊架構作為某種特定工作描述或職場發展路徑。

本書的前三個版本，帶來資訊組織的通用原則，這些原則歷久彌新，放諸四海皆準。而為了符合當今環境的現況，我們也更新了許多案例及說明，來解說這些原則。

我們不討論特定軟體或技術，因為這些東西變化太快了，以致於長期來看沒有太多價值。取而代之的，是我們更聚焦在經得起時間考驗的工具與技巧，而不是依賴某些技術或廠商。最後，我們也更新了附錄，納入最新且有用的各種精選學習資源。

本書結構

這本書分為三個部分，共十三章，由抽象、基礎的觀念，一直推進到能實際應用的流程、工具與技術。詳細的說明如下：

第一部分「認識資訊架構」，為此領域的新手與老手提供整體概觀。此部分由下列章節組成：

第一章　資訊架構學要解決的問題

本章奠立基礎，描述目前我們處理複雜資訊環境時，所面對的主要挑戰。

第二章　定義資訊架構

本章提供定義與類比，並說明為何資訊架構不易清楚描繪。

第三章　為尋找而設計

本章幫助我們更瞭解人們的資訊需求與行為。

第四章　為理解而設計

本章說明資訊架構如何創造適合的情境脈絡，以協助人們理解資訊。

第二部分「**資訊架構的基本原則**」，介紹資訊架構的基本元件，並說明元件間交互連結影響的內涵。此部分由下列章節組成：

第五章　拆解資訊架構

本章協助讀者瞭解資訊架構的重要元素，並介紹後續章節會談到的所有系統。

第六章　組織體系

本章描述將資訊分類組織、建立結構的方法，以期滿足企業目標與使用者需求。

第七章　命名體系

本章呈現如何建立一致、有效與具描述能力的命名。

第八章　導覽體系

本章探討導覽體系的設計，以幫助使用者明白身處何處以及可能去處。

第九章　搜尋體系

本章涵蓋搜尋體系的要素，並說明建立索引的方式，及提昇整體效果的搜尋結果介面設計。

第十章　同義字典、控制詞彙與 *Metadata*

本章指出詞彙控制如何串連前述系統，並改善使用者經驗。

第三部分「**實現資訊架構**」，帶領讀者由研究、策略、設計到實作資訊架構，包括所需概念性工具、技術與方法。此部分由下列章節組成：

第十一章　研究

本章說明為瞭解使用者與資訊空間所需的研究流程。

第十二章　策略

本章提供一個整體架構和方法，協助勾勒資訊架構專案的方向與範疇。

第十三章　設計與文件

本章介紹實作資訊架構時所需的流程與交付文件。

尾聲

總結了所有內容。

附錄 *A*

提供現有關於資訊架構的最佳精選資源。

寫給誰看？

第四版「北極熊」是寫給誰看的呢？

我們認為任何互動產品都包含資訊在內，因此本書的目標讀者正是那些負責設計互動產品與服務的人們，包括：使用者經驗設計師、產品經理、開發人員…等，以及更多參與產品與服務設計過程中的人。你有什麼工作職稱並不重要，重要的是你的產品或服務的最終產出是互動的、資訊密集的，那麼你就適合閱讀本書。換句話說，如果你必須為某位使用者設計或規劃產品或服務，那麼你就是本書的讀者。

本書早期版本是探討資訊架構並視此為特定職務發展路徑，在第四版中我們避免這樣的論述，並將資訊架構視為一種泛用實用的知識領域，不限於特定職務工作者才能學習。也就是說，你並不需要具備「資訊架構師」的職稱，才能夠從這本書得到收穫；而是任何將資訊架構視為擴充技能專長的人，都可以從本書獲得啟發。

本書編排慣例

本書使用了以下這些編排慣例：

斜體字（*Italic*）

代表新的詞彙、網址、Email 信箱、檔名或檔案結尾。中文以楷體表示。

定寬字（`Constant width`）

用來標示程式碼片段，以及在內文引用程式元素，像是變數、函式名稱、資料庫、資料型別、環境變數、敘述與關鍵字。

這個圖示代表一般註解。

致謝

因為許多老師、同事、客戶、朋友和家人的寬大和智慧才能使這本書問世，謝謝你們幫助我們形成這本書裡頭的許多想法，提供我們完成這本書的動力。限於篇幅無法感謝所有的人，對於影響第四版最多的人們，我們至上最誠摯的感謝。

我們非常幸運地與一群優秀的專業審閱團隊合作，他們的慷慨正是資訊架構社群的代表，謝謝 Abby Covert、Andrea Resmini、Andrew Hinton、Andy Fitzgerald、Carl Collins、Danielle Malik、Dan Klyn、Dan Ramsden、John Simpkins、Jonathan Shariat、Jonathon Coleman 及 Kat King，由於他們的投入使得本書內容品質得以全方位的提昇，非常感謝他們的貢獻。

與 O'Reilly Media 優秀團隊合作向來是一種榮幸，謝謝我們的編輯 Angela Rufino 及 Mary Treseler 幫助我們沒有偏離軌道，而且在寫作過程中一直給我們支持和鼓勵。我們對 Angela、Mary 和 O'Reilly 整個編輯團隊有說不完的感謝。

我們也感謝 Chris Farnum 和 ProQuest 為第 13 章提供線框圖的範例。

最後，我們要表達個人的感謝。

Lou 要感謝他在密西根大學資訊學院的老師們，尤其是 Joe Janes、Amy Warner、Vic Rosenberg、Karen Drabenstott 及已故的 Miranda Pao。還有 Mary Jean、Iris 及 Nate 願意跟他這位偶爾會亂發脾氣的作者住在一起。

Peter 很感謝 Susan、Claudia、Claire 和叫做 Knowsy 的狗。

Jorge 感謝在 Futuredraft 的夥伴，Brian O'Kelley、Chris Baum 和 Hans Krueger，謝謝他們給他機會與這群高手一起切磋。感謝 KDFC（灣區聽眾喜愛的古典廣播電台）讓他可以待在那裡，也感謝他的家人（Jimena、Julia、Ada 和 Elias）不僅給他足夠的時間與空間寫書，並帶來完成本書的動力。

Louis Rosenfeld
Brooklyn, NY

Peter Morville
Ann Arbor, MI

Jorge Arango
San Leandro, CA

目錄

第三部分 實現資訊架構

第一部分

認識資訊架構

今日資訊豐沛的程度遠遠超過以往任何年代。我們有太多方法與資訊互動，不只是智慧型手機、平板、手錶，也包含各種穿戴裝置、各式聯網設備。從某些角度來看，豐沛的資訊讓生活變得更好，但大量的資訊也帶來不少生活挑戰。因為過多裝置帶來大量的資訊，經常夾雜著不易去除的雜訊，導致我們不容易**找到**真正需要的資訊，甚至即使找到了也不易**理解**資訊的真正意義。

資訊架構學 Information Architecture（簡稱 IA）是一種使得資訊**好找、好懂**的設計法則。資訊架構學專注在探討尋找資訊及理解資訊過程帶來的各種挑戰。資訊架構學這門學問提供兩個角度去看問題：

一、將資訊產品或服務視為一種由**資訊所建構的空間**，人們如何覺察理解這種結合實虛的事物？

二、這些資訊空間（資訊產品或服務）如何**規劃使得可尋性**（*findability*）**與可理解性**（*understandability*）**達到最佳化**？

為了幫助閱讀與理解，本書以「資訊空間（information environment）[譯註]」一詞當作所有資訊產物的統稱，包括資訊產品或資訊服務，形式上包含小到網站、手機應用、軟體系統、大到實虛整合的新型態呈現，及資訊生態系統（ecosystem）等。

譯註 Information environment 直譯是「資訊環境」，這是比較簡單的翻譯方式。但「資訊環境」並不容易讓人聯想到本書讀者的工作產物（網站，軟體，app），「環境」語意包含的範疇大過 Architecture 建築太多。最後決定以「資訊空間」來取代資訊環境的翻譯方式。這本書裡頭的 information environment 用來泛指網站或手機 app，也包含 ecosystem，包含範圍非常廣。

本書第一部分會解釋什麼是資訊架構（IA），它解決什麼問題，它如何幫助你創造更好的產品或服務。第二部分及第三部分則告訴你怎麼做到這件事。

我們開始吧！

第一章

資訊架構學要解決的問題

無論我是對是錯都無所謂
只要在我歸屬的地方，我就是對的！
—"Fixing a Hole,"
藍儂 – 麥卡尼

本章節內容涵蓋：

- 資訊如何從原來的人造載體中解放出來
- 資訊超載及資訊到處繁殖的挑戰
- 資訊架構學如何幫助人們應付這些挑戰

瑪拉興致一來想聽聽披頭四樂團的歌曲（The Beatles），她走到唱片架前仔細尋找架上的黑膠唱片，這些可是她蒐集多年的珍藏。很幸運地，瑪拉很快就找到她要的唱片，因為她平常就做好排列，架上唱片是按照創作者或樂團名稱的字母順序排列：Alice Cooper，Aretha Franklin，Badfinger…，然後接著是 Beach Boys，旁邊就看到 The Beatles 了。接著她從唱片套子小心翼翼地取出披頭四樂團 1967 年的作品 *Sgt. Pepper's Lonely Hearts ClubBand* 黑膠唱盤，把它放到唱片轉盤上，開始享受這愉快輕鬆的時光。

回顧過去歷史，大多數的資訊與其所存在的人造載體之間，都是以「一對一」的關係存在著，就像是上述的「音樂 - 唱片」的關係。當我們想跟音樂（資訊）互動時，我們會藉由唱片（人造載體）來取得，而且音樂與唱片是單純地一對一對應，一首歌就存在一張特定的唱片裡。藉由載體的存在，人們很容易理解資訊的存在。

瑪拉的架上只有一張 *Sgt. Pepper's* 專輯，如果她想聽歌只需要知道到架上的某處尋找就行了。萬一出門旅行，而且沒有隨身帶著唱片，她就沒辦法聽歌了。因為資訊（音樂）存在於物理世界的載體（黑膠唱片），而且僅存在相對的那一張唱片，所以她只要決定好一種正確方式來排列她的唱片就行了。

排列唱片的方式有很多種，瑪拉至少需要選擇一種方式，還有哪些其他排列方式以及需要考慮些什麼呢？例如：假使唱片按照創作者的名字（如圖 1-1）或姓氏來排列，會有什麼不同？萬一這張音樂專輯的作曲者比演唱者還重要時，那該怎麼辦？例如英國作曲家霍爾斯特（Holst）在 20 世紀初期創造的經典管弦樂組曲 *The Planets* 行星組曲，這張唱片專輯的作曲者比演奏者還有名。

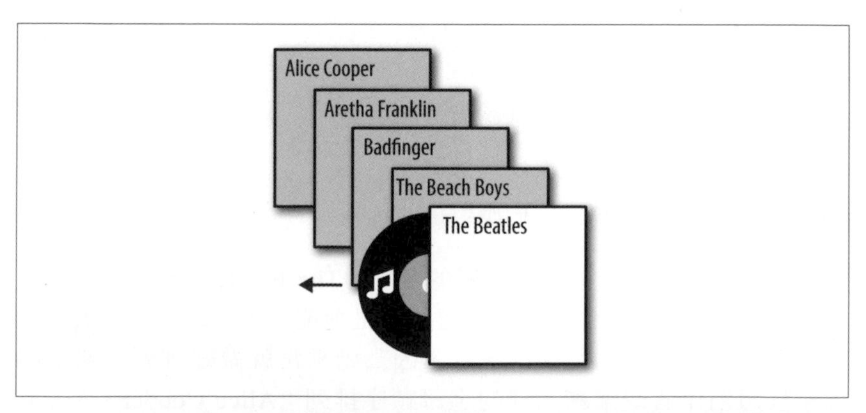

圖 1-1　瑪拉的音樂存放在實體物件（黑膠唱片）上，所以她必須思考如何在架子上安排好這些唱片

如果唱片專輯是由多位創作者共同創作的合輯時，這張唱片又應該按照什麼順序放在哪裡呢？每次瑪拉買了新唱片就必須提醒自己，把唱片放在正確架位上，排好適當順序，避免下次想聽卻找不到。一旦唱片數量種類越來越多，這樣的組織安排方式很快就會遇到困擾了。也

許瑪拉在安排新唱片位置當下不見得感到困擾，但萬一她想找那些比較特殊的專輯或創作者時，就會發現不是那麼容易找到了。

接著我們來認識一下瑪拉的兒子馬力歐吧！

一開始馬力歐的音樂收藏是存放在光碟片（CD）上，而不是黑膠唱片。光碟以數位形式存放音樂，因此馬力歐能隨興調整歌曲播放順序，聽音樂可以聽得更開心，而且光碟也比黑膠唱片好保存，這實在太棒了！即使如此，他的音樂還是存在於個別對應的實體物件（光碟片）裡頭，這跟瑪拉的黑膠唱片其實沒太大差別。也因此，他還是得思考究竟要按照創作者姓名？還是專輯名稱來排列？這兩種方式只能二者擇一，無法同時應用不同的排列方式。

大約在 2001 年的時候，馬力歐獲得他的第一台 iMac。這台色彩繽紛的電腦在宣傳產品時，打出這樣的廣告文案：「Rip, Mix, Burn（轉檔、混搭、燒錄吧！）」。Rip 的意思是，從光碟片中取出音樂歌曲放到電腦中。如果只有這樣，電腦硬碟中的音樂跟放在光碟中也沒什麼兩樣。藉著電腦軟體的協助，馬力歐得以隨不同喜好來決定音樂安排的方式，例如：按照創作者姓名、音樂類型、專輯名稱、單曲名稱、創作年份或者其他屬性來瀏覽歌曲，甚至可以搜尋音樂，或者備份音樂檔案。Mix 的意思是，馬力歐能從不同的音樂專輯，重新挑選組合不同的歌曲，形成一個特別的播放清單。Burn 的意思則是，把音樂檔案燒錄到空白光碟裡頭，用來分享給其他朋友，特別是那些還不太會用電腦燒錄音樂的朋友。

如同圖 1-2 所示，馬力歐與音樂互動的方式，已經不再受限於資訊與載體（音樂與唱片）的一對一關係，可以超出瑪拉無法跨過的限制。他不再困擾究竟該選擇創作者姓名或專輯名稱排列，因為這兩種排列方式可隨時切換運用。如果他想要，也可以備份很多音樂光碟，或者外出旅行時，在筆記型電腦上攜帶著這些音樂檔案。對馬力歐來說，他已經不需要去思考資訊與載體綁在一起的問題，這些瑪拉所遭遇的困擾都已經消失了。

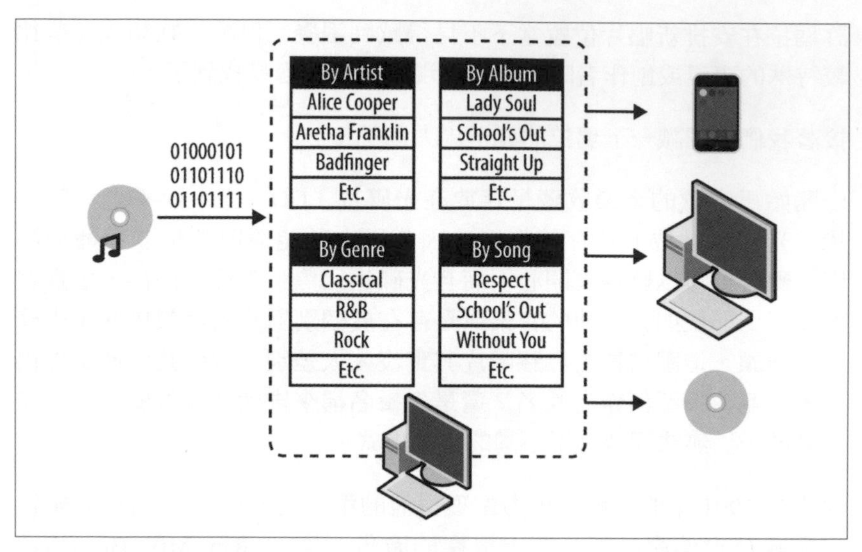

圖 1-2　馬力歐的音樂數位化了，可以有多種安排方式，並存在於不同裝置裡頭

Hello, iTunes

馬力歐所使用的電腦軟體是 iTunes，軟體畫面如圖 1-3 所示。在 iTunes 尚未問世之前，數位音樂已經存在好幾年了，但這次是頭一次讓大多數人使用數位音樂，並將數位音樂視為主要音樂來源。

iTunes 的前身是一款名為 SoundJam 的軟體，在 2000 年的時候被蘋果電腦給買下來後，改變介面增加功能後重新命名為 iTunes，並且被當作麥金塔系列電腦裡頭預設的音樂播放器。

iTunes 早期版本僅提供音樂管理功能，讓使用者在電腦裡頭建立自己的音樂資料庫，然後做轉檔、混搭、燒錄這三件事情。馬力歐大概花了幾個週末的時間，把他自己的四十張音樂光碟轉檔，並且匯入他的 Mac 電腦，然後將所有的光碟片找個地方好好保存起來，從這一刻起，他的音樂世界已經全然地數位化了。

圖 1-3　iTunes 1.0 版介面，使用者可瀏覽所有歌曲演出者及專輯名稱（圖片來源：*http://bit.ly/et_tu_itune*）

iTunes 頭一個版本具備幾種簡易的操作模式。以轉檔功能來說，它可以顯示從光碟片音樂檔案轉入電腦的進度，它只允許使用者去搜尋自己個人音樂收藏，並不像現在的 iTunes 提供查找網路上所有音樂的功能。

由於功能很精簡，所以它也具備簡易的使用者介面以及資訊結構。這讓馬力歐開心得不得了，以至於 Mac 電腦對他來說，最主要的用途就是播放音樂了。隨著時間演變，iTunes 逐漸變得複雜起來，每次的版本升級都加入令人驚訝的功能特性：智慧播放清單、訂閱 podcast、網路電台直播、有聲書、音樂共享…等等。當蘋果公司的 iPod 產品上市後，馬力歐立刻就去買了一個。這時候 iTunes 不僅僅用來管理電腦裡頭的音樂，也同時用來管理 iPod 隨身播放器的音樂。

2003 年蘋果公司推出 iTunes Music Store 供使用者購買並下載音樂，這讓馬力歐對 iTunes 的依賴又進入另一個層次。現在 iTunes 提供了馬力歐購買音樂的管道，而且讓他用和自己的音樂庫不同的分類方式，來整理音樂。

到 2005 年的時候，iTunes Music Store 已經有超過兩百萬首歌曲，這個數量實在遠遠超過當年馬力歐個人所收藏的四十張專輯音樂光碟。

但是蘋果公司並沒有停在這裡不動，很快的他們在 iTunes Store 開始銷售電視影集及電影。在一般的實體銷售通路裡，電視影集、電影、音樂這三者是完全不同的分類型態：音樂會分成搖滾（rock）、另類（alternative）、流行（pop）、嘻哈（hip-hop）、說唱（rap）…等不同型態曲風；電影則會分成家庭、喜劇、動作、冒險…等。這些分類型態與分類結構不盡相同的東西，現在都一起塞在 iTunes Store 裡頭了。

馬力歐原本使用 iTunes 來播放音樂，管理音樂，但現在遠遠不止了。如果我們將 iTunes 視為某種資訊空間來進一步分析，iTunes 帶給人們這些空間特性：

- 購買、租賃、觀看電影
- 購買、租賃、觀看電視影集
- 試聽、購買音樂
- 購買 iPod 應用程式
- 搜尋、收聽 podcast
- 瀏覽、訂閱 iTunes U 課程
- 收聽廣播電台
- 聽有聲書
- 瀏覽或聆聽家人分享的音樂

上述每一種功能都帶來新的內容型態，而且每種內容型態具備特殊的分類方式。

iTunes 的搜尋功能始終都在，從第一天開始，iTunes 的搜尋框就存在於使用介面中。但是現在的搜尋結果的處理卻非常複雜，因為搜尋結果涵蓋了所有不同的內容型態，有些內容型態之間並沒有可以匹配的分類。舉例來說，當輸入「Dazed and Confused[譯註]」在 iTunes 上，搜尋結果究竟要帶出這部電影？還是電影的原聲帶音樂？還是演唱的齊柏林飛船（英國搖滾樂團）？還是相關的音樂專輯封面？

沒多久之後，馬力歐買了他的第一支 iPhone 手機，他很訝異發現過去在 Mac 上管理音樂、電影、電視影集、podcast 等內容的 iTunes 各種功能，在手機上被拆開放到不同的應用程式裡頭了，如圖 1-4 所示。

在 iPhone 手機上有個「iTunes Store」的應用程式，它不是用來播放音樂的，主要是用來陳列銷售的音樂及其他多媒體內容。在 iPhone 手機上播放音樂的應用程式叫做「音樂（Music）」，可是上卻無法找到對應命名為「電影」或「電視節目」的應用程式，倒是有一支應用程式叫做「視訊（Videos）」可以播放電影及電視節目，但是馬力歐卻無法在這裡找到他自己拍攝的影片。如果要找到他自己拍的影片，得去打開「照片（Photos）」這支 app 才能找到自己拍的影片。

在手機上能找到唯一跟 iTunes 有關的是那支叫做「iTunes Store」的應用程式，它可以用來購買電影，電視節目及音樂，跟馬力歐以往在電腦上使用的 iTunes 不太一樣，然後另外一個能夠讓馬力歐購買 iPhone 應用程式的地方被稱為「app Store」。這些應用程式所提供的功能都是 Mac 上的 iTunes 具備的，然而 iPhone 手機上的應用程式卻有著截然不同的內容組織結構。接著，蘋果公司推出稱為「iTunes Match」的新服務，這個新服務能夠幫助馬力歐將他的音樂收藏上傳到蘋果公司的雲端儲存空間。因此現在馬力歐必須留意究竟哪些歌曲是放在手機或 Mac 電腦，哪些則是存放在蘋果公司的伺服器主機上。

過去蘋果公司一向有卓越的優良設計聲譽，使得馬力歐陸陸續續購買了不同產品，他曾經聽說過蘋果公司能同時掌握硬體與軟體，這表示他們能夠在所有產品間提供一致且延續的使用經驗。但是馬力歐在管理他的 Mac 電腦與 iPhone 手機上的內容時，卻一點也不一致，跨不同產品也無法延續相同的使用經驗。

譯註 Dazed and Confused 是 1993 年的電影，中文片名：年少輕狂

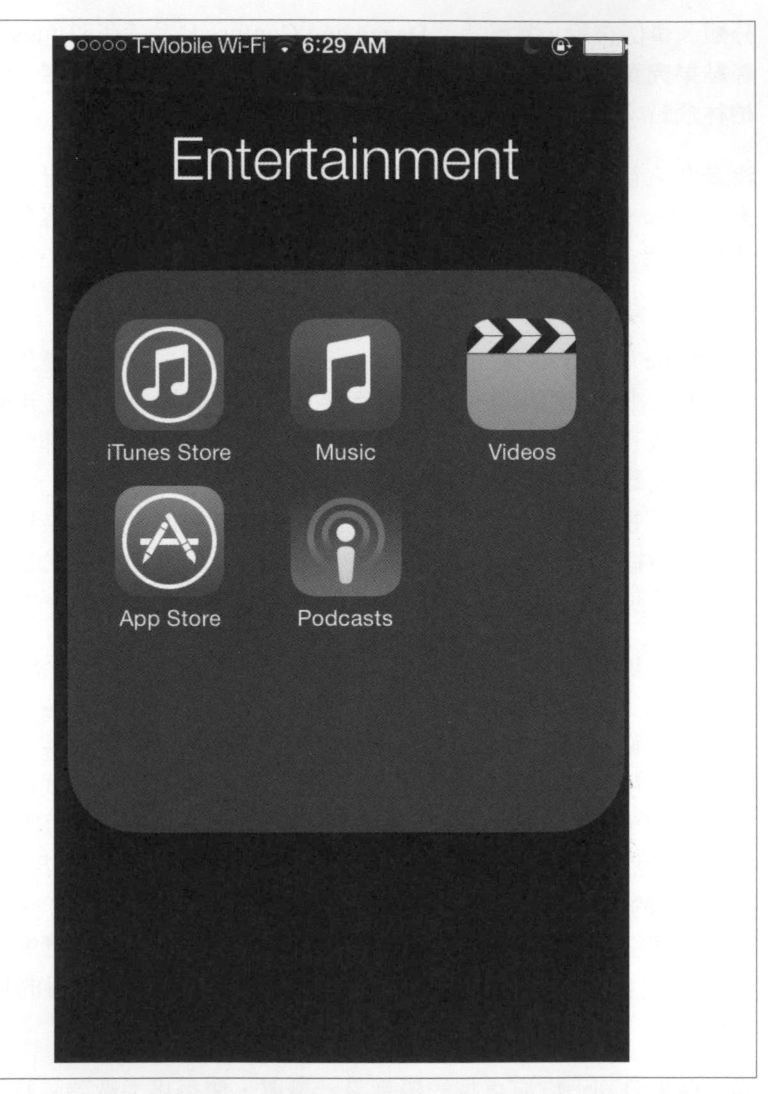

圖 1-4　iOS 上各種從 iTunes 拆分出來的應用程式

隨著時間變化，馬力歐不再只是一位內容消費者，同時也被迫變成一位複雜資訊生態的管理者，不管他願不願意，都得面對這樣的環境。當他的音樂收藏以不同形式及狀態，存在於不同裝置之間時，他要設法理解蘋果公司在不同系統所設計出來的內容結構，同時也要能掌握他個人音樂收藏的組織結構，否則無法輕鬆地享受他喜愛的音樂。這時候馬力歐開始感覺不對勁，即使這些產品設計相當吸睛，但一定哪裡出了狀況，只是一時之間馬力歐也說不上來這一切究竟是怎麼一回事！

資訊架構學要解決什麼問題

馬力歐正在經歷兩個問題：

- 問題一：過多資訊，及其導致互動方式的改變。

  他原來熟悉的工具，用來管理大約四十幾張專輯音樂收藏，後來轉變成使用一個複雜的系統，用來管理幾百萬到幾千萬種型態多元的內容（包括歌曲、電影、電視節目、應用程式、podcast、廣播電台、大學課程或其他）。而這些多元型態的內容使用各自專屬的特殊分類組織方式及商業邏輯，例如在某些裝置上租借的電影必須在 24 小時內看完，超過時間就不能看了。此外，不同的內容型態對應的互動功能也不一樣，例如：有些能觀看、有的可訂閱、或播放、或轉碼等，互動方式差異頗大。

- 問題二：新型態裝置崛起，且不同裝置缺乏一致的使用經驗。

  過去單純靠著電腦來完成各種互動操作，現在必須轉換到不同的裝置，這些裝置包含電腦、iPhone 手機、iPod、蘋果電視、車用系統 CarPlay 及蘋果手錶，每一種裝置都有其獨特的可能性（能做什麼）及操作限制（不能做什麼）。舉例來說，你能對著 iPhone 手機講話來播放歌曲：「Siri，播放 "With a Little Help from My Friends"（披頭四樂團的歌曲）。」，但你若對著 Mac 電腦這麼說話，它是不會理你的。馬力歐正面臨著沒有一致性也無法延續的互動經驗。

我們接著把這些問題再搞清楚一點！

資訊超載

幾世紀以來，人們一直不斷抱怨要處理資訊的太多。甚至我們可以回溯到西元前幾百年，當時執筆撰寫的人在舊約聖經的傳道書（Ecclesiastes）寫下「著書多，沒有窮盡」這樣的句子。然而，大約在七十年前開始的資訊技術革命更是帶來巨幅的資訊成長。在 1970

年，未來學大師艾爾文·托夫勒（Alvin Toffler）[1]出版了「未來衝擊（*Future Shock*）」一書，隨著這本暢銷書大賣，「資訊超載」一詞及其概念變得廣為人知。托夫勒認為資訊產生的速度跟比例增加，將導致信噪比（signal-to-noise ratio）降低，意思是當人們接收了過量資訊，反而導致人們對事物的理解力與判斷力產生阻礙或干擾。當時他覺得這個問題在未來，其實也就是現在，人們將無可避免地必須去面對，就如同前面提到馬力歐所面臨的狀況是一樣的。

「資訊架構師 Information Architect」這個名詞是由理查·伍爾曼（Richard Saul Wurman，建築師，TED 創辦人）原創。他畢生致力推動以設計來解決資訊超載的問題，他的知名著作「資訊焦慮 *Information Anxiety*[2]」是這個領域公認的經典之作。

在十九世紀到二十世紀之間，電報、電話、廣播及電視這類比紙本更強大的電子媒體設備出現了，使得更多資訊能夠傳遞更遠，接觸到更多人群。然而，真正的速度起飛始於二十世紀的後半，電腦出現了，接著電腦之間無可避免的連線，最終演變成網際網路。突然間，大量的資訊可以在瞬間分享給世界上的任何人。尤其是全球資訊網（World Wide Web）的發明之後，網際網路不只是一種技術，更具有實質的媒體特性，甚至比任何傳統媒體更容易進行雙向互動。舉例來說，你不僅能收到訊息（email），而且你也能將訊息送出給特定對象。

發明全球資訊網的 Tim Berners Lee 爵士，當時賦予網路的意義就是一種能夠被讀也能被寫的媒介，他設計出全世界第一個瀏覽器軟體叫做「WorldWideWeb」就凸顯了這層意義，因為這款瀏覽器能夠用來瀏覽網頁，也能夠編輯該網頁。相較於以往的媒體，發布資訊在網路上又快又便宜，又有效率。網路成為一種資訊媒體所帶來的影響無比巨大，至今我們可以看到在臉書、推特或 WordPress（全球最多人使用的部落格及內容管理開源軟體）這幾種資訊空間所發布的海量資訊，使得過往任何媒體都相形見絀。

---

1 艾爾文·托夫勒（Alvin Toffler）未來學大師，其撰寫的「未來衝擊（*Future Shock*）」於 1970 年出版，出版商：New York: Random House

2 理查·伍爾曼（Richard Saul Wurman）的「資訊焦慮 *Information Anxiety*」，1989 年出版，出版商：New York: Bantam

值得注意的是，每當資訊技術有了新的突破就會再一次讓資訊加速增量，也會讓更多人獲取資訊並創造新的資訊。而大量溢出的資訊所造成的困擾或挑戰，也引發人們去發展新資訊技術，來幫助人們管理資訊、尋找資訊、創造資訊更高價值。

最值得一提的例子是 15 世紀時所發明的活字印刷術，這個突破性的印刷技術幫助人們做出更多的書籍和紙冊，而且成本更便宜，能夠帶給更多的人。這時候大量的紙本書籍又反過來引發了新的資訊管理及應用方式，例如：產生了百科全書、英文字母索引及公共圖書館等，這些新的資訊管理與應用方式，使人們更佳有效地管理並應用資訊[3]。

瞭解了資訊內容與資訊技術兩者之間的「雞生蛋，蛋生雞」的循環過程，現在為大眾所熟知的 Google 或 Yahoo! 這些早期崛起的網路公司[4]成功故事也就不會太讓人意外了！因為他們幫助人們在網路上找到需要的資訊。

截至今日，仍然有太多太多的資訊量超出我們的管理能力之外，在 1990 年代後期 Yahoo! 的分類目錄索引在當時是有效的方式，但這種透過人工彙整分類架構的管理方式，以現今環境來看，是一種沒效率的管理方式。

智慧型手機以及其他聯網終端設備崛起後，它們帶來以應用程式為核心的使用方式，以致於許多跟隨流行趨勢的專家就推測全球資訊網將會逐漸式微。

暫且不談全球資訊網的使用是否下降，大家可能沒留意到的是，這些行動裝置已經為更多人提供了更多的管道去接觸網路上的資訊。而且，對許多行動應用程式來說，它們所連結的資訊來源很可能就是跟網站相似的資訊來源，甚至根本就是一樣的來源。所以，可以確定的是行動網路崛起提昇了人們獲取全球資訊量與資訊管道。

---

3 關於此議題，請參考 Ann Blair 在波士頓環球報（Boston Globe）的這篇文章 Information overload, the early years"（*http://bit.ly/information_overload*）

4 Google 的企業使命（*http://www.google.com/about/*）在於匯整全球資訊，供大眾使用，使人人受惠。

讓我們再看看馬力歐的狀況，iTunes Store 中的（*http://en.wikipedia.org/wiki/ITunes_Store*）37 萬首歌曲已取代他最早約 400 首歌曲的唱片收藏，當然他現在沒辦法用以前翻找音樂光碟的方式輕易地尋找音樂，也沒辦法仰賴淘兒唱片公司（Tower Records[5]）提供排行或分類了。若想要在海量的網路資料中找到他想要的音樂，他需要更多的協助。

更多存取資訊的方式、管道、工具

資訊爆炸的現象已經存在好多年了，對我們來說不算是新鮮事，但第二個問題關於各種新型態資訊裝置，這確實是個新的問題。蔓延在生活環境中的微型電子設備，搭配隨處可得的無線技術，形成大量小型便宜的連網設備，正在逐漸改變我們跟資訊互動的方式。

在前面章節我們曾經提過，曾經有那麼一段時間，資訊依附於人造載體上，資訊與載體兩者緊密結合，藉著人造載體來傳遞資訊。回憶一下瑪拉當年的音樂收藏（資訊），她所喜愛的披頭四音樂是存放在唱片架上某張特定的黑膠唱片（載體）裡頭。

瑪拉手上的這張唱片是音樂內容的複製品，很多人也有類似的黑膠唱片。然而，當某個特定的載體（唱片）和資訊（音樂）被生產製作出來以後，兩者緊密結合得幾乎拆不開。

時光再倒轉，回到尚未用機器生產的人力製作時代，資訊與載體之間的關係更是密不可分。想想早期的書籍，在還印刷技術還沒出現之前唯一的複製方法，就是透過人力手抄來複製，這可真的是超級繁複的過程。所以它無法輕易複製，複製成本不會便宜，任何一份副本書籍都非常有價值。因為書籍的高成本及稀有性，閱讀書籍變成一種特殊社會地位的人們才能享有的特權，例如學者、僧侶、貴族等，甚至只能在某些特定的時間或特定空間才能進行閱讀，比如在修道院的白天才能閱讀。

5　在美國本土的淘兒唱片連鎖店已經關閉，目前 Tower Records 轉變為線上音樂零售網站，並經營國際通路授權

對照一下現今電子書技術，例如眾所皆知的 Kindle，這些所謂的「書籍」並不會跟存放的裝置牢牢綁定，一台 Kindle 閱讀器可以放好幾百本電子書，反過來，每一本電子書也可以被成千上萬的閱讀裝置下載，這些閱讀裝置包括智慧型手機、電子書閱讀器硬體、或電腦。不管是純文字檔案或者有聲書，同一個時間裡頭，同一本書可以被兩個或更多裝置開啟。而且你閱讀到哪個章節、標示了哪些重點、寫了哪些備註，這些狀態資訊統統可以快速同步傳送到各種閱讀裝置。這些書籍的呈現方式隨著裝置特性的差異而有所不同，這些差異來自該裝置的強項或弱點。例如純文字格式容易被調整格式，重排順序，或依據新的資訊設備來設定屬性。（或許你剛好正在使用這類閱讀裝置來讀或聽這段話呢！）

反觀實體書籍卻有不少使用限制，甚至包括何時何地閱讀，特別是那些珍貴稀少的手抄本書籍。電子書沒有這些包袱，隨你高興何時何地閱讀，可以在超市排隊結帳的片刻閱讀，甚至一邊泡澡一邊閱讀。這樣的現象說明了，資訊（書籍內容）不僅僅從人造載體（紙本書）被解放出來，甚至也從存取資訊的時空環境（肅靜的教堂圖書館）解放出來。

實體媒介（例如印刷紙本）與對應的數位媒體裝置（例如電子書）還有一個非常重要的差異：數位媒體裝置的後面還隱藏著一個龐大的資訊系統，這個資訊系統可以用來蒐集關於讀者的各種使用狀態，包括畫了哪些重點？寫了什麼備註？如何閱讀（閱讀模式）？後續甚至可以依據這些額外資訊來提供更多的附加功能。以 Kindle 來說，它的閱讀軟體有個特色功能稱為「受歡迎的重點（popular highlights）」，幫助讀者辨識其他 Kindle 使用者最常標示的重點段落或文句（圖 1-5）。

把資訊從實體載體中解放出來，使得資訊重製或傳播的成本變得比較低廉，也使得更多人能夠獲取資訊。這不禁讓人覺得慶幸起來，那些只有僧侶才能閱讀的日子早已不復存在。

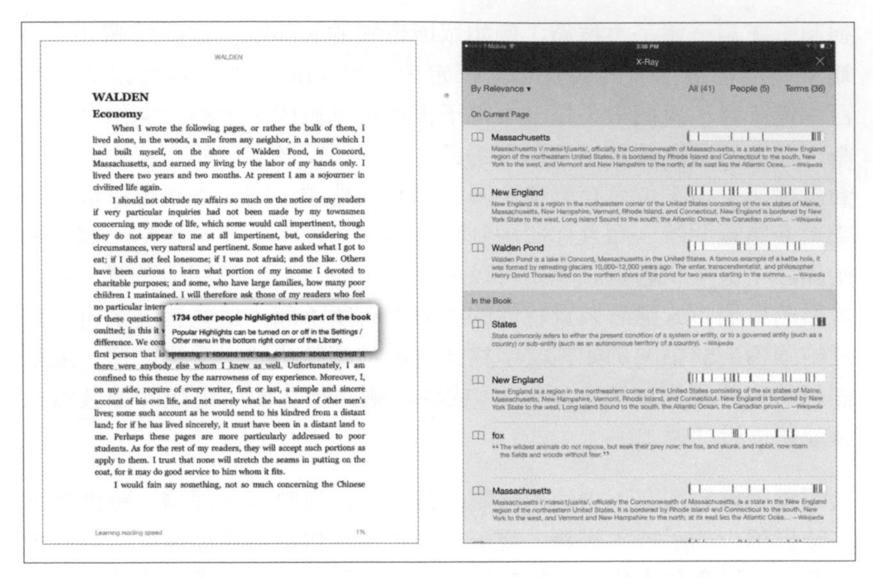

圖 1-5　Kindle 的 iPad 應用程式提供了額外的資訊，提供了更有趣的方式幫助讀者探索書籍內容

很明顯地，存取情境到處增生的現象並不只出現在書籍上，我們正在經歷所有資訊科技帶來的變化。先前提到，當瑪拉想要帶著音樂外出旅行，她必須把黑膠唱片一起打包到行李裡頭，而家中唱片架上會因為某張專輯被抽走了，而出現一個空缺。另一方面，如果她的兒子馬力歐也想把音樂帶著出門旅行，他只要在電腦軟體介面上按兩下想要聽的歌曲，那些音樂專輯立刻會傳到他的 iPhone 手機。此時，馬力歐的電腦跟手機都有相同的歌曲清單，而且馬力歐的音樂資料庫並不因為這個操作而短少任何音樂。

將資訊從人造載體分離出來的這個變化稱為「資訊去物質化（dematerialization）」，我們可以合理推論下一步的變化，資訊將會滲透到我們的生活環境當中，資訊會變成我們個人與世界互動的永恆特性。

「物聯網（Internet of Things）」已經開啟環境數位資訊的序幕，各種小型連網裝置到處增生，數位資訊已悄悄地包圍我們的日常生活與周遭環境。不僅滲入生活環境中的物聯裝置，還有穿戴在身上的電腦裝置，它們緊貼著我們的身體，紀錄健康狀態與活動資訊，適時傳遞各種即時的通知提醒，並連鎖地觸發或啟動環境中的其他功能運作。

類似 Fitbit 活動監測裝置（智慧手環、手錶或釦子）及 Nest 環境溫度控制器這類型的設備，扮演了實體世界與資訊空間之間的雙向通道，它們分析我們的行為模式然後根據我們的需求來調整環境或它們自己。2011 年南韓一家連鎖超市 Home Plus 所推出創意行銷活動是個有趣的案例（*http://bit.ly/virtual_shops*），可以用來展現實體空間與資訊空間兩者之間的界線模糊化的趨勢。他們想要創造更多的市佔，Home Plus 在地鐵站的牆上貼滿了各式生活雜貨照片，來吸引拿著智慧型手機的乘客，乍看之下就像是把超市貨架擺在地鐵站裡頭，不同的是這些全都是照片。顧客可以拿著智慧型手機對準虛擬貨架上的商品照片拍 QR code，藉著這個動作完成商品採購（圖 1-6）。在隨後的幾分鐘到幾小時內，商品就會送到顧客家中，節省了不少通勤乘客的時間。最後這個行銷活動在三個月內銷售額增加 130%，註冊會員的顧客增加 76%。

圖 1-6　地鐵乘客正在逛 Home Plus 的虛擬超市商品貨架（圖片：http://bit.ly/virtual_subway_store）

總結來看，現在我們必須能夠處理必以前更多的資訊，而且各式各樣的資訊還特別混亂地搭配在實體物理世界與精神意識世界。未來人們肯定需要更多的時間來適應這兩種截然不同的環境，舉例來說，一樣是查詢網路資料，下面這三種場景卻有完全不同的反應與期待：

- 在安靜的辦公室裡頭，用鍵盤輸入來查詢網頁

- 在美式足球賽球場拿著五吋手機，手指頭輕敲著螢幕
- 在時速八十公里的車上，對著車用藍芽語音系統講話

已經有越來越多的機構開始去思考，人們如何在上述三種場景或更多元的場景中去存取資訊，而且無論人們在哪理存取資訊，如何存取資訊，我們都會期待這些場景的使用經驗是一致的，可延續的，好讓我們過得輕鬆一點。

所以，馬力歐所面對最基本的問題是，他必須在超過三千七百萬首歌曲中找到他想聽的音樂，接著他必須能夠掌握多元裝置及相對的互動方式，包括筆記型電腦、智慧型手機、電視機上盒、及其他裝置。最後，他必須能夠在各式各樣的生活場景中處理這些資訊。馬力歐現在確實需要很多的協助，特別需要有人好好設計這些資訊產品跟資訊服務，而「資訊架構學」就是專門用來解決這些問題的。

進入資訊架構之中

軟體應用程式的變化是導致馬力歐感到混淆的部分原因。因為多數應用軟體最初是為了解決非常特定問題而產生的，通常軟體越成功就會越想要擴大功能範疇，然後就會加入越來越多的功能，最後會使得軟體變得臃腫複雜，導致使用者感到混淆。

就像是我們看到 iTunes 的轉變，誕生之初它只是一個簡單工具，用來處理音樂數位化，管理電腦裡頭的個人音樂資訊。後來長大變成一個**媒體平台**包括處理音樂轉檔播放管理的功能之外，還加上其他媒體類型（電影、podcast、有聲書、大學課程、應用程式），多種存取操作模式（購買、租賃、直播、訂閱、分享等），多種裝置與人機互動模式（微軟 Windows 系統、iPod、iPad、蘋果手錶、蘋果電視等）。換個角度來看，iTunes 已經不再是個軟體工具而已，也不只是媒體平台，現在它已經長成一個複雜的**資訊生態系統**了！

許多企業組織已經開始與這樣的情況奮戰，嘗試去解決我們前面提到的資訊過量與裝置類型衍生的問題，設計更好的產品或服務。面對這種情況，我們需要的是一套系統化的、綜合的、全面的資訊架構方案，不論使用者在什麼情境、場景、管道、媒介，都能夠讓使用者容易尋找資訊及理解資訊。

換句話說，資訊架構學為此現象因應而生，作為一種整合性的知識，幫助團隊獲得有用的見解與觀點，帶領團隊去探索這一切是如何結合在一起，在混沌中獲得開闊的全局視野，最後找到一條產品開發的途徑，解決使用者與資訊互動的問題。

那些被資訊構築出來的空間

無論是網站、手機 app、軟體，甚至是更複雜的資訊生態系，我們都可以稱呼它們為一種「資訊空間」，在實際工作場域中，它代表一項特定的「資訊產品或資訊服務」。

使用數位產品與服務的體驗逐漸擴大到各式各樣的裝置，及五花八門的場域與時間。如果想要知道如何設計規劃出理想的資訊空間，藉著資訊架構專有術語來描述人們跟資訊的互動是必要的。「資訊架構語言」會表現在這些項目上：命名（label）、選單（menu）、描述、視覺元素、內容、以及它們彼此之間的關係，這些項目經過規劃組織後會創造出一個獨特的資訊空間，提供有別於其他資訊空間的獨特體驗，並引導人們去理解這個地方。反之，若規劃沒做好則會造成人們誤解或誤用（當然這也算是獨特體驗）。

例如，手機食譜 app 所使用的資訊架構，必然與汽車保險公司網站上不同。這些表達方式上的差異，使得它們成為獨特的資訊空間，具備自己的特色或個性，在該空間裡頭人們可以完成某些特定的任務。藉著資訊架構呈現，它們創造了一種獨特的框架表達他們想傳遞的訊息，並結合已知的概念，使人們得以認識並理解這個地方。

在資訊架構師 Andrew Hinton 的「瞭解脈絡（*Understanding Context*[6]）」這本書中提到：無論你在英倫風情的鄉間田園或在操作網站搜尋引擎，你都是藉由獲取特別的文字與畫面（訊息），再決定在這個環境中能做什麼或不能做什麼，我們理解資訊空間的方式與體驗，就如同面對實體空間是一樣的。

數位體驗乍看抽象，但卻非常真實，它來自於資訊所構築的空間，如同你身處的環境一樣，最大的設計挑戰是必須使得這些體驗橫跨不同的脈絡情境，仍能維持協調一致。正如同安德魯說的：「資訊架構學

6 Andrew Hinton「瞭解脈絡（*Understanding Context*）」（Sebastopol, CA: O'Reilly, 2014）, 252.

是非常適合參加這些挑戰賽的學科，畢竟資訊架構學以某種形式處理這個問題幾十年了！」

跨媒介管道的一致性

資訊架構學要如何讓不同的資訊媒介上達成一致性呢？首先，你必須以抽象思考來面對這個挑戰。其他的設計學科通常是聚焦在物體本身，例如洗潔劑瓶罐上的貼紙、手機 app 介面的外觀，資訊架構學要求設計者先定義語意結構（semantic structures），這個抽象結構即使套用在不同媒介時，還是能合理地解釋整體概念。

例如：圖 1-7 的電腦版網頁導覽選單，即使改成適應五吋觸控螢幕的網頁，兩者因應不同裝置仍獲得一致的使用經驗。這表示即使落實在具體呈現時有不少差異，無論是大畫面的網站或小畫面的網站，也都有相同的語意結構，能表達出相同的整體概念。

Andrea Resmini 及 Luca Rosati 的知名著作「*Pervasive Information Architecture*（普適資訊架構）」介紹滲透到生活中且無所不在的資訊架構。他們認為一致性是致關重要的元素。

他們解釋一致性的重要：

> 一致性是資訊架構的一種重要能力。這個能力能整合資訊架構所設計的環境（內部一致性），並且維持跨媒介 / 跨環境 / 多種使用方式的邏輯（外部一致性）…毋庸置疑地，一致性需要隨著環境而設計，而對於跨及多元媒介與多元環境時，也一樣需要顧及一致性[7]。

換句話說，當組織機構要透過多重管道服務使用者時，跨管道的使用者經驗必須是一致的。例如，某個顧客使用銀行的手機 app 時，與使用銀行網站或者打銀行客服電話，應該能夠體驗到一致的語意結構（semantic structures）才對。即使個別管道之間的功能或限制不同，管理這些個別管道的語意結構是必須一致且近似的。為了確保一致性能夠發揮作用，他們必須從實際開發工作中先抽離出來看。

---

7 Andrea Resmini 及 Luca Rosati，「*Pervasive Information Architecture: Designing CrossChannel User Experiences* 」，（Burlington, MA: Morgan Kaufmann, 2011）, 90.

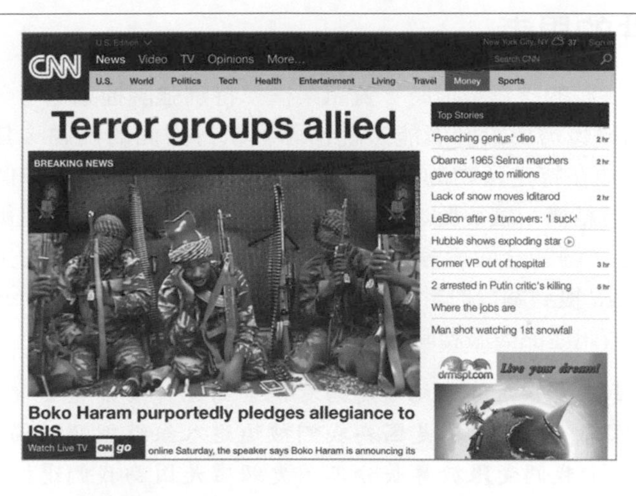

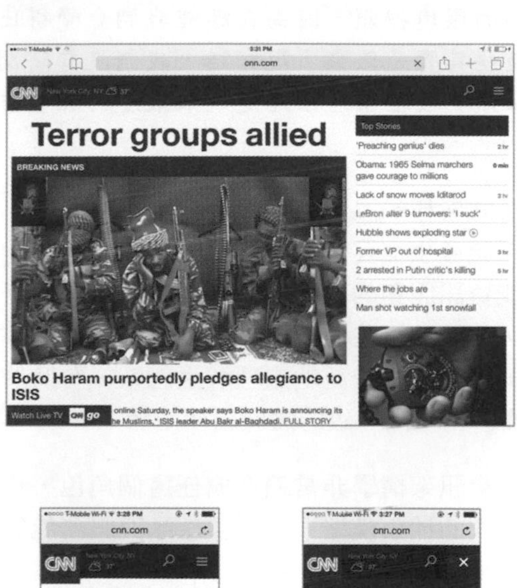

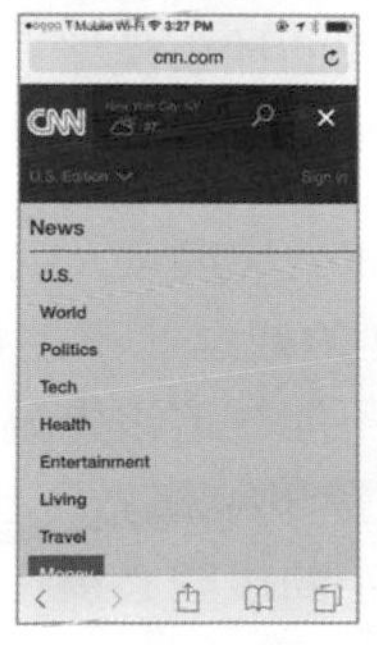

圖 1-7　CNN 網站使用了響應式（RWD）設計方式，使得網頁排版因應不同螢幕尺寸自動調整，並且提供一致的使用經驗。

系統性的思考

面對富有挑戰的複雜環境時，資訊架構學特別強調抽象思考，但同時資訊架構學也需要設計者能系統性思考執行層面的問題。其他的設計學門專注在特定產物的設計工作，資訊架構學更關心在個別產物之上的語意結構，讓彼此之間協作順暢，例如同一個企業組織的手機 app、網站、語音介面等等。本書作者之一 Peter Moville 的另一本書 *Intertwingled* 提到關於設計複雜資訊空間的系統性思考，Peter 指出設計新形態資訊產品與服務時，要避免落入低階思考的風險：

> 處於資訊生態系的世紀，能夠看見全局比什麼都重要，但這並不容易。這不單單是因為我們被迫進入組織裡頭的獨立部門，或者我們受限於專長分工，更經常是因為我們還挺喜歡窩在這小小的環境裡頭，因為在那裡我們會覺得比較舒適安全。但是這些其實是假象。說實話，我們沒有時間自以為是了，我們必須突破框架，往外走。未來屬於那些能夠串連內外的人[8]！

假使你不瞭解各式各樣的互動管道之間如何互相影響，以及如何與影響它們的其他系統產生交互作用，那麼你是無法有效地設計跨管道一致的資訊產品或資訊服務的。前面曾經提到，每一個互動媒介混雜了不同的限制與可能性，這些因素會影響到更高層次的整體。站在資訊生態系的高度，以高視角廣泛地去理解生態系，有助於身處其中的個別元素共同協作，呈現出一致的體驗給使用者。

作為一門學科，資訊架構學非常適合擔任這個角色。也就是說，資訊架構不僅是高層次的抽象模型，要想讓產品與服務能夠容易找到及容易理解，這也需要許多較低階的執行工作。

過去，一提到資訊架構很多人就會想到網站導覽選單結構（navigation structures），這樣的觀念並不完整：導覽選單肯定是資訊架構規劃工作的產物。但你不能在還沒先搞清楚抽象的、整體的資訊空間概念之前，就先把導覽選單結構做了出來。這樣是不完整的，甚至沒意義的。有效的資訊空間規劃必須在高低之間拿捏分寸，在結構的一致到

8 Peter Morville, *Intertwingled: Information Changes Everything* （Ann Arbor, MI: Semantic Studios, 2014）, 5.

靈活度取得平衡，考慮到高階的剛性，也要顧及低階的彈性，這些都是資訊架構規劃應該思考的事情。

系統性全觀視角對日常設計工作很有幫助，能確保設計維持在正確的方向上。電腦科學家 Gerald Weinberg 在他這本 *Introduction to General Systems Thinking* 書中，描述了這麼一個故事，用來比喻所謂的「絕對想法的謬誤（*fallacies of absolute thought*）」：

> 一個牧師走到建築工地旁邊，見到兩個人正在砌磚。
>
> 「你們正在做什麼呢？」牧師問了第一個人。
>
> 「我正在砌磚牆。」第一個人粗魯地回答。
>
> 「那你呢？」牧師詢問第二個人。
>
> 「我正在蓋教堂呢！」第二個人開心地回答。
>
> 牧師對於這個人的理想性以及意識到參與上帝的宏偉計劃，感到印象深刻。牧師在佈道時提到這件事情，之後牧師又回到工地，想跟啟發他的工人講講話。但他發現工地裡只剩下第一個工人在工作。
>
> 「另一個工人怎麼不見了？」牧師問了第一個人。
>
> 「他被解僱了。」第一個人回答。
>
> 「真糟糕，怎麼會這樣呢？」牧師問。
>
> 「喔，因為他認為我們正在建築一座教堂，但其實我們的任務是要建造車庫。」第一個人回答。[9]

所以，請反問自己：我現在要設計一座教堂呢？還是車庫？蓋教堂或車庫的差別很大，能夠辨認這兩者的差異是很重要的。假使你一心一意都放在砌磚上頭，有些時候你會搞不清楚你究竟在蓋教堂呢？還是蓋車庫？有些時候設計團隊一開始是為了蓋車庫沒錯，但是往往在意識到什麼不對勁之前，他們已經蓋了牆壁圓龕、唱詩班的席位、彩色玻璃窗等等，因此使得這個車庫很難理解和使用，如同前面以 iTunes 為例的說明。資訊架構學能夠幫助你完成一個超棒的車庫規劃，也能幫助你蓋一座宏偉的教堂。在這本書的後面章節，我們會告訴你如何做到。

---

9 Gerald Weinberg, An Introduction to General Systems Thinking（New York: Dorset House, 2001） 61.

要點回顧

我們來複習一下到目前為止學到哪些：

- 從歷史的角度，資訊已經呈現非物質化的趨勢，從原本與載體一對一關係，逐漸抽離出載體之外，變成純粹的數位資訊。
- 這個時代有兩個重要的趨勢現象：現在的資訊比以前更豐富，而且有更多的方式與資訊互動。
- 資訊架構學專注於設法讓資訊可以被找到且被理解。因此，它特別適合用來解決這類問題。
- 它要求設計者規劃資訊架構時，通過兩個重要的觀點來思考：一是我們的資訊產品和資訊服務被視為資訊空間（由資訊所構築的空間），二是如果為了最大效益而設計，它可以擴大到像是資訊生態系統一樣。
- 資訊架構學並不僅在抽象層次上運作，如果要讓它發揮作用，必須在不同資訊層次上都有所著墨才行

資訊架構學確實是個難懂的東西。第二章我們將深入綜覽資訊架構學這門學科，並設法再搞清楚一點。

第二章

定義資訊架構

當我們在討論教堂的石頭時，
其實我們並沒有談到教堂
—*Antoine de Saint-Exupéry*

本章節內容涵蓋：

- 資訊架構的工作定義
- 為什麼很難明白指出某個東西說：「那是很棒的資訊架構」？
- 有效的資訊架構設計模型

如果資訊架構對你是全新的東西，此時你或許會好奇究竟這是什麼。那麼，這個章節會有你需要的答案。如果你已經熟悉某種使用者經驗設計（user experience design）準則了，你可能會有疑問：「資訊架構不就是製作網站地圖（sitemap），線框圖（wireframe），或網站的導覽選單嗎？」呃…這樣的講法不能算錯，這些確實是資訊架構設計的重要產出。但是我們要談的資訊架構遠遠超過這些東西。在這個章節，我們會帶給你更大的視野，解釋資訊架構是什麼，不是什麼。

定義

想要了解資訊架構，先來弄清楚談論資訊架構時都是指什麼：

1. 一種設計行為，多人共處的資訊空間的架構設計。
2. 一種設計過程及其產物，是涵蓋數位與實體環境及跨多元媒介管道的資訊分類組織、命名、搜尋、導覽體系的統稱。
3. 一種科學與藝術，形塑資訊產品與體驗，使其好用、好找與容易了解。
4. 一個新興學科與實踐社群，專注於建立數位資訊環境中的設計與架構原則。

或許你期待看到更明確的敘述？更短更好懂的定義？最好是只要三言兩語就能搞懂資訊架構本質及其延伸意涵？嗯…勸你還是別作夢了。

我們無法提供一個全面而權威的定義來幫助你了解資訊架構。如果你已經開始做或曾經做過數位產品或服務的設計，你就會知道到我們的難處是什麼原因造成的。這就如同你講你的工作給一般人聽的時候，他們聽不懂你遇到的挑戰是一樣。我們所面臨的挑戰是來自於人類文明語言與溝通方式本身的不足，難以透過文字表達就讓你心領神會。

即使有文件，文件也難以毫無遺漏地傳達出作者的本意。即使有文字，也沒有一種文字可以精準擷取整份文件綱領。更不用說，任何人會因為背景經驗的差異，使得詮釋同一份文件的方式不完全一樣。「文字」本身與其「意義」這兩者之間的關係實在是有夠微妙的[1]。

定義資訊架構遇到的最大矛盾是—資訊架構本身是用來幫助數位產品跟服務變得好懂、好用、好找，假使能把它們本質的抽象「語意概念」講清楚的話。但不幸的是，這些抽象定義本身就不夠完美，有諸多限制，以致於光是講清楚這些抽象概念，得費上好大的力氣！白話來說，你讓使用者感到輕鬆愉快的同時，你自己卻會累的半死。讓人感到無比諷刺的是，資訊架構這件事情，根本就是這個矛盾的最佳寫照！

---

1 對於英語文字本身的巧妙幽默特性，可參考 Bill Bryson 的著作：The Mother Tongue: English and How It Got That Way（New York: William Morrow, 1990）.

接下來，我們少講一點哲學觀念，還是回到實際面。剛剛提到的資訊架構基本概念，會在後面一項項來解釋釐清。

資訊

在資訊架構與知識管理領域裡，我們使用「資訊（information）」這個詞來區分「資料（data）」。資料是事實與數字，近代科技發達，經常藉由資訊技術來管理資料，例如：關聯式資料庫（relational database）是一堆資料的集合體，將充分結構化的資料放在一起，並建立資料與資料之間的關聯性；而資料庫管理系統則是用來管理資料與資料庫的軟體系統。知識則是那些藏在人的腦袋裡頭的東西，知識管理者開發工具、流程、獎勵誘因來鼓勵人們分享知識。

資訊則是處於資料與知識兩者間的混沌地帶。在資訊系統裡頭，經常沒有唯一正確答案去對應特定的問題。資訊的長相千奇百怪，大小不一：網站、文件、軟體應用程式、圖片影像、或更多更多的不同樣貌。此外，還有用來描述資料格式的「詮釋資料（metadata）」，詮釋資料也是一種資料，是一種專門用來解釋資料的資料，例如定義文件的格式、描述一個人的資料、規範程序步驟的資料、描述組織機構的資料等。例如：一個人是一筆資料，而關於人的姓名、性別、年齡、興趣、職業…等相關資料則是人的 metadata。

結構化、組織與命名

先決定資訊空間裡頭的資訊顆粒程度（levels of Granularity[2]），如同找出構成物質的原子一樣，然後再規劃不同項目之間的關聯，這個過程稱為「結構化（structuring）」。「組織（organizing）」的意思是：聚集資訊項目形成有意義的分類，為使用者創造一個合適的內容環境，一旦他們接觸到這個環境，便能察覺到身在何處，且辨識出他們要找的東西。命名（labeling）是指給予這些分類合適的名稱，或者賦予導覽項目合適的名稱，以此來帶領使用者在資訊空間中移動。

2 資訊顆粒程度（Granularity）是指資訊區塊的相對大小或粗糙程度。資訊詳細程度的不同等級，從大顆粒到小顆粒排列就像是「雜誌、文章、段落、句子」這樣的例子。

尋找與管理

可尋性（findability）是影響整體產品或服務易用性的關鍵因素。假使使用者透過瀏覽、搜尋、詢答的方式都沒辦法找到他所需要的答案，那麼這個資訊產品或服務的問題就很大了。資訊容不容易查找與資訊是否被有效管理，兩者之間息息相關。想要達成這個良好的設計目標，資訊架構設計者不僅必須為一般使用者需求著想，也必須為管理資訊的人或機構設計出有效且明確的內容管理方式及管理規範。換句話說，資訊架構規劃需要在使用者需求與商業目標之間取得平衡。

藝術與科學

資訊架構裡頭有易用性工程這樣的學科，比較偏理性工程一些；也有人種誌這類田野調查，偏向社會人文的研究方法。結合了這兩種特質的專業知識，能更客觀科學地分析洞察使用者需求及資訊搜尋行為。我們經常研究網站的瀏覽模式，藉此加以改善網站，但是資訊架構的實務工作絕對不只是看流量數據，實際上還有很多複雜或模糊的問題值得我們去解決。資訊架構師經常需要依賴經驗、直覺、創意來做事，我們必須能承擔風險並信任直覺。這就是資訊架構學裡頭的「藝術」部分。

只是你看不見，並不表示它不存在

資訊架構經常遇到的質疑之一是你沒辦法輕易指出它來。我們敢跟你打賭，你應該沒聽過太多次這種講法：「你看這網站的資訊架構糟透了！」或者「這個 app 裡頭的東西好難找！它的資訊架構有問題！」大多時候，你會聽到像這樣子的描述：「這網站很難用」或「這個 app 很爛」吧！但實際上，你無法輕易「看」到東西裡頭的資訊架構，並不代表它不存在。正如同經典寓言「小王子」的作者德聖艾修伯里在書中說的：「有些時候真正重要的東西，用眼睛是看不到的，必須用你的心！」

要解釋資訊架構的存在，我們來看看西洋棋這個例子。一提到西洋棋，或許在你腦海立刻跳出的是如同圖 2-1 一樣的棋盤，棋盤上有雕刻精美的棋子，旁邊擺著白蘭地酒杯，壁爐裡有火焰跳動著。然而西洋棋遠不止於此，西洋棋之所以叫做西洋棋，其實是因為它的資訊結構與眾不同，這些特性來自於事先定義好的遊戲規則。

西洋棋的兩方玩家代表相對抗的軍隊，分成黑白兩邊，軍隊是一組棋子，棋子類別分成：國王、皇后、城堡、教士、騎士、士兵。軍隊部署八乘以八一共六十四個格子所組成的矩陣裡頭，這個棋盤創造了一個特定的空間，而這個空間就是雙方的戰場。

圖 2-1　處於準備開戰狀態的西洋棋盤（圖片來源：*http://bit.ly/opening_chess_position*）

在西洋棋玩法上，有非常多規則用來決定軍隊之間如何互動。不同類別的棋子有自己的移動規則，具備不同的攻擊範圍、領域、數量、還有本身的價值（表格 2-1）。

表 2-1　不同種類的棋子的數量與價值

名稱	數量	價值
士兵	8	1
騎士	2	3
教士	2	3
城堡	2	5

名稱	數量	價值
皇后	1	9
國王	1	—

（國王是無價的，當他被捕獲時，遊戲就結束了！）

現在我們再想一下那個漂亮的木雕西洋棋盤。假設把棋子上的漂亮花紋去掉，也不使用木製棋盤，只保留那些西洋棋遊戲中最基本的資訊結構（information structure），我們還能玩西洋棋嗎？事實上，西洋棋沒了木頭雕刻，甚至沒有實體物理存在的物件，一樣可以玩，而且形式還有很多種哩。例如，你曾經聽過「通訊西洋棋（correspondence chess）」嗎？這是一種透過郵寄信件（貼郵票的那種）的方式，在信件紙卡上以筆來玩的西洋棋如圖 2-2。

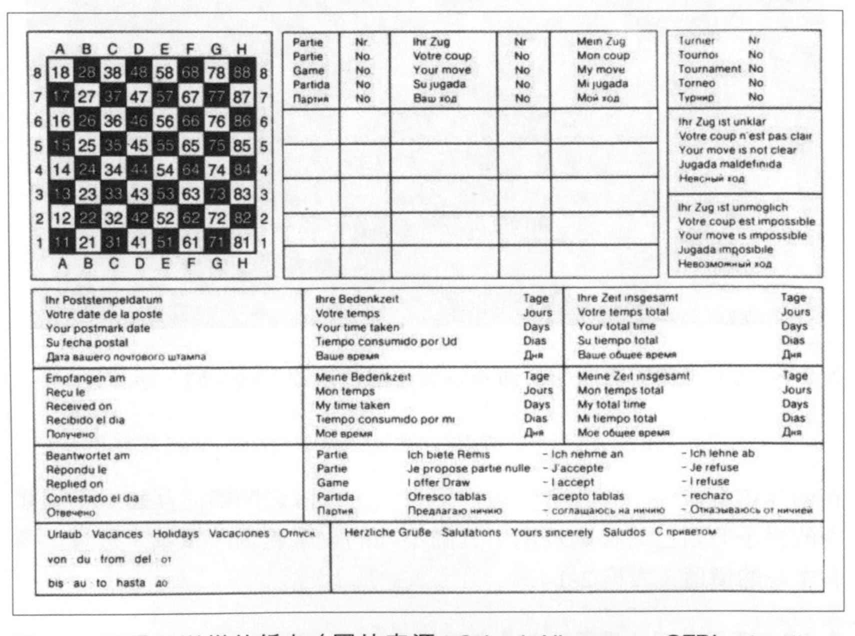

A B C D E F G H
8 18 28 38 48 58 68 78 88 8
7 17 27 37 47 57 67 77 87 7
6 16 26 36 46 56 66 76 86 6
5 15 25 35 45 55 65 75 85 5
4 14 24 34 44 54 64 74 84 4
3 13 23 33 43 53 63 73 83 3
2 12 22 32 42 52 62 72 82 2
1 11 21 31 41 51 61 71 81 1
A B C D E F G H

Partie Nr. / Partie No. / Game No. / Partida No. / Партия No
Ihr Zug Nr / Votre coup No / Your move No / Su jugada No / Ваш ход No
Mein Zug / Mon coup / My move / Mi jugada / Мой ход

Turnier Nr / Tournoi No / Tournament No / Torneo No / Турнир No

Ihr Zug ist unklar / Votre coup n'est pas clair / Your move is not clear / Jugada maldefinida / Неясный ход

Ihr Zug ist unmoglich / Votre coup est impossible / Your move is impossible / Jugada imposibile / Невозможный ход

Ihr Poststempeldatum / Votre date de la poste / Your postmark date / Su fecha postal / Дата вашего почтового штампа

Ihre Bedenkzeit / Votre temps / Your time taken / Tiempo consumido por Ud / Ваше время — Tage / Jours / Days / Dias / Дня

Ihre Zeit insgesamt / Votre temps total / Your total time / Su tiempo total / Ваше общее время — Tage / Jours / Days / Dias / Дня

Empfangen am / Reçu le / Received on / Recibido el dia / Получено

Meine Bedenkzeit / Mon temps / My time taken / Tiempo consumido por mi / Мое время — Tage / Jours / Days / Dias / Дня

Meine Zeit insgesamt / Mon temps total / My total time / Mi tiempo total / Мое общее время — Tage / Jours / Days / Dias / Дня

Beantwortet am / Répondu le / Replied on / Contestado el dia / Отвечено

Partie Ich biete Remis - Ich nehme an - Ich lehne ab
Partie Je propose partie nulle - J'accepte - Je refuse
Game I offer Draw - I accept - I refuse
Partida Ofresco tablas - acepto tablas - rechazo
Партия Предлагаю ничью - соглашаюсь на ничью - Отказываюсь от ничьей

Urlaub Vacances Holidays Vacaciones Отпуск
von du from del от
bis au to hasta до

Herzliche Grüße Salutations Yours sincerely Saludos С приветом

圖 2-2　通訊西洋棋的紙卡（圖片來源：Schach Niggemann GFDL，*http://www.gnu.org/copyleft/fdl.html*，或 CC-BY-SA–3.0，*http://creativecommons.org/licenses/by-sa/3.0/*，Wikimedia Commons 授權）

你可能比較熟悉的是電腦螢幕上的西洋棋，如圖 2-3。這種西洋棋必須得透過電腦設備來玩，棋子與棋盤都只是螢幕上的像素而已，隨著遊戲機台的差異，下棋的使用者介面會做部分調整以符合裝置的特性。

圖 2-3 iPhone 手機上的西洋棋 app："Deep Green Chess"，透過觸控螢幕進行遊戲

甚至，可以僅利用簡單的符號及排列方式來代表棋子跟棋盤，在文字模式螢幕上一樣可以玩西洋棋如圖 2-4。

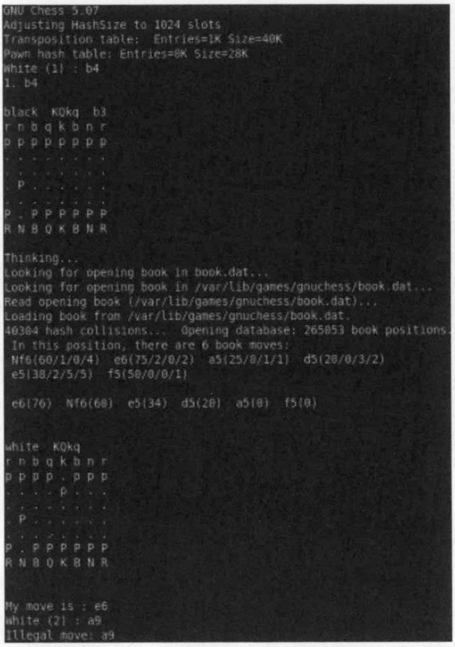

```
GNU Chess 5.07
Adjusting HashSize to 1024 slots
Transposition table:  Entries=1K Size=40K
Pawn hash table: Entries=8K Size=28K
White (1) : b4
1. b4

black  KQkq  b3
r n b q k b n r
p p p p p p p p
. . . . . . . .
. . . . . . . .
. P . . . . . .
. . . . . . . .
P . P P P P P P
R N B Q K B N R

Thinking...
Looking for opening book in book.dat...
Looking for opening book in /var/lib/games/gnuchess/book.dat...
Read opening book (/var/lib/games/gnuchess/book.dat)...
Loading book from /var/lib/games/gnuchess/book.dat.
40304 hash collisions...  Opening database: 265053 book positions.
 In this position, there are 6 book moves:
 Nf6(60/1/0/4)  e6(75/2/0/2)  a5(25/8/1/1)  d5(20/0/3/2)
 e5(38/2/5/5)  f5(50/0/0/1)

 e6(76)  Nf6(60)  e5(34)  d5(20)  a5(0)  f5(0)


white  KQkq
r n b q k b n r
p p p p . p p p
. . . . p . . .
. . . . . . . .
. P . . . . . .
. . . . . . . .
P . P P P P P P
R N B Q K B N R


My move is : e6
White (2) : a9
Illegal move: a9
```

圖 2-4　以文字指令介面玩的西洋棋 - GNU 西洋棋

當然，還有無數種變化的實體西洋棋，不同材質，不同設計，從精雕木棋，到便宜的磁鐵塑膠做的西洋棋（圖 2-5），到一套將近一千萬美金，用黃金鑽石做的「皇家珠寶西洋棋（Jewel Royale Chess Set）」。

你會發現即使這些西洋棋幻化七十二種不同化身，它們始終還是西洋棋，這有趣吧？因為不管哪一種化身都能表現出西洋棋內含的資訊結構。西洋棋的物理型態及互動機制都僅受到互動設計或工業設計的影響，各種化身的西洋棋之所以仍能維持為西洋棋，是因為他們能表現出相同的資訊結構。

從許多方面來看，實體棋盤或虛擬棋盤都有具體的外顯特性及介面，所以人們很容易感知到棋盤的存在，也容易與各種不同樣式的棋盤互動。相較之下，西洋棋的抽象概念比較無法捉摸，但換個角度來想，它的抽象概念更真實，影響也更深遠。也正因為它獨特的資訊結構，使得西洋棋跟其他的遊戲截然不同。資訊架構的存在與否還真是個哲學問題呢！

圖 2-5　一場緊張的西洋棋賽在廉價的磁吸式西洋棋盤上展開了。（圖片來源：*http://bit.ly/magnetic_chess*）

有趣的是人們玩西洋棋玩了幾世紀，也沒有人會跳出來說自己創造了西洋棋的資訊架構，有些時候我們規劃設計資訊架構時，我們自己也不見得知道正在做這件事情，而且可能還做的不錯，只有在回顧的時候，我們會指出它們說：「這個資訊架構還不賴！」

邁向超讚的資訊架構

使用者、內容、脈絡（User，Content，Context）。在這本書裏你會不斷不斷地看到這三個字，一遍又一遍。這三者構成資訊架構設計實務上的最重要基礎模型。這個基本模型承認一個事實 - 你不可能憑空設計出有用的資訊架構。再厲害的資訊架構師也無法在黑暗的空間中，組織一大沱內容，最後還能發展出了不起的設計方案。缺少了光線，看不清楚環境，你就是沒辦法施展身手。

網站、企業內網、應用程式、或其他資訊空間都不是無機物，也不能視為穩定的構造。相反地，不管是資訊系統本身或它所存在的環境，兩者的本質都是動態的、有機的。現代的資訊環境並非舊世代圖書館的圖書目錄卡，我們所討論的是複雜的、自適應的系統；我們討論的是超越部門、事業單位、機構組織或國家界線而湧現的豐富資訊洋流；我們討論的是設計產出的混亂錯誤，反覆試誤，優勝劣敗。

我們借重「資訊生態學（information ecology）[3]」的概念，來解釋使用者、內容、脈絡的組合，用來描述資訊環境中複雜的相依關係。為了幫助人們想像及理解這些關係，我們透過 Venn 圖（圖 2-6）來表達這些關係。這三個圓圈代表了使用者、內容、脈絡（特別指商業脈絡）這三者的相互依存關係，同時一起存在於一個複雜的、自適應的資訊生態之中。

簡單說，進行資訊架構的設計開發之前，我們必須先釐清隱藏在專案計畫背後的商業目標以及可用的資源；要特別留意現存的內容數量與特性，最好能夠預估未來一年的變化與衝擊；同時，我們也必須學習瞭解我們主要的使用者需求以及資訊尋求行為。

3 更多關於資訊生態理論，可以閱讀這兩本書：Thomas Davenport 及 Lawrence Prusak 合著的 *Information Ecology*（Oxford: Oxford University Press, 1997）以及 Bonnie Nardi 及 Vicki O'Day 合著 *Information Ecology*（Cambridge, MA: MIT Press, 1999）。Nardi 及 O'Day 定義資訊生態（information ecology）為：在某個特定區域環境中，由人們、做法、價值、技術所構成的系統。

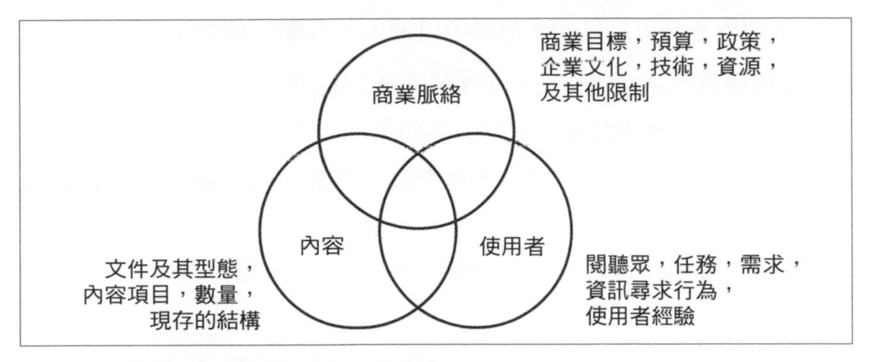

圖 2-6　資訊架構學裡頭經典的三個圓圈

這三件事情會影響資訊架構設計品質的優劣，而且這三件事情都是浮動的。使用者不是一個單純概念，他們之間存在著許多差異：態度、人口統計變數、心理統計變數、任務流程、資訊需求、資訊尋求行為、還有更多。內容也是變化多端：內容品質、流通狀態、內容授權、普及程度、策略價值、內容成本等等。商業脈絡則受到商業組織本身的任務、願景、目標、政策、文化、集權或分散管理、分層授權等的影響。這些多樣變數的不同組合使得前後時期的資訊環境有差異，也使得任何兩個資訊環境都不盡相同。

看得出來這三個圓圈構成的概念是被過度簡化的，如此簡化概念是否對於資訊架構設計有幫助呢？這是毫無疑問的。這個模型已經被使用過超過二十年了，曾經被應用於各式各樣的環境中。從 Fortune 百大企業的國際網站設計，到小型非營利組織內部應用程式。有趣的是，即使這個概念看起來如此簡化，每當我們面對難解的問題時，它們卻不可思議地好用，因為聰明的資訊架構師一定會知道要因地制宜，依據實際專案狀況來調整，分解所有相關問題，巧妙地放到這三個圓圈裡頭，然後開始逐一解答這些問題，尋求好的方案。

如果你問我們哪些議題最重要最值得被搬上檯面討論，那麼答案很簡單：「關於使用者及他們的需求、內容、脈絡的相關知識是最重要的。」舉例來說，瞭解使用者的知識可以來自 HCI（human-computer interaction）及還有許多心理學 / 人類學相關領域；與內容相關的知識可以去研究專業期刊或通訊技術；與脈絡有關的知識可以從組織心理學獲取。

這三個圓圈甚至可以幫助我們思考更深入的問題，例如：

- 我們應該熟練哪些方法用來做研究或評估？
- 一個資訊架構設計團隊需要哪些類型的人才？
- 想要進入這個領域，瞭解實務案例，我們應該去閱讀哪些書籍或部落格？
- 如果想要提出設計方向，哪些項目必須被納入資訊架構設計策略？

上述問題的答案，都是從尋找使用者、內容、脈絡三者間的平衡點開始。

看到這裡，也許你會不禁疑問：技術不該也有一個自己的圓圈嗎？也許。

技術確實也是重要的元素，但是我們發現技術通常得到了超過它應有的關注。而且越來越發現到，提到技術時的相關討論，是可以被歸類在「脈絡（商業脈絡）」裡頭的。在現實環境中，技術能夠帶給最終專案成果新的發展機會以及相對的限制，而這些新的機會或限制也剛好落在商業脈絡中要考慮的範疇中。

順帶一提，資訊架構設計工作需要加入一些幽默感，這點看似無理但實際上卻很重要。因為我們經常要處理抽象模糊的、模擬兩可的或荒誕不經的事物，甚至經常處於一邊起飛一邊造飛機的情況！面對這種變動抽象模糊的狀態，保持輕鬆彈性的心態反而是有益的。

此外，經歷了多年資訊架構設計顧問工作，我們發現幾乎每一次的情況都是獨特的。這並不只是說外部網站與企業內部網站長得不一樣，或者不同行業的網站長得不一樣而已。我們的意思是，每一個資訊生態都是獨一無二的，正如同指紋或雪花一樣。TOYOTA 企業內網與福特或通用汽車的企業內網截然不同，並不因為他們都同屬汽車產業而相同。一樣都在金融產業，富達、先鋒、嘉信理財與 E*TRADE 分別都創造了獨特的線上金融服務體驗，雖然一樣都在金融產業，但是他們的資訊生態也是很不一樣的。即使在商業世界中，模仿、比較、或者參考行業最佳典範這類行為到處都有，但是上述資訊系統還是具備高度的獨特性，幾乎沒有相同的。

這時候我們這個模型就派得上用場了。因為無論專案計畫有多特殊或多簡單，這個模型總是有足夠大的包容性，可以幫助我們去挖掘出藏在計畫背景後的特定需求及設計機會。接著，我們來看看這三個圓圈如何助生一個完全獨特的資訊生態。

商業脈絡

所有的數位設計專案都存在於某特定的企業或者機構的脈絡之下。不管是外顯的或內隱的，每個機構都有自己的願景、任務、目標、策略、人員、工作程序及步驟、實體資產、技術基礎建設、預算與企業文化。企業本身的能力、抱負、資源等不同元素，經過組合之後，使得每一個機構都是獨一無二的組織。

也因此，資訊架構與企業 / 機構的環境脈絡匹配後也就變得獨特起來了。網站或 app 都可以協助你的企業與顧客或員工之間對話，在這互動過程中，最主要幫助溝通對話的其實是網站或 app 的內容及結構（也就是資訊架構），它們影響了顧客或員工對你的產品或服務的認知。

內容與結構會告訴顧客未來可以期待你提供些什麼。它們形成一種框架讓顧客參與互動或限制互動。你的資訊架構代表了企業組織的一幅快照，包含了任務、願景、價值、策略及文化，而這往往是展現企業特質最實際的東西。了解資訊架構之於企業組織有這層意義之後，你還會想要讓這幅快照看起來跟你的競爭對手一樣嗎？

資訊架構的成功關鍵是深入了解商業脈絡（Context），並且找到相互之間的合理對應。首先，你必須了解企業組織的本質，什麼因素造就了企業的獨特價值？目前處於市場環境的位置，以及未來要往哪裡去？在很多個案中發現這些都是隱性的知識，你不容易輕易取得，也很難直接看見，因為它不見得被寫下來變成文件，可能僅存在於某些人的腦海中，甚至從未轉化成文字。

我們已經討論了一些簡單的方法來萃取商業脈絡的內涵，並且依照屬性來管理這些知識。接下來，你必需學會將這些發現反應在資訊架構設計上，而且要跟商業目標、策略及文化一致。我們將要討論一些方法及工具用來建構對應商業脈絡的配置。

在第一章提到使用者會透過多元管道與企業組織互動，因此你必須提醒自己去思考這個問題：使用者會透過手機 app 或桌上型電腦網站來互動，哪些使用者會以哪種為主要管道？這兩種不同的管道分別有它們擅長的互動方式，也有它們各自的弱點。舉例來說，行動裝置的螢幕的顯示畫面越小，這代表必須採用更短的命名及更小的導覽選單。小螢幕的行動裝置跟大螢幕的電腦通常有不同的使用時機與地點。如果企業服務會透過一種以上的管道傳遞，你就必須思考這些不同管道之間有哪些項目是重疊的？以及不同管道之間如何互相串連互動？這些多元管道的因素也是商業脈絡的一部分，而且會影響資訊架構的設計。

內容

什麼是「內容（Content）」？它的涵蓋範圍很廣，包括：文件、應用程式、系統背景服務、資料結構、metadata 等，這些都是人們會用到的內容，也是人們會在你的系統查找的東西。或者換一個講法，「內容」就是所有填入你的網站或應用程式的東西。數位系統的種類非常多，有些會大量充斥著文本資料，其中網站形式的數位系統（就是網站）是絕佳的溝通工具，因為它保留了文字跟句子，可以充分傳達意義。當然，我們也可以將它視為用來完成工作或進行交易的工具，可以用來買或賣東西，也可以進行計算、設定、排序、模擬等操作，一種具備彈性擴展能力的數位系統。但即使是最任務導向，功能最複雜的電子商務網站，裡頭也是有不少文本形式的內容，好幫助顧客找得到他們想要的東西。

如果你仔細研究各式各樣的數位系統，你就會發現有幾個關鍵的參數可以用來判別這些不同的資訊生態：

內容擁有權（*Ownership*）

誰創造這些內容？誰擁有這些內容？擁有權是由特定內容授權單位集中管控？還是由不同功能單位各自擁有？有多少內容來自外部資訊廠商的授權？有多少是由使用者自行生產的？上述問題的答案會全面性地影響你擁有的內容控制層級。

格式（*Format*）

資料庫、產品型錄、討論留言、Word 格式的技術報告、公司年報 PDF 文件、辦公文具採購申請表、執行長演講影片檔案，這些都是文件、資料庫、表單的某些格式而已，各式各樣的內容格式，隨便一個稍大的企業或機構網站上都可以找出一大堆各式各樣的內容格式。網站或企業內部網站已經是匯總組織內各種數位文件的最佳方式。

結構（*Structure*）

並不是被稱為文件的內容，就會長得一樣，例如：備忘文件可能少於一百字，技術手冊也許超過一千頁。有些資訊系統是專門用來做文件管理的，在這類系統的功能內容與文件形成高度整合，文件就是最小的內容單位了。還有一類的資訊系統採用內容元件控管或數位資產管理的方式，搭配結構化語言（例如 XML 或 JSON 格式）做到更細緻的內容存取控制。

詮釋資料（*Metadata*）

Metadata 是指用來描述資料的資料。想要活用內容，靈活操作的話，那麼 metadata 的建立與維護就不可或缺。你的資訊系統已經建立 metadata 了嗎？涵蓋多大範圍的內容呢？被 metadata 標記過的文件是採用人工手動還是系統自動化？ metadata 的品質如何？一致性如何？有沒有採用控制詞彙（controlled vocabulary）？一般使用者有沒有權限去標記內容？這些因素決定了你要從哪裡開始著手規劃，不管是要做資訊檢索還是內容管理。

資料量（*Volume*）

有多少內容需要處理？有多少支應用程式需要被管理？一百支程式？一千頁文字？還是一百萬份文件檔案？系統究竟有多大？

內容活性（*Dynamism*）

內容的成長率如何？週轉率呢？明年估計有多少新的內容會加進來？加進來的速度有多快？

這些答案會使得內容與應用程式之間產生不同的搭配組合，也因此最後可能會需要一套可以客制調整的資訊架構。

使用者

關於使用者（User），我們最需要知道最重要的一件事情是，當我們提到「使用者」其實我們是在講活生生的「人們」。人有七情六慾，有渴望有需求，有在意的事情，也有一些怪毛病，使用者正如同你我一樣。在資訊架構領域裡頭，我們以「使用者」這個字作為略稱，代表的意思是：那些即將使用你設計的資訊空間的人們。

時序拉回到 1990 年中期，當時 Amazon 還沒成氣候之前，我們正在為 Borders 連鎖書店（Borders Books & Music）設計它的第一個企業網站。我們從它們身上學到很多顧客研究及數據分析，用來輔助實體書店的店內設計與建築。Borders 非常瞭解自己的顧客與競爭對手 Barnes & Noble 的顧客有什麼差別，包括顧客喜好、購買習慣、審美偏好、還有基本的人口統計變項。當時，它的連鎖書店彼此之間的書籍陳列與選書策略都有明顯地差異，甚至在同一個小鎮裡頭的兩家店也會有差別。書店的陳列與選書不一致並不是無意的錯誤。

它們之所以不同是取決於設計。這些差異化設計是建立在高度的自信上，因為他們瞭解他們的顧客，也瞭解市場區隔。在實體書店的顧客偏好與購買習慣的不同，正如同使用者逛網站或使用 app 時，也會有不同的資訊需求及資訊尋求行為一樣。

舉幾個例子，資深管理人員需要在最短時間內找到幾份特定主題的高品質文件。研究分析人員也許需要的是找到所有相關的文件，而且他們願意花上好幾個小時不斷地去找出更多資料。部門主管本身擁有足夠的行業知識，但是不擅長搜尋資料。青少年雖然懂得不多，但是他們會很靈巧的運用搜尋引擎。

所以，你知道是誰在使用你的系統嗎？你知道他們是如何使用的嗎？更重要的是，你知不知道他們想從系統中找些什麼資訊呢？想要解答這些問題，並不是依靠腦力激盪會議或者焦點座談可以取得的。想要瞭解使用者嗎？引用我們的好友兼同事 Chris Farnum 喜歡說的一句話：「你必須離開會議室進入真實世界中，撥開雲霧去研究使用者。」

要點回顧

我們來複習一下這個章節學到哪些：

- 資訊架構的定義可以有很多種方式。沒有唯一精準定義的這件事情，請不用擔心，這不是問題。
- 資訊架構不是你肉眼直接可視，也不是手指直接可觸，它本身是抽象的，存在於表面之下，存在於產品與服務的深層語意結構中。這有點難，但一樣的先別擔心。
- 落實有效的資訊架構設計，要善用「使用者、內容、脈絡」這個模型。
- 資訊架構的多樣變數與組合，造就了任意兩個資訊空間的獨特性，甚至同一個資訊空間經過時間變化，也會產生資訊架構上的差異。

本書第一部分提到過，資訊架構學是聚焦在創造**好找、好懂**的資訊空間。「好找、好懂」兩者有關連，但目標不同。下一章我們將會更仔細瞭解如何為「可尋性（findability）」而設計。

第三章

為尋找而設計

我收到過許多感謝 *email*，
有些人是因為在醫療網站上找到救命資訊，
有些人則是在交友網站找到終生至愛。
—*Tim Berners-Lee*

在這個章節，我們要涵蓋這些議題：

- 尋找資訊的不同模式
- 人們的資訊尋求行為（information-seeking behavior）
- 我們如何學習這些知識

資訊架構學並不是只用來研究分類法、搜尋引擎、或其他幫助人們在資訊空間找東西而已。資訊架構始於人類需求，他們之所以要來你的網站或使用你的 app 是因為他們有資訊需求。

設計資訊架構最重要的目標就是滿足人們的需求，沒有比這件事情還重要的了。滿足需求這句話是老生常談，然而實際上要做到可不是表面上那麼簡單，人們的資訊需求變化多端，每種型態的需求會展現出對應的特定資訊尋求行為。對我們來說，了解這些需求及行為，才有辦法為此而調整設計去因應，也才更能幫助到使用者。

舉例，如果你設計的資訊空間是網站上的員工通訊錄，尋找同事們的電話號碼應該是最常見的資訊需求；事實上，這樣的需求會帶出使用者找東西的對應方法。當面對這類需求，人們傾向進行搜尋（search），因此你設計的資訊架構至少要提供姓名搜尋。換個不同角度，如果你的資訊空間是用來介紹投資理財的資訊與基金投資建議的話，當面對沒有投資經驗的新手投資人，就不能以為他們也使用搜尋就足夠了。對這些投資新手來說，也許需要步驟式的說明引導，或者按照基金商品分類來瀏覽。

尋找一些你已經明確知道的東西，跟找一個只有約略概念還需要摸索學習的東西，這兩者的資訊需求是截然不同的。前者就像是找你的同事電話號碼，你很明確知道同事的姓名；後者就像是找某個還不明確的基金投資標的。因應這兩種不同的資訊需求及不同的尋找方式，你的資訊架構就得提供不同的設計。

需求引發行為，需求不同行為自然不同。有明確目標的搜尋，當然跟瀏覽未知的目標會產生很大的差別。區分不同的需求及行為，找出並確認「使用者關鍵需求」是非常有價值的工作，我們在設計資訊架構時應該盡全力去發現關鍵需求。一旦確認之後，就能確保後續投入的心血不會白費，並且能讓手上的工作資源集中火力做出最好的安排。

過度簡化的資訊模式

有幾種不同的模式可以用來分析使用者找資訊時的整體行為。為了讓行為模式的分析較有條理章法，我們必須問自己幾個問題：

- 使用者需要哪一種資訊？
- 多少資訊量才叫做足夠？
- 使用者如何與資訊架構產生互動呢？

比較糟糕的是，最常獲得的結論往往是「過度簡化」的，它也是最容易造成問題的模式。它大概是像圖 3-1 這樣：

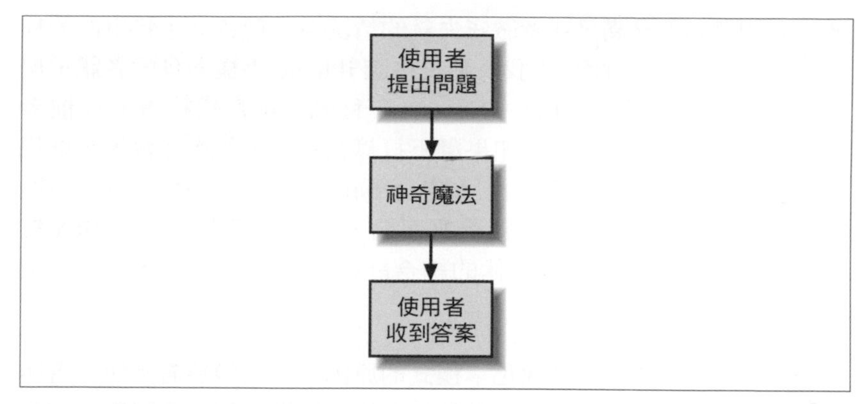

圖 3-1　「過度簡化」的資訊模式

或者以演算邏輯來簡單解釋：

1. 使用者提出問題
2. 發生了某些事情（搜尋或瀏覽之類）
3. 使用者得到答案
4. 結束

輸入，輸出，快樂結局。故事哪有這麼美好？這個模式太機械化，沒有考慮到人性。因為在這個模式中，我們對於使用者做了趨近完美的假設，我們假設使用者的行為可以被預測，而且他們具有合理的動機。但實際上，使用者並不是這樣子的。

為什麼這個「過度簡單」模式會造成問題呢？因為真實環境中，能套用這個模式的資訊尋求行為出現機率不高，只有那些非常清楚自己要找什麼的人們，才能以「過度簡化」模式來分析。例如在員工通訊錄找電話的情境中，人們知道去哪裡找答案，知道如何描述問題，知道如何使用系統來達成。

多數情況下，人們並不清楚自己究竟要什麼。你有沒有去網站上亂逛的經驗，而當時你並不確定自己要找什麼，藉著亂逛網站來嘗試能否發現某些資訊？例如，使用者到醫療健康資訊網站上亂逛，他們並不見得知道他們要找的其實是皮膚癌或黑色素瘤這麼精準的內容或概念。

通常人們達到部分滿足或者徹底失望的情況下，就會結束找東西的動作。例如：使用者會說：「我找到一些讓 iPhone 手機同步的資訊，但是卻找不到如何同步到 Lotus Notes（一種郵件與群組軟體）」，前者部分滿足，後者放棄尋找。如果還不打算結束，人們可能會因為查找過程獲得的新資訊而改變尋找目標。例如：使用者會說：「原本一開始我只是想了解一下退休生活計畫而已，後來才意識到 Roth IRA 很適合我（這是一種減稅加退休的綜合計畫，美國民眾退休財稅政策之一）。」

另一個不建議採用「過度簡化」模式的原因是，它只能看到使用者與資訊架構互動的當下，忽略了其他的環境或時間脈絡。資訊需求的整體脈絡涵蓋甚廣，使用者敲打鍵盤之前與之後的相關事物都算在裡面，而這些脈絡因素全部都被忽略了。過度簡化模式也假定，在接觸資訊架構之前，使用者已經先天具備少量的知識，忽略了使用者可能是一無所知的情況。

最後，這個模式會導致太早下定論，抹滅了過程的豐富跟樂趣，這是很可惜的事情。仔細觀察使用者與資訊架構互動的歷程，在心理層面與行為層面蘊藏著大量有趣的資訊，每一次發現一個有趣的小片段都意味著一個設計的機會。跑太快，你就沒機會欣賞風景了。

以為尋找資訊是一條直線到底的路，這是一個錯的離譜的觀念，誤以為只要透過簡單運算邏輯就能找到答案，導致這個模式潛藏著誤判真相的風險。現在資訊技術很進步，藉著資料庫技術（例如 SQL 之類）能快速地查找文數字資料，這會讓我們誤以為面對隱含在文本檔案裡頭的抽象想法跟概念也可以比照辦理，但其實不然。

由於錯誤的假設，使得設計出來的搜尋引擎軟體或其他應用技術不管用，導致許多計畫失敗損失數百萬美金。一些號稱以使用者為中心（user-centered design）的設計技術一直懷抱著這個錯誤的觀念，誤以為資訊找尋過程很簡單，可以被量化計算，以為計算使用者花多少時間、點幾下、或看幾頁來找到正確答案就夠了。實際上即使使用者找到了一些東西，但這往往不代表這些就是使用者需要的正確解答，甚至這個資訊空間裡頭根本就不存在滿足使用者的真正答案。

好了，對這個模式的批評到此為止。接著我們要來仔細分析資訊需求，以及資訊尋求行為（information seeking behavior），並建立更好的分析模式。

資訊需求（Information Needs）

當某人造訪網站去找東西時，究竟他真正要的是什麼？在「過度簡化」模式中，他想要的是能夠回答他的問題的正確答案。確實，如果資料庫中的文數字資料存在有正確的答案時，那麼是有機會透過搜尋資料庫找出正確答案，就像是「聖馬利諾 San Marino 這個位於歐洲南邊的小國有多少人口？」這種問題。對多數人來說，資料庫搜尋是我們最熟悉的搜尋方式。

但是資料庫以及以資料庫為基礎的資訊空間，裡頭存放的不只是那些結構完整的數據，其實裡頭更多的是文本資料。而文本資料本身是由各種含糊的、凌亂的想法跟概念所構成。當我們到網站去找退休投資建議，或去找美國加州轄下 Mendocino 郡的餐廳？或去找最近英國曼聯足球隊（Manchester United）發生什麼事情，其實我們需要先產生一些靈感跟想法，用來幫助我們做決定。這些問題是否存在所謂的標準答案呢？其實答案只有一個，那就是「沒有標準答案」。

再次回到這個問題：「人們想要什麼？」讓我們以釣魚當作比喻來想想。

釣到大魚（*The perfect catch*）－找到最佳解答

有些時候使用者真的是需要找到最正確的答案，就像是拿著釣竿釣魚，一心期待著釣到最棒的那條魚。例如，我們想知道「聖馬利諾有多少人口？」你到維基百科或其他塞滿資料的網站去找，你就會「釣到」那個正確的數據（依據最近的估計是 32,576 人），到此已經完成任務。就如同前面提到「過度簡化」模式的流程。

設置蝦籠（*Lobster trapping*）－找到一些有用的就好了

有多少次你想找到的並不是一個單純的答案呢？你不太有把握究竟該找些什麼，如果能多多少少找到些有用的東西或建議也就夠了，甚至不是太有用的資訊也無所謂。由於缺乏明確的目標跟想法，你並沒有預期非釣到大魚不可，所以你設置了一些補蝦籠子，不管能捕捉到什麼都沒關係，有抓到就好。比如找旅館，你希望在加拿大安大略省 Stratford 鎮上找幾家有附早餐的的旅館，一開始先蒐集幾家預備著就夠了，以後再打電話訂房或確認其他細節。或者你想要知道一些十九世紀路易斯與克拉克遠征（美國國內首次橫越大陸往返探險活動）的事情，關於路易斯與克拉克遠征隊的資訊既多又雜，有書籍評論，有電子版探險日記，甚至找到俄勒岡州路易斯與克拉克大學，這些資訊大概只需要其中一部分，其餘多的就捨棄掉了。或者你需要一些儲蓄與退休財務規劃的構想，但是還沒有決定非做什麼不可，網路上有什麼文章就看什麼文章。

一網打盡（*Indiscriminate driftnetting*）—設法找到所有東西

有些時候你會竭盡全力設法找到特定主題的所有相關資訊。比如你正在為博士論文做研究，或者市場競業情報分析，或者幫一位摯友研究醫療資訊，或者設法找出所有網路上談論到你的訊息（Egosurfing）。在這些例子中，你企圖要找到大海中的每一條魚，所以你想盡辦法捕撈所有的東西。

尋找記憶中的白鯨（*I've seen you before, Moby Dick...*）—想要找到以前看過的東西

有些時候你很明白要找以前看過的東西，嘗試回想起可能的線索來尋找，你能很快判斷找到的是不是你原來看過的，隨著線索越來越多，你會更具體知道該如何找或去哪裡找。如果一開始感覺初次看到的資訊很有意義，你會擔心以後找不到，就會試著做些記號或收藏下來，方便未來能找回這些資訊。由於社群書籤網站以及 Pinterest 這類內容蒐集網站的協助，現在即使把白鯨放回大海後，以後還是有很高的機率能把它找回來。

以捕魚當比喻可以很清楚地描繪這四種典型的資訊需求。當你希望找到最佳解答時，通常你很清楚你要什麼，如何描述，可以去哪裡找。這是所謂的「已知項目尋找（*known-item seeking*）」。常見的例子就是去員工通訊錄找同事的電話號碼。

有時候你只是想試試看能否找到有用的東西，不管撈到什麼都好，這時候你正在做的是「**探索式尋找**（*exploratory seeking*）」。在這種情況下，你不太知道你要找什麼，甚至你沒有意識到自己處於這種情境，但是這些都不要緊，因為實際上你正在藉著尋找資訊的過程來進行學習。例如，使用者到公司人力資源網站找資料，去瞭解公司提供的退休計畫，在瀏覽過程中使用者可能會碰巧看到某些特定專屬的退休計畫，然後開始改變方向去尋找這類資訊來學到更多類似計畫的內容。當他瞭解夠多的退休計畫細節後，又會改變方向去找其他更簡單或更複雜的退休計畫，然後從中評估最適合自己的退休計畫。

探索式尋找是典型的開放性資訊尋求行為，不期待正確答案，也不需要使用者表達明確目的。如果碰巧遇到不錯的解答，使用者會覺得很開心，然後藉著這些解答當作跳板，進入下一回合的搜尋過程。因此，探索式搜尋的過程不太容易確認何時才算是結束搜尋。

當你想要所有的東西時，你正在進行的稱為：「**地毯式研究**（*exhaustive research*）」。你正在尋找某特定主題所有有用的資訊，希望不要遺漏任何一個可能性。在這種狀況之下，通常使用者有非常多方法表達他究竟要找什麼，而且很有耐心地組合各種不同的搜尋條件去嘗試挖出更多東西。舉例來說，使用者想幫朋友研究醫療狀況，他不確定有多少資料，該找些什麼，所有他想到的概念都拿出來查找，包括愛滋病、AIDS、HIV 病毒等等。再次地，不需要有所謂的正確解答。在這個狀況下，使用者必須比任何資訊需求模式，具有更大的耐心去檢視更多可能的資訊。

最後，我們糟糕的記憶力跟忙碌的生活，經常迫使我們不得不回頭找出用過且有用的資訊。這時候，我們做的是「**再尋**（*refinding*）」。舉例來說，上班時你瀏覽網站無意中發現一篇很棒但是非常長的文章，介紹金格·萊恩哈特（Django Reinhardt，歐洲爵士史上最偉大的吉他手）的吉他演奏技巧。你知道上班時間不應該看這些東西，嚴重的話還會被老闆罵，決定下班後再找時間好好看這篇文章。通常你會設法再從網路上找出這篇文章，或使用 Instapaper 這類網站的稍後閱讀（read later）功能記住這篇文章。

圖 3-2 解釋這四種不同型態的資訊需求。他們絕對不是唯一的型態，但是大多數的使用者資訊需求都可以被這幾類型態涵蓋。

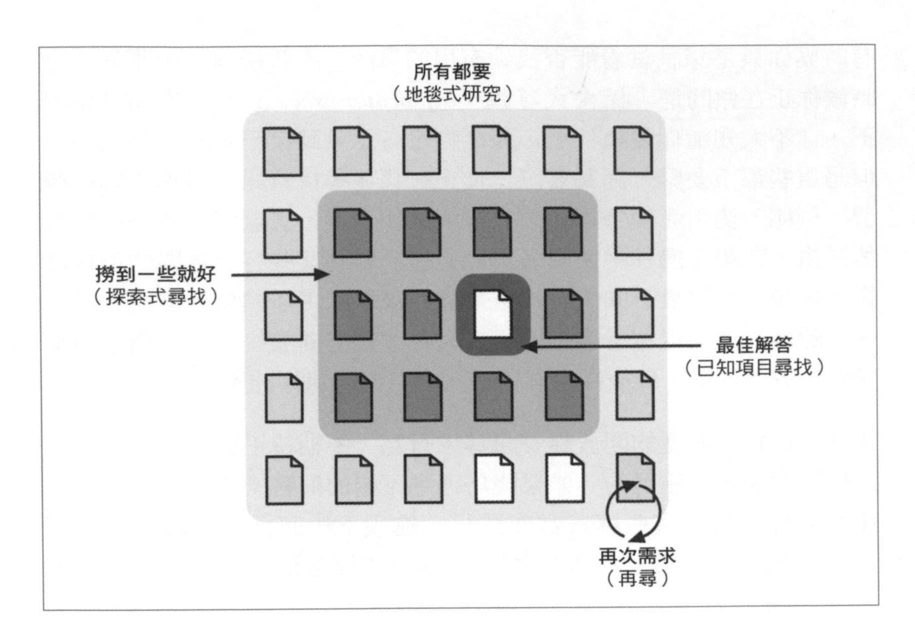

圖 3-2　四種常見的資訊需求

資訊尋求行為

網站使用者如何尋找資訊呢？他們在搜尋功能上輸入問題，或沿著網頁連結進行瀏覽，或者發 email 透過線上交談尋求協助。**搜尋**（*searching*）、**瀏覽**（*browsing*）、**詢問**（*asking*）是所有用來尋找資訊的基本方法，這些方法是資訊尋求行為（Information-Seeking Behaviors）的基礎行為元素。

尋求行為有兩種面向：**整合**（*integration*）及**反覆**（*iteration*），我們通常整合了搜尋、瀏覽、詢問三種行為在同一次的找尋過程中。圖 3-3 展示了使用者會在企業內部網站，尋找公司海外旅遊規定的過程。使用者會先循著企業入口網站進到人力資源的子網站或單元，然後瀏覽公司規定單元，接著搜尋包含國際旅遊這類字串的文件。假使沒有找到需要的答案，使用者會寫 email 給負責相關規定的部門，詢問關於到西非歷史古城廷巴克圖（Timbuktu）旅遊的話，公司會提供多少旅遊補助。

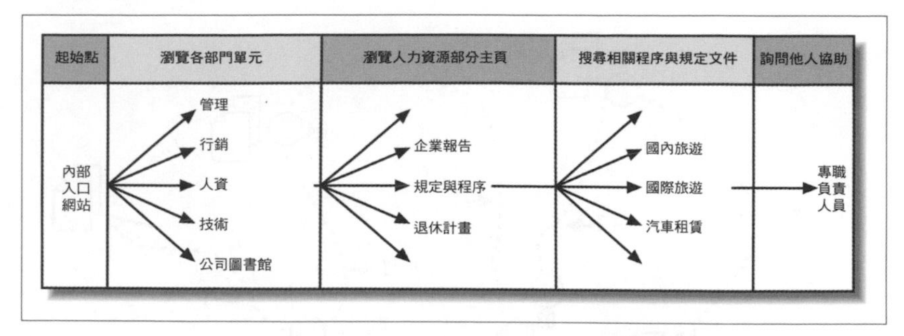

圖 3-3　整合了搜尋、瀏覽、詢問三種行為，而且反覆來回查找。

圖 3-3 說明了在尋找過程中反覆查找的動作。畢竟，不太可能第一次就找到，而且尋找過程我們也許會改變心意，每次查找都試新的方法。當使用者已經找過不少關於海外旅遊規定時，突然發現剛好有個東西叫做「廷巴克圖旅遊補助建議」，到這裡就結束尋找了。每一次搜尋、瀏覽、詢問的反覆動作，加上與內容之間的互動，都會大大地影響我們的尋找行為。

這些不同資訊尋求行為的基礎元素共同組成一個複雜的模式，就像是「採莓（berry-picking）」模式。採莓模式是南加州大學 Marcia Bates 博士在 1989 年提出的理論模型[1]。使用者一開始有個資訊需求，形成一個資訊尋找條件（query），然後隨著資訊空間的複雜路徑一步一步地移動，沿著路徑隨手擷取各種資訊片段（也就是草莓）。在過程中，使用者會學到更多，越來越了解自己想要什麼，以及在這個系統裡頭有哪些有用的資訊，然後他們會修正自己原先的資訊尋找條件（圖 3-4 採莓模式的解釋）。

1　Marcia Bates 這篇關鍵論文「*The Design of Browsing and Berrypicking Techniques for the Online Search Interface*」（http://bit.ly/berrypicking）（Online Review 13:5, 1989, 407–425）是所有的資訊架構師都必須讀的文章。在這篇文章發表後，她又延伸這些概念形成更完整的架構，請參閱 "Toward an Integrated Model of Information Seeking and Searching"（New Review of Information Behaviour Research 3, 2002, 1–15）.

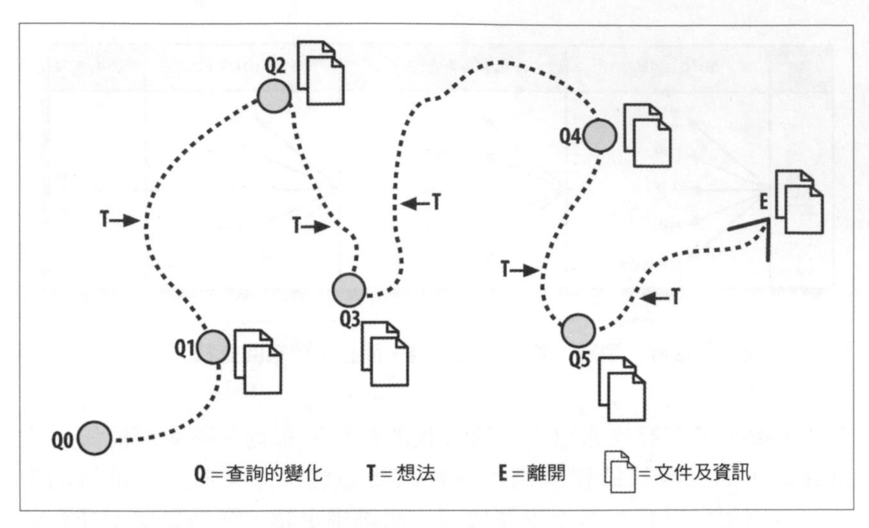

圖 3-4　採莓模式：使用者在資訊空間中的移動模式

比起早先的「過度簡化」模式來說，這個採莓模式看起來有點亂。其實它本來就是這樣，它就是反映出我們的心智是如何運作的。畢竟人不是機器，心智並不單純。

如果你的使用者經常出現採莓行為模式，那麼你規劃的資訊空間裡頭應該要提供不同搜尋動作的順暢串接，讓使用者很容易在搜尋與瀏覽之間切換，也要很容易返回前一個動作。Amazon 網站就提供這樣的整合性設計方式，讓使用者在瀏覽的商品類別裡進行搜尋，也能在搜尋結果裡頭瀏覽商品類別（如圖 3-5）。

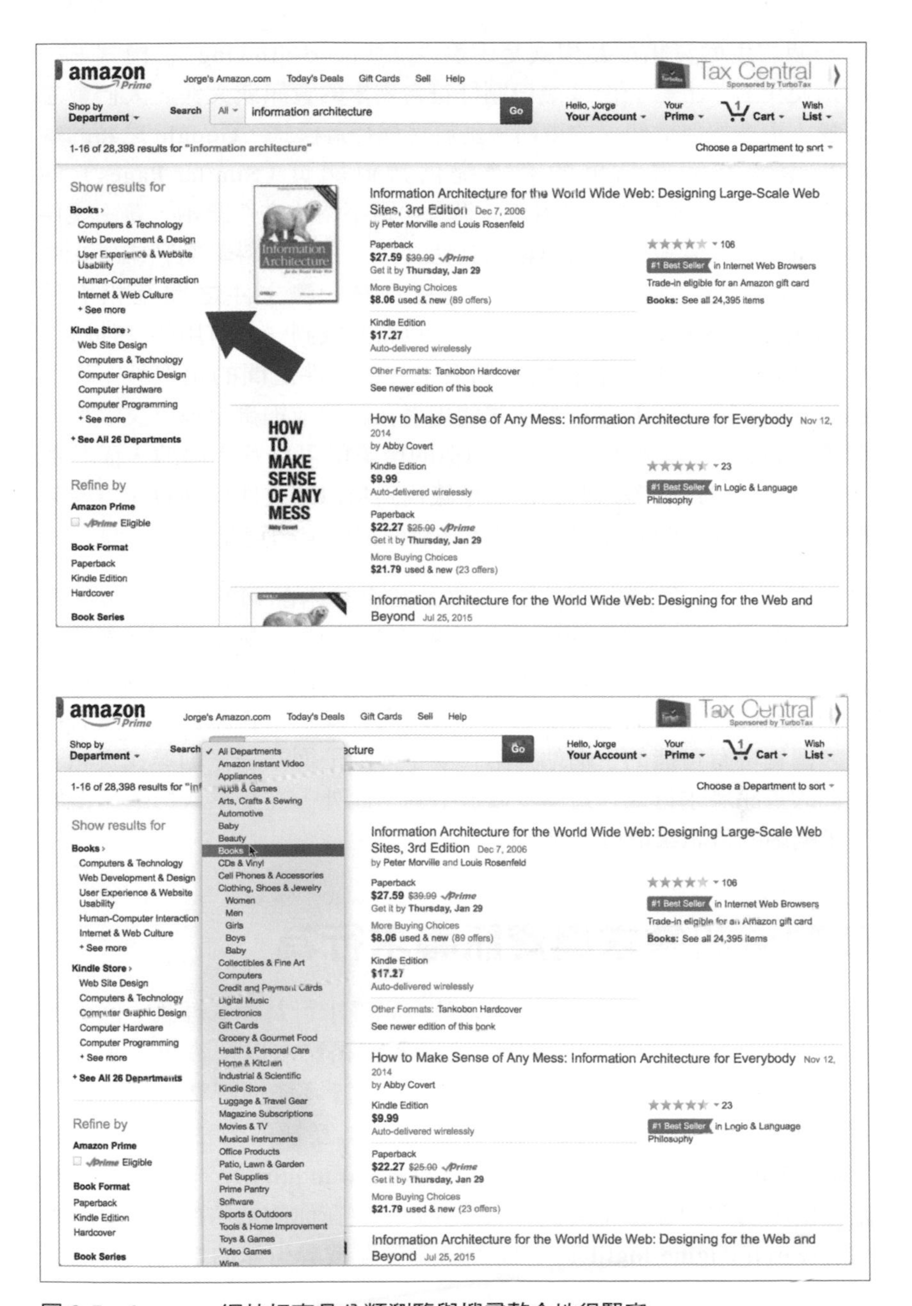

圖 3-5　Amazon 網站把商品分類瀏覽與搜尋整合地很緊密

另一個有用的資訊行為模式是「滾雪球（pearl-growing）」模式。一開始使用者手上有一份或幾份剛好符合需求的資訊或文件，人們會想要找「更多類似這個」的東西。基於這種行為模式，Google 之類的搜尋引擎會在搜尋結果的旁邊提供類似網頁（Similar Pages）的功能[譯註]。另一種方法是使用者先從一份還不錯的文件開始，藉由文件中你感興趣的關鍵字索引連結到其他文件。在一些科學期刊或以文件為主要內容的網站會大量採用這種作法，讓文件之間互相引用（citation）來串連類似的文件。你可以藉此找到一些有用的文件跟你手上這份類似，並且能比對它們引用其他文件之間的相似性，例如 Delicious 網站或 Flickr 網站能讓使用者在圖片或網頁上標註文字形成標籤（Tags），如果使用者分享類似的標籤就可以互相串連，而其他使用者也就可以藉著這些共創的標籤找到類似的文件或網頁。這些架構性的方法都有助於我們找到「更多類似這個」的資訊。

使用者如果遇到超級巨大的企業網站或企業內部網站，通常會採用「兩步驟（two-step）」的模式來找尋資訊。面對一個有幾百個部門子網站連結的大型企業網站，使用者的第一步通常只想知道究竟該往哪裡去。他們可能會搜尋或瀏覽一下網站內容或企業資訊目錄，試著找到幾個覺得有可能的子網站，第二步才會到子網站去仔細尋找資訊。他們的資訊尋求行為在這兩步驟很不同。此外，在企業入口網站與旗下子網站的資訊架構也不盡相同。

學習資訊需求與資訊尋求行為

上述幾節介紹了常見的資訊需求以及資訊尋求行為模式理論。回到實務工作上，我們該如何學習分析使用者資訊需求以及資訊尋求行為呢？使用者研究方法非常多，這本書並不打算仔細解釋所有方法，不過我們很推薦兩個我們非常喜愛且互為互補的方法：搜尋分析（search analytics）[2] 及脈絡訪查（contextual inquiry）。使用者在你網站上使用過的搜尋條件與字串，通常會存放在你的站內搜尋引擎紀錄檔（search engine logfiles），你可以請管理搜尋引擎的技術人員把資

2 關於搜尋分析，請參考 Louis Rosenfeld 這本書 Search Analytics for Your Site: Conversations with Your Customers（Brooklyn, NY: Rosenfeld Media, 2011）.

譯註 此功能已經不直接呈現於搜尋結果介面上，Google 僅提供 related: 這個搜尋指令來提供類似網頁搜尋。

料倒出來給你。而「搜尋分析」就是檢查分析搜尋紀錄，依此來判別網站本身的搜尋成效、metadata、導覽選單及內容的問題。搜尋分析會幫助我們了解使用者經常找什麼資訊，進一步可以分析出使用者的資訊需求以及尋求行為。

搜尋分析是基於大量的使用者行為數據，它的缺點是沒有辦法跟使用者互動，直接詢問使用者的需求。這時候，脈絡訪查就派得上用場了。「脈絡訪查」[3] 是基於人種誌（一種人類學或社會學的田野調查方法）而來的使用者研究方法。採用脈絡訪查，你必須直接觀察使用者如何與資訊互動，並且在使用者身處的原始環境與自然狀態之下，詢問他們正在做什麼，挖掘這個行為背後的動機或想法。「脈絡訪查」剛好能補足「搜尋分析」最大的不足。

你可能會聽到更多其他方法，例如任務分析（task analysis）、問卷調查（survey）、或焦點座談（focus group）等研究方法，但不管如何，你得採用一種方法使你能與使用者直接互動，傾聽他們需求，不過採用焦點座談時要特別小心，以免誤導研究結論。然後盡可能再搭配一個互補的研究方法，設法同時涵蓋使用者的行為與態度或質性與量化等多種研究基礎。

最後，記得你的目標是盡全力去了解使用者的主要資訊需求，以及他們的資訊尋求行為模式。了解使用者越多，就越能幫助你設計跟規劃資訊架構，也就越容易決定該如何進行設計，畢竟資訊架構有太多的可能性，找出最好的設計方式是需要費點力氣的。你也必須掌握使用者數據，影響資訊架構設計的因素很多，例如預算、時程、政治考慮、技術限制、或設計師個人偏好。如果能夠獲得使用者數據分析的證據支持，就會更容易對抗上述非使用者因素的干擾，獲得較佳的結果。

---

3 關於脈絡訪查（contextual inquiry），可以參閱這本書 Beyer and Karen Holtzblatt's Contextual Design: Defining Customer-Centered Systems（Burlington, MA: Morgan Kaufmann, 1997）.

要點回顧

讓我們回顧一下這章的要點：

- 資訊架構由人而起。他們之所以要使用你的產品或服務，是因為他們有資訊需求。
- 有多種資訊需求模式可以用來分析人們尋找資訊的過程。
- 「過度簡化 "Too-Simple"」這種資訊需求模式是有問題的。這種模式無法精確地表達人們產生資訊需求時的細節。
- 資訊需求有點類似抓魚，有時候人們很清楚要找什麼（及不找什麼），但有些時候人們會什麼都找，不怎麼過濾。
- 人們為了滿足資訊需求會展現相對應的資訊尋求行為。
- 有多種研究方法可以幫助我們了解這些資訊尋求行為。

現在，我們已經談完人們如何找到資訊，接著讓我們進行資訊架構第二個目標：「幫助人們了解資訊」。

第四章

為理解而設計

框架能讓相關事物造出一個小世界
說實在的，工作中有什麼是毫無框架的嗎？
—*Brian Eno*

在這個章節，我們將包含這些主題：

- 人們如何弄清楚他們身處何方？在這個地方能做些什麼？
- 在實體世界及數位世界中的「空間營造（placemaking）」
- 讓資訊空間變得比較好懂的基本規劃原則

環境脈絡（context）至關重要！我們對事物的理解會受到週遭相關事物的影響。人要衣裝，佛要金裝；一幅畫的意義會因為畫框而改變，一幅畫的價值也會因為展示空間而改變。同一幅畫掛在紐約曼哈頓的現代藝術博物館跟掛在廉價旅館的公共浴室，你對這幅畫會產生什麼不同認知？

設計資訊架構其實就是一種新型態的「空間營造（placemaking）」，空間營造這個字眼出自於實體世界的建築空間與社區規劃，但其實進入數位環境中它依然可以沿用，只是改了一種講法，我們稱之為「資訊架構設計」，它會影響我們對於資訊空間的感知與理解。如同建築師的使命一樣，資訊架構師（information architect）的使命就是創造一個可隨著時間成長具有彈性的資訊空間，滿足使用者或企業機構的資訊需求，並確保這個空間對人類友善好懂好用。

第三章已經介紹了如何了解使用者的資訊需求及探索使用者資訊行為，藉此來構思相對應的資訊架構，找出讓資訊空間好用易懂的設計方式。接下來我們要探討：「空間結構讓事物變得容易懂的因素，以及如何塑造出人們對環境的感知」。

空間的意義

想像一下，一大清早你從床上爬起來，拖著腳步進入浴室盥洗刷牙上廁所，然後走到廚房泡了杯咖啡，烤幾片土司。此時六點不到，你已歷經三個室內空間：臥室、浴室、廚房，而且這三個空間的用途與設置截然不同。

人類是一種具有感知能力、適應能力的有機生物，人們與周遭環境之間具有複雜共生的關係。我們的感知能力使我們在一瞬間能察覺身處何處，並且在不同的空間中隨處移動，我們也可以改變這些空間來配合我們的需求。空間與空間彼此之間的差異，使得我們得以分辨出誰是誰？在哪些空間能做什麼（或不能做什麼）？這些差異幫助我們判斷這裡找得到食物，那裡可以睡，那裡可以上廁所。從結果論來說，這種感知空間並創造空間的能力使得人類在演化過程變成一種高等物種，而且這樣的能力深刻地影響我們之所以成為人類。隨著時間，我們已經演化成能夠根據特殊用途，對空間進行分割並重新規劃。以前的時代，人們對空間的需求跟認知是：「這塊空地可以用來祭祀」，現在早已演化成能夠在相對短的時間內蓋出一座沙特爾大教堂（圖4-1）。

現在我們把實體空間的感知能力以及空間創造的能力轉移應用到資訊數位空間的領域了。你會發現，當我們談論著數位環境時，我們都使用與實體空間近似的動作比喻，例如：我們「上」網去，「造訪」一個網站，「瀏覽」Amazon 線上商店。漸漸地，資訊空間也接管取代原本使用在實體空間各種功能，例如：我們跟朋友在 Whatsapp 或 Line 上聊天，我們在網路銀行付款，在可汗學院（Khan Academy）或類似的影音課程網站上課。每個資訊空間的環境脈絡都有其特色，如同實體世界一樣提供不同的功能滿足人們的需求。

圖 4-1　左圖遠眺位於法國的 Chartres Cathedral 沙特爾大教堂，右圖是教堂中央入口大門。大門上的浮雕有三層意義：最上方表達基督耶穌的故事，其下使徒浮雕傳達出這裡是進行禮拜儀式的地方，最下方的空間則是提供人們遮風避雨之處。（圖片來源：Wikipedia，*http://bit.ly/chartres_cathedral* 和 *http://bit.ly/Chartres_central_tympanum*）

真實世界的空間建築

在日常生活中隨處移動時，我們並不需要付出太多的注意力去確認我們位於何處。潛意識中，我們很容易知道當我們在臥室時，這是可以休息的地方；當我們在廚房時，這是用來煮飯做菜的地方。廚房裡頭有冰箱、水槽、爐子、計時器，分別配置在空間的特定位置[1]；臥室裡頭有床、梳妝台，也分別位於空間的特定位置；我們的感官系統及神經系統從環境中擷取各種線索，這些大小不一的片段線索，足以使我們分辨出廚房與臥室的差別。如果你想要體驗一下空間的差異性對感知的影響，不妨試試看帶著家人到臥室一起吃晚餐。

不管是室內或者戶外都是由各式各樣的空間所組成，空間中充滿了不同的事物，具備自己的符號與配置方式，這些都是幫助我們理解事物用途的有用線索。所以，教堂跟銀行不同，跟警察局不同，也跟速食餐廳不同，諸如此類。時間累積了許多文化習俗與慣用模式使得這些空間、物件、形式產生轉變，最後演變成今天我們認知的構造。它們之間的差異幫助我們去認識周遭的環境，讓我們知道該往何處移動。

1　請參考 Andy Fitzgerald 的著作 “Language + Meaning + User Experience Architecture”（*http://bit.ly/lang_meaning_ux*）一書

當人們從小就生長在這樣的環境中，空間認知與移動能力逐漸地變成了人們的本能習性。

在實體世界中，建築設計的學問引領著空間形式的文化革新。不管資深建築師還是新手建築師，即使是面對全新的場域或用途，都能把過去的建築模式套用到建築物或社區的設計規劃工作，以符合特定時刻的某種社會需求。以銀行空間為例，建築師必須確保銀行建築的功能有益於銀行營運，例如：必須有夠高的天花板跟足夠的空間讓人們走動，同時銀行也要在建築內部留有大型的保險櫃。換句話說，建築師必須設計出能夠讓一般人們覺得舒適合理的空間，但同時也要能夠滿足銀行本身營運上的特殊要求[2]。

以資訊打造出來的數位空間

我們感受資訊空間的過程跟能力，如同感受其他型態的空間一樣。當你造訪銀行網站，隨意翻看它的導覽選單架構、主標題、次標題、圖片、其他資訊元素，你的感官系統與神經系統立刻跟著擷取這個資訊空間的語意線索，然後你會得到一個結論：現在你人在銀行裡。你很難把銀行網站跟教學醫院網站搞混在一起，正如同你在實體世界能輕易分辨銀行與醫院的差別一樣。在實體世界，你也是一樣從建築實體環境去獲取空間線索來分辨空間意義；同樣地，銀行網站跟醫院網站使用者介面的資訊元素，也會傳達出這個空間代表的語意特徵，你一樣能藉此分辨差異（圖 4-2）。因為當你認知到這個網站是家銀行時，你會以不同的方式理解網站所呈現的資訊。

值得留意的是，由於銀行同時也是實體世界的建築空間，它們的資訊需求多數是跟交易有關，我們很容易把銀行網站這樣的資訊空間，理解為與真實建築空間一樣。但是有些資訊空間的型態並不對應到實體的建築物，例如我們會把食譜網站類比為書本或雜誌，而不是實體建築空間，如圖 4-3。

2　除了設計給交易服務使用的空間之外，建築師會為了現實安全及感知安全而設計。銀行建築的物理構造保護了保險箱，還有其他的附加元素（例如監視器）用來防範竊賊。安全的意義是同時跨在實體物理世界與數位空間上的。

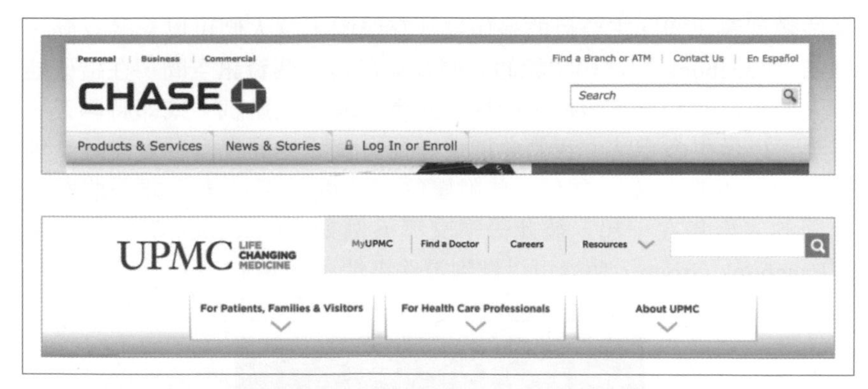

圖 4-2　圖中是美國大通銀行（Chase bank）與匹茲堡大學醫學中心（UMPC）網站。銀行與醫院提供不同的資訊，滿足不同的需求。他們的網站導覽結構正好能突顯出這兩者的差異，也幫助你了解這些資訊代表著該機構在社會脈絡內的角色與功能意義。

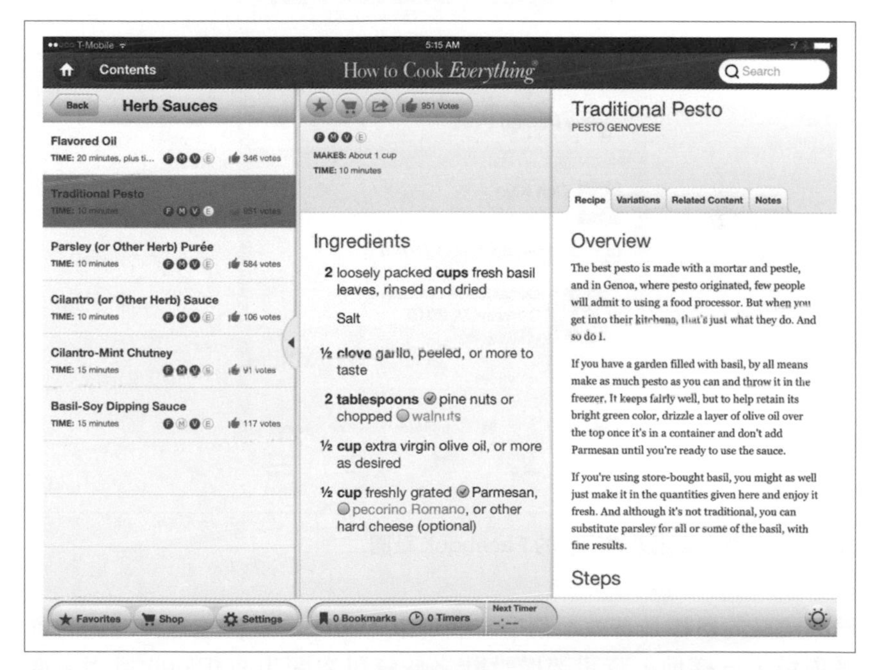

圖 4-3　「How to Cook Everything」這款 iPad app 感覺上更像是一本食譜書籍而不是建築空間

某些類型資訊空間主要目的是作為社交環境，讓人們可以交談互動。例如，Facebook 把互相認識的人們聚集在同一個資訊空間，在這個地方人們可以互相分享照片、影片、故事、或者玩遊戲、或即時聊天，甚至可以做更多事情。我們會把這類社交資訊空間視同為實體社交場所一樣。實體環境也會有一些附屬的次空間，可以讓一群一群興趣相同的人聚集在一起，彼此分享交流。例如，Facebook 提供的社團（Facebook Group）功能可以做到這件事情（圖 4-4）。

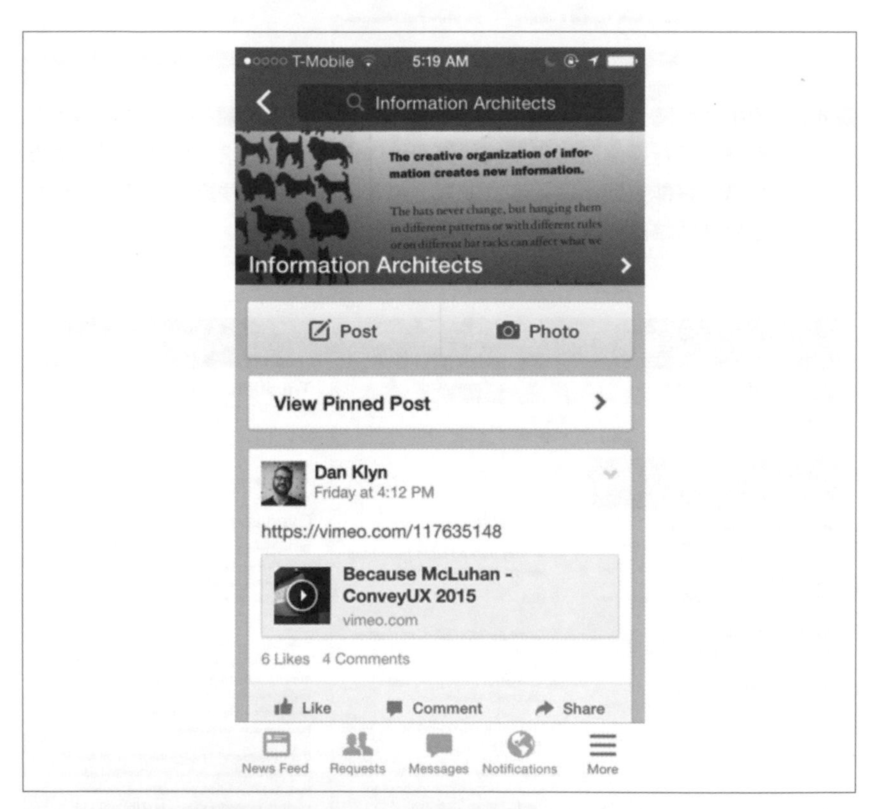

圖 4-4　名為「資訊架構師」的 Facebook 社團

建築設計的目標是有效地創造一個可以用來服務及傳達社會功能的實體環境，一樣地，資訊架構設計之於資訊空間也有相同的目標。實體建築設計由具備實體空間的物件組合而成，例如：牆壁、屋頂、家具等等。類似的情況，資訊架構設計則是由語意元素組合而成，例如導覽選單名稱、單元標題、關鍵字等，資訊架構設計也會製作設計原則、設計目標、設計指南用來主導這個資訊空間企圖展現出來的感覺，例如想要設計出一個嚴肅的私人空間，或充滿歡樂的社交空間。

組織的原則（Organizing Principles）

建築師會運用許多歷久不衰的組織原則，賦予實體空間形成其結構以及空間敘事。資訊空間也有組織原則，可以保持資訊的連貫性與資訊空間的完整結構。

資訊架構與實體建築設計的最大差別是，實體建築設計的產物通常是獨一無二的，無論在空間或時間特性上。即使世界上有好幾座古根漢美術館，但這世界只有唯一一座畢爾包古根漢美術館（Museo Guggenheim Bilbao）能像是建築師 Frank Gehry 幫西班牙設計的一樣，再也找不到第二座。這座獨特的美術館對不同的人群，無論是小孩、坐輪椅的人、視障人士，都有截然不同的體驗。而它的構造與其他形式元素也很特別，就如同這座美術館之於當地環境的關係一樣。

從另一個角度來看，資訊架構並不是如此的唯一，它可以用不同的方式來表現。例如，同一個網站在桌上電腦瀏覽器上，搭配滑鼠操作及大大的螢幕，與四吋手機觸控螢幕來看，這兩者的感受與體驗就很不樣。然而，導覽選單或單元標題在這兩種裝置上則會盡量採用相同的命名。

就結果來看，資訊架構的語意結構是比其他的實體產品的設計原則更顯得抽象。如同上述跨裝置的情況，資訊架構能展現出不同的形式，假使在不同的形式表現上也企圖達成一體性，那麼，這些不同形式的資訊空間，必須要採用一致的設計語言，並藉由建立資訊元素之間的特定關係或者特定順序傳遞一致的意義。

結構與順序（Structure and Order）

資訊產品或服務要能形成有意義的資訊空間，需要良好的資訊架構設計，而資訊元素的階層（hierarchy）與順序（order）這兩件事情則是用來傳達意義的管道。在競爭態勢下，這些是讓資訊空間顯得比同類產品或服務更出色的重要部分。

實體建築設計工作上，建築師會使用不同的方式來組合慣用模式（pattern），以表現出不一樣的層次與順序。例如圖 4-5 的柱式門廊（portico）通常是建築物入口的重要視覺指引，它是由這些模式構成：圓柱廊道、頂部變化、及構造上的深影，這幾個模式讓柱式門廊形成一種有意義的訊息，彷彿是說：「這個開啟的地方比起這棟建築的其他外觀更重要」。

圖 4-5　建築設計經常以相似的慣用模式，讓使用者辨識哪裡是空間的入口（圖片來源：*http://bit.ly/greek_nat_archaeological*、*http://bit.ly/building_front*、*http://bit.ly/walker_art_gallery, http://bit.ly/capitol_high_court*）

資訊架構設計工作中，語意結構的表達也有階層關係，資訊階層能顯示出在空間中個別元素之間的相對重要性。例如，大型網站或內容較多的 app 的導覽選單架構通常會分成很多階層，被放在最上層的選單項目就會指向資訊架構層級中最頂端的資訊元素。排在第一階層順位的資訊元素會扮演領頭的角色，定義了整體資訊空間被外界認知的「形式（form）」，以及不同資訊概念在資訊空間內部的分界。這就像是實體建築物的主體結構，會定義建築物的形式、使用方式、以及因應時間變化的適應性。

在設計工作中，我們通常會把資訊階層以空間地圖（sitemap）的方式來呈現，幫助我們討論資訊結構層級的概念。Sitemap 過去被稱為「網站地圖」，網站或手機 app 或資訊系統都是資訊空間的一種，因此我們會以「資訊空間地圖」來涵蓋不同型態的資訊產品或服務，也可以簡稱為「空間地圖」。關於 sitemap 的規劃在本書第三部分有專文介紹。

在建築設計工作中，另一種常見的順序原則是「**韻律**（*rhythm*）」。無論是外觀、顏色、質感、光線、聲音、音調、動作，藉由合乎某種規律形式的組織，在視覺聽覺與心理所產生的節奏感覺都可以稱為「韻律」。在建築中的韻律通常來自結構性格柵或外皮紋飾。這些慣用的格柵或紋飾模式能增加建築的趣味、活力、和規模，也有助於建築物內部空間轉換或街道上不同建築銜接顯得比較平順。韻律（rhythms）及慣用模式（patterns）這兩者是設計資訊空間時很重要的順序設計原則，它們能改變我們對資訊的理解。例如，圖 4-6 的 Amazon 網站搜尋結果展現兩種不同的「節奏」，其中一個呈現比較緊密的排列模式。

類似 Twitter 或 Flipboard（圖 4-7）這類的資訊空間上，一連串使用者在意的訊息會以資訊源（feed）或資訊流（stream）的方式顯示出來，這會讓使用者感受到強烈的韻律。雖然介面上的互動設計也會創造出韻律，但是資訊架構規劃方式對資訊空間的韻律影響更明顯，即使是跨裝置平台的資訊空間也是一樣。

圖 4-6　搜尋”new balance”後，再選擇以男裝部（Men）來排列，就會看到 Amazon 的搜尋結果畫面呈現不同的韻律。

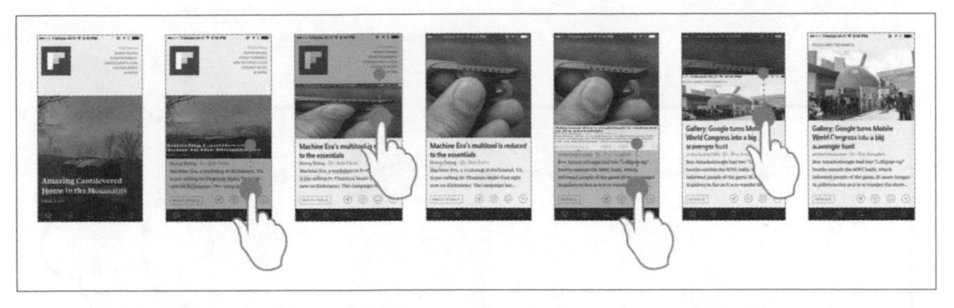

圖 4-7 在 Flipboard 新聞 iPhone app 上閱讀文章，手指隨著故事滑動畫面，為使用者帶來一種清爽的韻律體驗。在其他系統上的 Flipboard app 也是一樣的。

建築類型學（Typology）

前面我們提到為了滿足機構組織本身的需求，建築空間會逐漸演化，最後成為某種特定類型（Typology）的建築，例如銀行或醫院。以銀行來說，現在多數的銀行分行彼此都非常相似，即使跟競爭者的分行來比，之所以產生這種集體相似的現象，其實是經過建築演化過程而來。

建築的型態經常隨著時間推移逐漸轉變，並因應環境脈絡而調整。以這種名為「巴西利卡（basilica）」的古典建築為例，它是矩形結構組成的建築，中央有一個大廳，側面有兩條走道，在羅馬時代時用來處理行政或法律事務。之後巴西利卡被基督教採用作為宗教建築的主要型態，直到今日許多教堂建築都是依據這種型態來建造，圖 4-8 是經過些許演化的巴西利卡平面圖，跟原始的樣貌略有不同。因此，只要看到巴西利卡形式的建築，多數西方人會把這樣的空間視為舉行宗教儀式的地方，過去他們曾在類似地方有過相同的宗教儀式經驗之後，一旦他們看到這樣的場所便自然瞭解該做些什麼。

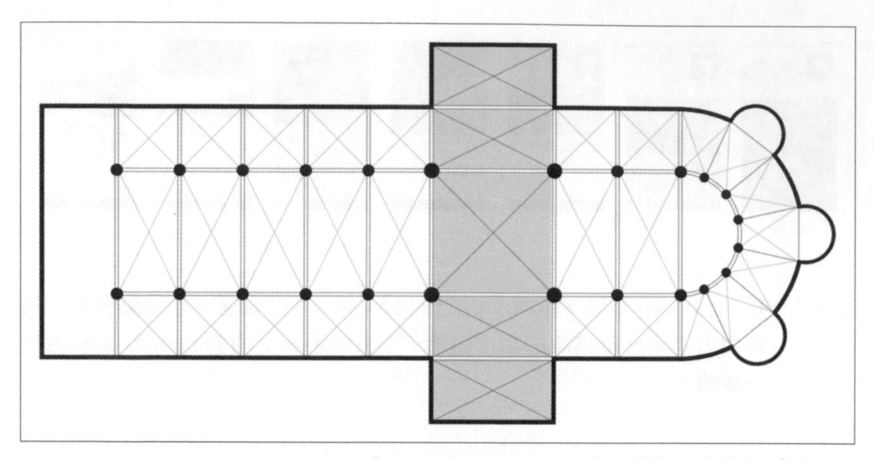

圖 4-8　經過些許演化的巴西利卡建築平面圖，比最初型態多增加了十字型翼部（transept），如圖中灰色區域的上下兩塊（圖片來源：*Wikipedia, http://bit.ly/transept_arm*）

雖然數位資訊空間設計專業的發展時間是近幾十年的事情，比累積好幾百年的建築設計要年輕很多，不過它們也一樣有資訊空間類型學。稍微觀察就會發現，銀行網站所隱含的資訊架構跟競爭者極為類似，一樣的情形也發生在航空公司、大學、旅館飯店、新聞媒體、線上購物網站、或其他類型。

為什麼需要去定義抽象但泛用的資訊空間類型呢？這有幾種好處。首先，一個符合某種已知類型的網站，比較能讓使用者快速理解正處於什麼空間裡頭，就像是我們一走進巴西利卡類型的建築，我們就會立刻想到「教堂」，也就會知道該做些什麼。當我們進入一個網站，而且網站的導覽項目標示著金融服務、信用貸款、投資理財、資產管理，我們就會知道這是「銀行」（雖然這是個網站，但我們會採用與銀行互動的態度來看待它）。即使我們不認得那個品牌，甚至沒有掛著一塊寫著「這是銀行」的牌子，資訊結構上的導覽選單一出現，就能夠讓使用者看出網站背後有個銀行在營運的（圖 4-9）。

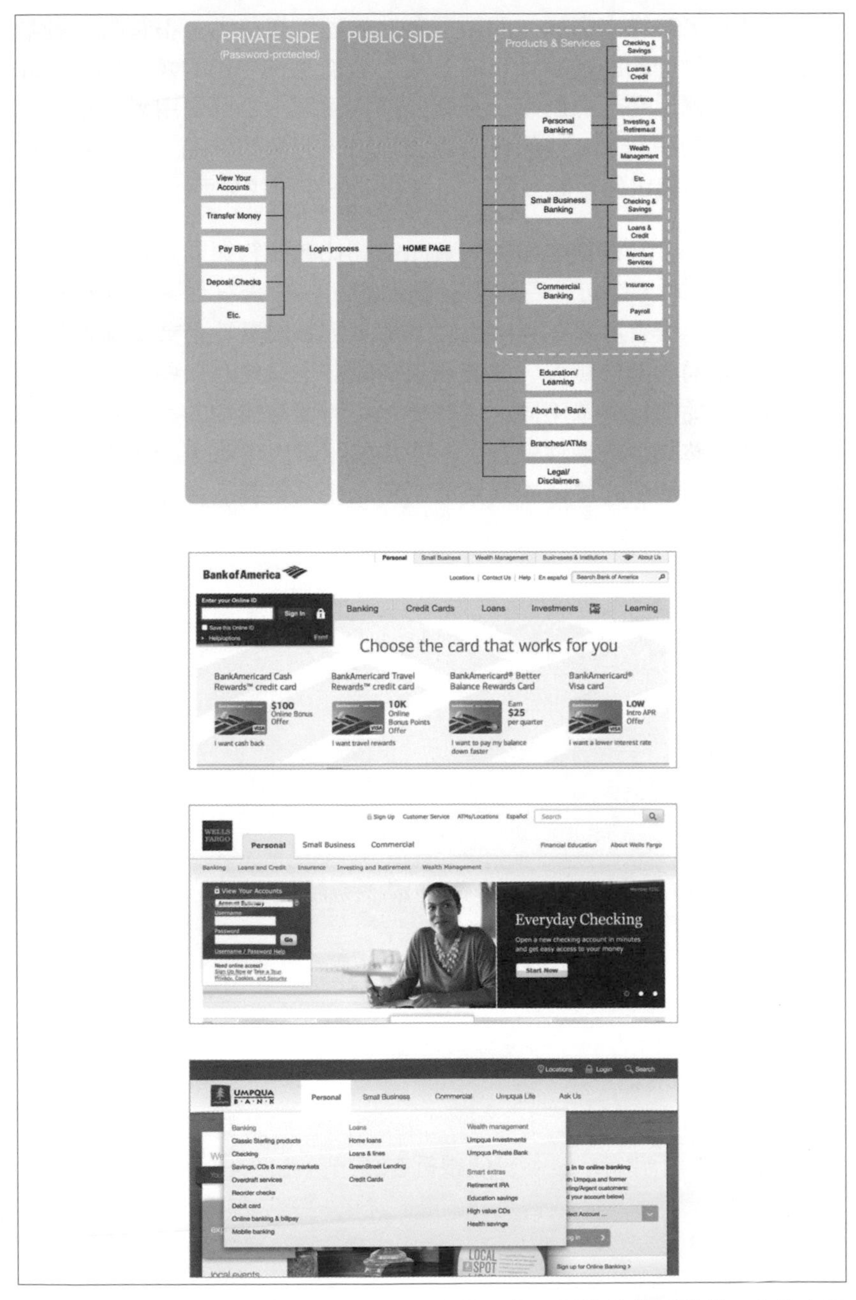

圖 4-9　上方的資訊空間地圖（sitemap）呈現銀行網站的典型結構：右側方塊是介紹銀行服務與產品的開放區域，左側方塊是提供登入會員服務的私人空間。下方三個銀行網站首頁截圖，則呈現同類型（typology）網站的不同變化。

其次，使用者辨識出資訊空間類型有助於理解與移動。不管哪一種類型網站，你設計的網站不太可能是使用者從來沒見過的類型吧！？除非你設計的網站是全然創新，且毫無前例可循，否則使用者通常都已經去過類似的網站了。他們會以過去經驗來想像如何進入這個新的資訊空間，如何與這個空間互動，如何在這個空間找東西。

最後一點，符合某種常規類型的資訊空間比較能夠與同質性網站產生區隔（圖 4-10），這句話聽起來有點矛盾，如果是符合某種典型網站的結構，又怎麼會容易顯得突出呢？那是因為同質性企業組織機構的資訊空間結構大部分類似，在資訊架構設計上只要有一些些變化，反而容易讓網站顯得與眾不同。這些變化不需要結構性的大變動，有時候只需要調整文字或調性就行了。對那些平常表現不差的企業組織來說，資訊空間類型的些微差異更能夠幫助企業定義品牌，展現品牌精神或特色。

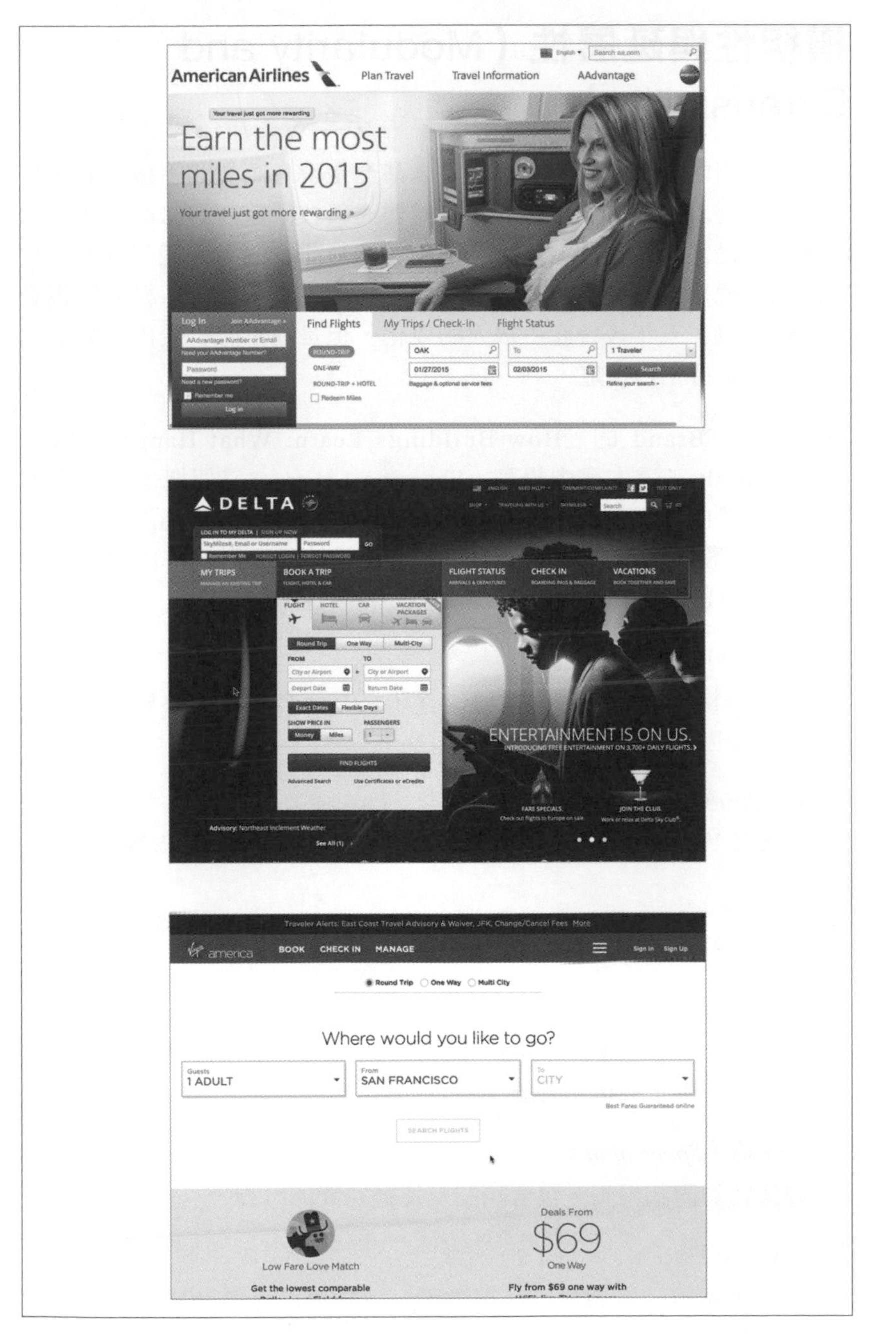

圖 4-10　這三個網站在資訊架構上各有差異，但都保持足夠多的語意元素，讓使用者明白這屬於航空公司網站之類。

模組性與延展性（Modularity and Extensibility）

大多數有用的資訊空間都是動態的，甚至是瞬息萬變的。這些變化來自於商業需求的改變、顧客喜好的轉變、新技術或新方法的影響，這些變化都是常態性的持續發生。不過並非資訊空間的每個部分都有相同的變化速率，有些快，有些慢，有些可能不變。例如，網站的視覺設計也許過了五年後會產生很大的變化，但是通常隱含於內在的資訊架構則會維持相對穩定。

在 Stewart Brand 的「How Buildings Learn: What Happens After They're Built,」這本書中提到「Shearing Layers」這個概念，用來解釋建築物是由六種變化速度不同的階層所組成的。這六種階層（六個 S）在建築設計的變動速率很不一樣，如果按照變動速率由慢而快的來排列，分別是：

場址（*Site*）

場址是指建築物所在的地理位置。它是所有層次中改變最慢的，甚至是恆常不變的。

結構（*Structure*）

支撐建築物的骨架，包含地基、柱子、樓板、及其他支撐元素。

外表（*Skin*）

建築物的外部表皮

服務（*Services*）

建築物的工作管線，例如：電力系統，暖氣系統，通風設施，空調系統，供水與排水管線等。

空間格局（*Space plan*）

建築物的內部規劃，包含隔間及連通空間的門窗

物品（*Stuff*）

家具，家電，用品，日常擺設等。這些東西是變動最快的，可能每月都不一樣。

「Shearing Layers」概念為建築帶來「Pace-Layering（速度分層）」設計原則，意思是如果能妥善地安排這六種不同變動速度的階層，有機會使建築物獲得最大的環境適應能力。換句話說，家具及室內格局變動頻率相對高，能為建築增添豐富與活力，結構與外觀則速度較慢，為建築帶來穩定與信任，各有貢獻，也因此好的建築設計能夠讓建築延續並包容多種用途。而一座建築物的使用方式會受到不同階層的影響，在整個階層系統中，那些相對穩定的階層（例如建築結構）通常會主導建築物的用途。這些概念值得我們借鏡學習，應用於資訊架構的設計上。

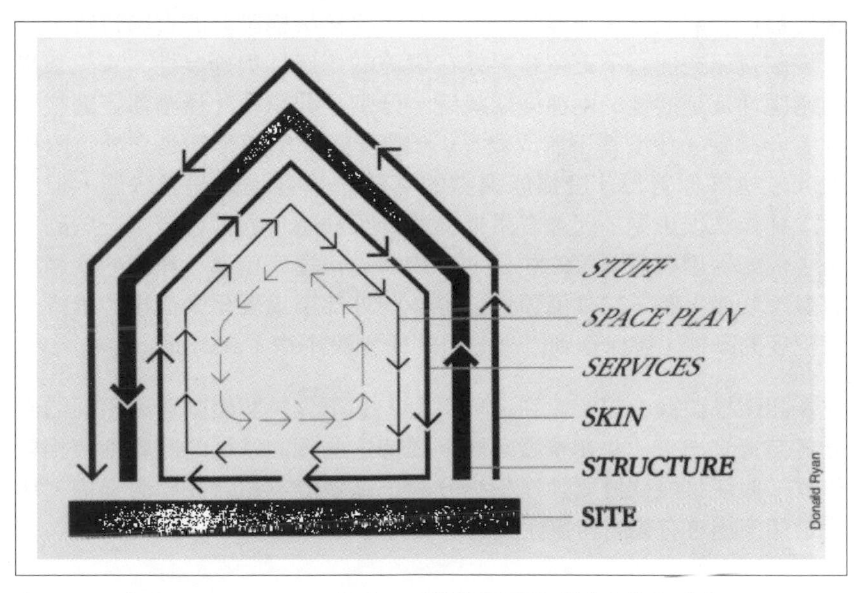

圖 4-11　「Shearing Layers」概念：建築物不同變動速度的六種階層

事實上，資訊空間也是由不同變動速度的階層所組成，網站的網頁排版、視覺設計、互動機制可以追隨流行風格而變動，但是它的語意結構仍繼續維持穩定。資訊架構設計主要聚焦在定義這些語意結構，追求資訊空間設計相對長久的存續（圖 4-12）。一般使用者會習慣於自己熟悉的語意空間，如果變動過於劇烈，他們會迷失於空間中。

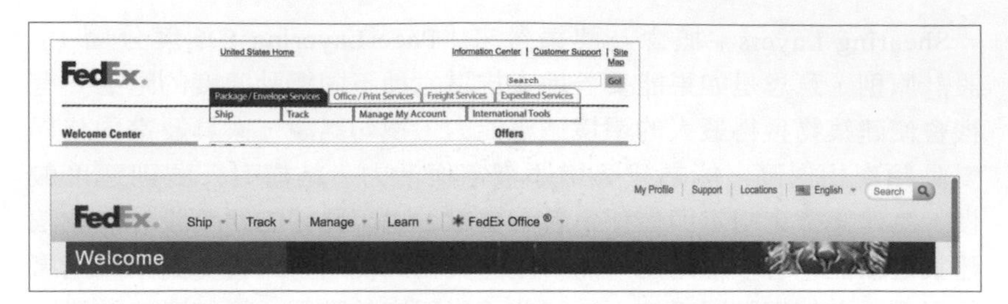

圖 4-12　聯邦快遞（FedEX）網站的 2005 年與 2015 年的主導覽系統版本。新版的導覽比較簡潔友善，但是它的基礎結構仍然清楚可見。

鑑於數位發展的迅速與變動特質，對比建築架構設計的實體特質，設計規劃資訊空間必須更留意對外在環境的適應性與延展性。資訊架構的適應性及延展性的兩種極端狀態，分別是非常軟（什麼都能調整）或者非常硬（什麼都不能改變），一般資訊架構通常都是介於這兩極之間。也許你覺得什麼都能調整的資訊架構會是最理想狀態，但其實這種作法很少見，因為資訊架構過於柔軟時，通常會帶來一些副作用，例如採用模擬兩可的語言，導致溝通傳達不精準。理想的狀態應該是堅韌而完整，它具備彈性包容某些外部環境變化，但也能維持一定程度的剛性，確保達到原來的目的與預設用途（affordance）。

在資訊架構設計上想要達到這種平衡，必須先拆解變動速率不同的部分各自獨立出來，並在整體架構下維持這些獨立區域的關聯性與相對位置。假使這些依據變動速率拆分的子區域能夠組合成整體架構，那麼這個架構會有較高的彈性去適應變化（圖 4-13）。

圖 4-13　Google 有許多子網站，每個子網站的網域、特性、識別都不同。這使得 Google 有很多空間去做新產品或服務，避免衝擊整體服務或造成互相牽制。

全世界最歡樂的地方

如同設計規劃實體建築空間一樣，資訊架構設計必須同時滿足使用者需求及達成企業組織目標，在這兩者之間求取平衡。如果能在使用者與組織機構之間找到甜蜜點，就能創造產品與服務的一致性，讓它們易懂好用。甚至跨越整個組織的數位環境與實體空間，包含網站到建築物路標系統等。

細緻貼心的架構設計能夠幫助使用者去認識全新的空間或環境，迪士尼就是最好的空間營造經典案例。1955 年迪士尼開幕時推出了主題樂園，在當時主題樂園是一種全新的空間概念。在真正的主題樂園出現之前，遊樂園只是一些遊樂設施的組合而已。但是華特迪士尼對遊樂園的想像與抱負可不只這樣，漸漸地樂園越來越大，設施越來越多，很明顯地需要良好的組織設計方式來重新規劃遊樂園。

最終設計方案採用了一種全新構想，以輻軸放射的概念延伸出五個各具特色的主題區（land），分別是：冒險世界（Adventureland）、邊域世界（Frontierland）、幻想世界（Fantasyland）、明日世界（Tomorrowland）、及美國小鎮大街（Main Street.USA）。每個主題區都有各自專屬的特色景點，包括：騎乘遊樂設施、表演活動、展示空間、餐廳、商店、廁所等服務設施（圖 4-14）。

各個主題區空間內的各種動靜元素都必須符合該主題調性，意思是包含所有的景點、遊樂設施、服務場所、甚至服務人員造型，都要讓遊客們感覺他們彷彿置身在南太平洋，或某個西方小鎮，或者進入了愛麗絲夢遊仙境裡頭。

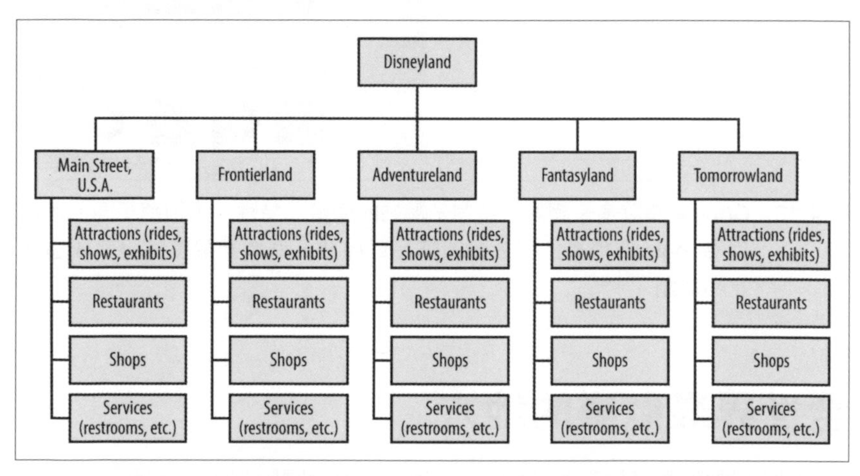

圖 4-14　迪士尼的組織架構採用了一種新奇少見的概念：以主題樂園為主的架構，上圖代表迪士尼樂園裡頭的五個主題區域。對五十年代的美國人來說，這樣的架構非常容易理解，個別主題區所展現的氛圍很能勾起遊客的情感連結與激發想像。

對遊樂園空間來說，這種主題樂園的空間概念帶來一種新型態的敘事結構，迪士尼樂園能一炮而紅決非偶然。1950 年代中期的美國社會，太空競賽加速發展，西部電影正在流行，成年人開始緬懷他們年輕時純樸的小鎮生活，因為當汽車問世後，街上的馬與馬車就逐漸消失了。藉著一個清楚的組織設計原則，讓迪士尼新奇少見的主題公園設計變得容易被瞭解，也更吸引人。而這些都是基於對目標客群的瞭解，還有深刻連結遊客情感的概念。

這種概念性的結構也反應在迪士尼企業的其他產品上。例如，主題區域的分區結構概念也用來規劃迪士尼的電視節目：第一周可能播放冒險世界的故事，隔週則播放明日世界的故事。這一時期的迪士尼電影也反映並影響樂園的主題：睡美人電影展現出幻想世界的主題，而真實世界大冒險（True-Life Adventures）紀錄片則反映了冒險世界的主題。迪士尼是展現企業組織綜效，最早和最好的實踐者之一。

創造迪士尼遊客體驗的語意結構，不僅僅是使用在設定樂園場景上，也包含了那些參與在樂園中的工作人員及遊客。在迪士尼樂園裡頭，參觀者不是購買門票的一般顧客，而是「賓客（guests）」（這個概念也是由迪士尼帶入旅遊服務產業的），而樂園中的工作人員則是「演員（cast members）」，而不是服務生或剪票員。這些概念被落實到實體空間的各種命名或說明，清楚地定義語意結構，讓參與其中的人們理解自己該扮演什麼角色，以及如何與周遭互動。

從中心往外開展的放射狀主題樂園地理也有助於迪士尼的長期發展，這個結構允許樂園在環境變動之下，盡可能維持結構的完整連貫，同時還可以兼顧擴增新的遊樂設施場景。1970 年代，許多刺激的遊樂設施雨後春筍般地出現在市場上，為了迎合顧客的口味，迪士尼也陸陸續續增加新的遊樂景點到不同主題區域裡頭。相對來說，設置全新的主題區的速度就慢很多。從最初的五個主題區域，隨著時間也增加幾座新的主題區，提高遊客體驗的新鮮感。因為整個樂園是由數個不同的主題區域環繞而成，因此遊客可以輕易接受跟理解這些變動，即使某些變動看起來不合常理，但是對於遊客使用樂園並不會產生阻礙。

從 1970 年代初期開始，迪士尼公司開始在世界各地打造類似的主題樂園，每十年就會誕生一座新樂園。新的樂園也遵循最初的空間規劃方式，然後依照當時或當地環境脈絡的差異進行調整，讓新的樂園空間規劃去適應新的場域（圖 4-15）。

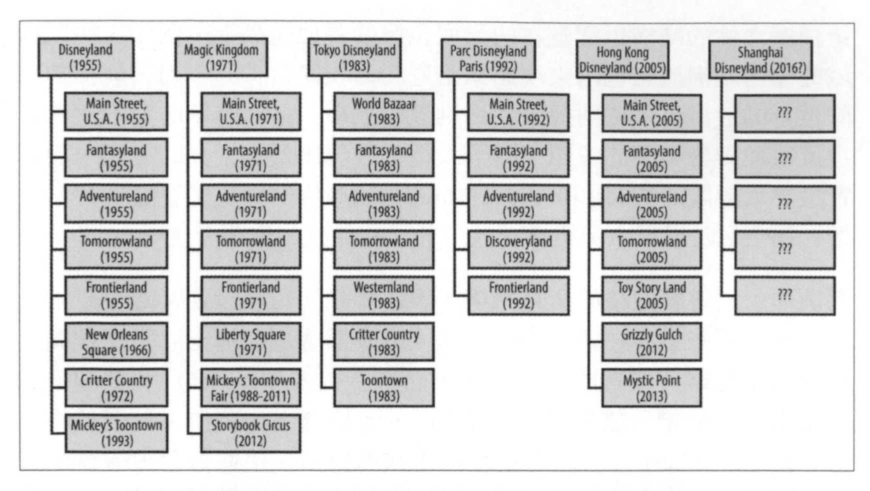

圖 4-15　迪士尼主題樂園的概念架構（這不是網站的資訊架構，是實體商業脈絡中的組織架構）。這個概念架構具備了連貫性、延展性、及適應性，得以符合不同的文化與時空背景。例如，東京迪士尼樂園把邊域世界（Frontierland）改名為西部樂園（Westernland），而香港迪士尼樂園沒有這一區。

在打造數位產品或服務的工作上，「資訊架構設計」就如同空間營造的功能一樣。若以資訊空間的案例，來對比迪士尼樂園的空間規劃，我們可以舉 eBay 當作例子來說明。對 eBay 來說，商品分類目錄就如同迪士尼的主題區域一樣，它們可以吸引對特定商品的注視目光。例如 eBay Motors 這個子單元在導覽選單中特別被突顯出來（圖 4-16）。eBay 也巧妙地藉著命名來定義使用者的角色：在某個特定瞬間，你是以買家或賣家的身份來使用這個資訊空間。

想要讓使用者在跨單元體驗仍舊保持一致性，資訊架構需要因應當下使用者的資訊需求略做調整。迪士尼並不會把主題區的概念隨處套用，以它的網站來說，主題區的規劃方式就沒有套用到網站資訊架構規劃上（圖 4-17）。網站訪客的資訊需求，跟參觀主題樂園的遊客的資訊需求是不同的，上網站的使用者並不會企圖在網站去體驗迪士尼樂園，他們只是想要預訂一個假期而已。

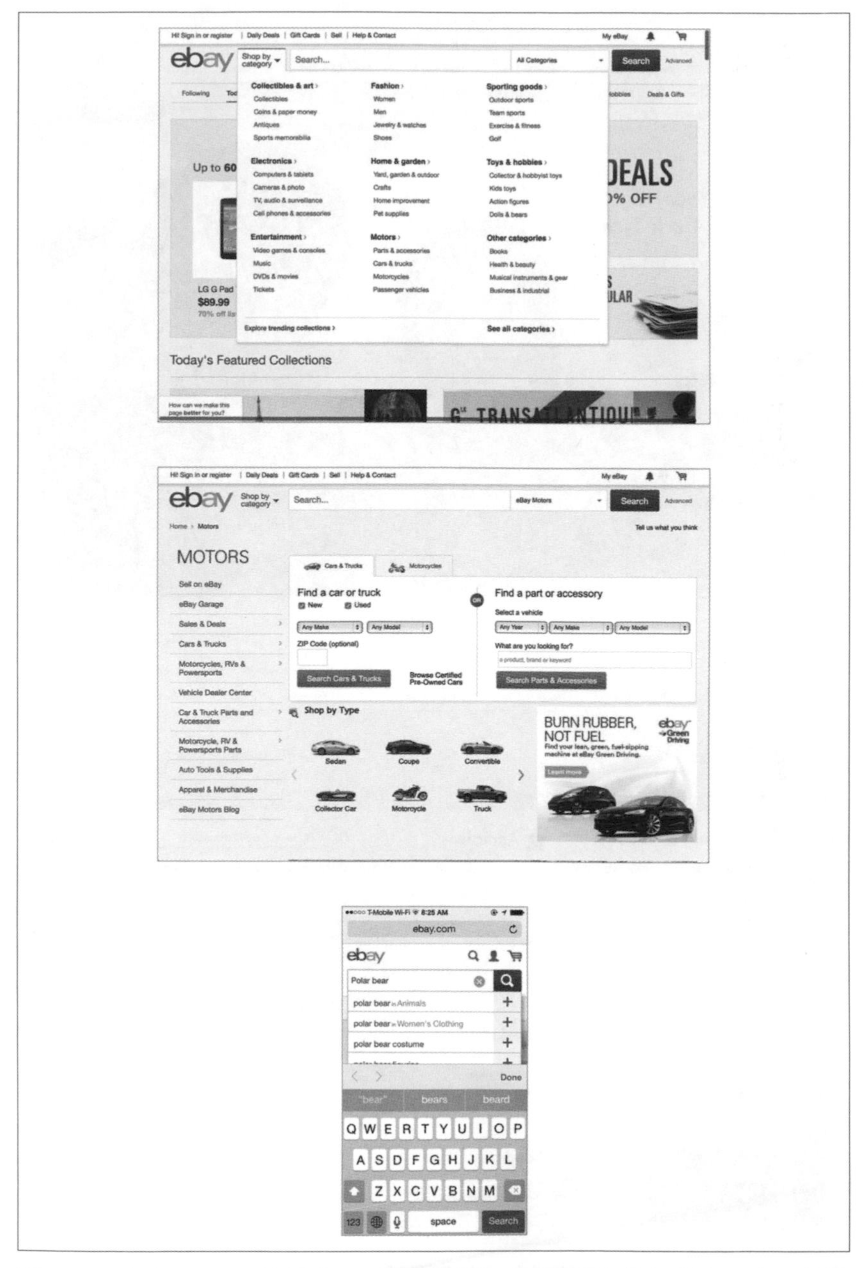

圖 4-16　上方是 eBay 網站的商品分類目錄，它能帶給使用者商場空間的經驗，如同主題樂園在迪士尼整體環境中所扮演的角色一樣。下方的搜尋框自動帶出幾種商品分類提示，嘗試猜測使用者當下搜尋的真正意圖。

圖 4-17　迪士尼公司網站資訊架構採用的是「旅遊服務業」類型。反而主宰迪士尼實體世界的遊戲樂園空間結構，在網站資訊架構中只負責附屬支援工作。

最後，迪士尼網站的資訊架構反映出典型的旅遊服務類型網站，就如同旅館網站一樣。雖然，主題區的結構仍然可以看到，但主題區的資訊相對於整個網站來說，是處於比較不重要的位置，它們只出現在介紹樂園內的景點設施的子單元裡頭。

要點回顧

我們回顧一下這個章節學到什麼：

- 資訊空間的結構不只是影響人們尋找事物的方式，也會改變人們理解資訊空間的方式。
- 我們能感受到資訊空間，如同感受實體空間一樣。在這兩種空間裡頭一樣能買賣、學習、社交或做其他活動。
- 資訊空間設計工作可以借鏡實體空間設計。
- 結構、順序、韻律、類型學、模組性、延展性，這些實體空間的組織原則都可以應用在資訊空間設計。

也許你已經意識到「尋找」與「理解」其實是一體兩面，它們並不是完全無關的兩個目標。我們理解資訊空間的方式會影響我們如何在裡頭找尋，反之亦然。空間的組織構造是影響人們認知理解空間的主要因素，空間構造使得人們明白在這裡能做些什麼，能期待找到什麼。

介紹到這裡，差不多已經做好基本準備了，接下來我們將進入本書的第二部分。在第二部分我們會開始介紹資訊架構設計原則，藉由這些原則來達成資訊架構的目標。

第二部分

資訊架構的基本原則

到目前為止，我們從概念層次探討了資訊架構，包括資訊架構的目標是創造好找、好懂的資訊空間，以及資訊產品與服務如何因資訊架構而改善。你現在應該對資訊架構有比較深入的瞭解。

在本書的第二部分，我們會從較具體的層次來檢視資訊架構，包括大部分互動資訊空間都有的四個子體系：組織體系、命名（labeling）體系、導覽體系，和搜尋體系。我們也會討論同義詞典（thesaurus）、控制詞彙和 metadata；這些是藏身幕後的隱形體系，但也共同協助形塑資訊空間的樣貌。

這些都是組成資訊架構的要素。我們會先介紹這些要素的概觀，以及它們如何影響與資訊空間互動的整體經驗。出發吧！

第五章

拆解資訊架構

我們在尋找下面兩種無形概念間的調和：
尚未設計出來的形式（*form*），
與無法準確描述的脈絡（*context*）。
—克里斯多福 · 亞歷山大（*Christopher Alexander*）

本章中會涵蓋：

- 為何儘可能具體描繪資訊架構如此重要（與困難）
- 提供範例讓你由上往下與由下往上「看見」資訊架構
- 分類資訊架構要素的方法，以便更容易瞭解與說明資訊架構

在本書的第一部分，我們從概念層次探討了資訊架構。這一章會從較具體的觀點呈現，說明資訊架構究竟為何，讓你看到資訊架構要素時能辨認出來。我們會介紹這些組成要素；瞭解這些要素很重要，因為資訊架構就是由它們組合而成。在第六章到第十章，我們會分別詳細介紹這些要素。

「看見」資訊架構

為什麼看得到資訊架構這麼重要？如同第二章所說，這個領域很抽象，很多人可能觀念上瞭解資訊架構的基本假設，但在親眼看到或體驗到之前，無法真正明白。此外，設計愈良好的資訊架構，在使用者的眼中愈是隱形的。這一點對成功的資訊架構來說，是一種很矛盾且不公平的獎勵。

因為你極可能需要向包括同事、主管、客戶，甚至另一半在內的重要人物解釋資訊架構，所以能幫助他們看到資訊架構究竟是什麼，對你大有好處。

我們先來看大家都很熟悉的東西：一個網站的首頁。圖 5-1 是位於明尼蘇達州聖彼得市的 Gustavus Adolphus 學院網站的首頁。

這裡最容易看到的是什麼？首先會看到這個網站的視覺設計；你無法不注意網站的用色、字體和照片等。你也會留意到資訊設計，例如版面有幾欄（以及欄寬）在網頁中不同位置的改變。

還有呢？如果看仔細一點，可以注意到互動設計層面，像是滑鼠滑過主要導覽時出現的選項。另外，雖然學校的標誌設計得十分醒目，但此網站主要仍靠文字內容來傳達其意義與品牌，像是「活得值得」（Make you life count）、「Gustavus 如何擴展你的前途」（Where Gustarus can take you）等。還有，雖然網站運作良好，但從首頁還是也可以看出一些背後的技術和相關專業決策；例如若縮小瀏覽器視窗，而網頁內容未自動重新編排，你會猜測網頁設計者不知道或不在意響應式設計（圖 5-2）。

圖 5-1　Gustavus Adolphus 學院首頁

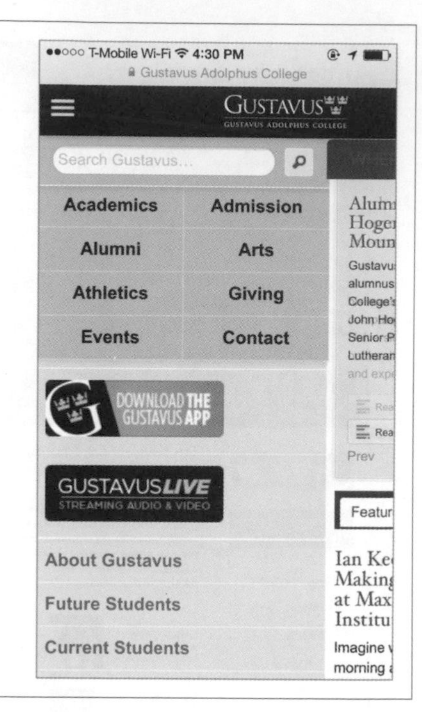

圖 5-2 Gustavus Adolphus 網站用了響應式設計技術，可以在手機瀏覽器中正確呈現；按下左上方的「漢堡」圖示可以看到網站的導覽與搜尋體系

目前為止，我們已經注意到各種不是資訊架構的東西。那麼到底資訊架構看起來像什麼樣子？如果你懂得怎麼看，可能會訝異有這麼多資訊架構隱藏在其中。舉例來說，網頁上的資訊其實可以被拆解為某些基本元素，在後面的章節會介紹這些基本元素：

- 組織體系（*Organization systems*）將網站的資訊以各種不同方式呈現，例如與整個學院相關的分類，包括上方導覽列及其中的「學術單位」（Academics）、「入學招生」（Admission）等，或與特定群體相關的分類，例如左邊中間的「尚未入學學生」（Future Students）與「職員」（Staff）等。
- 導覽體系（*Navigation systems*）幫助使用者在內容間移動，例如主要導覽中個別下拉選單中的特別分類。

- *搜尋體系*（*Search Systems*）讓使用者在內容中尋找需要資訊；例如在搜尋框中開始打字，就會出現一串符合輸入的建議字詞。
- *命名體系*（*Labeling systems*）描述每個類別、選項和連結，以對使用者有意義的文字來描述你在整個網頁上可以看到例子，例如「入學招生」、「校友」（Alumni）、「活動」（Events）等。

由上而下的資訊架構

Gustavus 的網站中，分類類別用來組織網頁和應用程式；命名標籤有條理地描述網站內容；導覽和搜尋體系幫助使用者在網站中移動。事實上，這個首頁試著預想使用者的主要資訊需求，例如「怎麼找關於入學的資訊？」或「這禮拜學校有哪些活動？」。網站的設計者盡心竭力地找出最常見的問題，然後設計網站來滿足這些需求。我們稱這種方式為「由上而下的資訊架構」（圖 5-3）。使用者來到網站時會有像這樣的「由上而下」的資訊需求，而 Gustavus 的首頁就回答了許多這些常見問題：

- 我在什麼網站或網頁？（1）
- 我知道我要找什麼，該怎麼搜尋？（2）
- 我如何在網站中移動？（3）
- 這個學院有什麼重要和特別的？（4）
- 這個網站有些什麼東西？（5）
- 這裡有什麼新鮮事？（6）
- 我如何透過其他常用數位管道和他們連結？（7）
- 如何跟學院的人連絡？（8）
- 他們的地址在哪？（9）
- 如何登入我的帳號？（10）

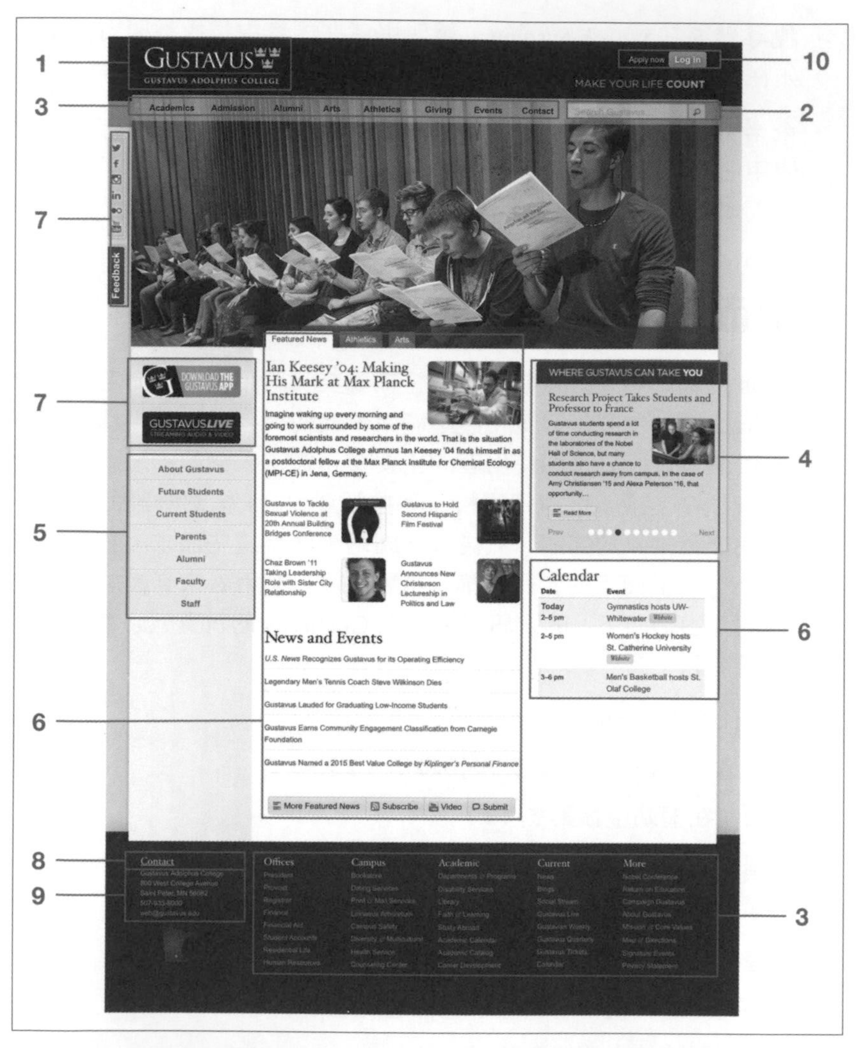

圖 5-3　Gustavus 網站的首頁塞滿了對使用者各種問題的解答

在由上而下的資訊架構中，設計者選擇某種特定結構，希望能提供資訊來回答類似上述的各種問題。這個資訊空間的所有形式，包括內容、網頁配置等，都是設計來支持這個由上頭集權式決定的結構。當我們撰寫本書第一版的時候，這種由上而下的資訊架構是主流。這並不意外，因為當時許多網站都是從無到有開始建立。隨著時間過去，資訊空間變化更加動態，搜尋引擎也益發強大與普及，一種不同的樣態，也就是由下而上的資訊架構，開始引起注目。

由下而上的資訊架構

有時候資訊內容本身也有內在的資訊架構。例如圖 5-4 裡 Epicurious 的 Android app 中的雞尾酒食譜。

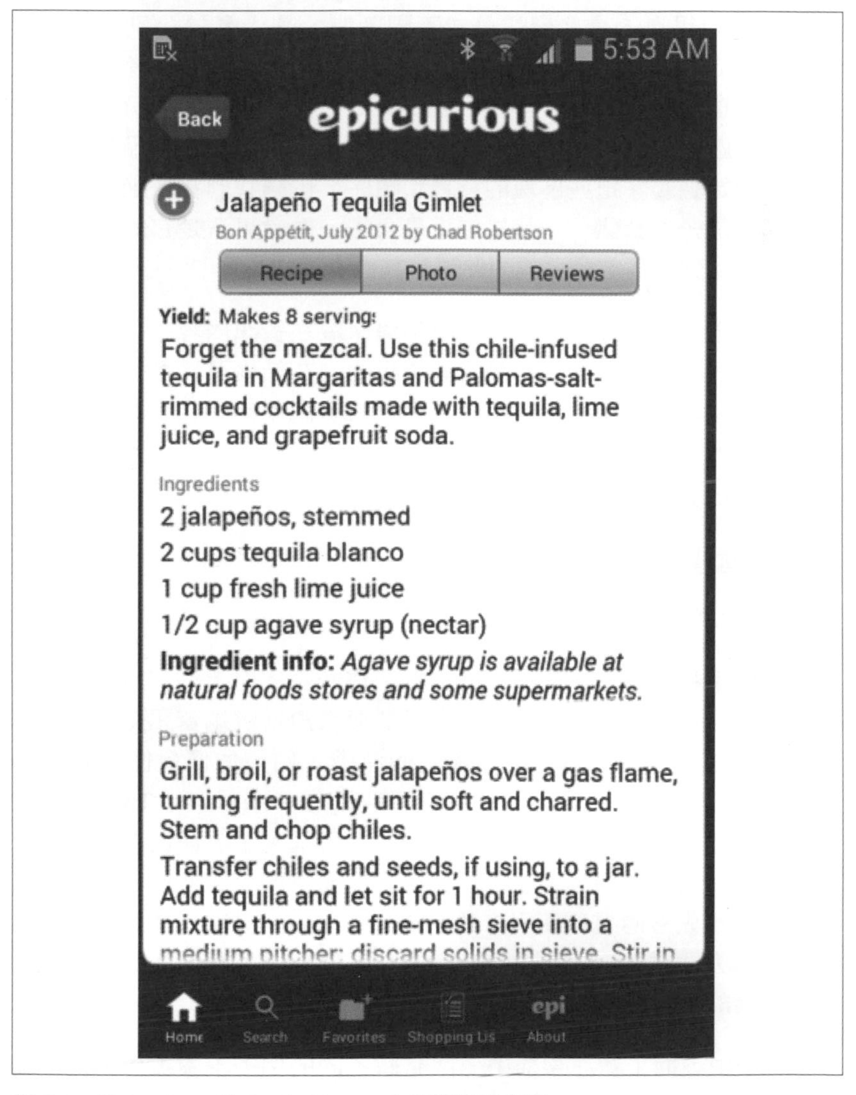

圖 5-4　Epicurious 的 Android app 中的雞尾酒食譜

除了最下方的導覽選項之外，畫面好像沒有什麼資訊架構的元素。還是說其實有，但是不太容易一眼看出呢？

這份食譜本身就有清楚、明確的結構：最上面有標題，再來是材料列表（Ingredients），接著是預備材料的說明（Preparation），以及提供飲用方式的訊息。這些資訊分成不同區塊，讓人易於分別。這份食譜的天然區塊也可以支援搜尋和瀏覽；舉例來說，使用者可以指定在「食譜標題」中尋找「琴蕾（gimlet）」，就可能找到這份食譜。此外，這些區塊本身也形成合理的順序，畢竟大家會想先準備好所需材料，才開始調製。這些區塊的意義和順序，也讓我們在仔細閱讀前就辨認出這是一份食譜。一旦知道這是食譜，你會更清楚它的用途及如何使用、找到所需部分，或由此再找其他資訊。

所以，如果看得夠仔細，即使資訊架構深藏在資訊內容之中，也可以找到。事實上，藉由搜尋和瀏覽，資訊的內在結構可以讓使用者需要的答案「浮現」出來。這就是由下而上的資訊架構；內容的結構、順序和標註可以回答像下面的這些問題：

- 我在什麼地方？
- 這裡有些什麼？
- 接下來可以去哪裡？

和由上而下指定的資訊架構不同之處，在於由下而上的資訊架構來自內容本身。這一點很重要，因為使用者愈來愈常跳過資訊空間由上而下建立的資訊架構，直接進到網站的深處，例如他們會使用 Google 一類的搜尋引擎，也可能點擊廣告，或透過 Facebook、Twitter 等社群網站閱讀你提供的內容並按下連結。一旦進來了，使用者會想直接連到站內其他相關內容，而不想瞭解由上而下的資訊架構。好的資訊架構應能預先考慮這種使用方式。Keith Instone 提出一種簡單實用的「導覽壓力測試（*http://instone.org/navstress*）」，是評估網站由下而上資訊架構的好工具。

圖 5-5 是由下而上資訊架構中一個略微不同的例子：本書作者之一儲存在 iCloud 中的圖像，透過 iOS 的照片 app 呈現出來的樣子。

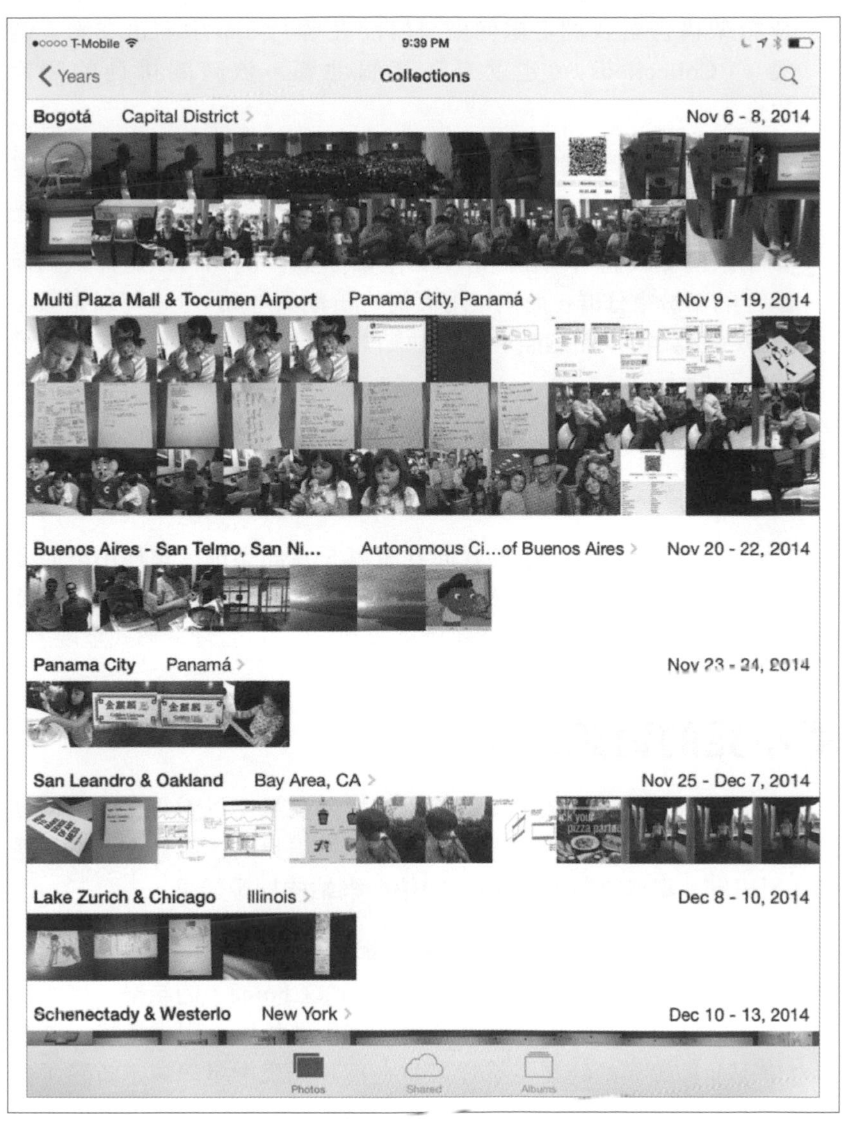

圖 5-5　iOS 照片 app 中的圖像選集

這裡除了資訊架構和內容（即照片）之外，沒什麼別的東西。事實上，由於內容只不過是個別圖像的小圖示，整個畫面都是由資訊架構來構成的。資訊架構提供了內容的脈絡，也讓我們知道接下來可以做什麼：

- 資訊架構告訴我們身處何處（目前在照片 app 中，正在看「選集」（Collections），也就是在某個地區、依時間排列的照片集合）。
- 資訊架構讓我們移動至其他相關的檢視（例如到「相簿」，也就是我們自訂的照片集合）。
- 資訊架構使我們可以在內容中循階層移動（例如可以選擇依圖像儲存的年份來分群，而不是用更細的日期與地點），也可以循脈絡移動（例如可以點選照片拍攝地點的城市，可以讓照片依地點分佈在地圖上）。
- 資訊架構提供搜尋，可依不同標準進行，如不同時間與地點。
- 資訊架構讓我們能與他人分享內容。

從很多方面來說，照片 app 的介面其實就是資訊架構。這種由下而上的結構主要由 metadata 來定義，也由內容（即照片）中深層的脈絡關係來定義；這結構依人們習慣整理照片的方式，以合理的形式呈現。

看不見的資訊架構

經過前面的說明，你應該了解到資訊架構其實是可以看得見的，但實際上確實有些特殊的資訊架構本身是難以被看見的，因為它們往往隱藏在更底層。舉例來說，圖 5-6 是 BBC 網站的搜尋結果。

我們搜尋「烏克蘭」（ukraine），發現網站提供了一些不同的東西，最特別的是三個標有「編輯推薦」（Editor's Choice）的結果。如大家所知，搜尋結果是由使用者看不到的搜尋引擎檢索而得。搜尋引擎會建立索引並搜尋網站的某些部分，並在搜尋結果中呈現特定資訊（也就是網頁標題、摘要和日期），也會處理搜尋字詞（剔除常見字如「a」、「the」、「of」等）。所有這些搜尋引擎相關設定的考量，使用者都不知道，但卻是資訊架構設計中不可或缺的層面。

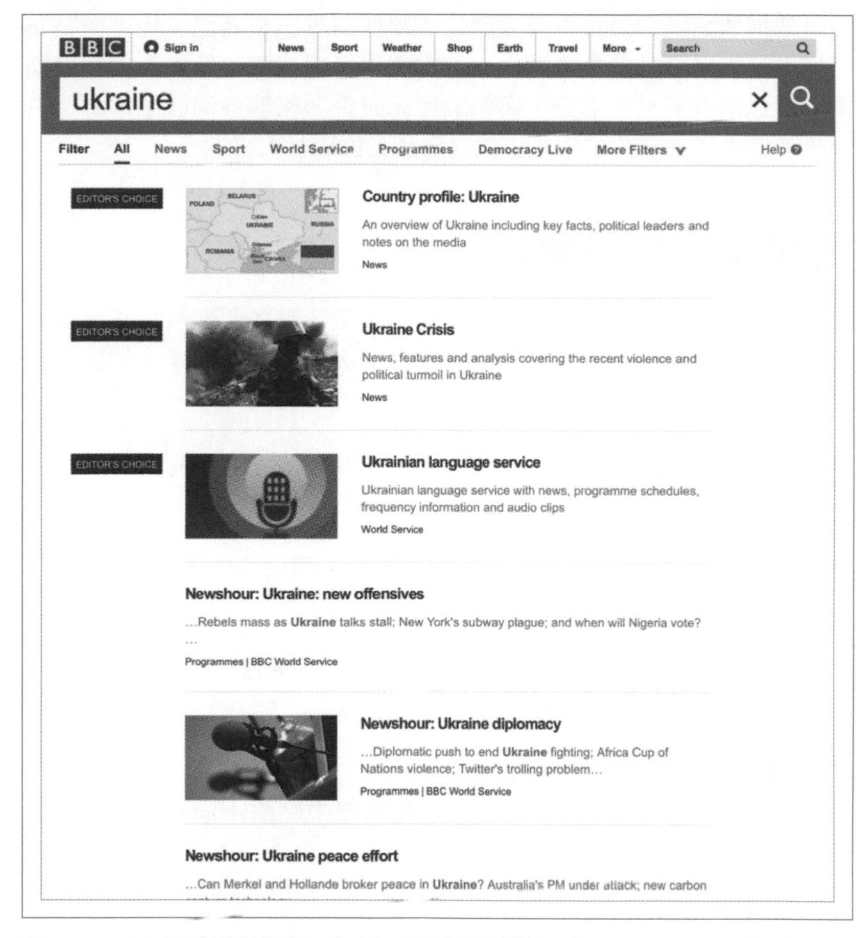

圖 5-6　BBC 網站搜尋結果，包括三個「編輯推薦」（Editor's Choice）連結

和一般搜尋不同的地方是「編輯推薦」排在搜尋結果前三則是人為產生的：BBC 裡有人覺得「烏克蘭」是個重要字詞，而 BBC 有些相關優質內容但非新聞消息也值得提供。一般來說新聞消息會出現在搜尋結果的前面，其他內容則較後面，因此 BBC 以編輯專業選擇三篇高度相關的內容，並與「烏克蘭」一詞建立關聯，確保使用者搜尋時會看到這些內容。可能有使用者以為所有搜尋結果都是自動產生，但事實上背後有人工在調整資訊架構 [1]。這也是資訊架構看不見的一個例子。

1　通常編輯會根據搜尋記錄，找出那些能提昇搜尋品質的詞彙，然後加以人工調整。

資訊架構遠超過只是提供導覽路徑或線框圖畫出來而已，也不僅是為了提供給視覺設計師參考做出一份文件。資訊架構不像看上去那麼簡單，還包括看不見的部分；而無論可見與否，瞭解各個層面才會明白資訊架構需要完成的工作，也才會意識到挑戰性有多高。

資訊架構組成要素

瞭解資訊架構確切的組成要素其實有點困難，有些要素可以直接與使用者互動，但如前所述，有些部分隱身幕後，使用者根本不知道它們的存在。

接下來的四章，我們將資訊架構拆解為四個類別來介紹與討論：

組織體系

　如何分類資訊，例如依主題或時間分類；請見第六章。

命名（*labeling*，標籤）體系

　如何稱呼資訊，例如該用科學專屬名稱（「楓屬」，Acer）還是一般用語（「楓樹」，maple）；請見第七章。

導覽體系

　如何瀏覽與在資訊間移動，例如在階層中點擊不同資訊；請見第八章。

搜尋體系

　如何搜尋資訊，例如在索引中搜尋；請見第九章。

所有的分類都會面臨挑戰，把資訊架構分成這四個體系也一樣。舉例來說，有時候組織和命名體系很難區別（提示：把內容分成不同群組並命名，每個群組可以有多種不同方式來命名）。若採用不同的分類方式來拆解資訊架構，則易於以不同視角來看待資訊架構。因此在深入這四個體系之前，我們提供另一種拆解資訊架構要素的方法，包括瀏覽輔助、搜尋輔助、內容與任務，及「不可見」的要素。

瀏覽輔助

這類要素提供一組預先設定的路徑，為使用者在資訊空間中導航。同時也創造出一種如第四章提及的空間感。在瀏覽時，使用者透過選單和連結找到去處，不需像搜尋時仔細思考關鍵詞。瀏覽輔助（Browsing Aids）的種類包括：

組織體系（*Organization systems*）

　或稱為分類與階層，也就是內容的主要分類與組織方式（例如依主題、依任務、依使用族群，或依時間）。使用者產生的標籤（user-generated tags）也是一種組織體系的形態

一般導覽體系（*General navigation systems*）

　一個資訊空間中的主要導覽體系，幫助使用者瞭解自己身處何處與可能去向

區域導覽體系（*Local navigation systems*）

　資訊空間中某部分（如子網站）的主要導覽體系，幫助使用者瞭解自己身處何處與可能去向

網站空間地圖 / 目錄（*Sitemaps/tables of contents*）

　附加在主要導覽體系外的導覽體系，提供各主要內容部分的簡要概觀與連結；通常以大綱形態出現

索引（*Indices*）

　附加的導覽體系，提供依字母排列的關鍵字詞，可連結到資訊空間中的內容

指引（*Guides*）

　附加的導覽體系，為特定主題提供專門內容，亦可連結到相關內容

逐步指南與步驟精靈（*Walkthroughs and wizards*）

　附加的導覽體系，引導使用者依順序完成步驟，也可能連結到相關內容

脈絡導覽體系或內文導覽體系（*Contextual navigation systems*）

以一致的方式提供連結至相關內容；通常直接內嵌在內容文字中，一般用來連結資訊空間中較特別的內容

搜尋輔助

這類要素允許使用者輸入自訂查詢，並自動呈現符合查詢的客製結果。搜尋輔助（Search Aids）與瀏覽輔助（Browsing Aids）可以想成互補的要素，只是搜尋輔助為動態且自動產生。搜尋輔助的種類包括：

搜尋介面

輸入與修改查詢字詞的相關功能，通常也會提供改進查詢的建議，以及其他搜尋的設定（如選擇特定範圍來搜尋）

查詢語言

搜尋時的語法規則。查詢語言可能包括布林運算子（如 AND、OR、NOT 等），鄰近運算子（如 ADJACENT 或 NEAR），或指定搜尋特定欄位（如 AUTHOR=“Shakespeare”）

查詢助手

讓查詢更精準的輔助功能。常見的例子像是拼字檢查、詞幹擷取（stemming）查詢、觀念搜尋，以及由同義詞典中加入同義字搜尋

檢索演算法

搜尋引擎中負責判斷哪些內容符合查詢字詞的部分；Google 的 PageRank 大概是最為人熟知的例子

搜尋範圍

網站內容的子區域中，已另外建立索引，能支援特定搜尋的範圍（如在軟體廠商網站搜尋技術支援區域）

搜尋結果

符合查詢字詞的內容之呈現；需要考慮像是每則搜尋結果中應有哪些內容、要呈現幾則結果，以及結果應如何排序、區分與分類

內容與任務

內容與任務（Content and Tasks）這些要素是使用者造訪資訊空間的終極目的；相對來說，其他要素只是協助使用者抵達目的地。然而要區分內容、任務與資訊架構十分困難，因為有些要素深植於內容與任務中，並幫助我們找到方向。內嵌於內容與任務中的資訊架構要素包括：

標題（*Headings*）
: 描述內容的命名標籤

內容中內嵌的連結（*Embedded links*）
: 在內容文字中的連結；文字連結的文字描述就能代表連結過去的內容

內容中內嵌的 metadata（*Embedded metadata*）
: 內容中可以當作 metadata 的資訊，但必須先由內容中擷取出來（如一份食譜中提到某種原料，就可以對這個資訊建立索引，之後就能針對原料進行搜尋）

內容區塊（*Chunks*）
: 內容中自然形成的單位；可能有不同的詳細程度（如書籍的一節和一章都是區塊），也可能有巢狀階層關係（如一節是一本書的一部分）

列表（*Lists*）
: 一組內容區塊，或一組連結（連至內容區塊）；這些要素重要的原因是它們已經分好組了（例如都有某種共同性質），並且以特定順序呈現（例如依時間）

順序輔助（*Sequential aids*）
: 讓使用者知道位於流程或任務中哪個步驟，以及還有多少步驟才能完成（例如「步驟 3/8」）

識別記號（*Identifiers*）
: 讓使用者知道在資訊空間中身處何處（例如標誌顯示位於哪個網站，或麵包屑顯示位於站內何處）

「不可見」的要素

有些資訊架構的重要元素，只有在系統背後才能完整看到；使用者幾乎不會與之互動。這些要素通常用來支援其他要素，例如同義詞典可改善搜尋查詢的結果。一些不可見的資訊架構要素，包括：

控制詞彙與同義詞典（*Controlled vocabularies and thesauri*）
: 控制詞彙是預先建立的優先詞（preferred term），通常用來描述特定領域中的觀念，例如賽車或整型外科手術領域。一般會包括變異詞（variant term），例如「brewski」是「啤酒（beer）」的變異詞。同義詞典則除了控制詞彙外，通常會包括廣義詞（broader term）、狹義詞（narrower term）、相關詞（related term），以及優先詞的描述（即範圍註，scope note）。若於控制詞彙中找出查詢字詞的同義字一起搜尋，可以改善搜尋系統的成果。

檢索演算法（*Retrieval algorithms*）
: 依照相關性排列搜尋結果的順序；檢索演算法反映出程式設計師在判斷相關性時的考量。

最佳可能結果（*Best bets*）
: 依據查詢字詞，經人工挑選的搜尋結果；由編輯和領域專家決定哪些查詢字詞應提供最佳可能結果，以及哪些內容文件值得當作最佳可能結果。

無論用哪種方式來拆解資訊架構的組成，若能超越抽象層次來深入瞭解，並熟悉資訊架構具體與可見的要素，會有很大幫助。在以下的章節，我們會更深入學習資訊架構的基本細節。

要點回顧

我們總結一下本章的學習要點：

- 你可能需要向他人說明資訊架構，所以能幫助別人「看到」資訊架構很重要。
- 資訊架構可以由上而下，或由下而上觀察到。

- 資訊架構要素可以用多種方式分類，我們會從四個類別來討論：組織體系、命名體系、導覽體系和搜尋體系。

既然你已經瞭解四個基礎體系的概要，我們要開始探討第一個部分了：組織體系！

第六章

組織體系

所有的理解都由分類開始。
—海登・懷特（*Hayden White*）

本章中會涵蓋：

- 主觀性、政治與其他造成組織資訊十分困難的原因
- 精確和模糊的組織規則
- 階層、超文件與關聯式資料庫結構
- 標籤與社交分類

我們對世界的瞭解大部分取決於我們組織資訊的能力。當回答「你住在哪裡？」「你的工作是什麼？」「你是誰？」等問題時，我們的答案顯露出內心的分類架構，而此分類架構是我們對世界的理解之根基。我們會回答住在某國、某州的某市鎮；在某產業、某公司的某部門工作；以及我們是家長、兒女，與手足，這些角色都是家族中不可或缺的一部分。

我們將事物組織分類以便學習、解釋與控制。我們使用的分類體系反映出社會與政治的觀點和目的。例如我們可能會說，我們住在第一世界，他們住在第三世界；她是自由鬥士，他是恐怖分子。當我們決定如何分類、命名與關聯其他特定資訊的同時，就會影響人們如何理解該資訊。

我們組織資訊讓人們得以找到問題的答案，並提供脈絡協助理解這些答案。我們盡力支援日常隨意的瀏覽，也顧及有目標的搜尋。我們的目的是設計出對使用者有意義的組織和命名體系。

數位空間帶來實體空間無法形容的美妙與彈性，我們得以在其中自由自在地組織安排資訊。在數位空間中，我們可以對相同內容採用多種不同組織體系，不受類比世界的物理限制。既然如此，為什麼許多數位產品與資訊服務如此難用？設計者為何無法讓找資訊更簡單？這些常見問題，引導我們聚焦在組織資訊的真實困難上。

組織資訊的挑戰

近年來愈來愈多人意識到組織資訊的挑戰，不過這挑戰並非新鮮事了，人類已經與組織資訊的難題奮戰好幾百年了。圖書館學領域有一大部分就在研究如何組織並提供資訊供人使用。既然如此，那組織資訊的困難有什麼好大驚小怪？

信不信由你，我們每個人都會變成圖書館員。這個悄無聲息卻影響巨大的轉變，是由全球網際網路的分散式力量所推動。不久之前，命名、組織和提供資訊還是圖書館員專屬的工作，這些圖書館員用奇特的杜威十進分類法、英美編目規則等語言交談，他們也為資訊進行分類、編目，並幫助讀者找到所需資訊。

然而當使用者能自由地在網際網路上發表資訊時，組織這些資訊的責任也悄悄地落在使用者的身上。新的資訊科技開啟了閘門，內容以指數形式成長，也使得內容的組織需要創新（圖 6-1）。

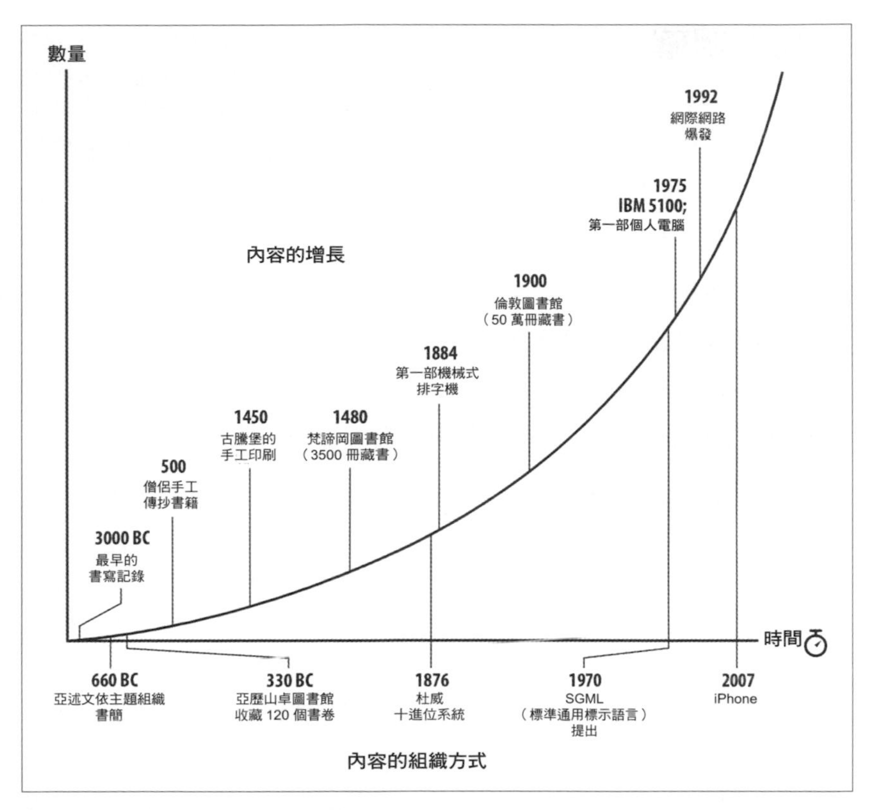

圖 6-1　內容數量的成長推動創新

當我們竭力面對數量成長的挑戰時，也不經意地採用了圖書館員的用語。我們該如何**命名**（*label*）這份內容？有沒有現存的**分類規則**（*classification scheme*）可以套用？誰負責這份資訊的**分類**或**編目**（*catalog*）？

現今的世界裡，有無數的人在發佈與組織自己的資訊。因此，越來越多人能夠體認到組織資訊的難度，也越來越能感受到這件事情的重要性。接著我們來探討一些原因，瞭解為何以有用的方式組織資訊是如此的困難。

意義不明確

分類體系透過語言表達，而語言往往有多種意義：意思是相同的文字經常能被許多不同的方式來理解它。以 *pitch* 這個字為例，你會想到什麼意思？這個字有超過 15 種定義，包括：

- 投擲、扔、拋
- 用於防水的黑色黏性物質（瀝青）
- 大浪中船頭船尾的顛簸起伏
- 銷售人員的推銷話術
- 聲音的元素之一，由震動的頻率決定（音高）

語言的**意義不明確**（*Ambiguity*），使得分類體系的基礎不很穩固，不只是英文，中文也是一樣，例如「主題」這個中文字本身也有多種詮釋方式。當我們以文字來稱呼類別時，可能的風險是使用者會誤解我們的意思，這可是個十分嚴重的問題（請見第七章更多關於命名的討論）。

麻煩還不止於此，除了對命名與其意義得有共同理解之外，我們還得同意資訊該分到哪個類別。以番茄這種常見植物來說，根據韋氏字典（Webster's dictionary），番茄是「紅或黃色的水果，果肉多汁，通常當作蔬菜：生物學上屬於漿果」。我被搞混了，到底番茄是水果、蔬菜還是漿果[1]？而且，這些討論都先假設使用者看得懂番茄這個單字，無論是中文或英文；這在文化日益多元的數位媒介世界中，是個不實際的假設。

如果要把常見的蕃茄歸類都這麼困難，那要分類多元大量的網站內容的挑戰就更大了。萬一你要處理的分類對象並不是具體的事物，而是抽象的概念時，那就更困難了，像是標題、主題、功能等。例如「替代醫療」（alternative healing）到底是什麼意思？應該分類在「哲學」、「宗教」，還是「健康與醫藥」，或者上述每一類都放？在文字意義不明確的情況下，組織內容著實面臨著實質與重大的挑戰。

1　番茄理論上是漿果，因此算是水果，雖然 1893 年美國法院判例指出番茄是蔬菜。由於國會提高進口蔬菜 10% 的關稅，一位西印度群島番茄的進口商約翰尼克斯（John Nix）提出訴訟，認為番茄是水果。法院的見解是因為番茄的食用方式比較像蔬菜，而非像餐後甜點、水果，因此應該認定為蔬菜。來源：迪尼絲葛雷迪（Denise Grady）著，「夏天的美味（Best Bite of Summer）」（Self 19:7, 1997, 124–125）。

異質性

異質性（*Heterogeneity*）指一個或一組物件有不相關或不類似的部分。阿嬤自製的菜尾湯可以看作異質性的例子，因為裡面有各種蔬菜、肉，和其他神秘的剩菜。在光譜的另一端，「同質（homogeneous）」則代表由類似或相同的元素組成，例如麗滋餅乾（Ritz crackers）是同質性的例子，裡面每片餅乾長相和吃起來都一樣。

圖書館的老式書目卡片目錄的同質性很高，將書籍分類組織，讓人找到書籍。卡片目錄無法檢索書中的章節，也無法找到書的系列合集；有些也不能找雜誌或影片。卡片目錄的同質性高，因此可以使用高度結構化的分類體系。每一本書在目錄中都有一筆記錄；每一筆記錄都有相同的欄位：作者、標題和主題。這是處理單一媒介的系統，由較高的層次記錄資料，也運作得十分良好。

然而大部分的數位資訊空間，在很多層面上異質性都很高。舉例來說，網站可以提供連結到一份文件或內文的一部分，也就是資訊中不同**顆粒程度**（granularity）的位置。網站可能在同一頁列出文章、期刊（有多篇文章），以及期刊資料庫（有多本期刊）。連結可能連至網頁、網頁中的某部分，或者其他網站。此外，網站通常提供多種格式的資料；可能是財經新聞、產品資訊、員工個人網頁、圖片資料庫，或軟體檔案。動態的新聞內容和靜態的人力資源訊息存在同個網頁上；文字資訊和影像、聲音或互動應用系統也可能並列。網站是多媒體的大熔爐，在分類時需要調和不同媒介與不同細節程度；這個挑戰十分艱難。

資訊空間的這種異質性，很難採用單一、結構化的組織體系來分類內容。分類時若把不同顆粒程度的資訊並列，通常不怎麼合理；一則報導文章和一本雜誌應以不同方式處理。同樣，用單一方法處理不同格式的資訊，也可能用途不大。每種格式都有其獨特而重要的性質。以圖形為例，我們希望瞭解某些資訊，像是檔案格式（JPG 或 PNG 等）、解析度（1024×768 或 1280×800 等）。想用同一種方式組織異質性資料，不但困難也容易誤導。這是很多企業分類架構的基本缺點。

觀點的差異

你有沒有在同事的電腦裡找檔案的經驗？不管是否經過允許，或是專案工作交接過程，總之你想要某個檔案，有時候可能很快就找到，但有時候可能得花幾個小時。有些同事管理文件和命名檔案與資料夾的方法，不合邏輯到令人抓狂的程度。但如果你問這些人，他們會說自己的分類命名超級合理：「這不是很明顯嗎？我把進行中的提案放在路徑為『辦公室／客戶／綠色』的資料夾裡，以前的提案放在路徑為『辦公室／客戶／紅色』的資料夾裡。我不懂你為什麼你找不到！」[2]

事實上，命名與組織系統受到建立者觀點（Perspectives）的影響極大[3]。我們都看過企業網站依公司部門來分類，所以網站有**行銷**、**銷售**、**客戶支援**、**人力資源**和**資訊系統**等類別。問題是剛買了產品的顧客，要怎麼知道哪個單位才有相關的技術資訊？想設計好用的組織體系，我們必須跳脫自己命名與組織資訊的心智模式。

我們採用多種使用者研究與分析的方法，以便獲得真正的洞察。使用者如何分類資訊？他們如何稱呼這些類別？他們怎麼在資訊中摸清方向並前往目標？這些問題比表面上看來更複雜，因為大部分的資訊空間是為許多不同使用者而設計，而每個人理解資訊的方式都不一樣。不同使用者對同一家企業與內容的熟悉程度也不一樣。正因如此，即使進行大量的使用者測試，也不可能建立完美的資訊組織體系。即使沒有一種完美的體系能適合所有使用者，但我們自知觀點差異對組織體系影響巨大，所以更願意藉由使用者研究與測試，來了解目標族群的行為與偏好，依此提供多種導覽途徑，為大眾設計出更好的資訊分類方式！至少會比你的同事分類自己電腦檔案來得好。

---

2 其實比這裡講的更複雜，因為人的需求、觀點和行為會隨時間改變。在圖書資訊學範疇中，有一個重要的研究領域在探討資訊模式的複雜本質。例如可參閱貝爾金（N.J. Belkin）的「以知識的異常狀態為基礎之資訊檢索」（Canadian Journal of Information Science 5, 1980, 133–143）。

3 有一篇關於人們整理桌面與辦公空間獨特癖性的精采研究，請參閱馬龍（T.W. Malone）的「人們如何整理辦公桌？設計辦公室資訊系統的啓示」（ACM Transactions on Office Information Systems 1, 1983, 99-112）。

內部政治

每個群體內都有政治。無論個人或部門都想爭取影響力或受重視。由於資訊的組織分類會形塑理解與評價，這隱含的權力往往使資訊架構的設計過程中暗潮洶湧。組織體系與命名體系的抉擇，將會影響使用者對企業、部門與產品的認知。舉例來說，企業內部網站的首頁是否應該有連結到企業的圖書與資訊資源網站？這個連結應該叫做「圖書館」、「資訊服務」還是「知識管理」？其他部門提供的資訊資源應否也包括進來？如果圖書與資訊資源部門可以在首頁有連結，那企業傳播部門是不是也要？那每日新聞訊息呢？

身為設計規劃者，你應該敏銳留意公司**內部政治**（*Internal Politics*）的狀況。某些時候你要引導大家專注於建立使用者需要的資訊架構；但某些情況下你可能需要妥協，以避免嚴重的政治衝突。在打造資訊架構的過程中，內部政治會提高複雜性與困難。然而，如果你對身邊的政治議題夠敏銳的話，就能化解政治對資訊架構的衝擊。

組織資訊空間

組織與分類的良窳，是資訊空間成功與否的主要因素之一，然而大多數的團隊缺乏做好分類所需要的知識。本章的主要目標就是提供知識基礎，協助團隊對付組織資訊的問題，即使是最具挑戰性的專案也適用。

組織體系由**組織的規則**（organization scheme）與**組織的結構**（organization structure）組成。組織規則定義應依照哪些共同特性來分類，因此影響內容項目的分組；組織結構決定了內容項目與分類間的關係型態。組織規則和組織結構兩者對資訊如何尋獲與理解都有重要的影響。

在繼續深入探討之前，從系統開發的角度來瞭解資訊組織十分重要。組織和導覽、命名、索引緊密相關。資訊空間的組織結構通常會成為主要的導覽體系。類別的命名在決定內容是否適合某一類別時扮演重要角色。人工建立索引或 metadata 標籤（tag），最終的目的也是可以將內容分類到極細節的層次。雖然和這些觀念緊密交織，但由於組織體系是之後導覽與命名體系的基礎，所以把組織體系的設計獨立出來討論，不僅是必要也很有用。單單專注討論資訊的分組，可以避免分心考慮建置階段的細節（例如設計導覽的介面），也能設計更好的產品。

組織規則的類型（Organization Schemes）

我們每天的生活中，都透過組織規則尋找事物。通訊錄、超市和圖書館都有組織規則，輔助我們使用其內容。有些規則很容易使用：字典的組織規則依字母排列，查找一個字幾乎沒有任何困難。有些規則卻極度令人挫折：想在一間很大而陌生的超市找到棉花糖（marshmallow）或爆米花，可能會讓人抓狂；棉花糖到底放在零食區還是烘焙材料？或者兩邊都有，甚至兩邊都沒有呢？

事實上，字典和超市使用的組織規則，在本質十分不同。字典按字母排列的組織規則屬於精確規則，而超市依主題或任務分類的組織規則屬於模糊規則。

精確的組織規則

我們先從簡單的開始。精確或「客觀」的組織規則，是指能將資訊劃分為有清楚定義且互斥的不同部分。舉例來說，世界各國名稱列表通常依字母順序排列；如果你知道國家名稱，依循這個規則尋找十分容易。智利（Chile）位於 C 的區域，而且在 B 之後、D 之前。這就是**已知項目**（known-item）的搜尋。你知道想找的目標，而且該在哪裡尋找也很清楚，中間沒有任何模糊地帶。精確組織規則的問題是使用者必需知道想找的東西叫什麼。如果使用者想不出那個「位在蓋亞那和法屬法屬圭亞那中間的國家」的名字，就會碰上困難。

相對來說，精確組織規則較易設計與維護，因為把項目分到類別中時規則明確，不需太多考慮與判斷，而且精確規則也很易於使用。以下幾個小節討論三種常見的精確組織規則。

字母順序的規則（Alphabetical schemes）

依字母順序排列的組織規則，是百科全書和字典使用的主要組織規則。包括本書在內，幾乎所有非文學類的書籍，都會提供依字母順序排列的索引。電話簿、百貨公司品牌櫃位目錄、書店和圖書館，都會運用字母的順序來組織內容。

依字母排列的組織結構經常輔助其他組織規則。我們可能看到姓氏、產品或服務、部門、格式等資訊，都能依字母排列。大部分通訊錄的程式都根據聯絡人的姓氏字母排列，如圖 6-2 所示。

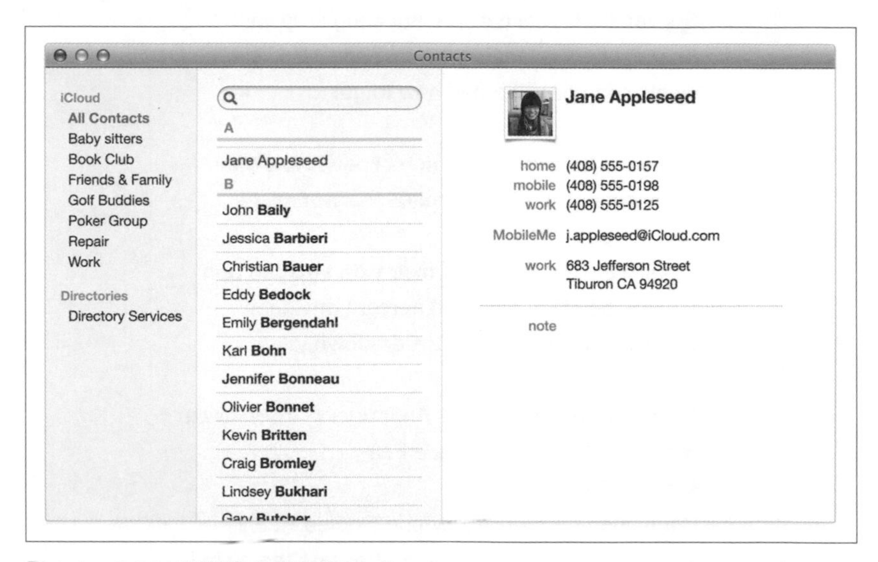

圖 6-2 OS X 的聯絡人應用程式（*https://www.apple.com/osx/apps/#contacts*）

時間順序的規則（Chronological schemes）

某些資訊很適合依時間先後排列組織。舉例來說，新聞資料庫可能會依發佈時間來組織，因此新聞資料庫就是時間順序規則合適的應用對象（圖 6-3）。發佈日期為一則消息提供了重要的脈絡，然而使用者可能也想依照標題、產品類別、地理區域來瀏覽新聞，或者想搜尋關鍵字。除時間外，往往需要提供其他互相搭配的組織規則。歷史書籍、雜誌資料庫、日誌和電視周刊（電視節目介紹）等經常依時間組織。如果大家都知道資訊出現的時間，依時間順序的規則就很容易設計和使用。

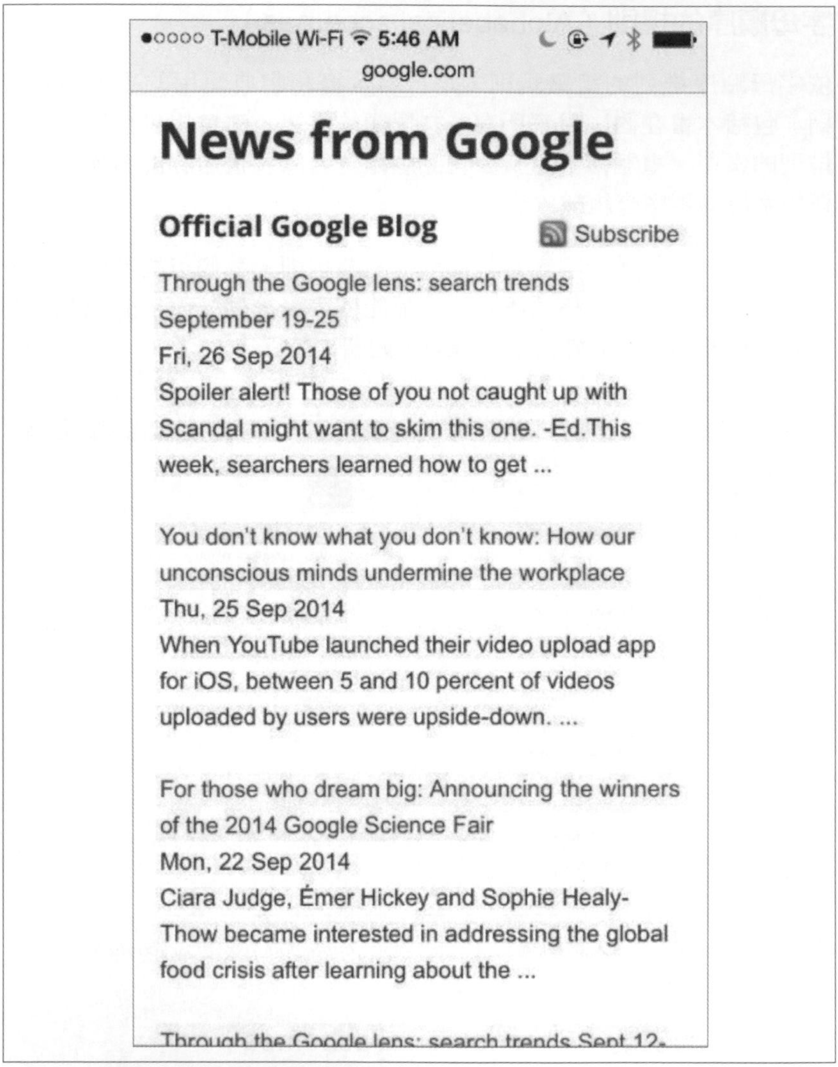

●○○○○ T-Mobile Wi-Fi 5:46 AM
google.com
News from Google
Official Google Blog
Subscribe
Through the Google lens: search trends September 19-25
Fri, 26 Sep 2014
Spoiler alert! Those of you not caught up with Scandal might want to skim this one. -Ed.This week, searchers learned how to get ...
You don't know what you don't know: How our unconscious minds undermine the workplace
Thu, 25 Sep 2014
When YouTube launched their video upload app for iOS, between 5 and 10 percent of videos uploaded by users were upside-down. ...
For those who dream big: Announcing the winners of the 2014 Google Science Fair
Mon, 22 Sep 2014
Ciara Judge, Émer Hickey and Sophie Healy-Thow became interested in addressing the global food crisis after learning about the ...

圖 6-3　發佈的新聞依時間反序排列

地理區域的規則（Geographical schemes）

地點通常是內容中很重要的訊息。我們由一個地點旅行到另一地點。我們會注意所在位置的新聞和天氣資訊。政治、社會、經濟議題通常也和地區有關。在這個時代中，人們主要透過行動裝置與資訊互動，因為行動裝置能獲取位置資訊，因此像 Google、apple 這樣的公司會投入大量資源以提供區域性的搜尋和資訊服務，並以地圖為主要的介面。

如果暫時不管一些國界劃分的爭議，地理區域的組織規則在設計和使用上相當直觀。圖 6-4 是 Craigslist 依地理區域組織規則的一個例子。使用者可以選擇離自己最近地區的分類刊登目錄。如果瀏覽器支援自動偵測所在的地理位置的話，開啟網站就會直接轉到最近的地區目錄。

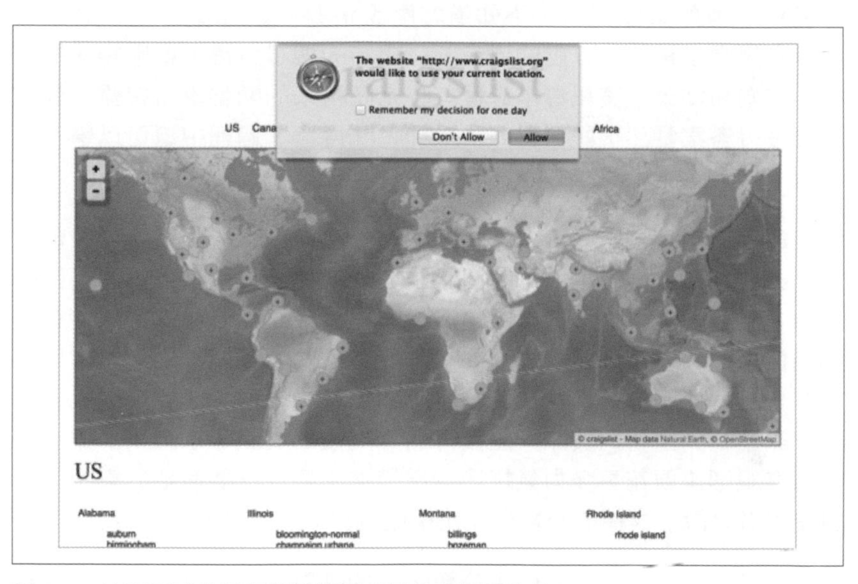

圖 6-4　地理區域的組織規則例子（以地理位置定位）

模糊的組織規則

接著我們討論比較難的規則。模糊（意義不明確）或「主觀」的組織規則把資訊分類了，但類別卻無法訂出精確定義。這種規則受限於語言和組織的不精確，更不用說每個人的主觀解釋可能都不同。模糊規則很難設計與維護，也可能很難使用。還記得番茄的例子嗎？到底該分在水果、漿果還是蔬菜？

儘管如此，這些規則通常比精確的組織規則更為重要。一般的圖書館編目資料通常可以依作者、標題和主題三種規則來查找。作者和標題的組織規則很精確，因此易於建立、維護和使用。然而許多研究都指出，讀者更常使用意義不明確、以主題分類的規則，像是杜威十進分類法、美國國會圖書館分類系統等。

人們覺得模糊組織規則比較有用的原因很簡單：我們有時候不知道自己要找什麼。有些時候你不知道那個東西的正確名稱；有些時候你只有模糊不清的資訊需求，不知道怎麼說清楚。正如第三章提到，資訊尋求經常是重複且互動的過程。一開始的搜尋所得，會影響後續尋找的方向和結果。資訊尋求過程有時充滿精采的關聯學習特質。尋找之後獲得答案當然很好，但如果系統設計得當，過程中還可以學到新東西。

模糊的組織規則依照內容的意義把資訊分組，因此能提供意外發現模式（serendipitous mode）的資訊尋求方式。如果是依字母排列的精確分類，鄰近的項目除了名稱開頭都是同一個字母外，彼此可能沒有任何相似之處。在模糊組織規則中，設計者依內容意義決定哪些項目該放在一起。把相關的事物放在一起有助關聯式學習，讓使用者能由已知資訊連結到全新的資訊，並獲得品質更佳的資訊尋求結果。雖然模糊組織規則需要花更多力氣打造，還帶進主觀性這個麻煩的東西，但對使用者來說，模糊的分類往往比精確的分類更有價值。

模糊組織規則要成功必須仰賴分類規則的品質，以及實際進行分類時的精心考量（決定每個項目該放在哪一類）；嚴謹的使用者測試也不可或缺。多數情況下，新的項目會一直出現且需要分類，而組織規則也需要持續調整以符合產業的變化。維護這些規則可能需要具專業領域知識的專職人員。接著我們討論一些最常見和有價值的模糊組織規則。

主題式的組織規則（Topical organization schemes）

依內容主題或主旨來組織資訊是最有用也最具挑戰性的方式。報紙依主題分類，所以若想知道昨天球賽的比數，我們知道會在體育版找到。學校的課程和學系，或者大部分非文學類的書籍章節，都是依主題來安排。很多人以為這些主題類別與分法固定不變，但事實上這些觀念會隨時間改變，也受文化影響。

雖然以主題為唯一組織方式的資訊空間很少，但大部分資訊空間的分類多少都會運用主題規則。設計主題的組織規則時，決定涵蓋範圍的廣度十分重要。有些資訊空間和規則涵蓋了人類知識的所有範疇，例如百科全書的組織規則。一些研究導向的網站也極度倚賴其主題組織規則，例如消費者報告（Consumer Reports，圖 6-5）涵蓋廣泛的產品。另一些資訊空間則在廣度上較有限，例如企業網站僅涵蓋與公司產品、服務直接相關的主題。設計主題的組織規則時，記得你是在定義內容的空間結構（包括現在與未來），讓使用者可以在此範圍內找到所需資訊。

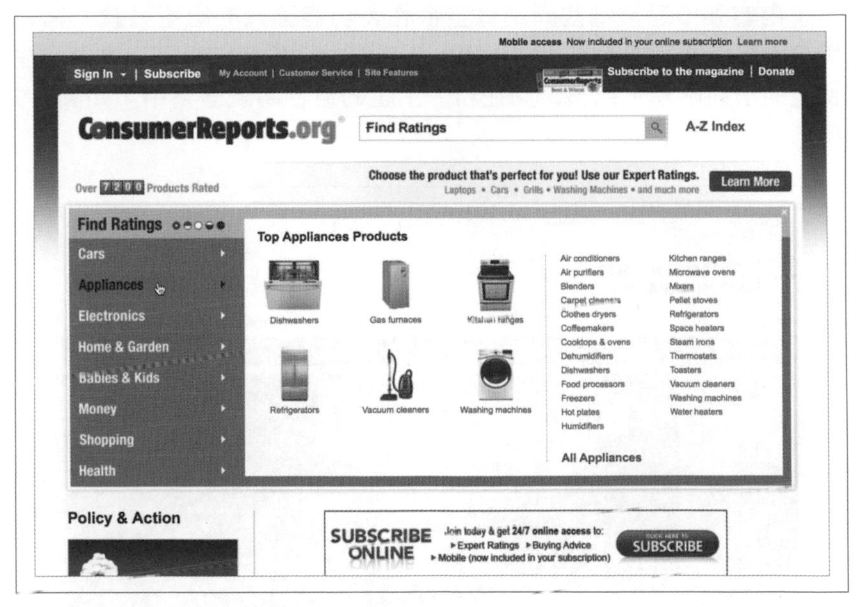

圖 6-5　依主題的分類，顯示類別與子類別

任務導向式的組織規則（Task-oriented schemes）

任務導向規則把內容和應用程式組織成流程、功能或任務的組合。如果能找出使用者最常進行的主要任務，這種規則就很適合。任務導向規則在電腦或行動應用程式中很常見，特別是一些建立與管理內容的系統（如文字處理程式、試算表等，圖 6-6）。

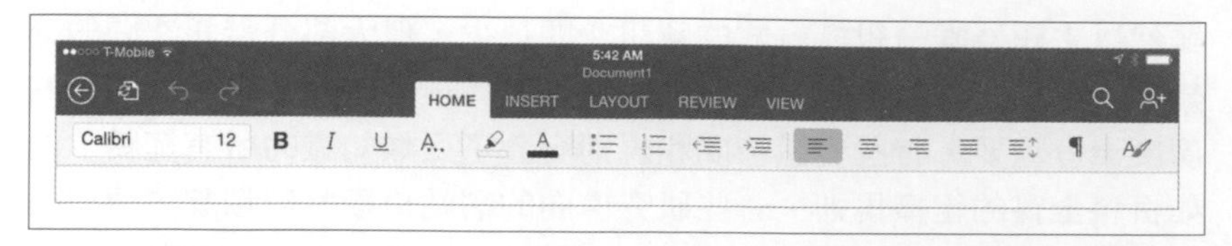

圖 6-6　如同許多其他 app 一樣，iOS 的微軟 Word 也採用任務導向的組織規則

在網站上，任務導向的組織規則最常見於對使用者很重要的操作之處。企業內部網站與跨企業網站通常也很適合任務導向的做法，因為除了內容外，通常這些網站會整合許多功能強大的應用系統。網站極少僅以任務為唯一方式來組織；任務導向式的組織規則通常內嵌在特定的子網站裡，或整合到任務／主題的混合導覽體系中，如圖 6-7 所示。

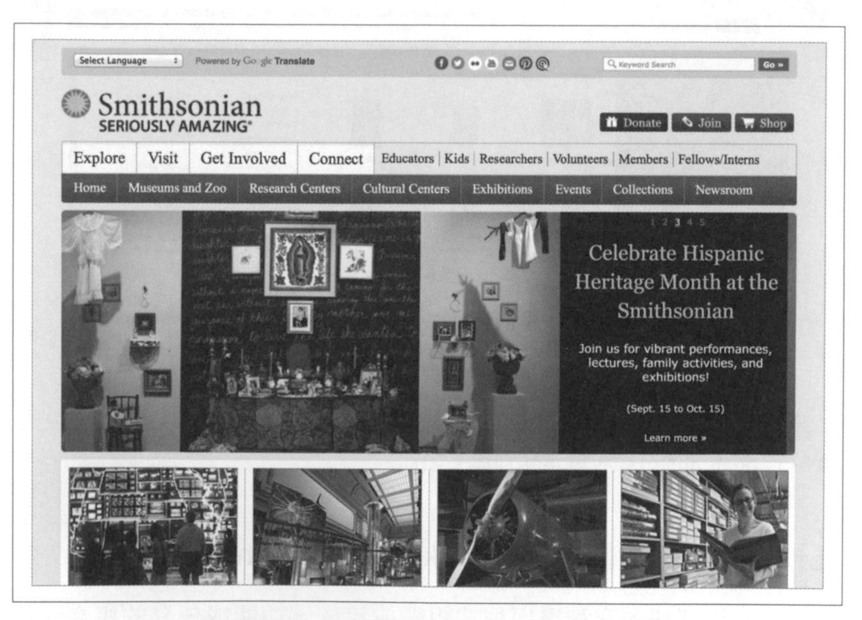

圖 6-7　任務、主題、目標族群共同呈現在 Smithsonian 的首頁上

目標族群的組織規則（Audience-specific schemes）

如果你的產品或服務面對兩種以上、可以清楚界定的目標族群，依族群打造組織規則就非常自然。特別是為不同群體提供客製內容可以增

加價值的話，那麼這種規則就非常適合。族群導向的規則把網站分解成比較小、依對象設計的迷你網站，僅提供特定對象會有興趣的內容，網頁就不會充斥無關的資訊。CERN（歐洲核子研究組織）網站採用使用族群導向的組織規則，讓使用者自己選擇合適的身分。

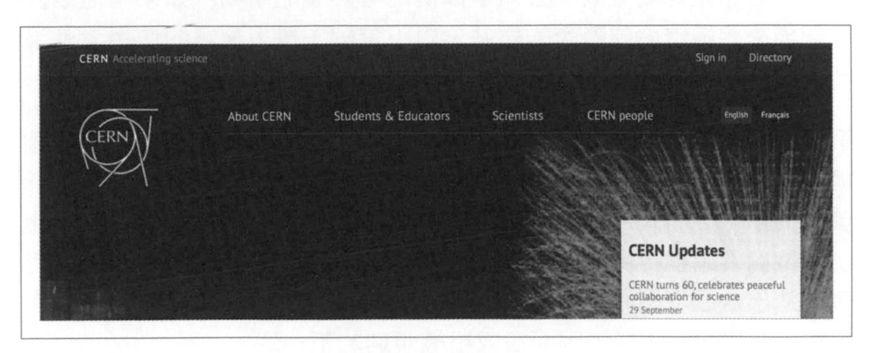

圖 6-8　CERN 網站讓使用者選擇合適的身分

按族群來組織資訊，也帶來與「個人化」（personalization）有關的各種可能性與危機。舉例來說，CERN 知道他們的目標族群是誰，並依此建立網站。如果我選擇「科學家（Scientists）」群體，網站會呈現各種研究成果、CERN 的研究論文，以及科學家社群會有興趣的其他資訊。但這些資訊在「學生與教育者（Students & Educators）」分類下並不容易找到。但如果我是研究科學的學生，需要看那些研究論文的時候，怎麼辦呢？建立模糊規則時，我們都需要對類似狀況作合理推測，並時時檢討這些推測與選擇。

目標族群規則可以是開放式或封閉式規則。開放式規則允許某一族群使用其他族群的內容，而封閉式規則不允許。如果有訂閱費用或安全顧慮時，封閉式就較適合。

比喻導向的組織規則（Metaphor-driven schemes）

比喻通常從使用者熟悉的事物出發，建立與新事物的關聯，幫助使用者瞭解新事物。其實電腦裡的「桌面」、「資料夾」、「檔案」、「垃圾桶」或「資源回收桶」就是好例子。比喻把這些名詞和觀念套用在介面上，讓使用者直覺地理解內容與功能。此外，嘗試探索比喻組織規則的各種可能，也會在設計、組織和功能各方面，為網站帶來全新與興奮的想法。

雖然在腦力激盪時去思考各種比喻對資訊架構內部提案或討論很有幫助，但若想在整個網站採用比喻組織規則展現給外部使用者，還是得小心考慮。

第一，若希望比喻有效，必須選擇使用者熟悉的事物。如果用電腦內部架構來組織電腦硬體商的網站，對不瞭解主機板配置的使用者就沒什麼用。

第二，比喻可能帶來額外的負擔與限制。舉例來說，若網站使用「圖書館」為比喻，使用者就可能期待數位圖書館也有館員可以回答各種參考問題；然而大部分數位圖書館沒有這種服務。此外，你也可能想在數位圖書館裡提供實體世界中沒有清楚對應的服務，例如允許使用者創造出自己專屬的數位圖書館版本。這些問題使得你不得不在分類中加入非比喻的元素，因而造成組織規則的不一致。

另一個或許比較不明顯的例子，就是當你第一次登入臉書時，會看到由朋友貼文組成的「動態消息（news feed）」。一開始動態消息這個比喻很適切，因為消息最上面是最新的貼文。然而隨著貼文數量大幅增加，臉書最終改用了不同的演算法，以決定哪些貼文顯示在最上面。這個改變導致好幾天前的貼文可能排在最新的貼文之前，破壞了人們認為動態消息應按時間排列的認知，也可能造成困惑。如圖 6-9，臉書讓使用者選擇「人氣動態（top stories）」或「最新動態（most recent）」，以決定使用哪一種演算法排列貼文順序－這其實是個很糟的解決方法。

圖 6-9　臉書讓使用者選擇不同演算法來排列動態消息的貼文順序

混合的組織規則(Hybrid schemes)

使用單一組織規則的好處，在於它提供簡單的心智模式，讓使用者可以快速理解。使用者很容易就可以看懂依族群或主題區分的組織。即使內容數量龐大，也能應用相當少數、單一的組織規則，不致犧牲其完整性或易用性。

然而，當你開始混合多種規則時，困惑也隨之出現，同時這些規則很難隨內容數量增加而相應擴展。以圖 6-10 為例，這個混合式規則包括族群、主題、比喻、任務和字母各種元素。因為全部混在一起，我們很難形成一個心智模式理解其邏輯。我們必須看完所有項目，才能找到我們需要的選擇。

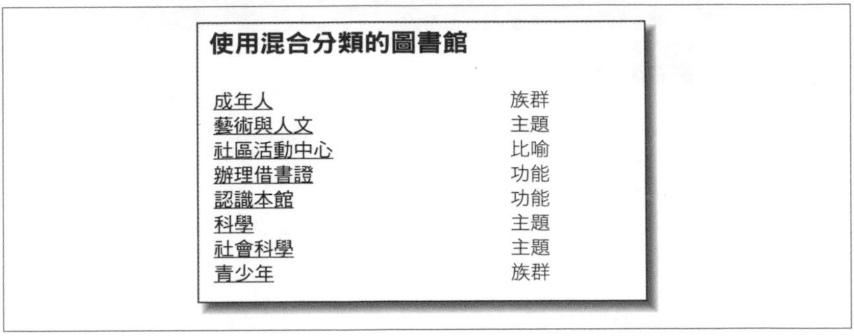

使用混合分類的圖書館

成年人	族群
藝術與人文	主題
社區活動中心	比喻
辦理借書證	功能
認識本館	功能
科學	主題
社會科學	主題
青少年	族群

圖 6-10　一個混合組織規則

雖然我們提出混合規則的缺點，但其實也有例外，在最上層導覽常可以看到。很多網站在首頁或全域導覽成功地結合主題與任務規則，如同 Smithsonian 網站的例子一樣（圖 6-7）。這表示在實際需求裡，企業和使用者都覺得找到所需內容和完成主要任務同樣是優先考量。這種混合解決方案不需要隨規模增加而擴展，因為只會加入最需要的任務。這類規則只有用在大量的內容或任務上，才會出現問題。換句話說，淺層的混合規則可以使用，但深層的混合規則就不是如此了。

很不幸地，深層的混合規則還是很常見。原因是大家對分類有不同想法，無法使用單一規則，所以會出現各種不同規則的元素，混合成令人困惑的組合。事實上可以有比較好的做法：如果不同規則必須出現在同一頁面，就要跟設計團隊討論溝通，強調維持個別規則完整性的重要。只要不同規則在頁面上能分開呈現，就能保有規則為使用者建立心智模式的能力。舉例來說，圖 6-11 是史丹佛大學的首頁，上面有主題規則、族群規則，以及搜尋。只要這些規則獨立開來，史丹佛大學就得以提供彈性，但不會帶來困惑。

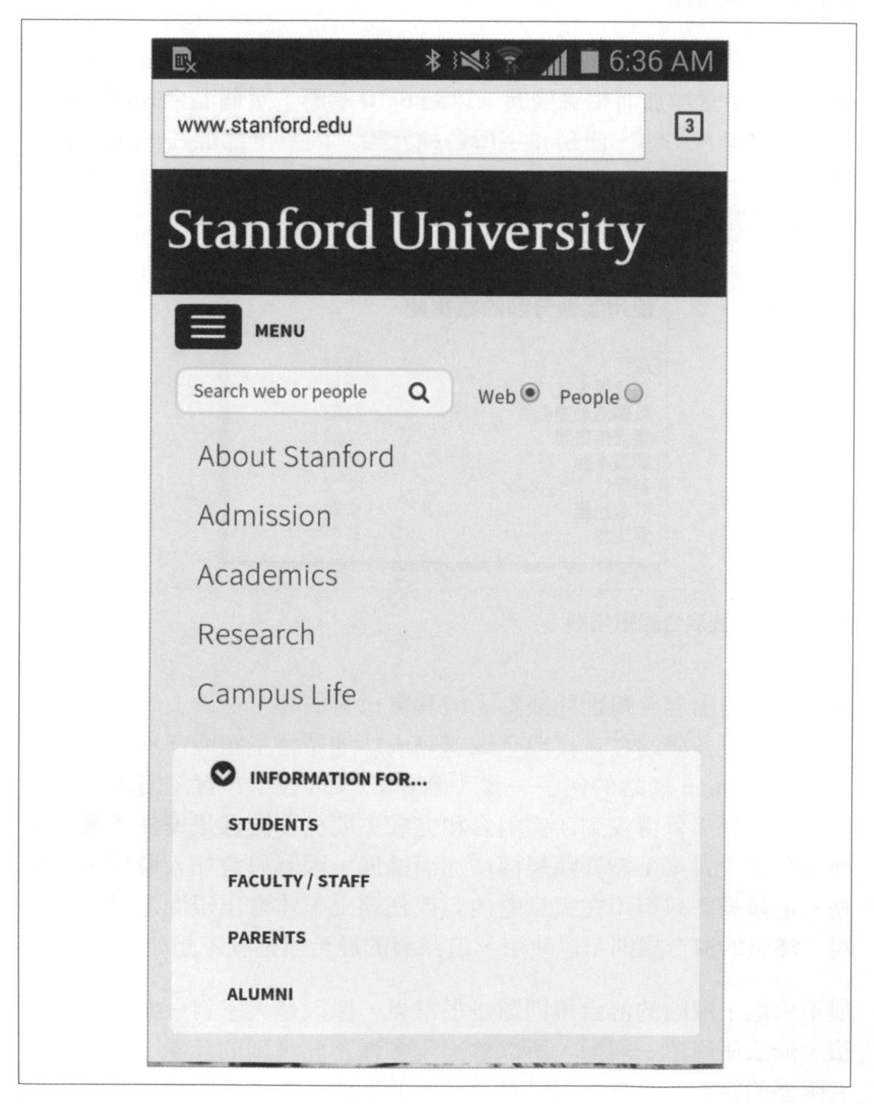

圖 6-11　史丹佛大學提供多種組織規則

組織結構的類型（Organization Structures）

設計資訊空間時，內容安排組織的結構扮演著隱藏但又重要的角色。雖然我們每天都接觸組織結構並與之互動，但很少留意它們。電影在實體結構上是線性的，我們一個影格一個影格地觀賞，隨著時間從開始到結束。儘管如此，電影本身的劇情卻可能是「非線性」的發展，會加入倒敘或平行發展的次要情節。就如同地圖的表現手法一樣，地圖本身是空間性的結構，地點依空間中的相對位置標示於圖中。不過真正有用的地圖會用點小手段，犧牲準確度以換取更清楚的表達能力。

資訊的結構決定了使用者在其間導覽、尋路的主要方法。資訊架構中最主要應用的組織結構有三種：階層、資料庫導向，和超文件（hypertext）。每一種組織結構都有各自的優點和缺點。有時候可能某一種結構較其他結構適合，但很多情況下，其實以互補的方式同時使用三種結構更為適合。

階層：由上而下的方式

經良好設計的階層，是許多優秀資訊架構的基礎。在這個以超文件連結、無限延伸的網路世界裡，這樣講似乎非常不敬，但這卻是事實。階層的觀念十分簡單，我們也非常熟悉：同一層的類別間彼此互斥，上下階層間是父子關係等。從有歷史開始，我們就把資訊組織成不同階層。族譜是一種階層；生物分類中的域、界、門、綱、目、科、屬、種等，也是一種階層；企業的組織圖通常是階層。書可以分成章、節、段落、句子、字和字母。階層在我們的生活中無所不在，並深刻地影響我們對世界的理解。由於階層如此普遍，若資訊空間採用階層由上而下的方式（The Hierarchy：A Top-Down Approach）來組織，使用者可以輕鬆快速地弄懂這個空間，他們得以建立好的心智模式來理解空間結構，也知道自己身處何處。這種情境有助使用者感到更自在。圖 6-12 是一個簡單階層模式的例子。

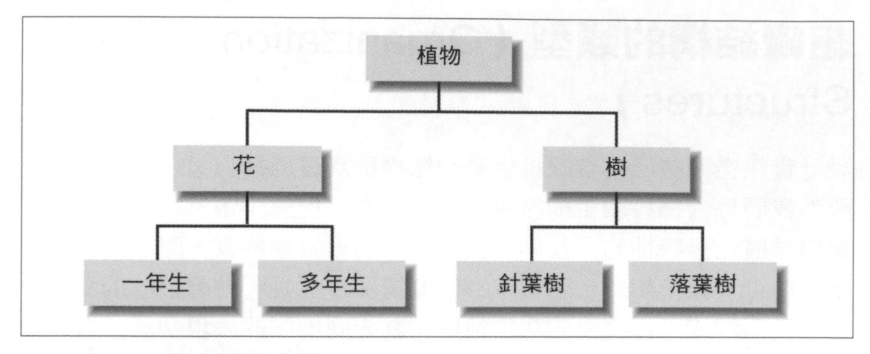

圖 6-12　一個簡單階層模式

因為以階層來組織資訊十分簡單且熟悉，所以在建立資訊架構的過程中，是一個好的著手點。這種由上而下的方式，可以讓你不用進行大規模的內容盤點（content inventory），就能快速掌握資訊空間的大概範圍。你可以開始研究有哪些主要內容區域，嘗試可能的組織規則，讓使用者方便找到內容。

設計階層

設計階層時，要記住一些經驗法則。第一，階層的類別間應該互斥（但不要被這個觀念綁死）。若採用單一組織規則，你得在界限劃分的張力間取得平衡，考慮類別的適當涵蓋範圍。若你允許同一個東西出現在不同類別裡，這種階層稱為*多重階層*（polyhierarchy）。在某些狀況下（特別是模糊組織規則），把資訊分配到互斥的類別裡十分困難。例如番茄到底該分在水果、蔬菜還是漿果類別？很多時候，你可以把較為模糊的項目重複分到兩個以上的類別裡，確保使用者找得到。然而，如果太多項目都像這樣跨越多個類別，階層會失去其效果。如果同時採用多種組織規則，在不同的規則間並不用擔心這種過度重複出現的問題，因為同一項產品可以出現在依格式分類的階層中，也可以出現在依主題分類的階層中，兩者可以互相輔助。格式和主題只是看待同樣資訊的兩種方式；或者用專業術語來說，這是兩個獨立的*層面*（facet）。請參考第十章關於 metadata、層面和多重階層的更多討論。

第二，考慮廣度和深度的平衡相當重要。**廣度**指的是階層中同一層級的類別數目，**深度**則是階層中的層級數目，如果階層太窄太深，使用者必須點擊多次才能找到所需資訊。圖 6-13 的上半部就是一個窄而深的階層，需要選擇六次才能到達最深的層級。圖 6-13 的下半部是一個廣而淺的階層，必須在十個類別中選擇需要的內容。以這個例子來說，如果階層太廣太淺，使用者在主選單會面臨太多選擇，接著會不太開心，因為選到的類別可能沒有太多其他相關內容。

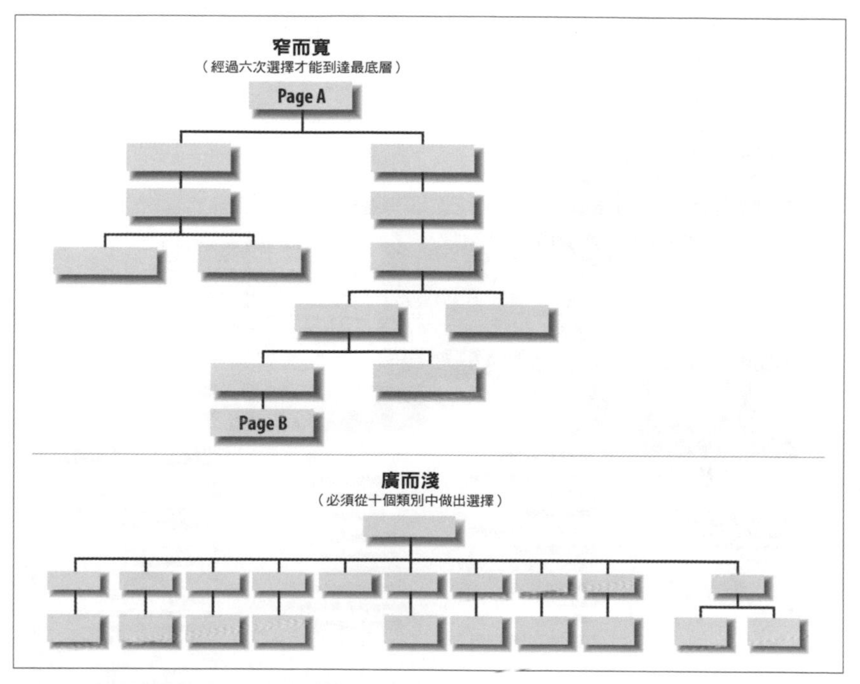

圖 6-13　在不同深度和廣度之間求取平衡

考慮廣度的時候，要留意使用者的視覺掃瞄及認知負荷能力。我們不是在講那個惡名昭彰的「七加減二」法則[4]，因為現在對這一點的共識是頁面可以安排的有效連結數量，受使用者掃瞄該頁能力的限制，而不是受短期記憶的限制。換句話說，「七加減二」法則並不適用於設計資訊架構與導覽選單，更不能拿來當作設計準則套用。

4　G. Miller 的知名「七加減二」法則，參見 “The Magical Number Seven, Plus or Minus Two: Some Limits on Our Capacity for Processing Information”（Psychological Review 63:2, 1956, 81–97）.

所以在考慮廣度和深度的取捨時，我們會建議：

- 提供太多選擇（廣度）時，留意可能超過使用者負荷的風險。
- 以網頁為單位來分組資訊與建立結構。
- 進行嚴謹的使用者測試

圖 6-14 是美國國家癌症研究院（National Cancer Institute）得獎的網站首頁[5]。它是美國政府網站中最多人造訪與測試的網頁之一，也是一個大型資訊系統的入口。它以網頁為單位、並以階層呈現資訊，對易用性有很大的正面助益。

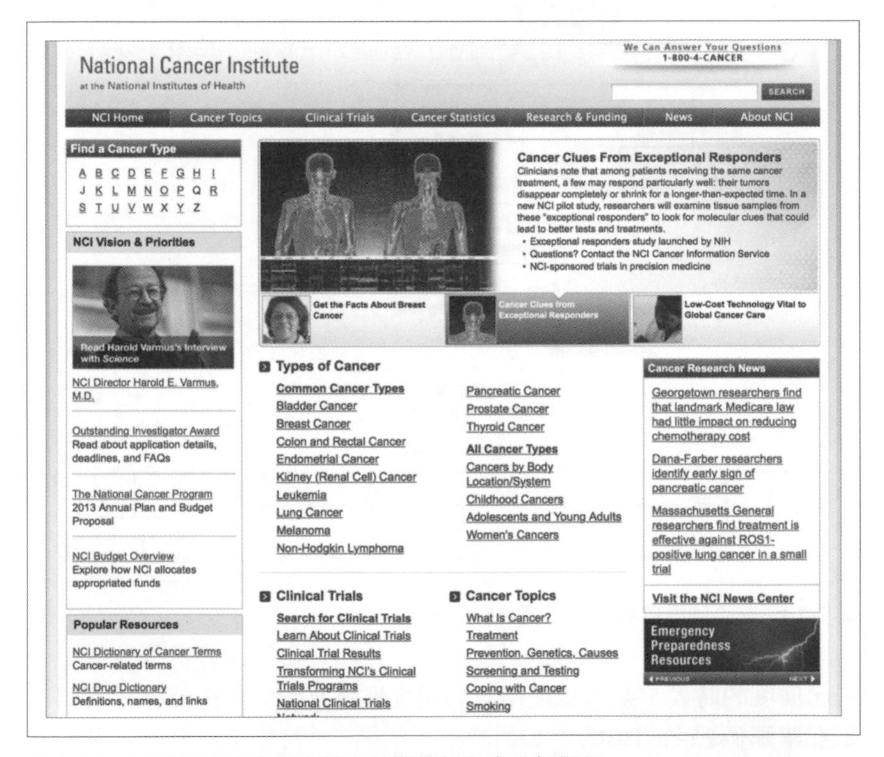

圖 6-14　美國國家癌症研究院在首頁裡把內容分組顯示

5　在本書即將付印之前，美國國家癌症研究院發佈了全新改善的首頁（*http://www.cancer.gov/*），我們非常喜歡這個新首頁！

美國國家癌症研究院首頁約有 85 個連結，主要分成下列幾個主要組別（見表 6-1）。

表 6-1　美國國家癌症研究院首頁的連結

組別	說明
全域導覽	全域導覽有七個連結，再加上搜尋；包括癌症相關主題、臨床試驗、癌症統計資訊等。
焦點故事	包括九個連結。
癌症種類	包括十二種常見的癌症類型，並提供四種方式探究所有的癌症類型。
臨床試驗	包括四個連結。
癌症相關主題	包括九個連結。
癌症統計資訊	包括三個連結。
研究與補助	包括五個連結。
國家癌症研究院的宗旨與目標	包括四個連結。
最新消息	有三個頭條新聞，加上過去消息的連結。
相關資源	包括七個連結。
註腳導覽	包括廿個連結。

和廣度比起來，在考慮深度時，每個類別有不多的連結數量。

在考慮深度時，和廣度比起來，你必須更保守。若使用者必須點擊超過兩三層才能到達目標，他們可能會直接放棄並離開網站；即使不離開，至少他們也會覺得很挫折。微軟有一個傑出的研究指出，平衡廣度與深度可以獲得最佳結果[6]。

對於一個新建立，且打算逐漸增加內容的資訊空間來說，應該考慮廣而淺、而非窄而深的階層。這樣的話，當有新內容加入時，不用重新變動主要結構。增加項目到階層的第二層，通常比加到第一層（首頁）問題小一些。理由包括下面幾項；首先，對使用者來說，很多系統裡的首頁是最顯著也最重要的導覽介面，建立使用者的預期，讓使用者知道系統可以做哪些事，不適合頻繁變動。其次，因為首頁的顯著與重要性，企業通常會付出大量心力與金錢在視覺設計與版面配置上。與第二層網頁相較，改變首頁通常比較耗時且昂貴。

6　Kevin Larson 與 Mary Czerwinski 在微軟研究院共同發表的研究論文："Web Page Design: Implications of Memory, Structure and Scent for Information Retrieval"（*http://research.microsoft.com/en-us/um/people/marycz/chi98_webdesign.pdf*）

最後，設計組織結構時，不應僅考慮階層模式，有些內容的區塊更適合資料庫或超文件的方式。採用階層是好的起點，但在一個協調一致的組織系統中，階層只是其中一部分。

資料庫模式：由下而上的方式

資料庫的定義是「資料的集合，且經過安排後，利於輕易及快速地搜尋與檢索」。旋轉式名片架（Rolodex）是一個非關聯式檔案資料庫（flat-file database）的簡單例子（圖 6-15），在電腦普及之前，旋轉式名片架是儲存聯絡人資料的常見工具，由實體卡片組成，每張卡片代表一個聯絡人，也就是系統中的一筆**紀錄**（*record*）。每筆記錄裡面有幾個**欄位**（*fields*），像是姓名、住址、電話號碼等。每個欄位可能記載該聯絡人的特定資料。所有記錄的集合就是資料庫。

A
姓名：Jane Appleseed
街道：10 Blossom Lane
城市：Ann Arbor
州：MI
郵遞區號：48103
電話：(734) 997-0942

B
姓名：John Bartholemew
街道：109 Main Street
城市：Waterford
州：CT
郵遞區號：06385
電話：(203) 442-4999

圖 6-15　紙本的旋轉式名片架就是簡單的資料庫

在旋轉式名片架裡，使用者受限於只能以姓氏尋找聯絡人。在數位的聯絡人管理系統裡，我們得以依其他欄位搜尋與排序。舉例來說，我們可以搜尋住在康乃狄克州的所有聯絡人，並將結果依居住城市的字母排列。

目前市面上的大型資料庫，大部分都是以關聯式資料庫模式所建立。在關聯式資料庫結構裡，資料儲存在一組關聯或表格中，表格的橫列代表一筆記錄，縱向的欄則代表欄位。不同表格的資料可以透過連繫的各種「鍵」（key）來建立。舉例來說，在圖 6-16 中，`AUTHOR_TITLE` 表中的 `au_id` 和 `title_id` 欄位，就是用來連結 `AUTHOR` 和 `TITLE` 表格中儲存的資料。

一個關聯式資料庫

AUTHOR

au_id	au_lname	au_fname	address	city	state
172-32-1176	White	Johnson	10932 Bigge Rd.	Menlo Park	CA
213-46-8915	Green	Marjorie	309 63rd St. #411	Oakland	CA
238-95-7766	Carson	Cheryl	589 Darwin Ln.	Berkeley	CA
267-41-2394	O'Leary	Michael	22 Cleveland Av. #14	San Jose	CA
274-80-9391	Straight	Dean	5420 College Av.	Oakland	CA
341-22-1782	Smith	Meander	10 Mississippi Dr.	Lawrence	KS
409-56-7008	Bennet	Abraham	6223 Bateman St.	Berkeley	CA
427-17-2319	Dull	Ann	3410 Blonde St.	Palo Alto	CA
472-27-2349	Gringlesby	Burt	PO Box 792	Covelo	CA
486-29-1786	Locksley	Charlene	18 Broadway Av.	San Francisco	CA

TITLE

title_id	title	type	price	pub_id
BU1032	The Busy Executive's Database Guide	business	19.99	1389
BU1111	Cooking with Computers	business	11.95	1389
BU2075	You Can Combat Computer Stress!	business	2.99	736
BU7832	Straight Talk About Computers	business	19.99	1389
MC2222	Silicon Valley Gastronomic Treats	mod_cook	19.99	877
MC3021	The Gourmet Microwave	mod_cook	2.99	877
MC3026	The Psychology of Computer Cooking	UNDECIDED		877
PC1035	But Is It User Friendly?	popular_comp	22.95	1389
PC8888	Secrets of Silicon Valley	popular_comp	20	1389
PC9999	Net Etiquette	popular_comp		1389
PS2091	Is Anger the Enemy?	psychology	10.95	736

PUBLISHER

pub_id	pub_name	city
736	New Moon Books	Boston
877	Binnet & Hardley	Washington
1389	Algodata Infosystems	Berkeley
1622	Five Lakes Publishing	Chicago
1756	Ramona Publishers	Dallas
9901	GGG&G	München
9952	Scootney Books	New York
9999	Lucerne Publishing	Paris

AUTHOR_TITLE

au_id	title_id
172-32-1176	PS3333
213-46-8915	BU1032
213-46-8915	BU2075
238-95-7766	PC1035
267-41-2394	BU1111
267-41-2394	TC7777
274-80-9391	BU7832
409-56-7008	BU1032
427-17-2319	PC8888
472-27-2349	TC7777

圖 6-16 一個關聯式資料庫的綱要（schema）（來源：*http://bit.ly/relational_model*）

為什麼資料庫結構對資訊架構師很重要呢？一言以蔽之，資料庫結構與 *metadata* 高度相關。Metadata 是連接資訊架構與資料庫綱要設計的主鍵（primary key）。Metadata 能把關聯式資料庫的結構和能力，運用到網站這種異質性高、非結構性的資訊空間裡。只要把文件或資訊物件加上 metadata 標籤，就能帶來強大的搜尋、瀏覽、篩選，和動態連結能力（第九章會詳細探討 metadata 和控制辭彙）。

Metadata 之間的關係可能會很複雜。定義和對應這些正式關係需要高度技巧和技術知識。舉例來說，圖 6-17 中的實體關係圖（entity relationship diagram，ERD），是用來定義 metadata 綱要的結構化方法。每一個物件（例如資源，Resource）有一些屬性（例如名稱，Name，和位址，URL）。這些物件和屬性組成表中的記錄和欄位。在設計和加入資料到資料庫之前，實體關係圖可以視覺化地呈現資料模式，也可以用來調整資料模式。

雖然 SQL、XML 綱要定義、實體關係圖、設計關聯式資料庫的能力非常有價值，但我們不是在說你得成為資料庫專家。比較好的方法是和懂得這些知識的程式設計師、資料庫設計師合作。對大型網站來說，可能有機會透過內容管理系統（content management system，CMS）軟體來管理 metadata 和控制辭彙。

但反過來說，你需要瞭解 metadata、控制辭彙和資料庫結構如何用於下列方向：

- 自動產生依字母排列的索引（如產品索引）
- 動態呈現「你可能也想看」的關聯性連結與內容
- 依欄位搜尋
- 對搜尋結果進行進階篩選與排序

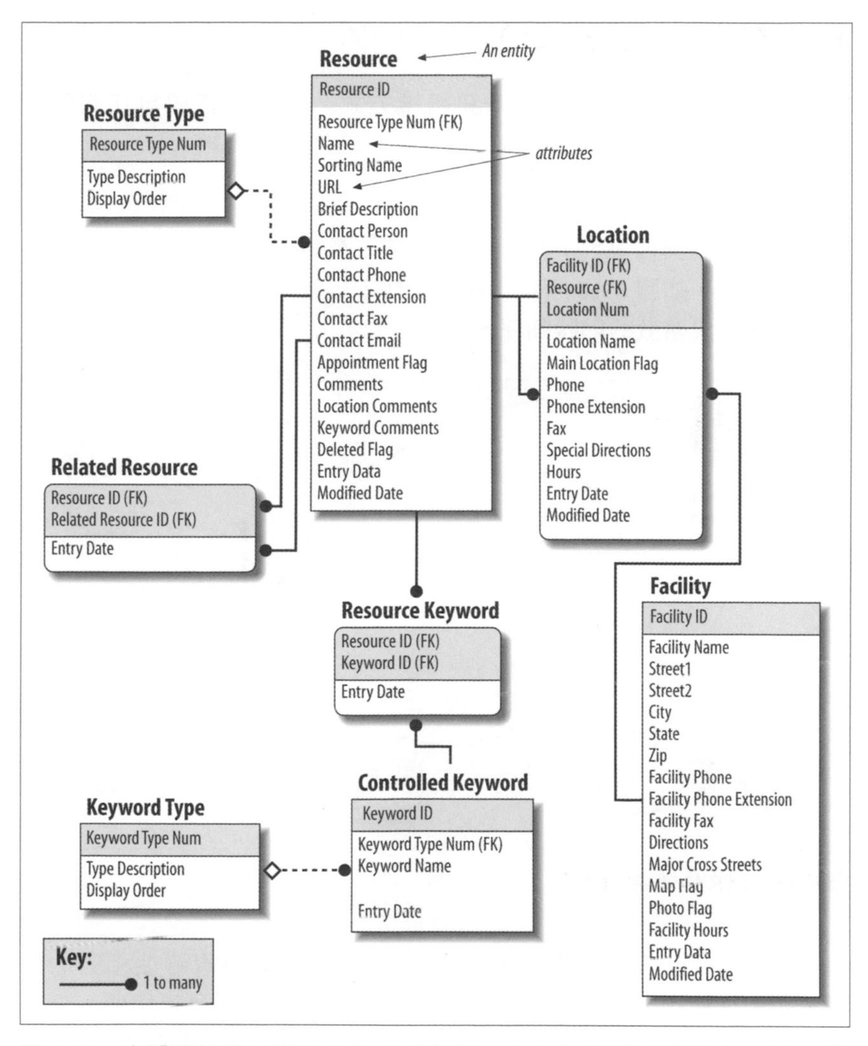

圖 6-17　實體關係圖以結構化的方式定義 metadata 綱要（感謝 Ann Arbor 的 Interconnect 公司 Peter Wyngaard 提供）

若網站某些內容同質性相對較高時，資料庫這種由下而上的方式（The Database Model：A Bottom-Up Approach）特別有用，像是產品目錄或員工目錄。然而，企業層級的控制辭彙，在整個網站中通常只能提供結構中較表層的部分，特定部門、主題或族群需要另外建立較深入、專門的辭彙。

超文件（Hypertext）

超文件是一種極度非線性的資訊組織方式。超文件系統包括兩種要素：被連結的物件或資訊區塊，以及這些區塊間的連結。

運用這些要素可以建立超媒體系統，連接文字、資料、圖像、影像和聲音區塊。超文件區塊間的連結可以是階層式，也可以是非階層式，或混合兩者，如圖 6-18 所示。在超文件系統裡，內容區塊透過連結相互聯繫，形成鬆散的網狀關係。

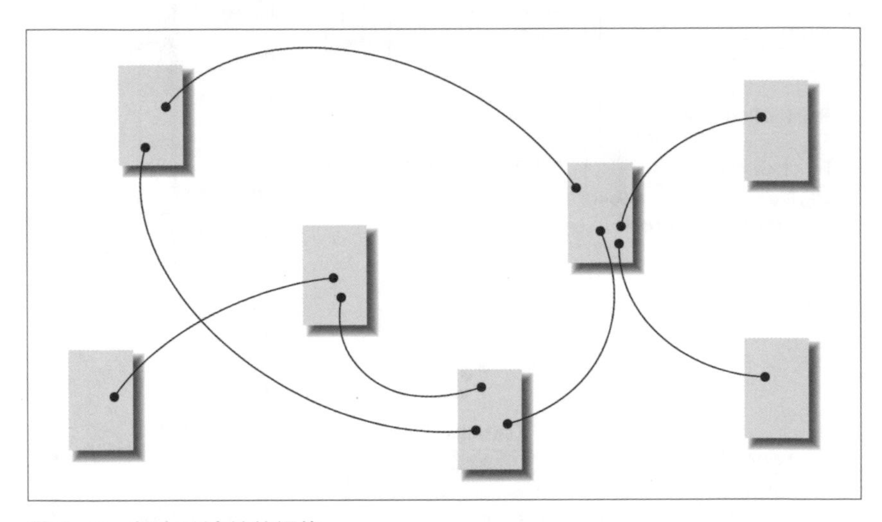

圖 6-18　超文件連結的網絡

雖然這種組織結構帶來極佳的彈性，但也因此造成複雜性相對的提高，並增加使用者的困惑。為什麼呢？因為資訊之間是否相關、是否要建立連結，對每個人來說都不一樣。對某人來說有關聯的兩個內容，對其他人可能並非如此。此外，在主要以超文件連結的網站空間中移動時，很容易迷失方向。有點像被丟到森林中，在不同的樹木之間跳來跳去，還得試著搞清楚整片地形。使用者就是沒辦法在這種資訊組織下建立心智模式。如果沒有適當脈絡，使用者很快就會無法應付並感到挫折。

因著這些原因，資訊空間的主要組織結構很少考慮超文件。但反過來說，它可以用來補強階層或資料庫模式的結構。

階層結構中可以利用超文件，建立資訊間有意義與有創意的連結。合適的作法通常是先設計資訊的階層結構，再找出哪裡可以用超文件補強。

社交分類

社群媒體已成為數位體驗的主要角色。像 Facebook 和 Twitter 這樣的平台，讓數以億計的人彼此分享自己的興趣、照片、影片和其他內容。因此在共享的資訊空間中，若是內容主要由使用者提供的話，透過標籤來進行社交分類，也成為組織資訊的重要工具。

自由標籤（free tagging），或者稱為協同分類（collaborative categorization）、鄉民索引（mob indexing）、民眾分類（ethnoclassification）等，是一種簡單卻極具威力的工具。使用者以一或多個關鍵字幫物件下標籤。有些系統以文字欄位儲存、非正式地支援標籤；有些系統則在設計時就提供正式的預設標籤欄位。標籤是公開的，可以從標籤出發進行社交導覽。使用者得以順暢地在資訊物件、作者、標籤和索引間游移。如果參與者的數量夠多，有趣的創新可能性就會出現，也就是使用者的行為和標籤模式，可能轉變成新穎的組織和導覽體系。

舉例來說，在 Twitter 裡，文字前面加上井字號（#）有特殊意義：系統會將其當作標籤。當你在推文裡加上這種標籤，系統會把該則推文和其他具相同標籤的推文視為同一群組（由 Twitter 使用者非正式定義的群組，見圖 6-19）。這種分類不是由單一使用者掌握，也不是由 Twitter 中央的團隊來定義推文間的關係。相反地，這種關係是透過無數的個人費心標記才自然浮現（且會持續出現）[7]。

7 Twitter 的標籤本來不在系統規劃中，而是因使用者在非結構性的文字欄位中使用，才非正式地浮上檯面。

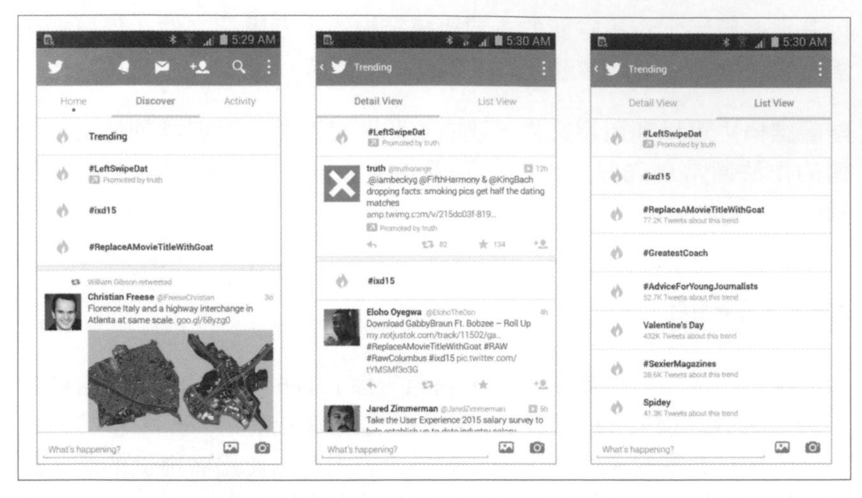

圖 6-19　Twitter 中「探索（Discover）」和「熱門（Trending）」功能由使用者建立的標籤來提供，讓你能發現新鮮有趣的內容

同樣，LinkedIn 讓使用者可以「肯定（endorse）」聯絡人具備的專業技能（圖 6-20）。這些「肯定」其實就是標籤：使用者以不同細節描述聯絡人，而系統則用這些標籤把類似的人分在一起。雖然 LinkedIn 的使用者可以建議新的肯定標籤，但這些標籤需依特殊的結構事先設定，必須符合 LinkedIn 的整體架構，和 Twitter 自由不受限、非結構化的標籤不同。

資訊架構興起的初期，曾經有過一段熱烈的爭論，主題是這種自由、不受限的標籤結構，是否會讓由上而下規劃的資訊架構失去存在必要。資訊架構師 Thomas Vander Wal 還將這種結構命名為「群眾分類（folksonomies）」[譯註]。隨著時間過去，由上而下的資訊架構也證明了其存在的價值，因為經過長期觀察，包括書籤服務 Delicious.com 在內，一些倍受矚目、使用標籤（由下而上）為主要分類的嘗試相繼在市場上失敗，即使這些系統大都也只是在規劃好的架構中應用標籤。話說回來，在特定情境下，自由設定的標籤已證實其效用，同時也是資訊架構師非常有價值的工具之一。

譯註　或譯為「俗民分類」。這個名詞是和正式、專業的分類學（taxonomy）相對應，將開頭替換為 folks（通俗、民眾）。

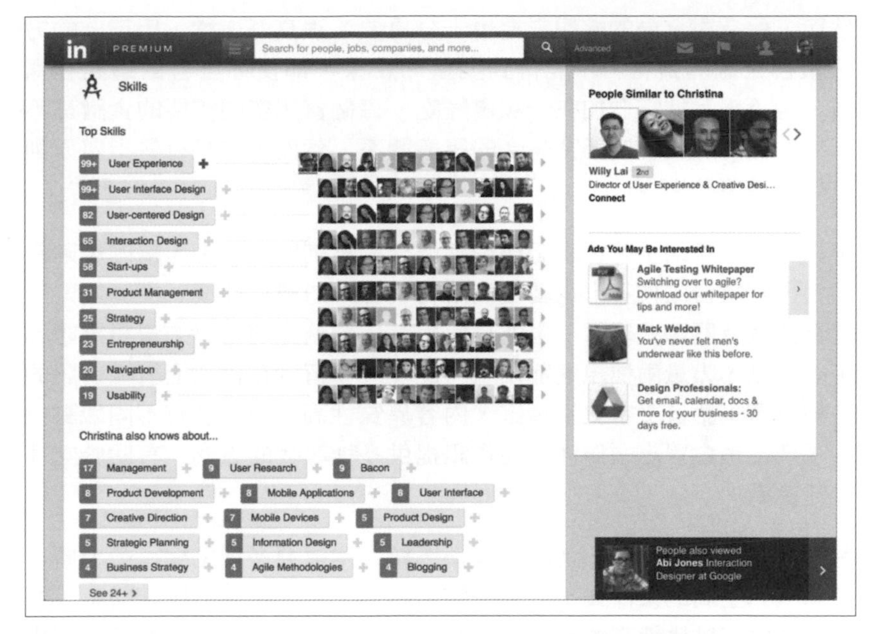

圖 6-20　LinkedIn 提供一些預先定義的標籤，讓你「肯定」聯絡人的專業技能

建立緊密契合的組織體系

使用者經驗設計師 Nathan Shedroff 認為，把資料轉化為資訊的第一步，就是探討其組織分類。如你在本章中所見，組織體系十分複雜。你需要考慮多種精確與模糊的組織規則，你得決定應該依主題、任務還是族群來組織？還是按時間或地理的規則？或者同時多個組織規則一起並行應用呢？

你也需要考慮組織結構，因為它影響使用者如何在分類間穿梭移動。你得決定該用階層式模式？還是較結構化的資料庫模式比較好？或者該用鬆散的超文件連結以保有最大彈性？在大型網站開發的專案裡，要考慮所有這些問題可能讓人無法招架。所以把資訊空間的規劃分解成基本要素十分重要，因為這樣才能一次處理一個問題。此外，也要記得資訊檢索系統若應用在小範圍、同質性高的專門領域中，可以有最好的表現。若把網站內容依領域分開，就有機會在各領域裡找到有效的組織方式。

然而，保有對全局的綜觀掌握也十分重要。跟烹飪一樣，用正確的方法組合正確的食材，才能得到期望的結果，即使你很喜歡蘑菇和鬆餅，也不表示把它們加在一起會好吃。每個資訊空間需要的食譜都不同，才能「烹調」出緊密契合的組織體系。然而，還是有些指導原則可以提供參考。

選擇「組織規則」時，請記得精確與模糊規則間的區別。精確規則最適合已知項目的搜尋，也就是使用者明確知道要找什麼。模糊規則最適合瀏覽及關聯式學習，也就是使用者只約略知道自己的資訊需求。可能的話，盡量兩種規則都使用。此外，要留意在網站上組織資訊的各種挑戰：語言文字並不精確，內容異質性高，使用者有不同觀點，內部政治也會冒出頭作怪。為資訊提供多種尋找的方式，有助於處理上述挑戰。

選擇「組織結構」時，請記得大型系統通常需要多種結構。最上層、整體資訊空間的架構幾乎一定是階層結構。設計這個階層結構時，要留意同質、結構性高的資訊，因為這些部分很適合建立子系統、運用資料庫模式。最後，請記得若資訊間需要結構性低、創意程度高的關聯，可以由內容的作者提供超文件，或由使用者建立標籤來達成。以這種方式，各種組織結構才能建立緊密契合的組織系統。

要點回顧

我們總結一下本章的學習要點：

- 我們對世界的瞭解，來自我們如何分類事物。
- 分類事物並不容易；我們必須處理意義不明確、異質性、觀點的差異，還有內部政治，以及其他的挑戰。
- 我們可以用精確或模糊的「組織規則（organization schemes）」來組織資訊。
- 精確組織規則包括依字母、時間，和地理來分類資訊。

- 模糊組織規則包括依主題、任務、族群、比喻，與混合式來分類資訊。
- 設計資訊空間時，資訊內容的「組織結構（organization structures）」也扮演重要角色。
- 在共享的數位空間中，社交分類已成為組織資訊的重要工具。

現在我們可以繼續前進，來探討另一個資訊架構中的關鍵要素：命名體系。

第七章

命名體系

神用土所造成的野地各樣走獸和空中各樣飛鳥
都帶到那人面前，看他叫什麼。
那人怎樣叫各樣的活物，那就是牠的名字。
—聖經創世記 *2* 章 *9* 節

本章中會涵蓋：

- 命名是什麼及其重要性
- 常見的命名種類
- 建立命名體系的準則
- 命名體系的發想參考來源

命名是一種「代表」，以某個特定命名來代表某種或一組概念或意義，正如我們用口述文字代表我們的觀念和想法，在資訊空間中，我們也藉著命名來代表背後更大區塊的資訊。舉例來說，「聯絡我們」這樣的命名背後代表許多內容，通常包括聯絡對象姓名、地址、電話、傳真和電子郵件等資訊。在已經塞滿內容的頁面上，很難簡短有效地把這麼多細節全部一起呈現出來；沒有耐心的使用者會覺得資訊過多無法應付，更何況他們不一定需要聯絡資訊。但像「聯絡我們」這樣的命名就是一種捷徑，不需要呈現所有訊息，就能在使用者的心中引發正確的聯想。這時候使用者可以決定是否需要隱藏於命名之後的更多聯絡資訊細節。因此，命名的目標是有效率地溝通資訊，也就是說，不佔用過多網頁空間或使用者的認知能力來傳遞資訊。

大家都會聊天氣，卻幾乎沒有人討論命名（除了一些瘋狂的圖書館員、語言學家、新聞工作者和資訊架構師之外），然而每個人都在插手命名這件事。雖然大家沒有意識到，但許多人還真的都在這麼做：所有產生內容或建立網站、app 架構的人，都在創造各種名稱，卻不知道自己在做「命名」這件事情。人類命名的範圍不只是資訊產品，從亞當為動物取名開始，命名就是我們人類的特徵之一；口述語言本質上就是一套觀念與事物的命名體系。也許因為經常為事物命名，我們把這件事視為理所當然，所以命名經常令人困惑，而使用者也受挫於紊亂的命名結果。這一章提供一些建議，幫助你思考資訊空間命名的全貌，不致一頭栽進實作中。

命名體系和我們提過的其他體系有什麼關係呢？這麼說好了，想要清楚呈現多個體系和脈絡的組織和導覽規則，名稱通常是最明顯的方式。舉例來說，一個畫面的內容布局裡可能有多組不同的名稱，每一組代表不同的組織或導覽體系。這些名稱可能對應資訊空間中的組織體系（如「家用／家庭辦公室」、「小型企業」、「中大型企業」、「政府單位」、「健康照護單位」），對應全域導覽體系（如「首頁」、「搜尋」、「意見回饋」），對應子網站的導覽體系（如「加入購物車」、「輸入付款資訊」、「確認購買」），或對應其他管道使用的系統，像互動式語音回覆（interactive voice response，IVR）電話服務或紙本目錄。

為什麼該關心命名？

預先錄製或固定的溝通形式，包括紙本、網站、廣播和電視，和即時互動的溝通十分不同。與他人交談時，我們會依照對方的反應，調整溝通的方式。我們會下意識地注意到對方可能漫不經心、預備要開口，或忿怒地握緊拳頭等，而我們也會相應調整溝通模式，例如提高音量、使用更多肢體語言、改變敘述的方式，或者逃命。

可惜的是，當我們透過系統與使用者「交談」時，他們的回應並非如此即時，有時根本沒有回應。當然像 Twitter 之類的社群媒體回應很快，但大部分的資訊空間只是資訊提供者與使用者的中間人，緩慢地傳遞雙方的訊息。這種「傳話遊戲」（telephone game）[1] 會把訊息弄亂。因此在這種去中間化的媒介中，不易看見使用者的反應，溝通較一般狀況更為困難，而命名也因而更為重要。

為了降低這種分隔帶來的影響，我們必須盡力構思規劃設計好的命名，讓名稱能反映內容，並採用使用者能瞭解的語彙。此外，跟當面交談一樣，如果某個名稱引起疑問或困惑，就應該澄清或說明。命名應該教育使用者新的觀念，也幫助他們快速找到熟悉的觀念。

使用者和資訊提供者間的對話，經常由網站首頁開始。想知道一個網站的溝通有多成功，試著觀察首頁，盡可能忽略視覺設計的部分，並問自己下列問題：網頁上最重要的命名是否特別顯眼？如果是的話，為何如此？（成功的命名通常不易注意；它們不會妨礙資訊的閱讀）。如果一個名稱很新奇、很意外或令人困惑，是否有好的理由？你是否必須點擊連結去看內容才能知道一個命名的意義？上述這些命名測試練習雖然不太科學，但可以讓你大概瞭解網站和真實使用者間可能的溝通狀況。

我們來看看一般企業的資訊空間：星巴克的官網（顯示於圖 7-1 中）[2]。

1　一個在世界各地有不同名稱、但廣受歡迎的遊戲。參與者一個接一個把一段訊息秘密地傳話給下一位。傳至最後一位時訊息通常已支離破碎，大家再一起比較最終與最初的訊息差異。

2　感謝資訊架構師 Andrew Hinton 把這個例子介紹給我們。你可以在 Hinton 的書中讀到更多他對星巴克命名的想法。Understanding Context（Sebastopol, CA: O'Reilly, 2014）

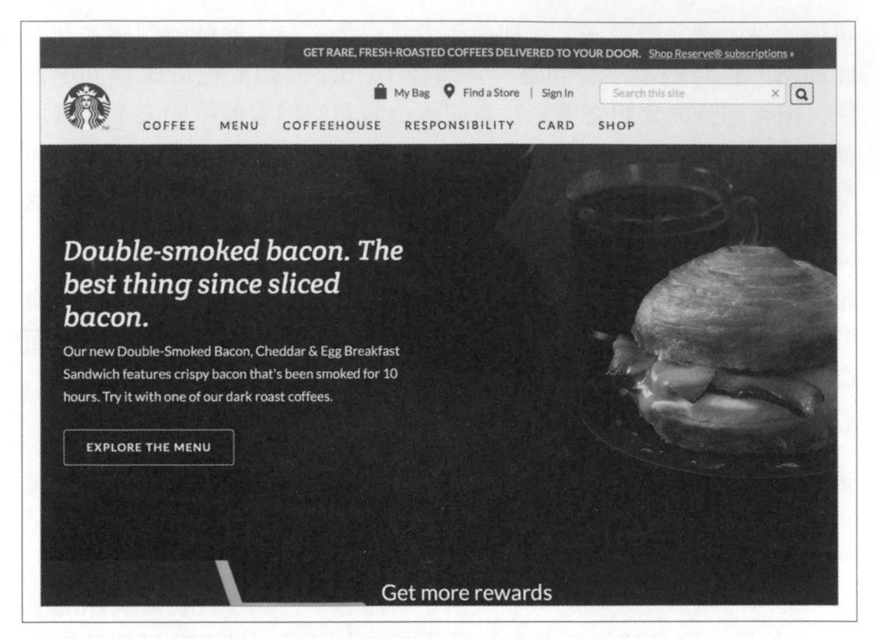

圖 7-1　看到這些名稱，你有什麼想法？

星巴克網站主導覽列的命名乍看之下沒有很糟，但是經過仔細的檢視之後，可以發現一些問題點：

我的袋子｜門市尋找｜登入｜本站搜尋（*My Bag | Find a Store | Sing-in |* ）*Search this Site*）

這些看起來還好。對在實體店面和線上銷售商品的企業網站來說，這些命名相當標準。「門市尋找」旁的位置圖示代表星巴克店面的地理位置，而「我的袋子」雖然不那麼常見，但由旁邊常用的購物袋圖示可以知道這是「購物車」。

咖啡（*Coffee*）

同樣，還不錯－星巴克賣咖啡，所以我們會預期有像這樣的名稱。另一個不錯的地方，是它是星巴克標誌旁邊的第一個名稱，因為這強化了公司標誌和主要產品間的關聯。

菜單（選單，*Menu*）

這裡我們開始碰到問題了。在網站的脈絡下，「Menu」代表網站的導覽選單嗎？還是販賣的咖啡列表呢？還是意思跟一般餐廳的菜單一樣呢？（結果答案是最後這個）。雖然在電腦版的瀏覽器裡，這個命名看起來意義還算明確（畢竟網站的其他選單項目都列在旁邊）。然而在行動版瀏覽器裡就可能就有點問題了，因為在這種脈絡裡，「Menu」通常會被理解為系統的主要導覽選單（圖 7-2）。

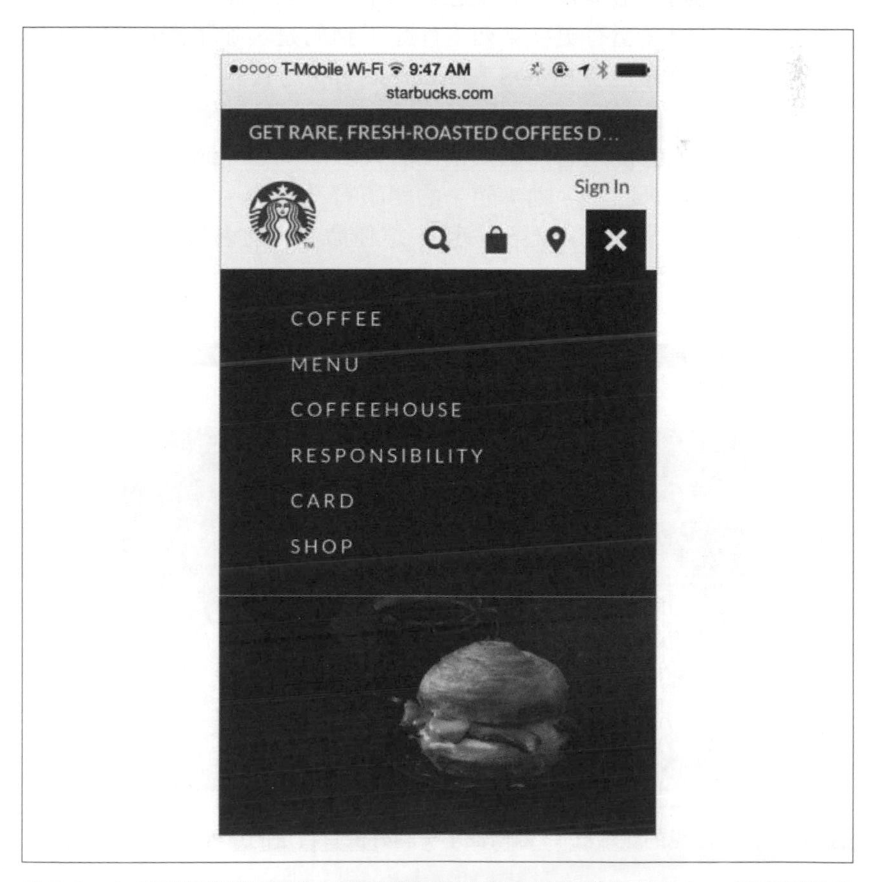

圖 7-2　在行動版瀏覽器裡，星巴克網站的導覽選單命名出現在一個不同情境下，可能造成理解意義的改變。

有一點值得一提，若在電腦版網站點擊全域導覽中的項目，會出現該名稱的巨型選單（mega menu），提供了額外的脈絡線索幫助使用者瞭解其意義。但行動版使用者只能從全域導覽中使用的命名來判斷。

咖啡館（*Coffeehouse*）

你可能看過這個詞。對你來說它是什麼意思？蘋果電腦內建的字典解釋的意思是「一間咖啡廳或其他供應咖啡的場所，有時候也提供輕鬆的娛樂」。換句話說，是一個可以買咖啡的實體空間。所以你可能認為這裡會找到星巴克門市的列表，結果你答對了一部分，只是裡面還有更多東西！你想不到的是，除了門市列表，你還可以看到星巴克的 iOS 和 Android app 的資訊，以及星巴克的「線上社群」（圖 7-3）。在星巴克公司裡，「咖啡館」一詞似乎有特定涵義，但使用者無法很快由其代表的內容來瞭解。同樣值得注意的一點，因為「咖啡館」的開頭有「咖啡」一詞（而且在導覽選單中和「咖啡」離得很近），這種命名可能會讓想找咖啡的使用者多看二眼才能確定。

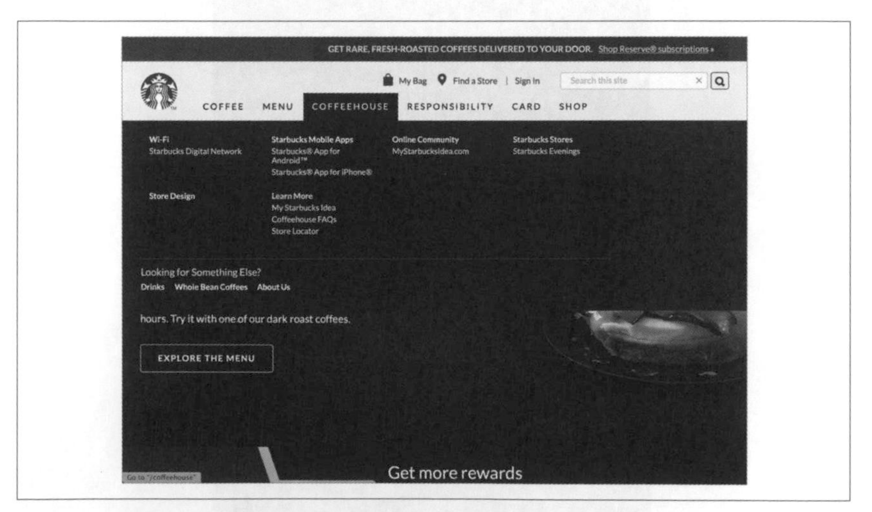

圖 7-3　在星巴克的脈絡裡，「咖啡館」一詞好像有特定的意義

企業責任（*Responsibility*）

同樣，我們對這個命名沒有太多意見。大型公司中有企業社會責任活動的很常見，我們也預期在這裡看到相關資訊。

卡片（*Card*）

「卡片」聽起來意義非常廣泛。它是指你的星巴克隨行卡，你生日收到的星巴克電子禮物卡（eGift），還是你在星巴克帳號裡付款使用的信用卡？

購買（*Shop*，或門市）

「Shop」可以是動詞「購買」或名詞「門市」。這裡的用法是動詞：在星巴克網路門市中購物，和「門市尋找」中的實體門市不一樣。這是全域導覽所有項目中唯一的動詞，因此使用者可能理解為實體門市的資訊，因而造成困惑。

經過快速檢視命名之後，我們可以把問題歸納成以下類型：

命名未妥善代表內容，彼此也沒有區別

星巴克的很多命名，並沒有把連結過去或其後的內容良好表達出來。使用者除了直接連過去看之外，沒有辦法確認「Menu」到底代表什麼，也沒辦法瞭解「咖啡館」、「咖啡」和「門市」之間的差別。把不同的項目放在同一類別，無法提供有用的脈絡以幫助使用者瞭解這個命名（如「咖啡館」）的意義，因為「咖啡館」之下有「Wi-Fi」、「星巴克行動 apps」和「線上社群」。

有些命名是「企業內部用詞或專業術語」，而非使用者熟悉的語言

像「咖啡館」和「星巴克門市」這樣的名稱，即使出於善意，還是可能暴露公司並未將顧客需求擺在企業目標、政治和文化之前。若網站用組織內部的行話來命名，通常就是這個原因。有時候你覺得一些網站的命名無比清晰、明確，還帶有啟發性，是因為你是使用者中那 0.01% 在那家公司上班的員工。以此類推，如果你的網站不想要接到訂單，那麼最好的方法就是把網站訂購系統命名為「訂單處理與後勤客服」。

不良命名導致預算資源浪費

星巴克網站的命名裡有許多令人困惑的認知陷阱，使用者有太多機會誤入。一旦資訊架構問題干擾使用經驗，中斷使用行為並引發疑惑，使用者就可能離開網站轉向他處；特別在網路媒介競爭如此激烈的情況下。換句話說，令人困惑的命名可能抵銷花在設計、建置與行銷此一網站上的預算。

命名未創造良好印象

網站呈現資訊的方式，透露很多關於網站團隊、公司及品牌的事。飛機上的雜誌常有一些教育訓練課程的廣告，教導人使用適當語彙；廣告可能這麼說：「你的用詞會是一筆生意成敗的關鍵！」資訊空間的命名亦復如此，差勁的命名讓使用者對企業失去信任。星巴克可能在傳統品牌行銷上花了大錢，但對於虛擬世界的最重要資產（首頁），他們似乎沒有花太多力氣在思考命名上。

命名至關重要，正如寫作或其他專業溝通一樣。事實上命名和品牌、視覺設計、功能性、內容或導覽一樣，是網站不可或缺的一部分，和這些層面共同構成有效的網站溝通。

命名的種類

在資訊空間裡，通常會看到兩種命名的形式：文字或圖示。本章中，我們大部分討論文字形式的命名；即使網站本質上是視覺形式，但文字還是最常見的溝通方式。本章中討論的命名包括：

內文連結

連到其他資訊區塊的超連結，可能連至其他網頁或同一頁。

標題

這些命名簡要描述其後的內容，正如紙本印刷品上的標題一樣。

導覽列與導覽選項

這些命名代表導覽列裡不同的選項。

索引關鍵字

關鍵字、標籤，和主題標目（subject heading）等等代表內容的字詞，可能用於搜尋或瀏覽。

這些類別絕非完美，意義也有重疊之處。同一命名可能有多種用法，舉例來說，一段文字中的「裸體高空彈跳」，可能連到一個以「裸體高空彈跳」為標題名稱的網頁，同時那一頁也可能已建立索引，說明其與「裸體高空彈跳」有關。上述的命名也可能以圖示形式出現，但我們不太想知道「裸體高空彈跳」的圖示長什麼樣子！

在下面的小節裡，我們會詳細探究不同的命名形式，並提供一些例子。

內文脈絡連結的命名

如果一篇文章或資訊中間出現超連結，通常是連至和其上下文內容相關的其他資訊；而此一超連結選用的連結文字，就是脈絡連結的命名。脈絡連結建立起來很容易，而此種令人驚喜的相互連結性，也是全球資訊網之所以成功的基礎之一。

然而，很容易建立，不表示內文連結就很有用。事實上，容易建立反而帶來問題。內文連結的建立通常沒有系統，而是網頁作者覺得某段主旨與另一內容有關，並以個別、特例的方式在文中建立連結。因此，相較於一般依照階層建立的連結（往上層或下層），這些超文字通常差異很大，也很獨特。這種情況導致的結果就是不同的人對內文連結的解讀都不一樣。當你看到連結命名為「莎士比亞」，可能認為連過去會是這位大文豪的著作列表；但我的話會希望連過去是維基百科。然而到頭來這個連結其實可能連到新墨西哥州的莎士比亞小鎮。請想想為什麼會有這些差異？

為了更能表達連結後的內容，內文連結十分依賴連結文字上下文的脈絡。如果網頁作者在文章中將語意脈絡十分清楚地呈現，那麼連結文字的意義會因上下文而顯得明確。如果作者表達不好，使用者就無法透過連結文字瞭解其代表的資訊為何，因而在連過去之後可能因意外而感到失望。

GOV.UK（圖 7-4）是提供資訊給全英國人民的網站，因此內文連結必須直接了當並意義明確。GOV.UK 的連結命名，例如「福利」（Benefits）、「財務與稅務」（Money and tax），和「身心障礙」（Disabled people）都很能表達連結後的內容，也能因臨近的文字與標題使意義更清楚，讓使用者瞭解連過去大概會得到哪種服務。這些極具表達能力的命名，因著整體脈絡使得意義更為清晰，包括易懂的文字說明、清楚的標題，及網站本身就具備明確的用途。

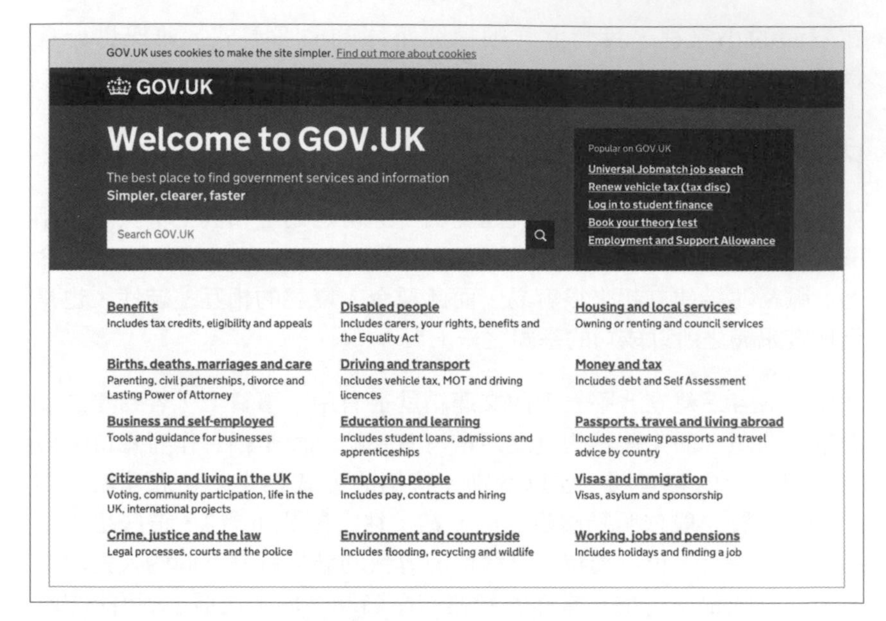

圖 7-4　GOV.UK 首頁的內文連結直接了當且意義明確

在另一方面，一個部落格裡的內文連結就不必然這麼明確了。作者主要的敘述對象是朋友或粉絲，因此可以假設忠實讀者具有某些方面的背景知識與瞭解（其實就是一種脈絡）。甚至作者可能故意讓連結文字的代表意義模擬兩可些，以創造一種神祕感，讓讀者不知道按下連結會看到什麼。因此部落格作者可能會選擇意義不明確的連結名稱。

圖 7-5 中，作者假定我們應該知道誰是這位「Dr. Drang」，說不定她在之前的部落格文章中提過。或者作者認為我們看得出來「Dr. Drang」是一個人，並且提供「你我最喜愛的雪人」（Your favorite snowman and mine）這樣的脈絡以創造神祕氛圍，以吸引使用者點擊。「Brent Simmons 的觀察」（Brent Simmons' observation）意義也同樣隱晦，看不出來這樣的命名背後代表的內容，還好作者以「軟體工程師並沒有真正的行為準則」一句話總結了連結之後的內容。不具表達性的命名還是有其價值，因為我們可能很信任作者的意見，因此願意點擊他建立的連結以學習更多。以這個部落格文章來說，模糊的命名甚至創造一種朋友間聊天的感受。但若沒有一定程度的信任，不具代表意義的連結命名會造成傷害。

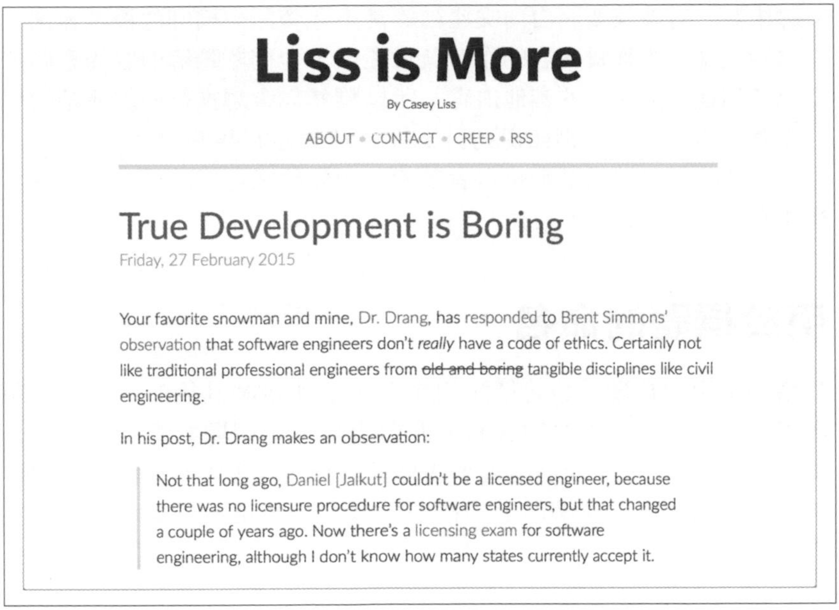

Liss is More

By Casey Liss

ABOUT • CONTACT • CREEP • RSS

True Development is Boring

Friday, 27 February 2015

Your favorite snowman and mine, Dr. Drang, has responded to Brent Simmons' observation that software engineers don't *really* have a code of ethics. Certainly not like traditional professional engineers from ~~old and boring~~ tangible disciplines like civil engineering.

In his post, Dr. Drang makes an observation:

> Not that long ago, Daniel [Jalkut] couldn't be a licensed engineer, because there was no licensure procedure for software engineers, but that changed a couple of years ago. Now there's a licensing exam for software engineering, although I don't know how many states currently accept it.

圖 7-5　這些內文連結不太能代表其後的內容，但若讀者對作者有高度信任的話，這種狀況可以接受。

我們之後會看到整體的命名系統或一組命名，可以為不同種類的個別命名提供脈絡，使得其意義更明確。但對連結的名稱來說，維持高度的一致性並不容易。連結的命名通常由上下文脈絡來詮釋，而非由整體的系統來理解。儘管如此，連結命名的一致性，以及連結過去資訊區塊的一致性，仍應是注意的要點。

想瞭解命名是否能表達連結後的內容，可以在建立內文連結之前問自己：「使用者覺得連過去會看到怎麼樣的資訊？」由於大部分的內文連結都是隨偏好而個別建立，因此即便是這樣簡單的問題，也能改善命名的代表程度。研究使用者如何理解連結命名的方法之一，是把網頁印出來並標示連結文字，然後請使用者寫下每個連結可能會連到的內容。

反過來說，有時候要明白內文連結經常不在資訊架構師的控制範圍。通常內文連結由網頁內容的作者負責提供，他們才瞭解內容的意義，以及如何連到最適當的其他內容。所以雖然你會想推行內文連結的規則並強制作者遵守（例如提到員工姓名時就連到某個內容），但通常比較好的狀況是提供準則給作者參考（例如建議可能的話，員工姓名應連到相關部門的員工列表中）。

用於標題的命名

命名經常用於標題，藉著精簡的命名來描述接續其後的資訊，標題運用得當，經常可以幫助頁面中的內容建立出明顯的資訊階層或分類結構，如圖 7-6 不同字型大小的標題一樣。以書本為例，書中的標題區隔了章和節；在網站上的標題同樣能用來區分子網站、類別、子類別。

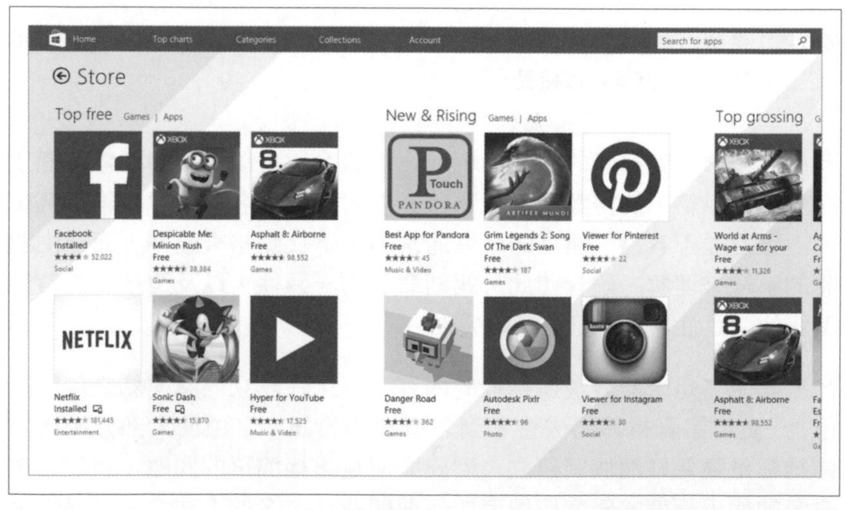

圖 7-6　在 Windows Store 中，版面配置、字型選擇，和留白讓使用者可以區分命名與階層

標題間的階層關係（上下、水平等）通常透過視覺的差異來表達，像是使用相同的編號、字型大小、顏色和字體、留白和縮排，或者綜合這些方法。這一般是視覺或資訊設計師的工作，如果階層在視覺上有清楚的呈現，資訊架構師的工作就稍微輕鬆一點，不用在命名中考慮如何讓階層更清楚。因此，即使是一組看來沒有階層關係的命名，若以階層的方式呈現，意義可能馬上就很明顯。舉例來說，下列的標題看來不一致且令人困惑：

傢俱選擇
辦公椅
買家選擇
Steelcase
Hon
Herman Miller
Aerons
檔案櫃

然而，如果上述標題以階層方式呈現，意義就清楚多了：

```
傢俱選擇
    辦公椅
        買家優選
            Steelcase
            Hon
            Herman Miller
                Aerons
檔案櫃
```

需要特別說明的是，標題運用在介面中的排版，並不一定要呈現精準的階層關係不可。圖 7-7 中的下方，像 Leaders（紀錄領先者）或 Southeastern Standings（東南區排名）這種標題命名代表其後的內容。但接近頁面上方的比賽日程並未以相同方式處理，因為大部分讀者可以直接看出內容的意義，毋需閱讀標題文字。換句話說，如果在表格前加上「比賽日程」的標題，然後配合「記錄領先者」和「東南區排名」標題的字型，對使用者並沒有太大幫助，因為他們應該早已看出那是賽程表。

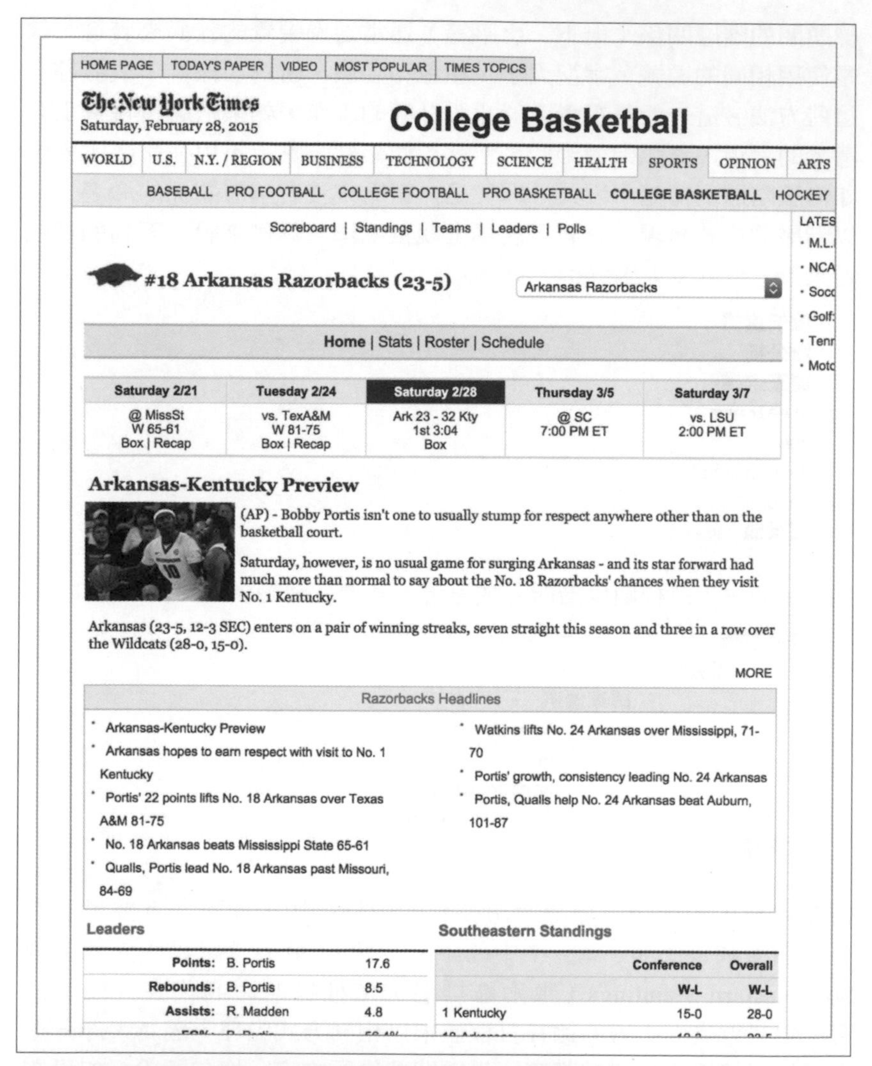

圖 7-7　本頁標題命名的階層並不一致，但沒什麼問題

另外有件事值得一提，如果賽程中每一欄缺少了自己的日期標題的話，使用者可能就沒辦法正確辨識賽程了。

在設計階層式的標題時，可以容許多些彈性，但若是流程各步驟的標題，維持一致則特別重要。一般來說使用者得完成流程中的每一步，才能成功走完整個流程，因此標題命名必須明顯易懂，並帶有前進的意象。使用編號來表達步驟是顯而易見的做法，而一致地把命名塑造為行動的概念（使用動詞），也能幫助把流程中的每一步串連在一起。實際上命名應該告訴使用者從何開始、接下來去向何處，以及每一步驟中包含的行動。圖 7-8 的網頁顯示註冊 Google Play Developer 的流程之一，其中清楚地描述了每一步所需採取的行動。

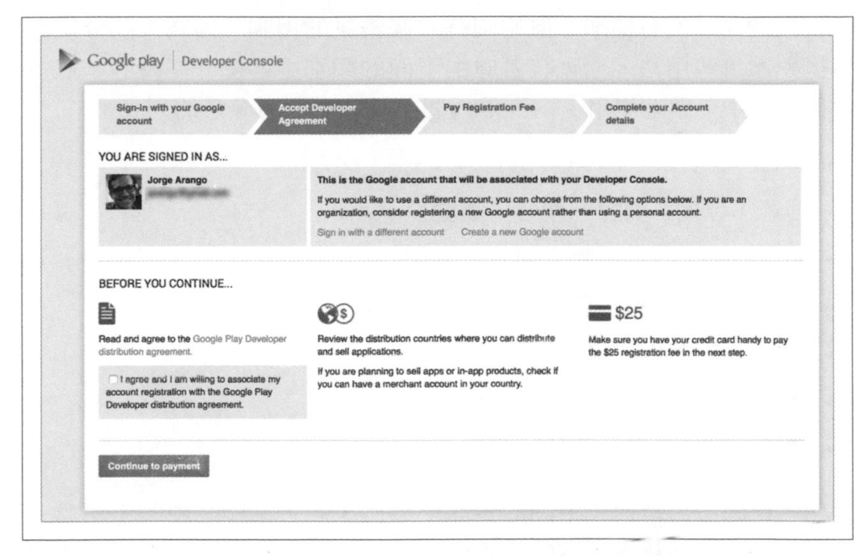

圖 7-8　Google Play Developer 註冊流程中每一順序的明確命名。

無論是階層式或順序性的標題命名，會有多個一起出現，因此相較於脈絡連結命名，更需要系統化的設計。

導覽列的命名

由於導覽列中的選擇通常數量不多，因此相較其他命名類型，導覽列命名更需具備一致性。導覽列一般只有不超過十個選項，即使只有一個與其他命名不一致，都可能迅速產生格格不入的印象；反觀索引可能有數千條目，少許的不一致不會造成太大影響。此外，由於主導覽列在資訊空間中不斷地出現在使用者眼前，命名的問題也容易因反覆使用而擴大。

使用者預期導覽列能按牌理出牌，出現在固定的位置並維持一致的外觀，導覽列的命名也應如此。正確設計的命名，是建立熟悉感不可或缺的一部分，因此導覽列命名最好每一頁都相同。在網站不同地方分別用「主頁」、「首頁」和「起始頁」稱呼首頁的話，會破壞使用者在瀏覽網站時所需的熟悉感。圖 7-9 中水平導覽列的四個命名一致地出現在整個網站中（「The Janus Advantage」、「Our Funds」、「Planning」和「My Account」），若出現的顏色與位置也一致，效果會更好。

導覽列的命名沒有標準，但的確有一些常見的用詞。因為大部分使用者很熟悉這些用法，你應該考慮由下面的類別中各挑一個命名，並在整個網站中一致地使用。以下是一個不算完整但可參考的列表：

- 首頁，主頁
- 搜尋，尋找，瀏覽，搜尋 / 瀏覽
- 網站地圖，內容，內容列表，索引
- 聯絡資訊，聯絡我們
- 幫助，常見問題，FAQ
- 最新消息，消息與活動，最新公告，公告
- 關於，關於我們，關於＜公司名稱＞

當然，相同命名常代表不同的資訊。舉例來說，某網站中的「消息」可能連結到網站新增內容的公告區，但另一網站的「消息」可能連到全國或世界性的活動新聞。顯而易見地，若你在同一個網站裡以不同方式使用相同命名，使用者會很困惑。一個變通的方法是在導覽命名旁加註簡要描述，但缺點是這些描述佔據了寶貴的螢幕空間，所以需要適度權衡。

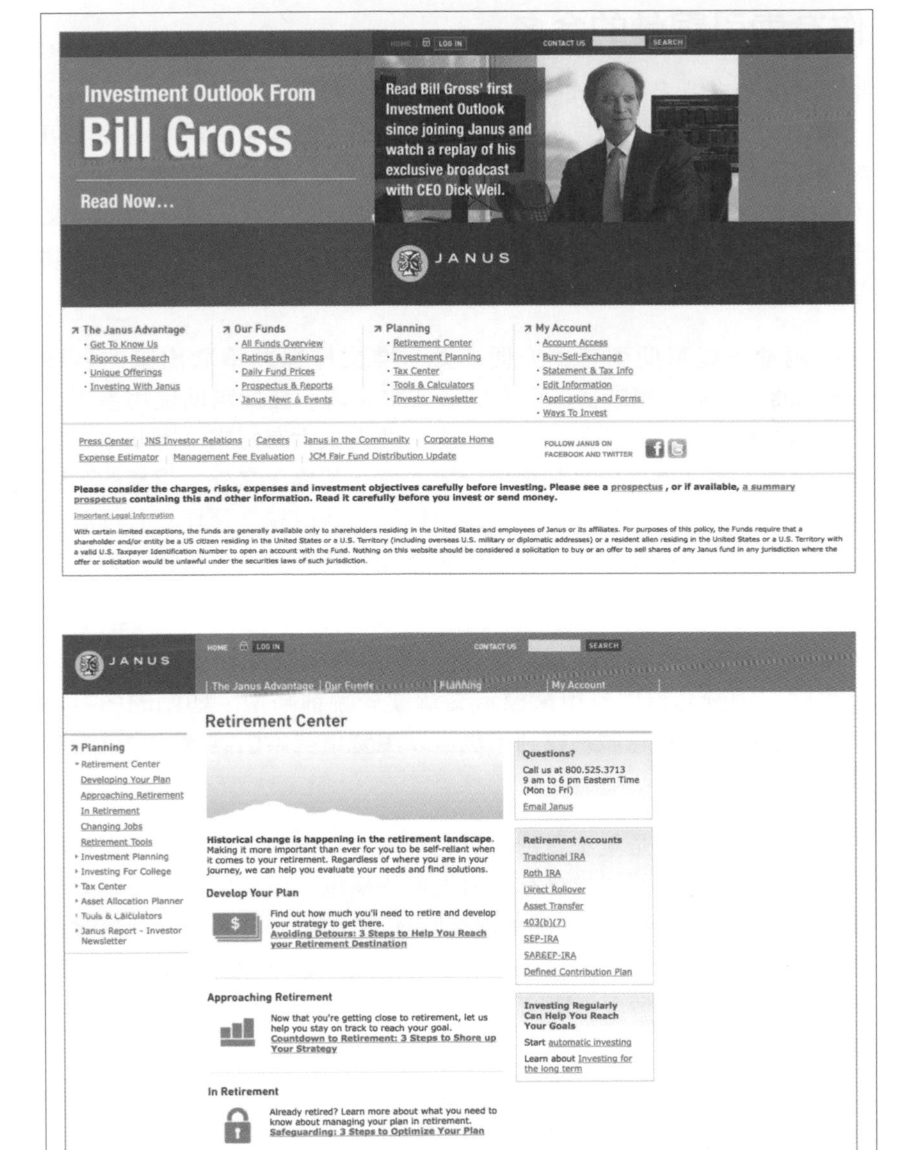

圖 7-9　Janus 的主導覽列命名在整個網站裡始終如一

作為索引詞彙的命名

索引詞彙有非常多種形式，例如：關鍵字、標籤、描述性 metadata、分類詞、控制詞彙，或同義詞典（thesauri），這些索引詞彙的命名可能連結至任何種類的內容，包括網站、子網站、網頁、內容區塊等。索引詞彙代表某些特定主題，可以作更精準的搜尋，而非一般的全文搜尋。因為索引詞彙經過特別建立，用來代表某個主題的資訊，因此相較於全文搜尋比對，搜尋這些詞彙應該會找到更接近需求的內容。

索引詞彙也能幫助瀏覽更方便，從一堆文件裡頭萃取出來的各種 metadata，能以選單或清單列表的形式來呈現，藉此幫助使用者更有效地瀏覽和檢視資訊。對使用者來說這種方式大有好處，因為除了主要的組織方式（例如依事業單位分類的資訊架構）之外，這樣的列表提供了不同的觀看視角。由於企業組織往往各自獨立運作（且反映在資訊架構中），索引詞彙提供了跨越企業組織角度來尋找資訊的寶貴機會。

舊金山紀事報網站（SFGate）的索引是由索引詞彙名稱組合而成，這些索引詞彙名稱則是用來標示文章屬於哪種類型。網站的內容除了可以透過主要組織體系找到，也可以瀏覽這些索引詞彙（也就是關鍵字）。

一般來說，使用者是無法看到索引詞彙的。在內容管理系統或資料庫中，代表文件的記錄通常會有索引詞彙的欄位，但使用者通常只聞其聲不見其人，因為它們只有在搜尋時才會上場。同樣，索引詞彙也常隱藏在 HTML 的內嵌 metadata 中，像是 <meta> 或 <title> 等標籤裡。舉例來說，一個傢俱廠商可能會在沙發類產品網頁的 <meta> 中，加入如下的索引詞彙：

```
<meta name="keywords" CONTENT="椅墊坐椅, upholstered,沙發,
  三人沙發,雙人沙發,二人沙發,轉角沙發,扶手椅, arm chair,
  躺椅,沙發躺椅"
```

當你搜尋「沙發」時，結果會出現含有上述索引詞彙的網頁，即使某一頁的內文並未出現「沙發」一詞。圖 7-11 是一個來自 Bon appetit 網站的類似例子。在網站上搜尋「點心」（snack）會出現圖 7-11 的食譜，然而這份食譜中並未提到「點心」。在資料庫裡，「點心」可能是索引詞彙，另外存放在這份食譜的資料庫紀錄中。

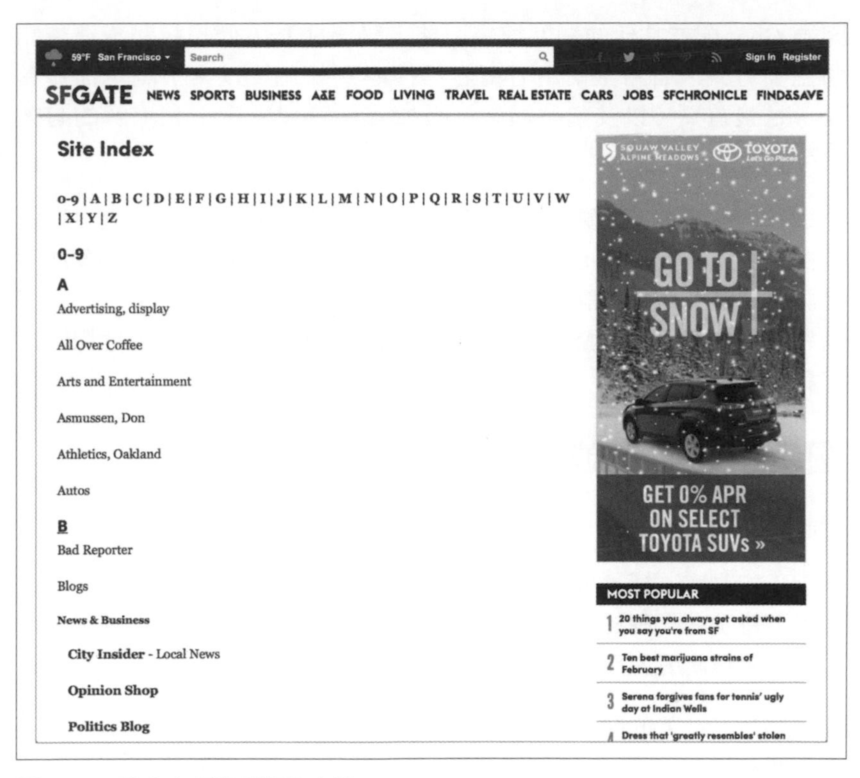

圖 7-10　舊金山紀事報網站索引

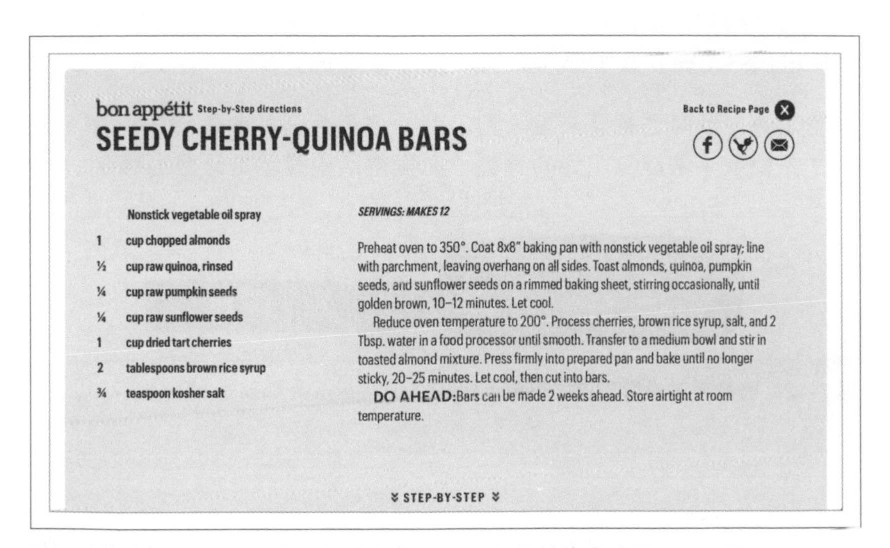

圖 7-11　搜尋「點心」會傳回這份食譜，但內文並沒有「點心」一詞

因為 Google 或其他的網站搜尋引擎，早已成為人們尋找和獲得資訊的主要方式。若希望使用者更容易搜尋到網站，以索引詞彙描述首頁，是讓首頁（以及整個網站）被搜尋引擎建立索引和瞭解的有效方法[3]。

在網站中，要讓某網頁較其他網頁更易被找到，則是不一樣且更艱鉅的挑戰。這時候需要更系統化的命名方式，例如只能在控制詞彙或同義詞典中選擇索引字詞。這類的命名以一致和固定的方式，來描述不同領域（如產品或服務）的內容。我們會在第十章中更仔細地探討這些詞彙。

圖示型命名符號

俗話說「一圖勝千文」，的確如此，但勝過的是哪一千個文字？

圖示正如文字一樣，可以用類似的方式傳遞資訊。圖示經常用於導覽選單，特別在行動 app 等螢幕空間有限的情況。除此之外，圖示偶爾也作為標題使用，甚至也可能當作連結命名（雖然很少見）。

圖示型命名符號的問題，在於和文字相比，能表達的意義有限。所以它們通常用在導覽列，或小規模內容組織的命名，因為這兩種用途的資訊項目較少。像索引詞彙這種需要大量名稱和文字的情況，圖示型命名的「詞彙」很快就會用完，難以創造新的圖示出來。圖示型命名標籤也很適用在非文字導向的使用者，像是兒童等。

即使如此，以傳遞意義來說，圖示型命名仍然是較有風險的選擇。圖 7-12 是微軟手環健身記錄的導覽，你覺得這些圖示是什麼意思？

圖 7-12　微軟手環導覽系統的圖示（*https://www.microsoft.com/microsoft-band/en-us*）

3　Search Engine Watch 是學習網站搜尋引擎運作最有用的資源，也可以瞭解該如何為主要網頁建立索引，以便在搜尋結果中排名較前。

（這些圖示的意義分別為：首頁、跑步、日曆、運動、睡眠、訊息和財務）

即使在運動手環這樣明確的脈絡之下，大部分使用者可能只會猜對其中一、二個，但還是沒辦法立即瞭解這些圖示的意義。

像這樣的圖示型命名符號，的確為資訊空間增添了美感，在不妨礙易用性的情況下，也沒有理由不使用。事實上，透過重複顯示與使用，使用者會在心中建立這些圖示的詞彙。在這種情況下，圖示是很有用的捷徑，兼具意義傳遞與視覺辨識度的雙重好處。但反過來說，除非你的使用者既忠誠又有耐心，願意學習各種圖示的意義，我們還是建議只在特定情況下使用圖示，避免把型態放在機能之前。

創造有效的命名

創造有效的命名，大概是資訊架構裡最難的一部分。語言的意義如此不明確，使得我們經常覺得命名不夠完美。總是有各種同義詞、同形異義詞要考慮，在不同情境中，同一個詞也會有不同解讀。當然，如果你的系統牽涉二種以上的語言，挑戰就更加複雜了。即使慣用的命名也不見得沒有問題：你絕對不能假設百分之百的使用者都能正確瞭解「首頁」一詞。我們往往只能期盼這些投入在命名的努力可以產生效果，因為衡量命名的有效性極為困難。

如果上面的敘述很像在說創造命名比較像藝術而非科學，那麼你的解讀完全正確，關於如何做好命名，並不存在無懈可擊的規則，只有一些大方向的準則可以參考。下面會探討一些命名的準則以及相關的要點，希望有助你深入瞭解命名的神秘藝術。

一般指導原則

請記得內容、使用者、脈絡這三個會影響資訊架構的層面，對命名來說更是如此。任何與使用者、內容和脈絡有關的可能性，都會讓命名陷入意義不明確的困難。

讓我們回頭再看一下「pitch」這個詞：從棒球（投球）到足球（英國用來稱呼球場），從商業（有時候在電梯裡進行的推銷）到航行（船在海中的傾斜角度），這個字至少有 15 種意義，我們很難確定網站的使用者、內容和脈絡都會指向同一種意思。這種不明確使得決定一段內容的命名十分困難，使用者也很難確定自己對命名的假設和解讀是否正確。

那麼我們該怎麼做才能讓命名的意義明確一點、並能具備在其下內容的代表性呢？下面兩個指導原則可以幫得上忙。

盡可能限制命名的範疇

從使用者的層面來看，如果是為特定使用者打造資訊空間，就能減少解讀命名的不同角度。從內容的層面來看，持續專注在少數的內容領域裡，也能讓命名更清楚、更能有效地傳達內容。從商業脈絡的層面來看，為特定的企業情境來思考，無論是命名或任何方面，設計目標都會更明確。

雖然現代的資訊環境與管道越來越趨於複雜與混亂，但是若能設法對焦於特定的內容、使用者和商業脈絡，命名不僅容易得多，也能讓意義傳達更精準，也更有效。許多人設計資訊空間時，野心太大想同時兼顧太多目標，最後只會淪落於四不像，反而無法在特定的關鍵議題上發揮強項。因此在規劃資訊空間的涵蓋範疇時，無論是目標使用者、涵蓋的內容範疇、使用方式與時間、使用目的等等，盡量選擇單純，將有助於創造更有效的命名。

如果你的資訊空間非得包羅萬象不可，命名時避免嘗試涵蓋所有內容範圍。這個原則的明顯例外就是全域導覽系統的命名，因為全域導覽本來就需要涵蓋所有內容。但在其他地方，將內容模組化、簡單化，分成小區域來滿足特定使用者的需求，會使命名易於模組化、簡單化。

這種模組化的方式對於管理內容有很大的好處，不過也有副作用，可能造成資訊空間的不同部分有各自獨立的命名系統。舉例來說，團隊成員通訊錄可能因為資料的特性，有一套特殊的命名原則，但這些命名卻無法適用在網站的其他地方；而全域導覽的命名也不太適合團隊成員通訊錄的部分。

建立一致的命名體系，不只是完成命名而已

另一件必須記住的事，就是命名如同組織體系、導覽體系一樣，本身也是一個體系。成功的體系一定有些特性，使其下的所有成員能彼此共屬一體。成功的命名體系有一個關鍵，就是一致性。

一致性為什麼重要？因為一致代表可預期，而可以預期的事情較易學習。在一致的命名中，你看到一兩個命名後，大概可以知道其他命名的可能走向。一致性使命名易學、易用，也因此不引人注意；這對首次使用的人特別重要，但也對所有使用者都有幫助。

一致性受很多因素影響：

寫作格式

隨性使用標點符號和大小寫是命名裡常見壞習慣，透過寫作格式規範（style guide），即使不能完全解決，也可以處理大部分的寫作格式問題。可以考慮雇外包給專業的文字編輯，或購買 Strunk & White 的經典著作 - 英文寫作指南。

文字視覺格式

一致地呈現字型格式、字體大小、顏色、空白，以及分組的樣式，都能在視覺上強化一組命名的系統性。

文法格式

命名時很常見把動詞型（如「照料您的愛犬」）、名詞型（如「愛犬飲食」），和問句型（如「如何訓練愛犬如廁？」）混合使用。在特定範圍的命名體系中，可以嘗試採用單一的文法格式並留意文法的一致性。

顆粒程度

在一個命名系統中，所有命名最好描述大致相同層級的細節。先不談例外（像是網站索引），一組資訊顆粒程度（granularity）不同的命名會讓人感到困惑，例如「中餐廳」、「餐廳」、「墨西哥快餐店」、「速食連鎖品牌」，和「漢堡王」。

完整性

使用者可能因命名體系中的缺漏而困擾。舉例來說，如果服裝銷售網站列出「褲子」、「領帶」和「襪子」，但卻漏了「襯衫」，我們會感到有點奇怪。我們可能會想知道他們究竟有沒有賣襯衫，或只是網站上的失誤？完整性除了對一致性有助益之外，也能讓使用者快速掃視並瞭解一個資訊空間內容的大概範圍。

對象

在同一個命名體系中使用「淋巴瘤」和「肚子痛」這樣的命名，也會把使用者搞混（雖然可能只是暫時）。要考量資訊空間主要使用族群熟悉的字詞，如果不同族群的用詞差異很大，可能要考慮為每一族群設計個別的命名體系，即使這些體系其實是描述相同的內容。

雖然還有其他的因素會阻礙一致性，但都並不難處理。在開始動手建立命名體系、取名字之前，如果花時間考量這些阻礙，可以省下一堆力氣和麻煩。

命名體系的參考依據

你已經準備好要開始規劃命名體系了，但該從哪裡開始呢？信不信由你，開始是最簡單的部分。除非你手上的議題、概念和主題是人類從來沒想過的事，不然你一定有些東西可以參考。由現成已知的命名著手，通常比從頭開始想來得好；從零開始的成本極高，尤其是有許多詞彙要處理的情況。

現成的命名體系構思可以來自網站上目前使用的命名，或類似網站、競爭網站的命名。想想過去可能有哪些地方做過類似主題的命名，去研究不同資訊空間（實體和數位）、學習和借用好的命名。過程中記得研究現成命名的好處，是因為它們也是自成一套體系，可能有一致的考量和原則，而非只是一組彼此不合的奇特、混雜命名。

當你檢視現有的命名體系時，要思考哪些行得通、哪些有問題。想想哪個體系值得學習，仔細去評估哪些命名適合用在你的資訊架構中。下列不同種類的命名來源都可以納入參考。

檢視現行的資訊空間

按理來說你現有的網站或 app 可能已經有一套命名體系了。當初上線時應該也有人考量過如何建立與選擇命名，所以也不要把這些想過的名稱完全丟開，應該以其為基礎，打造一個完整的命名體系，把當初命名的各種考慮點都列入參考。

還有一個不錯的方法可以試試，地毯式地檢視過整個資訊空間，不管是人工還是自動，再將所有的命名彙整後，進行整理比較。例如用表格整理所有命名，列出命名與其代表的文件內容。這種命名表格，通常可以在內容盤點時一起做。盤點命名的工作非常有價值，但若是索引詞彙則不建議這樣做，除非只針對特定範圍，不然索引詞彙數量通常太多，無法列在一張表裡。

表 7-1 是 Budget 租車公司首頁的導覽體系命名列表分析[4]。

表 7-1 Budget 租車公司網站的導覽選單命名

命名	網頁的大標名稱	連結網頁的 <TITLE> 標題名稱
網頁上方主導覽選單的名稱		
car rental	-	Automobile Rental from Budget
specials	Daily, Weekly, Weekend Day & Monthly Specials	Budget coupons and car rental deals U.S. | Budget.com
car types	Rental car, SUV, and truck fleet	Rental Car, SUV & Truck Fleet
locations	find your location in USA	United States Car Rentals and car rental deals at Budget.com
services	Smart Car Rental Services	Smart Car Rental Services - Perks & Products - Budget.com
customer care	Customer Care	contact us | customer care | Budget
car sales	-	Great Prices on Used Rental Cars - Budget Car Sales

4 和很多資訊空間一樣，Budget.com 也不停在改版。就在本書付梓之前，該網站重新設計改版，也重新規劃新的命名體系，解決了一些書中提到的問題。

命名	網頁的大標名稱	連結網頁的 <TITLE> 標題名稱
country / language	Renting outside of the U.S.?	-
Sign in	Sign In Authentication	sign in | frequent renter | Budget
Reserve with customer ID	-	rent your car today | Budget
Create customer ID	Frequent Renter Account Services	Car Rental Deals
網頁內文導覽體系的名稱		
Rent a car in 60 seconds	-	rent your car today | Budget
Make a Car Reservation	-	rent your car today | Budget
Already Have a Reservation?	View, Change or Cancel an Existing Reservation	rent your car today | Budget
Common Questions	Just the FAQs	Common Questions - Car Rental FAQs - Budget.com
Find a Location	find your location in USA	United States Car Rentals and car rental deals at Budget.com
網頁下方導覽體系的名稱		
About Budget	About Us	About Us - Car Rentals - Budget.com
Privacy	U.S. Privacy	US Privacy Policy - Customer Care - Budget.com
Site map	Budget.com car rental site map	Site Map - Car Rental, Reservations & Discounts - Budget.com
Contact Us	Customer Care	contact us | customer care | Budget
Employment	avis budget group	Avis Budget Group
Car Rental Locations	find your location in USA	United States Car Rentals and car rental deals at Budget.com
Budget Worldwide	Budget Rental Car Locations: Worldwide	Budget Car Rentals Locations Worldwide - Budget
US & Canada	Budget Rental Car Locations: World	Budget Car Rentals Locations - Budget

命名	網頁的大標名稱	連結網頁的 <TITLE> 標題名稱
Major Airports	Popular Airport Car Rental Locations	Airport Car Rental Locations from Budget.com
Orlando Car Rental	Orlando Car Rental	Orlando Car Rental - Rent a Car in Orlando, Florida at Budget.com
Featured Rentals	Popular Available Car Types	Available Car Types from Budget.com
Van Rentals	Van Car Rental	Van Rental - Passenger Van rental from Budget
Car Rental Deals	Budget Coupons at Budget.com	Budget Rental Car Coupons - Save On a Budget Car Rental
One Way Car Rental	One Way Car Rental	One Way Car Rental - Budget offers special deals on one way car rentals
Monthly Car Rental	Long Term Car Rental	Monthly Car Rental - Save more with long term car rental
Featured Products	Smart Car Rental Services	Smart Car Rental Services - Perks & Products - Budget.com
Small Business Rentals	Budget Business Program	company account	frequent renters	Budget
Car in the shop?	Reservations	Budget Reservations - Vehicle Replacement
Budget Mobile apps	The Budget Mobile app	Budget Rent A Car - Budget Mobile
Go Green - Rent Clean	Go Greener. Drive Cleaner.	Green Car Rental - Rent an Eco-Friendly Vehicle - Budget.com
Business accounts	U.S. Budget Business Program®	Budget Business Car Rental Program - Budget.com
Partners	Partners	Partners, Affiliates, Travel Agents - Budget.com
Affiliates	Travel Affiliate Program	affiliates	partners	about us	Budget
Travel agents	Car Rental Services for Travel Agents	Rent A Car at Budget - Travel Agents
Car sales	Love it. Buy it.	Car Sales - Buy Used Cars from Budget

命名	網頁的大標名稱	連結網頁的 <TITLE> 標題名稱
Budget is your earth friendly alternative	Go Greener. Drive Cleaner.	Green Car Rental - Rent an Eco-Friendly Vehicle - Budget.com

以表格整理的好處是以更簡要、完整和準確，有助以整個系統的角度來看導覽命名，不一致的命名也較容易發現。以 Budget 租車公司的例子來說，我們發現三種稱呼公司的命名：Budget、Budget Rent A Car，和 Budget.com。我們也在同一頁中發現不一致：聯絡的網頁有的叫 Contact Us（聯絡我們），有的叫 Customer Care（顧客關懷）。有些網頁沒有主要標題。我們也看到多種其他寫作格式、大小寫的不一致，可能會讓使用者困擾。我們不喜歡某些命名，可能是出於個人偏好。檢視之後，也可能會覺得某些問題不值得花時間修改。無論如何，有了表格讓我們對網站現行的命名體系有了大致概念，也知道該如何改善。

競業分析或類似分析

如果目前手上還沒有網站或 app，或要找新的想法，就得另覓他途了。網站的開放本質，讓我們很容易彼此學習，正如你會參考設計良好網站的原始碼，你也可以從其他網站優秀的命名系統中學習。

先確定你的使用者的可能需求，然後去分析競爭者的網站，看到好的命名就學起來，有問題的命名也記下來，也許建立一個表格記錄這些命名。如果沒有競爭對手，就找類似主題的網站，或者在其他領域最好的網站來觀摩比較。

我們在第四章提到，網站的歷史已經夠久，久到在許多產業都能看到典型的樣貌了。試著去多看幾個類似的網站或 app，你就會發現彼此的命名是有共通性的。這些常見型態或許還不算是產業標準，但至少可以讓你知道別人都選擇什麼樣的命名方式。舉例來說，對八個金融服務的網站進行競品分析時，我們發現相較其他名稱，「個人金融」（personal finance）差不多是這種分類的既定命名選擇。看到這個狀況後，你八成會打消使用其他命名的念頭。

圖 7-13 列出聯合航空（United）、達美航空（Delta）、美國維珍（Virgin America）和美國航空（American Airlines）四家航空業的主導覽列命名方式。你是否注意到其中的相似和差異呢？只要一眼就能看到許多不同，像是導覽選單項目的數量，從五個到九個不等。有些採用「我的…」開頭，有些用品牌相關的命名（如 AAdvantage）。以任務方式命名比想像的少（如預訂行程，Book a trip），列出首頁（Home）或主頁（Main）也不多。

聯合		達美	
	Home Reservations Travel Information Deals & Offers MileagePlus© Products & Services United		My Trips Book a Trip Flight Status Check In Vacations
美國維珍	Book Check In Manage Deals Flying With Us Where We Fly Fees Flight Status Flight Alerts	美國航空	Find Flights My Trips / Check-In Flight Status Plan Travel Travel Information AAdvantage

圖 7-13　聯合、達美、美國維珍，和美國航空四家公司的主導覽選單的命名方式

控制詞彙和同義詞典

另一個思考命名的好來源是現有的控制詞彙和同義詞典（第十章會詳細介紹），這些是由圖書資訊背景或具相關主題背景的專家所建立，他們已經花了極大功夫確定命名用詞能準確代表內容，也具備一致性。這些詞彙通常可以公開取得，也經設計能廣泛應用在不同情況。你會發現它們最有用的地方，是用於建立索引的命名體系上。

試著找出範圍較小、較專注的詞彙，有助於尋找特定內容的目標族群。舉例來說，如果系統的使用者主要是電腦科學家，那麼選擇電腦科學的同義詞典，較能貼近這群使用者的角度去思考並呈現，資訊傳遞的品質一定優於一般通用的分類體系命名（如美國國會圖書館的標題表。

ERIC（教育資源資訊中心，Educational Resources Information Center）的同義詞典是特定控制詞彙的好例子。如你想像的一樣，這份同義詞典是設計來描述教育領域的知識。圖 7-14 顯示在 ERIC 的同義詞典查詢 scholarship 的結果。

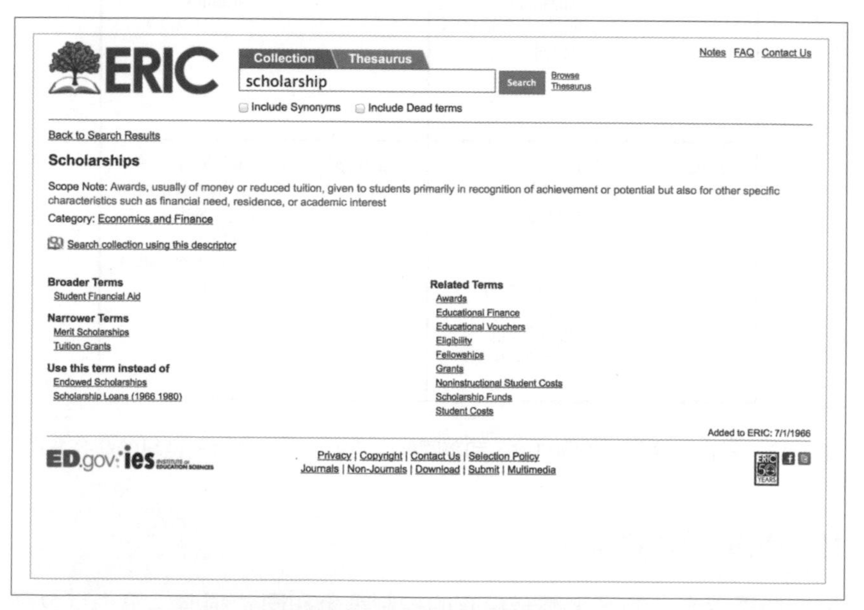

圖 7-14　控制詞彙和同義詞典為命名提供許多豐富資源

如果你的資訊空間跟教育有關，或使用者主要是教育工作者，可以考慮以 ERIC 當作建立命名的基礎。遇到命名的困難抉擇時，ERIC 的同義詞典就能派上用場，幫助那些意義複雜的命名挑選合適的同義名稱。你甚至可以取得整個同義詞典的版權，並以之作為你自己的命名體系。

很不幸地，不是每個領域都有控制詞彙和同義詞典。有時候你會看到相同領域的詞彙，但為了不同的使用者需求而設計。無論如何，在從零開始建立命名體系之前，應該先花點時間看看是否有現成且能用的控制詞彙或同義詞典。使用英文的讀者，可以參考下列的命名資源：

- Taxonomy Warehouse（*http://taxonomywarehouse.com/*）
- American Online Thesauri and Authority Files（American Society for Indexing）（*http://www.asindexing.org/about-indexing/thesauri/online-thesauri-and-authority-files/*）

建立全新的命名體系

如果現有的命名方式都無法滿足你的需要，或者你發現需要更客製化的命名體系，你就必須面對從零開始的艱難挑戰。最重要的資源就是你的內容（以及其作者群），和未來的使用者。

內容分析

命名的字詞可以直接由內容中獲得。你可以在網站內容中挑選一些具代表性的文件來閱讀，並隨手記下可以表達該份文件的字詞。這個過程冗長且費力，而且顯然無法應用在內容數量龐大的系統中。如果選擇走這條路，試著運用一切可能加快速度的重點資訊，包括標題、總結要點、摘要等等。分析現有文件並尋找合適命名字詞的過程，與其說是分析科學，還不如說是一種藝術。

有些軟體工具可以自動擷取文件中有意義的字詞。如果內容數量龐大，這類通常稱為「資訊實體擷取」（information entity extraction）的系統可以省下大量時間。但正如其他軟體工具一樣，自動擷取大概可以做好八成的工作，你可以拿系統輸出的字詞作為控制詞彙的參考，但你還是必須人工一一確認這些字詞意義正確。另外要提醒的是：獲得這些好處之前，得先餵大量資料來訓練軟體，調校演算法的正確性，通常所費不貲。

內容的作者

另一個人工命名的方式是，詢問作者，請他們為所撰寫內容建議適合的關鍵字詞。如果聯繫作者不是問題，這個方法很有效；例如你可以跟負責技術報告和論文的研發人員聊聊，或請教撰寫新聞稿的公關部門人員。

然而，即使作者能從控制詞彙中挑選合適的字詞來描述他們的文件，他們通常不會意識到他們的文件只是眾多內容中的一小部分。因此他們選擇的字詞可能不夠周全。此外，很少作者也同時專精在索引字詞上。所以，請對作者提供的字詞持審慎保留的態度，而且在精確程度上也不要僅僅以作者的建議為主。作者提供的命名字詞和其他命名資源一樣，只是作為參考，不是最終答案。

使用者「代言人」和領域專家

另一個方法是找到較厲害的使用者，或使用者「代言人」，能夠代表使用者的角度表達意見。這些「代言人」可能包括圖書館員、第一線客服人員、或瞭解使用者資訊需求與脈絡的行業專家。這些角色因為經常與使用者互動，對使用者的需求都有出自本能的清楚理解，有些角色還會有使用者需求的真實紀錄（如圖書館參考諮詢服務人員、客服人員）。

以某個健康照護相關的專案為例，我們發現跟使用者代言人討論十分有用。和圖書館員和行業專家討論之後，我們計劃建立兩組命名系統，一組使用醫學專用名詞，讓醫療人員可以瀏覽系統提供的服務，另一組命名給一般民眾，幫助他們使用該系統的服務。專業詞彙的部分問題不大，因為醫學資訊同義詞典或控制詞彙有現成的資料可以拿來參考。但一般民眾詞彙的考慮就困難得多，找不到理想的控制詞彙，也沒辦法從網站現有的內容產生，因為網站還沒建立。所以我們真的是從零開始。

突破這個困境的方式，是採取由上而下的作法：尋求圖書館員合作，找出他們認為使用者感興趣的資訊。同時，我們去研究民眾的資訊需求，並梳理出比較重要的需求：

- 民眾需要關於疑問、疾病或症狀的資訊。
- 民眾的問題通常和特定器官或身體部位有關。
- 民眾想瞭解醫事人員會進行哪些診斷方式或檢驗，以確認他們的問題。
- 民眾需要關於治療、藥物和解決方案的正確資訊，而這些資訊應該要來自醫療照護機構
- 民眾想要知道如何付費。
- 民眾想要知道如何維持健康。

我們採用適合一般民眾的字詞，彙整出涵蓋上述六種需求的主要基本詞彙。表 7-2 是一些例子

表 7-2　為一般民眾設計之命名範例

類別	命名範例
問題／疾病／症狀	HIV、骨折、關節炎、憂鬱
器官／身體部位	心臟、關節、大腦
診斷方法／檢驗	血壓、X 光
治療／藥物／解決方案	安養中心、多焦眼鏡、關節置換
付款	行政服務、管理健保組織、醫療記錄
健康維護	運動、疫苗接種

我們獲得專業人員的協助，幫助我們瞭解目標族群（一般民眾）的資訊需求，逐步建立適合的詞彙以滿足民眾（例如使用「腿骨」而非「股骨」），先從少數的字詞分組開始累積，最後終於建立出一整套支援索引的命名體系。成功的秘訣在於和瞭解使用者資訊需求的人合作，以本專案來說就是圖書館員。

使用者（直接從使用者獲得資訊）

資訊空間的真正使用者也能提供不錯的命名建議。這類資訊通常不易取得，但若能找到，會是最好的命名參考來源。

卡片分類（*Card Sorting*）

卡片分類法是瞭解使用者如何使用資訊的最好方法之一[5]。（卡片分類法會在第十一章更廣泛介紹）。卡片分類有兩種基本變化：開放式與封閉式。開放式卡片分類讓參與者將現有內容的卡片，按他們自己的想法分成不同類別，並為每個類別命名（這裡可以清楚知道，卡片分類在設計組織體系和命名體系時一樣有用）。封閉式卡片分類提供已完成的類別命名名稱，並請參與者把卡片分配到這些類別裡。在進行封閉式卡片分類前，可以請參與者說明他們覺得每個類別命名代表的意義，用來和你自己的定義作比較。在決定命名時，無論開放或封閉式都是好用的工具，但較適合用在數量不多的命名體系中（像是導覽列項目的命名）。

下面的例子裡，我們把一家大型汽車公司網站中，與「車主」相關的內容拿來請參與者分類；我們姑且稱這家公司為「塔克汽車」好了。彙整開放式卡片分類的資料後，我們發現參與者通常以不同方式稱呼類似的主題。其中一個分類大家都用「保養維護」、「保養」或「車主的…」來命名，這些共通性暗示著，這樣的命名方式可能是還不錯（請看表 7-3）。

表 7-3　分類一

參與者	分類的命名
參與者一	建議與保養維護
參與者二	車主指南
參與者三	車輛保養項目
參與者四	車主手冊
參與者五	經銷商個人資訊
參與者六	（未回應）
參與者七	保養維護及建議
參與者八	車主密訣及車主指南與保養維護

但在其他類別裡，就沒有出現明顯的共通性了（請看表 7-4）。

5　Donna Spencer 的書《卡片分類：設計易用的類別》非常有用。

表 7-4　分類二

參與者	分類的命名
參與者一	塔克特色
參與者二	（未回應）
參與者三	車輛資訊捷徑
參與者四	汽車資訊
參與者五	與經銷商聯繫
參與者六	塔克網站資訊
參與者七	特定車種的使用手冊
參與者八	（未回應）

我們也進行了封閉式卡片分類，並在分類前請參與者描述每個類別的命名名稱的意義。藉著觀察分析使用者定義的命名，並比較他們彼此的答案，來判斷參與者的認知差異程度。如果參與者給的命名定義愈類似，那麼有效的品質就愈高。

有些命名較常見也容易獲得共識，像是「服務與保養」，其意義也通常和分類中的內容一致（請見表 7-5）。

表 7-5　服務與保養

參與者	參與者認為分類的內容
參與者一	何時該換油、調換輪胎；這裡可以讓我找到過去的保養記錄
參與者二	如何保養車輛：正確的保養、車輛的特性、如何找到保險絲等、車主手冊
參與者三	尋找哪些保養廠在假日可能有開
參與者四	何時需要保養及去哪裡保養的資訊
參與者五	提醒需要保養的時間
參與者六	服務與保養的時間表
參與者七	保養時程和提議，以讓車輛保持最佳狀況並延長壽命
參與者八	保養建議、維修推薦保養廠、維修價格預估

有些類別命名的認知差異相當大。例如「塔克特色及活動」代表塔克關於車展、特價促銷等內容，有些參與者能正確地瞭解這個涵義，但另一些參與者卻認為這命名代表車輛真正的主打特色，例如是否有 CD 播放器等（請見表 7-6）。

表 7-6　塔克主打與活動

參與者	參與者認為分類的內容
參與者一	我擁有車型的新配件；即將上市的新款－新的車系和型號；財務消息－例如零利率貸款
參與者二	地區或全國性的贊助；如何獲得塔克汽車的贊助；社區參與
參與者三	里程、CD 或卡帶播放器、腿部空間大小、載客數、冷暖氣控制、可拆卸座椅、自動車門開啟
參與者四	所有關於塔克汽車的資訊，及所有進行中的促銷
參與者五	可以找特價活動
參與者六	所有車系和選項的網站。有哪些車展在何處舉行。
參與者七	關於塔克汽車、銷售、特價、特別活動
參與者八	沒興趣

卡片分類能提供很多訊息，但請留意一件事情，那就是卡片分類並非在真實使用情境中呈現內容與命名。由於不是真實情境，命名能表達意義的能力就會變差。因此，跟所有其他方法一樣，卡片分類有其價值，但不應該視為研究命名品質的唯一方法。

自由聯想（*Free Listing*）

雖然卡片分類法的執行成本通常不高、時間耗費也不多，但自由聯想的成本更低，也可以獲得關於命名的一些想法[6]。自由聯想非常簡單：選擇一個內容項目，並請參與者腦力激盪出可以描述它的字詞。可以面對面進行（用紙筆記錄資料就可以），也可以遠端進行，使用免費或便宜的線上調查工具，像 SurveyMonkey、Zoomerang 或 Google 表單等。自由聯想差不多就是這樣了。

如果覺得上述作法太隨性，那麼也許再考慮一下這些因素：特別是參與者的招募條件與數量－找什麼樣的參與者（最好能代表整體目標族群）、要找多少人（三到五個雖然無法達到統計上顯著性的要求，但當然比沒有好，也可能得到非常有趣的結果）。你也可以考慮請參與者將想到的命名排序，以決定哪個最為合適。

6　這個方法最好的參考資料是 Rashmi Sinha 的短文（但非常有用）：「卡片分類之外：以自由聯想探索使用者分類」"Beyond Cardsorting: Free-Listing Methods to Explore User Categorizations," *Boxes & Arrows*, February 2003（*http://bit.ly/beyond_cardsorting*）。

你也必須考慮挑選哪些內容來進行腦力激盪。當然你只能選部分的內容出來，最好是挑選有代表性的內容，例如四五個公司的產品。但即使這樣也有微妙的考量－你要選最受歡迎的產品，還是最不為人知的產品？為暢銷產品設計好的命名當然重要，但暢銷品項應該已有常見的命名和描述，但較不知名的產品呢？這些產品命名通常比較有挑戰性，但只有少數人關心。最後你可能會從中取捨，平衡地考慮應挑出的產品進行自由聯想。這個例子就是資訊架構規劃的思維中，**藝術較科學**更為重要（或至少一樣重要）之處。

拿到結果以後該做什麼呢？先看看字詞的使用頻率和特性。舉例來說，也許大部分的參與者都使用「手機」一詞，而極少人使用「行動電話」。類似這樣的特性，不但讓你大致知道該如何為單一項目命名，也可能顯示使用者常用的文字調性。你可能會發現他們大量使用專業術語，或者完全不使用；也許你會發現命名中的縮寫超乎意外地多，或者其他從自由聯想中浮現的特性。自由聯想的結果不會是完整的命名結果，但可以讓你更瞭解命名時應採用哪一種調性和風格。

使用者（間接研究）

大部分的企業或組織都握有大量的使用者資料，得以瞭解使用者的需求；特別是那些提供搜尋的資訊空間。分析搜尋關鍵字，對命名的設計有很大用處，更不用說還可以發現系統中其他各式各樣的問題了。此外，社群網路中日趨流行的自由標記（tagging），也是一種很有價值的使用者需求資料（雖然比較間接），對建立命名體系也有助益。

搜尋紀錄分析（*Search log analysis*）

搜尋記錄分析（或搜尋資料解析）[7]，可以在最不打擾使用者的情形下，瞭解網站命名的實際使用情況。分析搜尋關鍵字可以瞭解網站訪客慣用的命名名稱類型（表 7-7）；畢竟這些命名是使用者用自己的話來描述的資訊需求。你可能會注意到縮寫的使用（或不使用）、產品名稱，或其他專業術語，這些都會影響你是否應該使用專業的名稱。你也會注意到使用者的查詢都用單一或多個詞彙，因此而影響你對命名長度的抉擇。你還可能發現在某些主題上，使用者就是不用你認為

---

7 想更多瞭解搜尋分析，本書作者 Lou 的另一本書 Search Analytics for Your Site: Conversations with Your Customers 提供極佳參考。（Brooklyn, NY: Rosenfeld Media, 2011）

的那些詞語來描述，這可能讓你決定放棄現有命名，或建立同義字典供查詢，把使用者查詢的詞彙（「狗」）連結至慣用詞彙（「犬」）。

表 7-7　密西根州立大學網站最常見的 40 個查詢詞彙。每個查詢都是大部分使用者最想知道的事，關鍵字也顯示他們如何稱呼這些需求；每個查詢都告訴我們一些關於使用者的知識。

排名	次數	累積次數	佔所有查詢的比例	關鍵字
1	1184	1184	1.5330	capa
2	1030	2214	2.8665	lon+capa
3	840	3054	3.9541	study+abroad
4	823	3877	5.0197	angel
5	664	4541	5.8794	lon-capa
6	656	5197	6.7287	library
7	584	5781	7.4849	olin
8	543	6324	8.1879	campus+map
9	530	6854	8.8741	spartantrak
10	506	7360	9.5292	cata
11	477	7837	10.1468	housing
12	467	8304	10.7515	map
13	462	8766	11.3496	im+west
14	409	9175	11.8792	computer+store
15	399	9574	12.3958	state+news
16	395	9969	12.9072	wharton+center
17	382	10351	13.4018	chemistry
18	346	10697	13.8498	payroll
19	340	11037	14.2900	breslin+center
20	339	11376	14.7289	honors+college
21	339	11715	15.1678	calendar
22	334	12049	15.6002	human+resources
23	328	12377	16.0249	registrar
24	327	12704	16.4483	dpps
25	310	13014	16.8497	breslin
26	307	13321	17.2471	tuition
27	291	13612	17.6239	spartan+trak
28	289	13901	17.9981	menus
29	273	14174	18.3515	uab
30	267	14441	18.6972	academic+calendar
31	265	14706	19.0403	im+east

排名	次數	累積次數	佔所有查詢的比例	關鍵字
32	262	14968	19.3796	rha
33	262	15230	19.7188	basketball
34	255	15485	20.0489	spartan+cash
35	246	15731	20.3674	loncapa
36	239	15970	20.6769	sparty+cash
37	239	16209	20.9863	transcripts
38	224	16433	21.2763	psychology
39	214	16647	21.5534	olin+health+center
40	206	16853	21.8201	cse+101

另一個不常注意到的方法，是透過 Google AdWords 蒐集查詢關鍵字，以瞭解大家都用哪些詞彙搜尋。這些詞彙可以為命名提供一些線索。

修正和調整

你手上的命名清單可能很粗糙，直接來自內容、其他參考網站、使用者、由自己構思認為最好的名稱，或者也可能來自精鍊過的控制詞彙。無論哪種情況，這份清單還需要調整，才能成為有效的命名體系。

首先，把命名清單依字母排列。如果候選名稱很多（例如搜尋的記錄），可以先將重複的名詞合併（去除重複）。其次仔細檢視這份清單，找出不一致的地方，像是使用方式、標點、大小寫等等。接著把本章之前提到的一致性事項列入考量，這是建立一致性的好時機，除了找出一致性的錯誤，也可以建立標點和文法格式的規則。

哪些詞彙應列入命名體系中，需要考慮此資訊空間應用的範疇和資訊空間本身的大小。去檢視評估命名體系中是否有明顯的不足，以及此命名體系是否涵蓋整個資訊空間未來可能的發展範圍？

舉例來說，若你的線上商店目前搜尋範圍只限部分產品，你得問自己未來是否會擴大到所有產品。如果不確定，就先假設以後會擴大，然後把其他產品也列入考慮來建立適當命名。

如果資訊空間的命名體系是依主題建立，試著預想尚未涵蓋在內的主題。不要覺得奇怪，因為這些還不存在的命名需求，將對你的命名體系產生衝擊，甚至可能需要更改已建立的規則。如果不事先預測，將來一定得付出代價。因為一開始若沒有先想好新增內容的命名類別，這些新內容可能被迫放到「其他類別」或「未歸類資訊」這種曖昧不明的類別中，接著就會出現更多違章建築的類別，破壞了原有命名體系的完整性與一致性。預先設想，才不致讓未來的命名破壞現有的系統。

當然，這種推測未來可能發展的規劃，必須和目前的命名體系取得平衡，一定要先現行系統的需求。如果你試圖建立能涵蓋全人類知識的一套命名體系，而不是專案計畫中現有與未來的內容，那麼你大概得花一輩子只能做這件事。將命名涵蓋範圍縮小，並限定於合理程度，命名體系就能符合網站獨特的內容需要、目標族群的資訊需求，以及現有的企業目標；然而在範圍之內必需盡量廣泛，考慮現在和未來的可能。不可否認地，達成這個目標非常困難，但是任何試圖面面俱到的目標都不簡單，就看這個目標的價值是否夠大，足以讓我們用盡心思去達成。

最後，請記得上線後的命名體系需要微調和持續改善。因為命名代表人與內容之間的關聯，而人與內容都持續在改變。命名體系處在這兩個不停變動的目標之間，本身也必須不斷地因應調整。因此你需要定期進行易用性測試、分析搜尋記錄，並在必要時調整命名體系。

要點回顧

我們總結一下本章的學習要點：

- 我們一直在為事物命名。
- 在多個系統與脈絡之間，命名是顯示我們組織規則最清楚的方式。
- 我們要試著讓命名能跟使用者說一樣的語言，同時也能反映內容。
- 文字類型的命名名稱在工作中最常見，包括內文連結、標題、導覽選單中選擇的名稱，以及索引詞彙。

- 圖示類型的命名符號較不常見，但由於螢幕較小的行動裝置大量流行，意謂圖示型的命名會在許多資訊空間中扮演重要角色。
- 設計命名是資訊架構中最困難的工作之一。
- 話雖如此，命名有許多參考依據，像是現有資訊空間中的命名、搜尋記錄分析等，這些都有助命名的選擇與設計。

現在我們可以繼續前進到第八章，來深入探討資訊架構的另一個關鍵：導覽體系。

第八章

導覽體系

葛麗特，只要等到月亮升起，
就可以看到我灑在路上的麵包屑，
它們會指出回家的路。
－漢賽爾（童話糖果屋）

本章中涵蓋內容有：

- 導覽體系提供脈絡線索（context）與移動選擇的彈性（flexibility），以及此二者之間的平衡。
- 內嵌式導覽（Embedded Navigation Systems）：全域、區域和內文導覽。
- 附加式導覽（Supplemental Navigation Systems）：空間地圖、索引、引導、精靈和設定助手等。
- 個人化、視覺化、標籤雲、協同過濾（collaborative filtering）和社交導覽（social navigation）。

讀過童話故事糖果屋的人都知道，迷路是件很糟的事。失去方向通常會帶來困惑、挫折、憤怒和恐懼等情緒。為了避免迷路的危險，人類發明了很多導航工具，幫助我們找到回家的路。不管是麵包屑、羅盤、星座盤、地圖、路標或衛星定位系統，人們在設計與使用導航工具和尋路策略（wayfinding strategies）上，展現了強大的創造力[譯註]。

譯註　Navigation System 一詞常翻譯為導覽系統，很多時候其實「導航」一詞，更能表現出它在資訊空間中，發揮指示行進路線的作用。本書仍遵循慣例沿用「導覽」，若改用「導航」也未嘗不可。此外，本書翻譯為「導覽體系」時，意指導覽的整體概念與整體作法，譯為「導覽系統」則是體系之下的子項目，例如：全域導覽系統。

無論是在實體空間或數位空間，我們都仰賴這些工具來規劃行進路徑、確認所在位置，也用它來認路並回到某些地點。當我們探索新環境時，這些工具提供了各式環境資訊，即使身處異地，我們也不會心慌。如果你曾經在黑夜中迷路過，就能瞭解這些工具和策略的重要性。

在資訊空間裡，即使導覽指標有誤而走錯地方，雖不至於危及性命，但在大型資訊空間中迷路，仍然免不了感到困惑和挫折。做好資訊的分類規劃，已經可以降低數位迷路的機率，但依然不能缺少指示行進方向的導覽工具，因為導覽體系能提供所在位置的脈絡線索（context），也能增加移動選擇的彈性（flexibility）。如果把規劃資訊結構和組織，比喻為建造房間，那麼設計導覽體系，則像是設計走道與門窗，是資訊架構中不可或缺的一環。

本書中把導覽和搜尋分為不同章節，以彰顯這二者的重要性。本章專注於支援使用者瀏覽行為的導覽體系，下一章則深入探討搜尋體系；很明顯搜尋也是導覽體系的一部分（幫助人們找到方向）。事實上結構、組織、命名、瀏覽和搜尋體系，都會影響導覽的使用經驗。

在我們深入介紹之前，必須先說明導覽的表層（也就是與使用者互動的部分），一直在快速變化中。近幾年來，各種不同大小和規格的裝置如雨後春筍般出現，設計師與開發者不得不想出各種策略，以應付變化多端的螢幕尺寸與互動機制。響應式設計是其中最流行的方法之一，這不在本書討論範圍，因為坊間已經有很多這類書籍。在這裡，我們盡力挑出一些例子，用來比較電腦版與行動版導覽的差異，特別是與資訊架構相關的部分。

導覽的類型

導覽體系由許多不同基本元素或子系統組成：包含全域、區域和內文導覽，屬於內嵌式導覽，分別布局於網頁或 app 畫面上。雖然它們在電腦版和行動版瀏覽器中的長相和行為不太一樣，但在兩種環境中的目的卻很類似：提供脈絡線索與移動選擇的彈性，幫助使用者瞭解身處何處，以及能往何處去。這三個主要的子系統，通常是導覽體系中的必要元素，但僅有這三者並不夠。圖 8-1 顯示三種子系統在電腦版和行動版的典型配置。在行動環境中，全域、區域和內文導覽還是一樣重要，但受限於螢幕大小，布局配置常需要因應螢幕而有不同形式[譯註]。

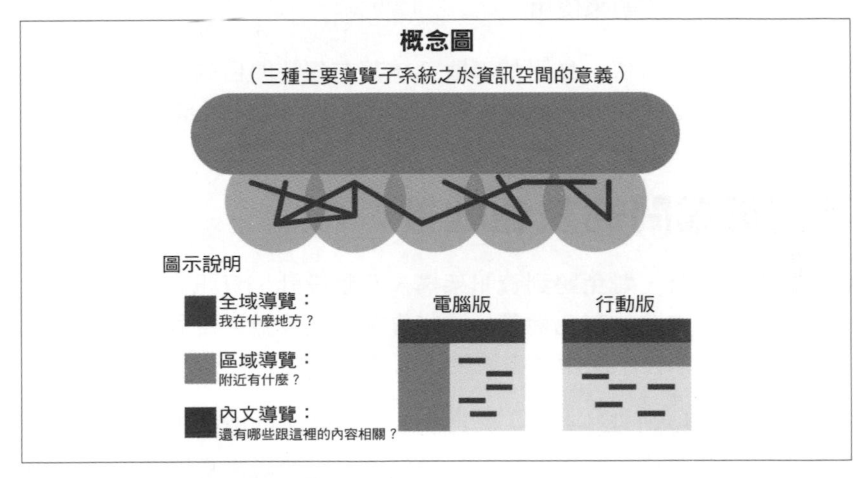

圖 8-1　全域、區域和內文導覽系統

其次，還有附加導覽系統，像是資訊空間地圖（sitemap）、索引（index），以及其他內容頁面之外的引導（guide）。這些例子如圖 8-2 所示。

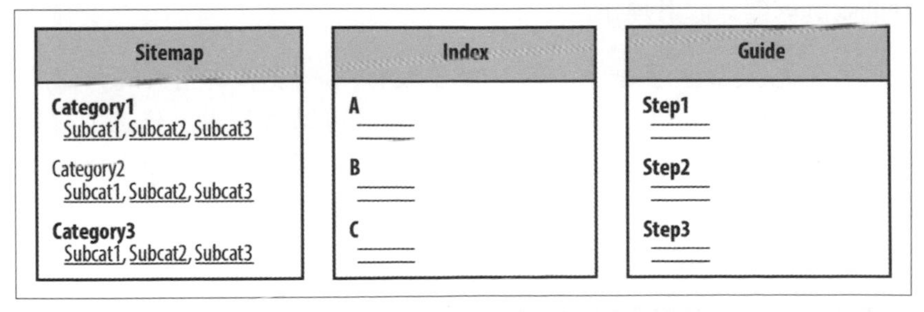

圖 8-2　附加導覽系統（Supplemental Navigation Systems）

譯註　Navigation System 一詞在描述整體導覽概念時，譯為導覽體系；當描述獨立作用的導覽功能時，則譯為導覽系統。

和搜尋體系的情況類似，這些附加導覽系統提供找到同一資訊的不同途徑。資訊空間地圖提供整個資訊空間的鳥瞰概覽；依字母排序的索引讓人可以直接找到所需內容；引導則通常是線性的導覽，設計給特定族群、任務或主題來使用。

後面我們會解釋，每一種附加導覽系統都有獨特的目的，在設計時也應該適應更廣泛的架構，將搜尋和瀏覽系統整合起來考量。

不同專業間的灰色地帶

設計導覽體系時，難免跨到資訊架構、互動設計、資訊設計、視覺設計，和易用性之間的灰色地帶，這些專業領域具備各自強調的設計意義，但同時也都在「使用者經驗設計」的大傘之下。

一旦我們開始規劃設計全域、區域和內文導覽，就會發現你必須思考的層面，涉及策略、結構、設計與實作，以至於規劃導覽體系這件事情的分工變得有點曖昧。你得去思考介面布局，區域導覽要放在頁面上方，還是放左側？如果策略上想降低使用者點擊次數，你得考慮不同的介面模式，例如採用巨型選單（mega-menu）嗎？採用頁尾導覽（fat footer）嗎？或者擔心使用者是否會注意到灰色的文字連結呢？這已經屬於色彩配置跟文字呈現的範疇。你會發現這些工作，經常與介面設計或網頁設計產生高度重疊。

我們經常落入這些爭辯中，但其實並沒有所謂標準或完美的分工方式，只是總得有人負責作出設計決策。我們可以試著界定分工，有效的導覽體系設計是基於良好分類的組織系統，所以放在資訊架構的工作範圍中。或者反過來，我們可以放棄這個責任，把介面設計交給其他設計師來處理。

在真實世界中，這些專業領域的分野不太明確，經常有人越過界限，最好的解決方案往往來自最激烈地爭辯，因此我們並不需要迴避激烈地討論。跨領域合作是最理想的方式，雖然有時後很難做到。要讓跨專業領域的合作產生綜效，這些所謂的專業人士們最好能對彼此的領域有足夠的理解跟認同。

因此在本章中，我們會稍微跨過界限，站在資訊架構的觀點來討論導覽設計。

瀏覽器的導覽特性

設計導覽體系時，很重要的一點是要先考慮承載資訊空間的作業系統或裝置。使用電腦桌機或筆電的人們，經常使用 Google Chrome 或微軟 IE 瀏覽器。在行動裝置上，類似 Safari 或行動版 Chrome 瀏覽器，則提供與電腦桌機不同的互動方式，包括各種觸控手勢。這些瀏覽器繼承了許多作業系統內建的導覽特性。

瀏覽器上方的網址列可以輸入任意 URL 網址，直接存取絕大多數的網頁。上一頁（back）和下一頁（forward）提供瀏覽過程的雙向移動能力。歷史記錄則可以找到過去造訪的網頁，書籤或「我的最愛」功能讓使用者儲存特定網頁的網址，供未來參考。瀏覽器甚至還支援麵包屑的一個特性，就是以不同顏色標示造訪過的網頁，讓使用者可以回溯網站上的足跡。

如果資訊空間本身是獨立的應用程式，而不需要透過瀏覽器的話，則受到不一樣的限制。主要是因為應用程式不需遵循以「頁面」為基礎的架構，但這些程式也有自己的導覽慣例。不同作業系統有各自的標準作法，讓使用者在應用程式中移動。舉例來說，大部分 Mac OS X 程式的功能列都有標準的組織規則，包括以應用程式名稱為功能列的第一個項目，「檔案」和「編輯」則是第二和第三個（請見圖 8-3）[1]。

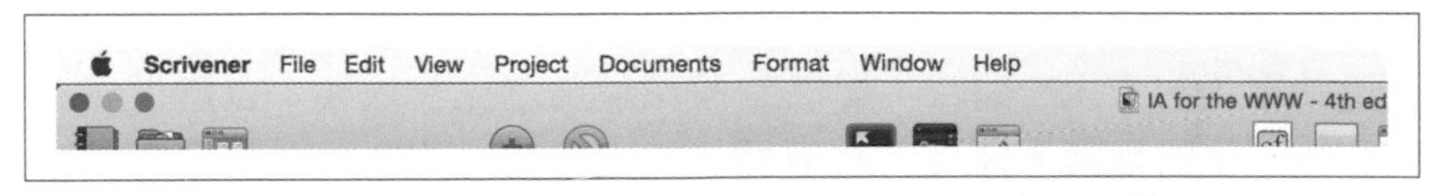

圖 8-3　Mac OS X 大部分的應用程式都有功能列，並有標準的組織規則

1　現代作業系統都提供良好的設計指導原則，幫助設計標準化的導覽機制。請見：*http://bit.ly/designing_for_ios*，*http://www.google.com/design/spec* 和 *http://bit.ly/uwp_apps_guidelines*

過去已經有許多針對導覽系統設計的使用者研究，所有的分析報告都有類似的結論，使用者期待這些導覽體系能有一致的表現。然而，由於觸控裝置的出現，我們目前正經歷導覽機制的實驗觀察期。因為，觸控介面帶來的互動方式，例如雙指縮放（pinch），或滑動（swipe），使得一些慣有的互動方式逐漸被淘汰，例如滑鼠指標的懸浮（hover）功能。由於導覽體系對使用者與資訊空間互動體驗的影響很大，因此在觸控裝置上嘗試創新互動設計時，必須仔細評估對導覽體系產生什麼影響[2]。

導覽體系營造空間，賦予意義（Placemaking）

如我們在第四章所述，只要能將空間脈絡（context）表達清楚，就能使人們更了解資訊空間，重點在於正確地傳達資訊空間的「語意」：**這是哪裡、這裡有什麼，以及在這裡能做什麼**。導覽體系主要功能之一，就是透過語言文字創造出這樣的空間感，並提供清楚的途徑以探索資訊空間。

無論是實體空間導覽或數位空間導覽，使用者都必須先確定自己的位置，才能弄清楚如何規劃路線，想要去國家公園或購物中心，就跟使用網站或 app 沒什麼不同。地圖中標示的「你現在的位置（You Are Here）」是我們熟悉且很有用的資訊，如果沒有這個記號，而想搞清楚所在地點，我們得耗費心力，蒐集較不可靠的周邊訊息（如街道標示或臨近商店）來推估。有了「你現在的位置」的指示，可以瞬間把那種迷路的茫然無助，轉變為確定身在何處的信心。

在設計複雜的資訊空間時，提供整體環境脈絡尤其重要。實體世界具備許多天生的線索，像是天然地標，或東南西北方位，在數位空間中就沒有這麼幸運了。此外，數位世界中的移動和實體空間也不同，透過超連結功能，使用者可以瞬間移動到一個完全不熟悉的系統中，就跟哆啦 A 夢的任意門一樣。舉例來說，藉著點擊搜尋引擎的結果，使用者可以完全跳過網站首頁，直接進入內頁，但那一瞬間可能會搞不清楚這是什麼網站。

2　關於導覽更多的資訊，請見 James Kalbach 的《設計網站導覽》（Designing Web Navigation）一書，原文由歐萊禮出版，2007 年。

為了確保使用者經驗良好，你應該提供足夠的空間線索，幫助使用者理解身在何方。例如，那些藉著某些快速連結，直接進行「空間跳躍」的使用者，即使他們沒有從網站或 app 的大門（首頁）進入，仍應該清楚知道身處哪個網站或 app 之中。要解決這個問題的常見作法是，在資訊空間的明顯處（上方），標示出一致性的網站名稱或 LOGO 或視覺識別。

此外，導覽體系也必須以清楚、一致的方式，盡可能呈現出資訊階層的結構，並指出使用者目前所在位置，如圖 8-4。Sears 百貨公司網站的導覽體系，顯示出使用者在資訊階層中的位置，以類似「你現在的位置」的記號標示在網頁較上方。這幫助使用者建立組織規則的心智模式，而此心智模式有助使用者在空間中移動，也讓他們感到安全自在。

圖 8-4　Sears 百貨公司網站的導覽體系，標示出使用者在資訊階層中的位置

如果你已經有網站了，我們建議找一些使用者進行導覽壓力測試（navigation stress test）[3]。

3　Keith Instone 在其 1997 年的文章「網站壓力測試」（*http://instone.org/navstress*）中，推廣了導覽壓力測試的概念。

下面是 Keith Instone 列出的基本步驟：

1. 忽略首頁，直接跳到網站或 app 中的某個畫面。
2. 在任選的畫面上，你是否能搞清楚該頁相對於整個空間的位置？該頁位於哪個主要區塊？上一層是什麼？
3. 你是否能分辨該畫面會通往何處？畫面上的連結敘述是否讓你對連結的目標有大致概念？如果你知道想找什麼資料，連結與連結彼此之間的差異是否夠清楚、有助你作出選擇？

這種讓使用者直接「空降」到網站或 app 深處的導覽壓力測試方法，可以幫助我們優化導覽體系的設計，持續反覆進行，便有機會讓導覽體系發揮最大價值。

改善移動選擇的彈性

在第六章介紹了資訊空間的組織結構類型，最主要三種：階層（hierarchy）、資料庫導向，和超文件（hypertext），每一種組織結構都有各自的優點和缺點。階層是最自然的資訊組織方式，因此多數網站或 app 採用階層作為組織內容的基礎。然而由導覽的角度來說，階層限制了移動的彈性，只提供上下移動的路徑。

如果你曾用過名為 Gopher 的老舊資訊瀏覽科技[4]（也是全球資訊網的前身），你就會明白階層式導覽的限制。在 Gopher 空間中，你只能沿著階層的樹狀結構往上或往下移動，不能水平移動直接跨過分支，也不能垂直移動直接跨越多層，見圖 8-5。

4 如果你太年輕以致不知道 Gopher，可以看看 iOS 音樂 app 的目錄、子目錄導覽。

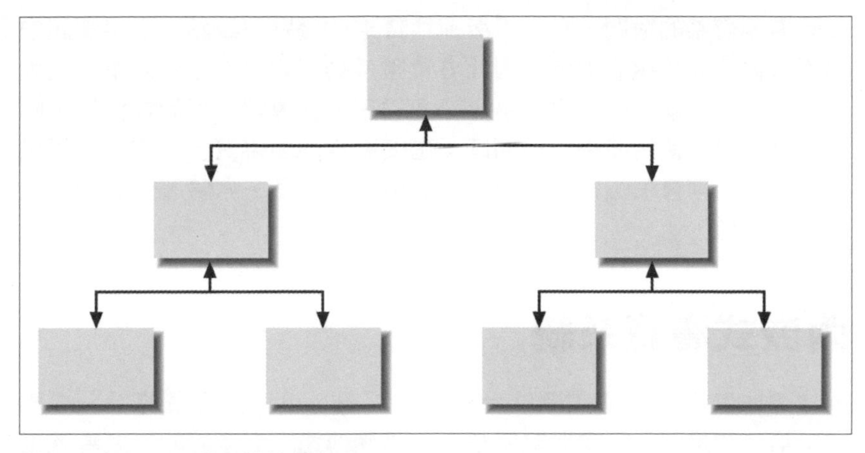

圖 8-5 Gopher 空間的純粹階層

資訊空間的超文件連結能力，將上述限制移除，也大幅增進導覽的自由度。超文件同時支援了橫向和縱向的導覽路徑，設計上允許從階層的任一分支，水平移動至其他分支；或在同一分支中，垂直移動至更上或更下層；或一路直接回到首頁。這些不只是超文件的基本特質，甚至也鬆綁了移動的想像力，讓使用者愛怎麼移動就怎麼移動。如果系統完全加入此種設計，隨使用者任意移動（但是缺少明顯的階層概念），這種設計會很快引發困惑（圖 8-6）。這種資訊空間乍看之下，像是錯覺藝術大師艾雪（Escher）設計的建築一樣。

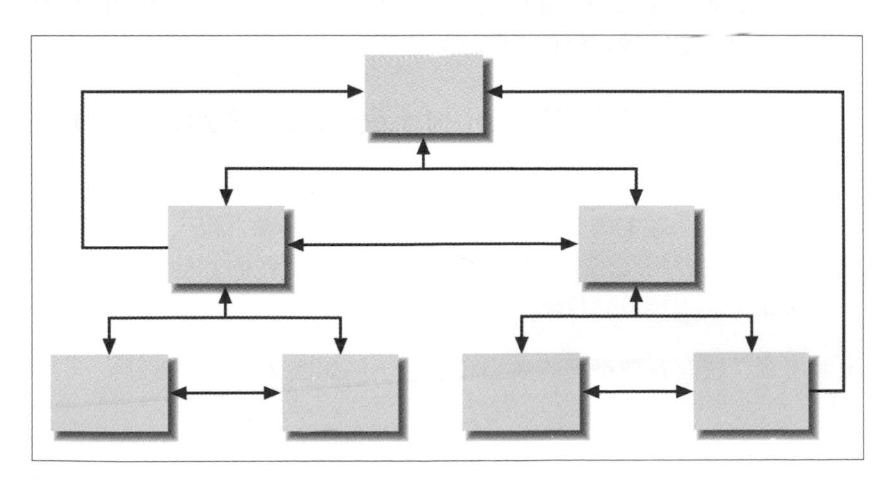

圖 8-6 超文件網站可以完全無視階層

設計導覽體系的竅門，在於平衡彈性帶來的優點與缺點。小型資訊空間不太會造成使用者迷路，因此導覽體系的規劃工作相對簡單。在大型資訊空間中就不是這麼回事，過多的超文件導覽，可能會模糊了階層概念，導致使用者失去空間感；過度著重階層導覽，沒有適度提供移動捷徑，則會失去行進的彈性。如何取得平衡，考驗著資訊架構規劃者的智慧。

內嵌式導覽系統

依據導覽體系與資訊空間結合程度的差異，可以把導覽體系分成兩種：第一類是與資訊空間緊密整合，具備傳達空間意義的主要導覽系統，稱為「內嵌式導覽（Embedded Navigation Systems）」；第二類通常附加在資訊空間主體架構的側翼，提供輔助作用，稱為「附加式導覽（Supplemental Navigation Systems）」，附加式導覽能夠提供很多方便性，價值性也很高。

多數大型資訊空間的內嵌式導覽，又可以區分為：全域導覽、區域導覽和內文導覽，如圖 8-1，這在電腦版網站極為普遍。這些導覽在手機版網站也看得到，只是因為螢幕空間限制，形式有點不同。三種導覽分別用來解決不同問題，也帶來不同的設計挑戰。

接下來，我們來探討一下這些內嵌式導覽的本質，以及它們如何相互輔助，來提供空間線索與行進彈性。

全域導覽系統（Global Navigation Systems）

就定義來說，全域導覽系統應該出現在網站中的所有網頁。常見的作法是做成頁面上端的導覽列。這種全站通用的導覽系統，讓使用者無論在網站中的任何階層，都能直接跳到資訊空間內的其他主要區域或主要功能。

全域導覽系統有各種不同的大小和形狀，例如圖 8-7 中的例子。

圖 8-7　戴爾、蘋果和宏碁網站的全域導覽系統

大部分全域導覽會提供返回首頁的連結，通常以公司的 LOGO 來代表；多數全域導覽列也會提供搜尋功能或搜尋連結。有些網站（以蘋果和宏碁為例）則會在導覽列進一步強調網站的結構，提供空間線索，例如使用者所在位置的導覽項目顏色會顯得不同，讓使用者知道身在何處。有些網站（以戴爾為例）的導覽列則簡單些，沒有提供這種線索。若全域導覽未提供空間線索，責任就落在區域導覽系統，這種情況比較容易造成不一致和失去方向感。全域導覽的設計，迫使資訊架構師必須做出困難的決策，同時考量使用者需求，和企業的日標、資訊內容、科技與文化。並沒有一套標準的規則能適合所有的組織。

全域導覽系統還在持續在演化中。舉例來說，近年來巨型選單（mega-menu）和頁尾導覽（fat footer）已成為常見的全域導覽設計模式。巨型選單就像傳統的下拉式功能表，通常位於頁面上方，當使用者點擊第一層導覽時，回直接展開第二、第三層的導覽連結。此外，巨型選單擁有更大的布局空間，比過去單純的功能連結更容易做設計，你可以在巨型選單上應用不同的字型、編排、圖形，以及其他線索，讓使用者能一目了然整個資訊空間的內容與結構（如圖 8-8）。

圖 8-8 愛迪達的巨型選單，讓使用者能一目了然網站內容與結構

頁尾導覽則是網站空間地圖的精簡版，通常位於網頁底端，它提供直接連結至資訊空間的其他部分（如圖 8-9）。

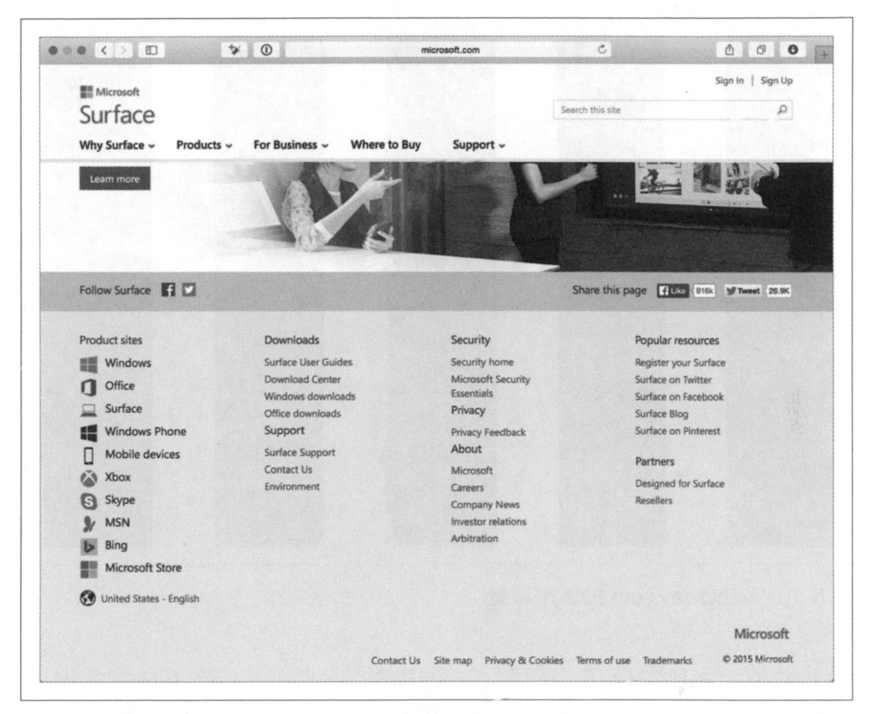

圖 8-9　微軟網站很龐大，有許多子網站和品牌。網站中許多網頁都有頁尾導覽（fat footer），提供在網站中來去的一致方法。

因為全域導覽系統通常是整個資訊空間，唯一一致的導覽元素，所以對易用性有極大影響。正因如此，全域導覽必須經常進行反覆密集的使用者測試，以確保它能發揮空間引導與幫助認知的功用。

區域導覽系統（Local Navigation Systems）

多數的網站或 app 中，全域導覽通常會搭配一或多個區域導覽，讓使用者能探索臨近的範圍。有些資訊空間則選擇把全域和區域導覽整合在一起，形成一個一致且統一的導覽系統。例如今日美國報（USA Today）的網站，全域導覽列上的每個新聞類別，都可以顯示其下區域導覽選項。選擇「金融」和「生活」版會有不同區域導覽選擇，但都在相同的導覽架構之下（見圖 8-10）。

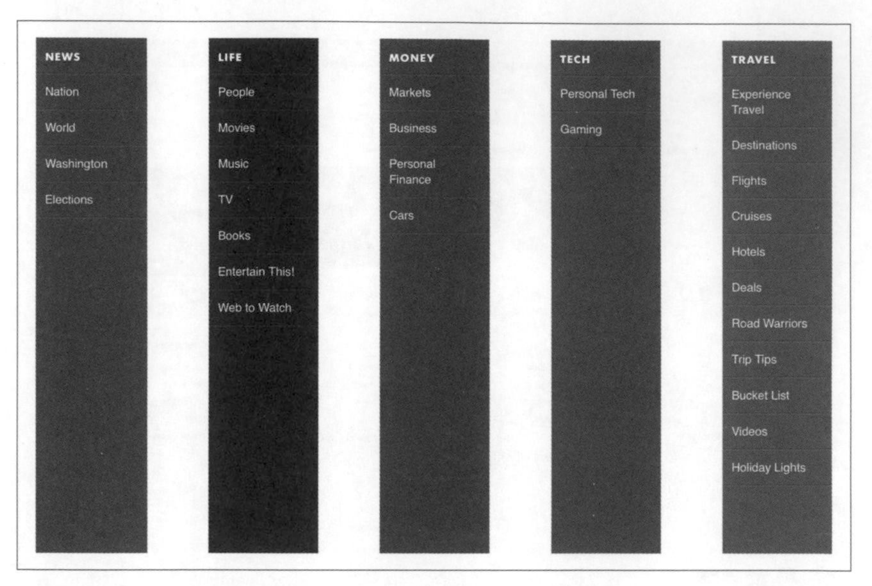

圖 8-10　usatoday.com 的區域導覽

與上述情況對比的例子，是像 GE 這樣的大型網站（圖 8-11）常提供多種區域導覽系統，彼此沒有什麼相似之處，甚至和全域導覽也不太一樣。

這類區域導覽以及該區域的資訊內容，通常差異大到一個程度，會把這些區域稱為子網站，或網站中的網站[5]。子網站會出現，有兩個主要原因。第一，某些部分的內容和功能，的確需要獨特的導覽方式。第二，由於大型組織權力分散的本質，不同的資訊內容通常由不同單位負責，而各單位設計導覽的方式可能相異。

5　「子網站」一詞是 Jakob Nielsen 在 1996 年「子網站的崛起」一文中所提出，用來描述大型網站中一些網頁，因為共同特性所以適合一樣的風格與導覽機制，但與其他網頁不同。

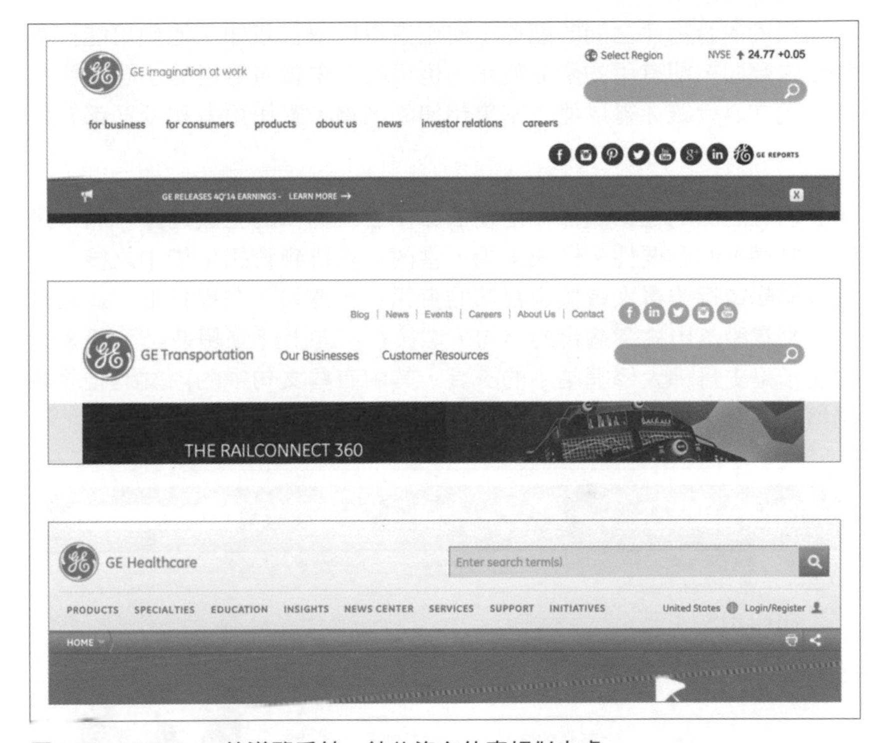

圖 8-11　GE.com 的導覽系統，彼此沒有什麼相似之處

以 GE 的例子來說，區域導覽看來符合使用者需求和該部分的內容。只是很不幸地，很多網站上區域導覽的差異，沒有這麼貼心去思考使用者需求，純粹只是因為不同單位以相異的方式設計。很多企業無法拿捏區域導覽的外觀與風格，究竟要控制與限制到多麼嚴格的程度。相較於區域導覽規劃時，必須面對企業組織權責的問題，建立全域導覽感覺起來容易多了。

內文導覽系統（Contextual Navigation）

資訊空間中，有些資訊與資訊之間的關係，無法以全域或區域導覽的特性來串連行進動線。此時，我們需要內文導覽連結，將資訊連結至特定的網頁、文件或物件。以線上購物來說，「也可以看看這些商品（see also）」連結可以引導使用者到相關的產品和服務。在教育網站上，這樣的連結可以導向類似的文章或相關主題。

藉由探索內容物件之間的關係，使用者得以學習新知。他們可能接觸到從未聽聞，卻有用的產品資訊，也可能對未曾考慮過的主題產生興趣。內文導覽讓你得以建立密集相連的網絡，對使用者和公司都有好處。

建立內容之間的連結關係，主要依靠作者或編輯的主觀判斷，而不是遵循結構上的必要性。一般來說，當內容安排到資訊架構中之後，作者或編輯或行業專家會挑選合適的資訊互相連結。在實務上，通常會先在文章段落中挑選適合的字句，然後在字句上建立超連結。圖 8-12 的例子是史丹佛大學網站中的一頁，其中有些文句中的內文連結是經過精心挑選。

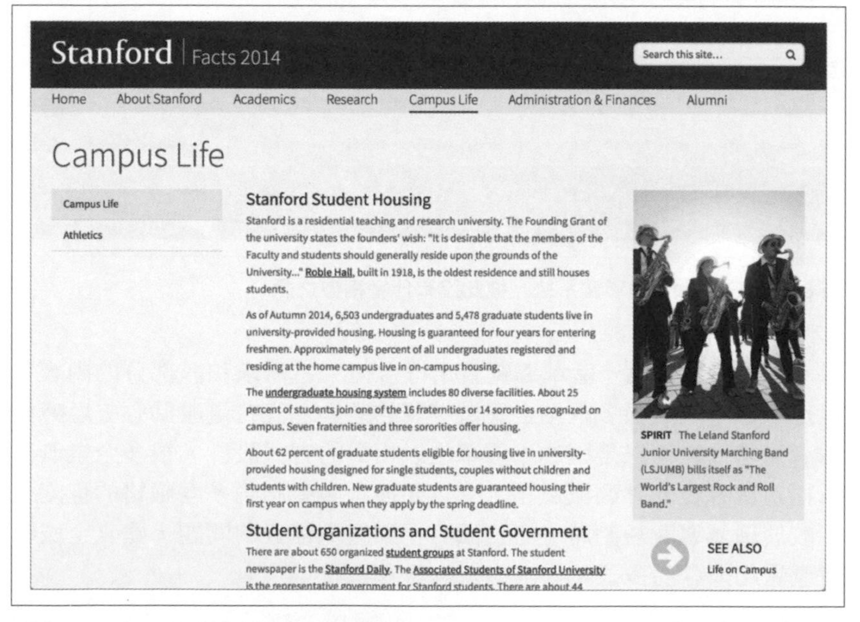

圖 8-12 插入在文句中的內文導覽連結

如果內文連結對內容十分關鍵，上述這種方式可能引起一些問題。因為易用性測試指出人們通常僅快速掃視頁面，以致漏掉或刻意忽略這些較不明顯的連結。因此，你可以在頁面上，特別保留一個獨立的區塊，在裡頭放置這些連結，或者為內文連結強化視覺效果。

如圖 8-13 所示，Adorama 頁面上的特定區域，提供相關產品的內文連結（這裡是根據其他使用者的瀏覽記錄，由系統自動建立的連結資訊）。建立這種獨立區塊的內文導覽要有所節制，以 Adorama 的例子來說，加入適量的內文區塊連結，不顯得過度誇張，剛好可以補足現有導覽體系。假如過度使用，內文區塊連結可能顯得凌亂，甚至引起困惑。此外，對想強調連結資訊的作者來說，把插入字句中的內文連結，改成擺放在段落之外的區域（或同時取消內嵌連結），通常會更容易讓使用者看到。

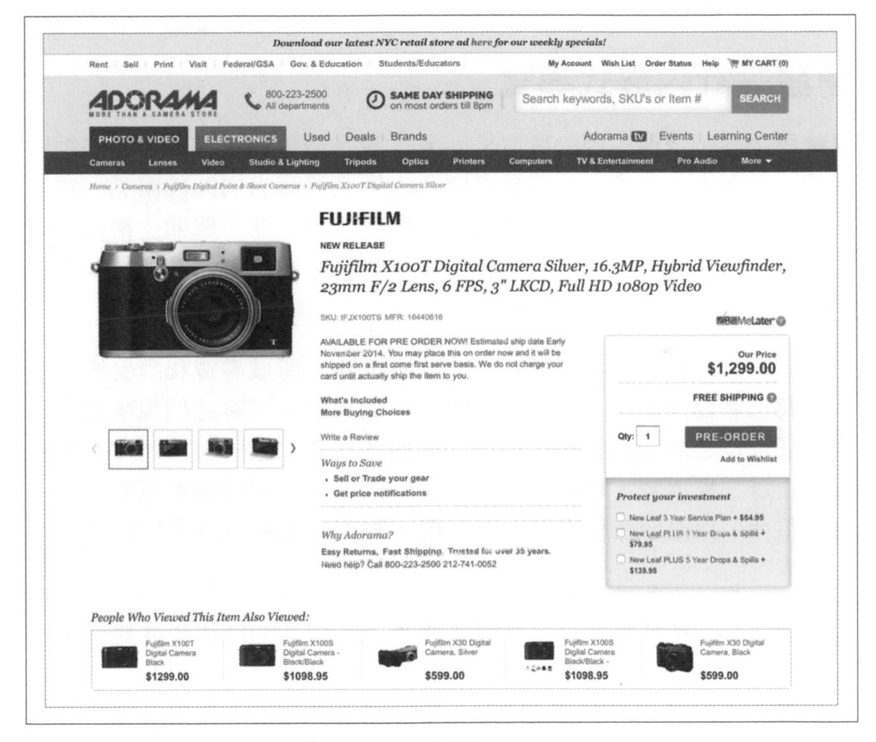

圖 8-13　放在外部獨立區塊的內文導覽連結

哪些頁面上適合採用內文區塊導覽連結，應視該頁內文連結的本質和重要性來決定。如果只是作者個人興趣、也不是關鍵資訊的連結關係，直接插入在字句當中就夠了，也不會顯得太突兀。

在設計內文導覽時，試著把資訊空間中的每個頁面，都想像成與其相關資訊的首頁或入口頁面。當使用者鎖定某項產品或資訊時，網站的其餘內容相對來說都不重要了。目前的頁面所在就是使用者的介面：接著他會想看什麼、去哪裡？以 Adorama 為例，顧客在下單前還會需要什麼資訊？可能還會想買什麼產品？內文導覽創造了交叉銷售、提昇銷售、品牌建立，和提供顧客價值的好機會。在行動環境中，內文導覽連結可以沿用行動裝置本身的功能，例如撥打電話、播放歌曲等不同的行為。因為這些關聯式的關係非常重要，我們會在第十章再度探討。

開發設計內嵌式導覽

導覽體系規劃上最頭痛的事情是：多一些選擇可以增加使用者移動的彈性，然而太多的選擇，可能也會造成挑選移動方向時的困惑。在移動彈性與避免困惑上，需要仔細研究如何取得平衡。例如：當你不確定使用者要什麼時，很可能會亂放各種導覽系統，雖然增加很多移動的彈性，但是也可能造成困擾。

大部分的網站和資訊型的 app 中，全域導覽、區域導覽和內文導覽元素，此三者會同時存在，這是一個根本的現象，了解這個現象之後，我們就可以想想如何整併這三者，避免各自獨立設計。因為，若能有效整合這三種導覽，讓彼此互補，就可以節省寶貴的螢幕空間。萬一沒有整合，以至於三種導覽一起呈現，光是導覽系統就可能佔掉一大塊螢幕空間。

若畫面僅有一種導覽系統，問可能題不大，但若同時出現在頁面上，各式各樣的選擇會讓讓使用者無所適從，而且淹沒了真正的資訊內容（試著看一下圖 8-14 的畫面）。想要改善這種現象，必須先檢視每種導覽裡提供的選擇數量，並且透過謹慎的設計與頁面布局來減少這類問題。

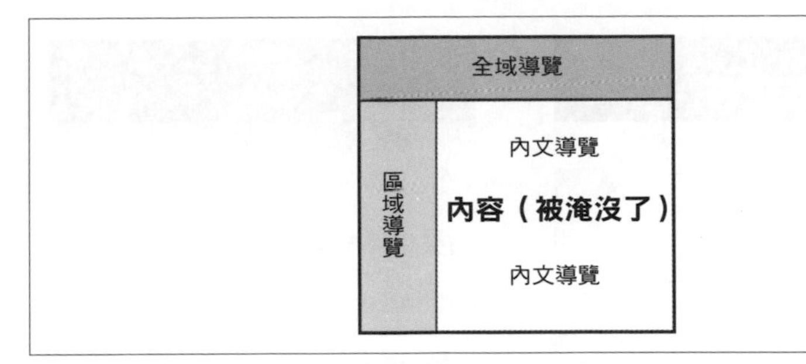

圖 8-14　導覽系統過多反而會淹沒重要的內容

最簡單的導覽型式，就是一組超連結的集合。這些連結可以是全域導覽、區域導覽或內文導覽。導覽可以用多種方法建置，使用文字、圖形、下拉選單、跳出的視窗、滑鼠懸浮效果、巨型選單等等。這些開發選擇的決定，多數和互動設計或前端開發技術有關，而非資訊架構。但我們先暫時越界一下，討論幾個重要的考慮點。

舉例來說，用文字導覽列好？還是圖形導覽列好呢？這其實是一種取捨：電腦版的瀏覽器擁有較大畫面，所以文字導覽列是慣例，因為文字通常較明確，易於開發，也易於閱讀。然而當畫面空間很珍貴的時候（例如行動 app），用圖示作為導覽項目可能是比較好的方式。

此外，導覽列該放在頁面哪裡？同樣，這答案會隨導覽列需要呈現的情境而不同。在為電腦版瀏覽器設計的網頁上，慣例是把全域導覽列放在網頁上方，而區域導覽則在主要內容旁邊。在行動網頁上，導覽列通常不顯示，藏在內容的左或右側，透過上方選單按鈕才會顯示導覽。在行動 app 裡，主要導覽列則常放在畫面底部，方便使用者以姆指操作（圖 8-15）。

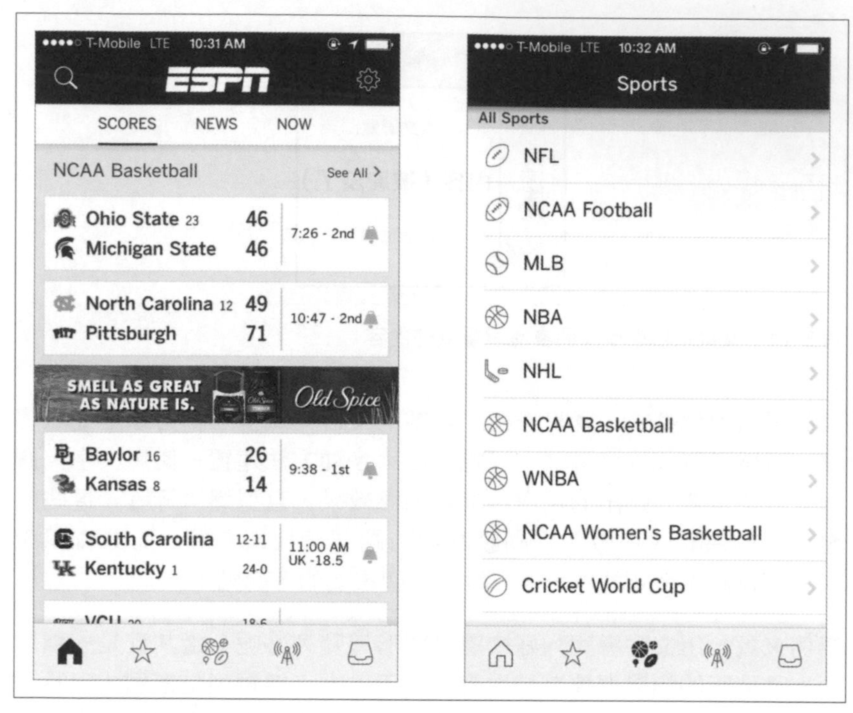

圖 8-15　ESPN 的 iPhone app 全域導覽列由一列圖示組成，沿著畫面底部排列。這個 app 使用許多圖示語彙來表達不同的運動聯盟。

無論何種狀況，你必須留意不同媒介裝置的既有慣例與先天限制。任何與常規不同的設計，在推出前都應該進行使用者測試。

附加式導覽系統

附加式導覽體系（Supplemental Navigation Systems）包括網站地圖、索引，和指南（圖 8-2）。這些在基本網站階層之外的導覽，提供尋找內容、完成任務的助攻。搜尋也屬於這群附加導覽中，但因為非常重要，所以我們會用整個第九章來討論。

在大型資訊系統中，附加導覽體系可能是確保易用性和可尋性的關鍵因素。然而它們經常未獲得應得的關注與資源。有些產品經理只在意資訊組織與分類，然而，並不是做好資訊組織與分類，就能滿足所有使用者及他們的需求。半調子的易用性專家有些不切實際的推論：「使用者不想作選擇，而且他們只會在分類無法完成他們的需求時，才會求助網站地圖、索引、指南和搜尋」，這是個錯誤的觀念。事實上，附加導覽體系對易用性有很大的幫助。

這兩個論點都只對一半，但也都忽略了這個事實：有相當比例的使用者和任務，無法依賴分類和內嵌式導覽完成。這些就像死亡或繳稅一樣一定會出現。附加導覽系統提供使用者緊急救援，如同開車一定要有安全帶一樣。

資訊空間地圖或網站地圖（Sitemaps）

書本或雜誌目錄的作用，在於表達這個紙本（也是資訊空間）的整體概括的樣貌。目錄呈現出書籍的組織結構，章節和頁碼則提供讀者隨意或循序查找內容的機制。實體空間的地圖能引導我們在空間中行進，無論是在路上開車，還是在繁忙的機場找到自己的航廈，書籍目錄的作用就像是地圖的作用一樣。

網站發展初期，「網站地圖」和「目錄」二詞的意義相近。當然，圖書館員覺得目錄的比喻較好，但**網站地圖**聽起來比較迷人，且較不階層化，所以網站地圖成為現在的業界標準用語。

一個典型的網站地圖（圖 8-16）會呈現資訊階層的上面幾層，提供系統中內容的整體概觀，同時透過圖形或文字連結，讓使用者能任意連到某一區塊的內容。

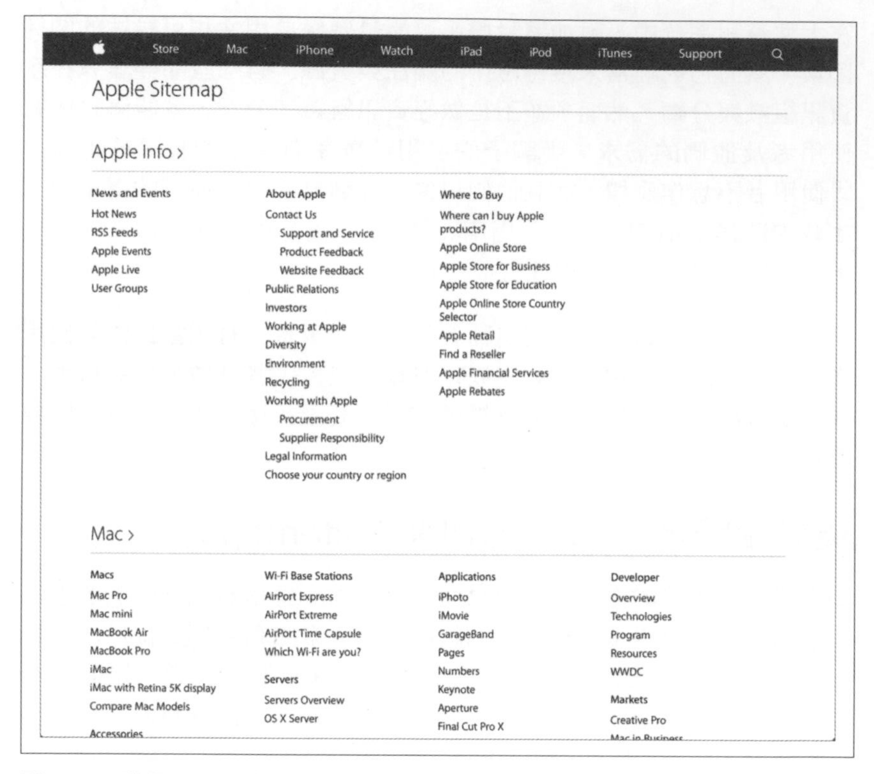

圖 8-16　蘋果公司的網站地圖

網站地圖和大型系統很相配，因為這類系統最適合階層式的組織方式。在決定是否應用網站地圖時，應該也考慮系統的大小，對於只有二、三階層的小型資訊空間來說，不太需要網站地圖。此外，如果架構本身的階層性不明顯，那麼索引或其他視覺呈現方式可能比較好。

網站地圖的設計會大幅影響其易用性。因此和視覺設計師溝通時，要確保設計師瞭解下面這些經驗法則：

- 強化資訊的階層感受，讓使用者對內容的組織方式更加熟悉。
- 對知道自己要找什麼的使用者來說，設計要輔助他們能快速、直接找到並連結至所需內容。
- 避免讓過多資訊造成使用者無所適從。網站地圖的目標是幫助使用者，不是嚇壞他們。

最後，還有一件事情很重要，從搜尋引擎優化的觀點來看，網站地圖也相當有用，因為網站地圖能引導搜尋引擎爬蟲直接到網站的重要頁面。

索引（Indexes）

數位索引和紙本索引很類似，都依字母列出關鍵字詞，但不會呈現內容的階層。索引和目錄不同，通常較為扁平、僅有一、二個層級。因此在已經知道要尋找資訊如何稱呼時，索引非常有效。只要快速掃視依字母排列的清單，使用者就能找到並前往目標，毋需瞭解該內容位於階層中的位置。圖 8-17 中，聯合國網站的索引依字母排列，而且相當完整，其中人工編選的連結可以直接引導至目標網頁。

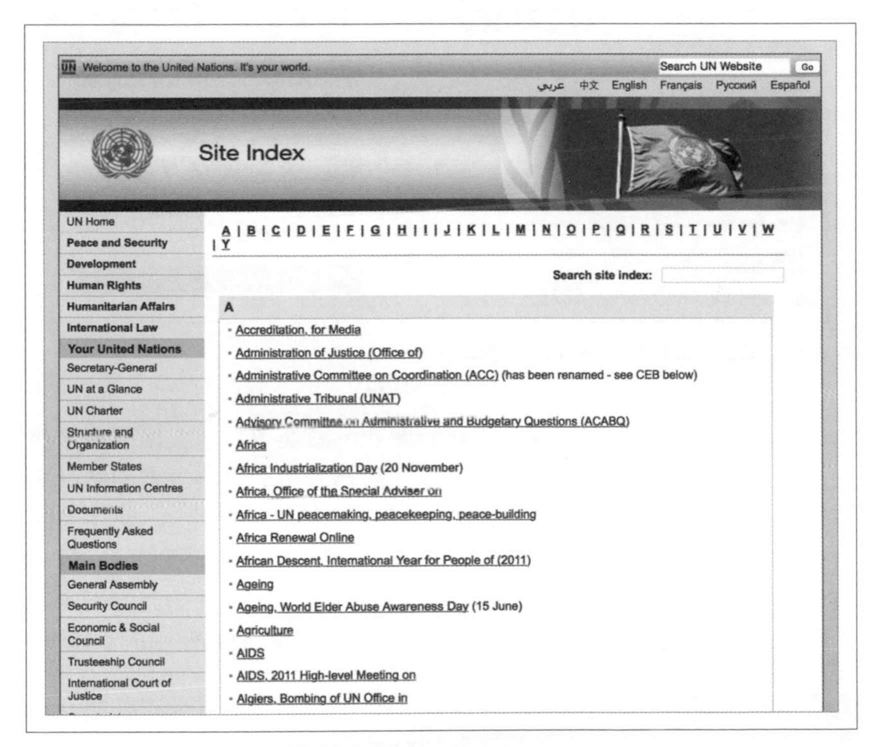

圖 8-17　聯合國網站依字母排列、完整的全站索引

大型、複雜的網站通常同時需要網站地圖和全站索引，以及搜尋的功能。網站地圖加強使用者對階層的熟悉，也鼓勵他們進行探索。全站索引則跳過階層，協助已知項目的尋找。Comcast 的 XFINITY 網站具有簡單的全站索引，以及反映導覽結構的網站地圖（圖 8-18）。

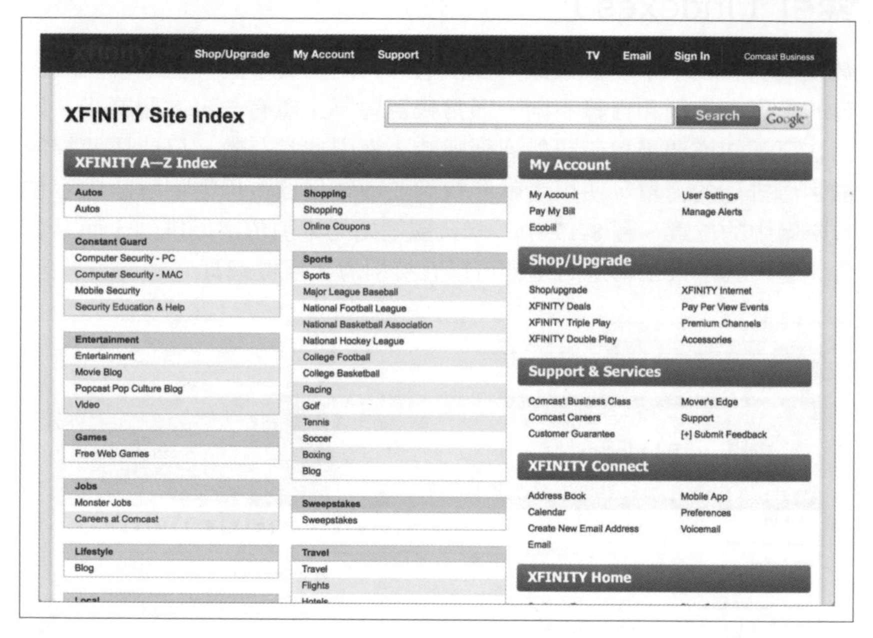

圖 8-18　Comcast 的 XFINITY 網站索引

為網站建立索引的主要挑戰包括細節層次。該為單頁建立索引嗎？該為頁面上個別段落或觀念建立索引嗎？該為一組網頁建立索引嗎？很多情況裡，上述每一種都應該進行。更有價值的問題是：「使用者會查找什麼樣的字詞？」索引的設計應該由從提出這個問題開始。想知道答案究竟為何，你必需知道目標使用者是誰，並瞭解他們的需求。你可以透過分析搜尋記錄、進行使用者研究來瞭解他們使用的詞彙。

建立索引有兩種不同的方法。對小型系統來說，可以直接手動建立，基於你對所有內容的掌握來決定要包括哪些連結。這種集權、人工的方式會得到類似圖 8-18 的**單一步驟**（*one-step*）**索引**。另一個例子是圖 8-19 的美國疾病管制與預防中心（Centers for Disease Control and Prevention）的**二步驟**（*two-step*）**全站索引**（*https://www.cdc.gov/az/*

a.html），包括「詞語順序調換（term rotation）」[譯註]和「參見（see also）」等功能。密西根州立大學的索引（圖 8-20），則是另一個有趣的例子，作法是把全站搜尋中數百個最佳結果集合起來，並以字母順序排列[6]。

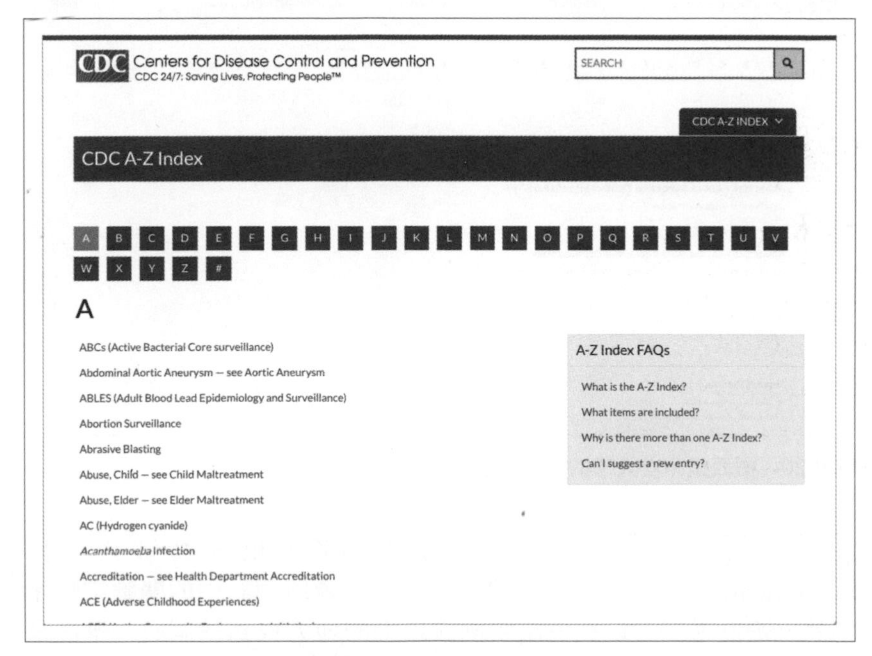

圖 8-19　美國疾病管制與預防中心的全站索引

與前述小型網站索引相反，大型網站通常採分散式的內容管理，因此較合理的索引編制方式，是依文件建立控制詞彙索引，以便自動產生全站索引。因為很多控制詞彙中的關鍵字詞，會應用在不只一篇文件裡，使用這種索引必須採用二步驟：使用者先選擇字詞，接著再從這個字詞的相關索引中再選擇一次關鍵字詞。

6　這個睿智的作法是由已故偉大的 Rich Wiggins 所提出；即使過世多年，他的影響在本書中仍能看到。

譯註　詞語順序調換，是指把關鍵詞中的重要單字也被列在查找的索引中，例如「資訊架構」除了列在「資訊…」開頭的索引中，也會列在「架構…」下的「架構，資訊」。

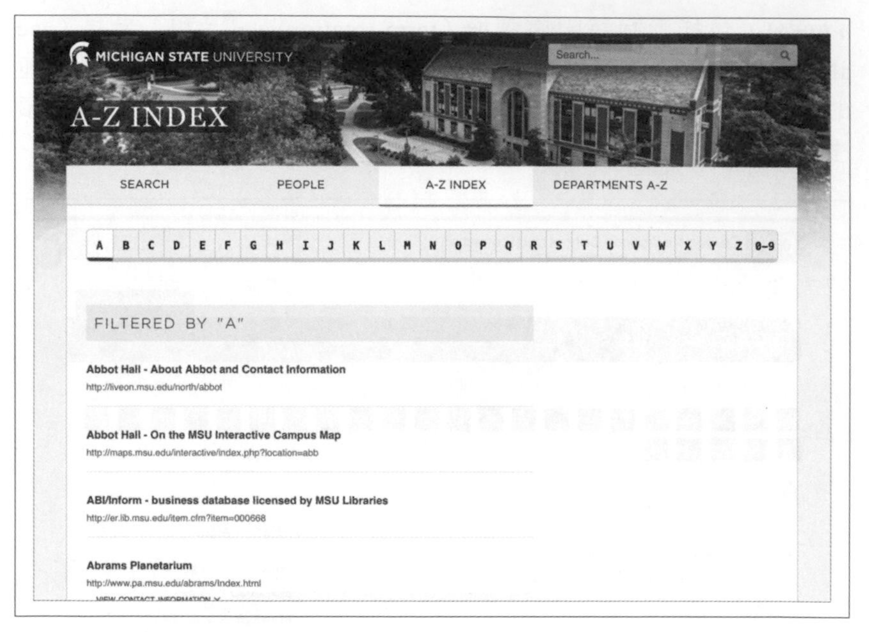

圖 8-20　密西根州立大學的全站索引

設計索引的技巧，包括詞語順序調換，也稱為排列交換（permutation）。有詞語順序調換的索引，會將詞語中的關鍵字順序調動，讓使用者可以在清單中兩處以上的地方找到該詞語。舉例來說，在美國疾病管制與預防中心的索引中，使用者可以看到「虐待，長輩」（Abuse, Elder）和「長輩虐待」（Elder Maltreatment）兩個詞。這樣做可以支援人們尋找資訊的不同方式，但應謹慎使用。詞語順序調換應該在下面兩個因素間平衡取捨：使用者尋找某種順序詞語的機率，以及太多不同順序詞語造成索引混亂的干擾。舉例來說，在活動日曆上同時出現「週日（行程）」和「行程（週日）」大概不太合理。如果你有時間和預算，最好能進行焦點團體或使用者研究，來獲得貼近使用者的認知跟真實情境；但如果沒有，可能就要應用常識來判斷了。

引導（Guides）

引導可能有多種形式，包括引導式預覽（guided tour）、教學（tutorial），以及針對特定對象、主題或任務的逐步解說（walk-through）。不管哪一種方式，引導都在輔助現有導覽，協助瞭解系統內容和功能。

一般來說，新來的使用者通常會希望有專門的引導介紹（例如新手指南之類），不希望才剛開始就被迫面對一大堆資訊。所以，引導常常用來向新的使用者介紹網站內容與功能。對需權限的系統來說，例如需訂閱費用的服務，也是很有好用的行銷工具，可以向潛在顧客展示付費後可獲得的服務。引導在企業內部也很有價值，可以用來向同事、管理階層和創投等，展現重新設計的網站上主要的特點。

引導通常是線性的過程，但也應提供超連結的導覽以增加彈性。主要頁面的截圖應加上說明文字，解釋每個部分有哪些功能或內容。

美國國稅局的所得稅預扣試算是個好例子（參考：*https://www.irs.gov/individuals/irs-withholding-calculator*）。這個引導的設計方式是，呈現步驟式的問答，每個畫面只詢問使用者一兩件事情（使用者暫時不用去理會複雜的報稅規則），並且提供清楚而有結構的文案說明，也在專有名詞的旁邊，附上適合的參考連結，幫助人們理解相關資訊（圖 8-21）。

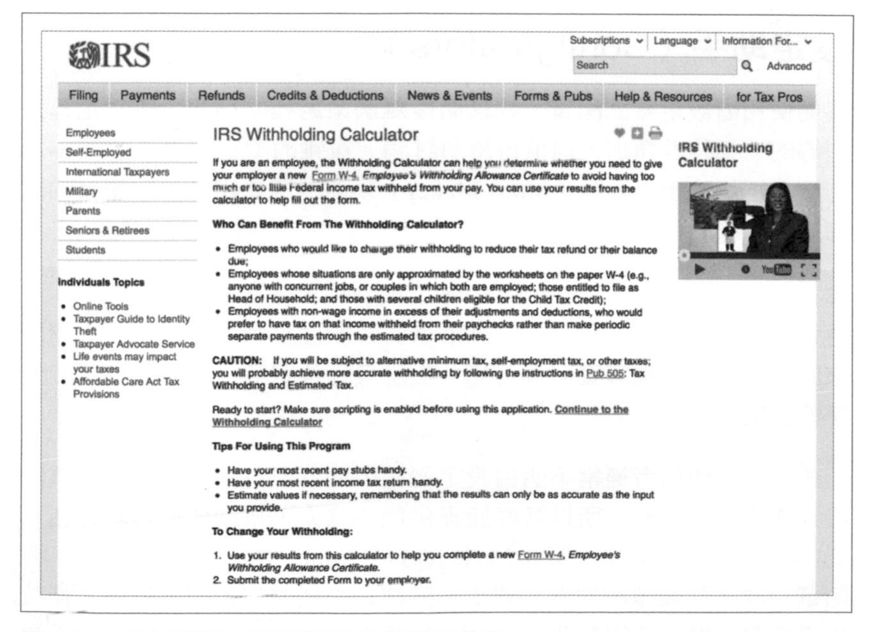

圖 8-21　美國國稅局所得稅預扣計算機的介紹

設計引導的經驗法則，包括：

- 引導應該精簡。
- 過程中，使用者應能隨時離開引導。
- 引導中的導覽也要跟普通的導覽一致（上一頁、首頁、下一頁、操作手勢等）。
- 引導的設計必須能解決使用者一些疑問。
- 用來解說的畫面截圖應該要清晰明白並優化圖片，主要的特點要放大呈現。
- 若引導的頁面很多，可以建立引導的目錄（table of contents），呈現引導自己專屬的小小空間地圖。

請記住引導的目的是，為新手使用者介紹內容，或作為產品與服務的行銷機會。很多人可能根本不會用它，也很少人會用超過一次。設計時難免會想太多，想要建立令人興奮、動態、高互動的引導，但要記得評估各種因素來做出取捨，畢竟引導在資訊空間的使用上，並非核心角色。

設定助手（Configurators）

協助使用者設定產品配置、或輔助複雜決策過程的精靈，雖然也算是引導的一種特殊類別，但值得特別討論。複雜的設定助手，像圖 8-22 中摩托羅拉的手機客製（Moto Maker）功能，讓使用者能在繁雜的選擇過程中輕鬆移動。

摩托羅拉的手機客製（Moto Maker）成功地結合多種導覽選項，卻不會造成使用者困惑。使用者可以沿著流程順序移動，或在前後步驟間來回；網站的全域導覽一直可見，提供良好位置脈絡及完成後可能選擇的去處。

一般來說，使用者經常不明白設定過程中的任何選擇，究竟會對整體設定造成什麼影響。所以最好能提供脈絡線索，幫助他們理解各種可能的選項。舉例來說，圖 8-23 中 iOS 的 Apple Store 應用，提供了會隨選擇改變外觀顏色的產品圖片，同時也包括文字說明，解釋各種技術方面選項對產品的影響。

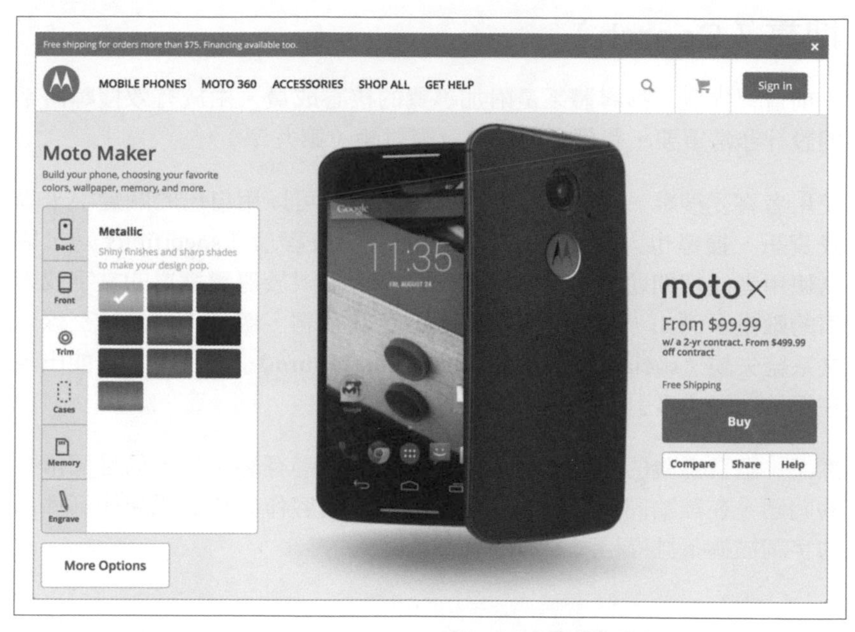

圖 8-22　摩托羅拉的手機客製（Moto Maker）設定助手

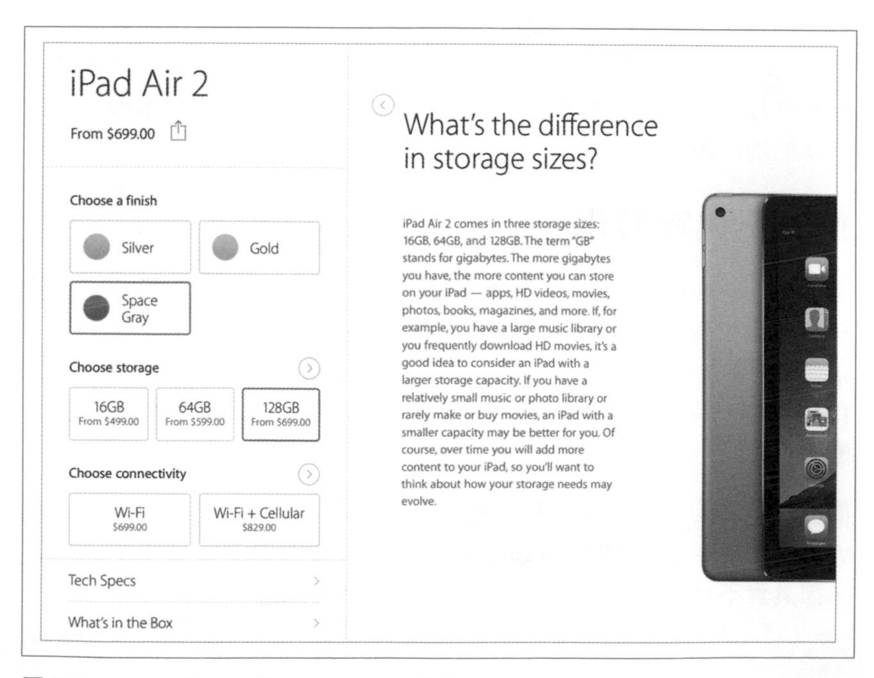

圖 8-23　iPad 上 iOS 的 Apple Store 應用

搜尋（Search）

先前曾經提過，搜尋體系是附加導覽的核心成員。由於有效搜尋體系的設計非常重要，我們會用一整章來討論（第九章）。

使用者喜愛搜尋，因為這讓他們有主控權，可以用自己的關鍵字來尋找資訊。搜尋也大幅提高資訊需求的「明確程度（specificity）」，因為使用者能把問題定義得更明確一點，不受限於導覽選單的文字或索引的數量。例如，使用者可以搜尋特定的字詞，像是「具備社交線索之系統失誤（socially translucent systems failure）」這種不太可能出現在網站地圖或索引的詞。

然而，語言意義的不明確性，對大部分的搜尋經驗來說，仍是個常見的問題。在談論同一件事物時，使用者、內容作者和資訊架構師採用的字詞描述不見得相同。

進階的導覽設計方案

到目前為止，我們的討論集中在基本和重要的導覽體系，也就是讓網站有用、易用的基礎元素。好的導覽設計非常重要，但也極為困難。唯有在你掌握好這些基本元素的整合後，你才應該跨入進階導覽設計方案的地雷區。

個人化與客製化

個人化（personalization）是指根據行為、需求和偏好的模式，由系統自動提供資訊給某個使用者。客製化（customization）則指的是，讓使用者直接掌控資訊的呈現、導覽和內容等選擇。簡單地說，個人化是我們來猜使用者想要什麼，客製化則是使用者告訴我們他想要什麼。

個人化和客製化都能讓現有導覽體系更改善和完整，不幸的是這兩種方法都被顧問和軟體公司過度宣傳，把這種方案渲染是完美的解答（但其實不是）。

事實上，個人化和客製化的導覽設計，具備這些特性：

- 重要性高，但影響力有限
- 必須建立在結構與組織的良好基礎之上
- 很難設計得好
- 會讓蒐集評估資訊和分析使用者行為更加困難

Amazon 網站是個人化成功案例中最常被提及的範例，他們的一些做法的確的很有價值。Amazon 記得我們是誰，還會記住我們的地址和信用卡號碼，這些都非常好。但當 Amazon 根據我們過去的購買記錄，試著推薦產品給我們時，系統就開始出狀況了。圖 8-24 的例子裡，在推薦的五本書中，本書作者 Jorge 已經有其中二本了，但因為不是在亞馬遜上購買（當然也不會是 Kindle 版），所以系統並不知道。

這種「無知」不是例外，而是常態。因為我們沒告訴系統我們擁有哪些商品，或者因顧慮到個人隱私，我們分享的訊息通常不足，以至於系統無法做出有效的個人化建議。此外，很多情況下根本很難猜到大家明天想做、想學或想買的東西。正如金融界常說，過去的績效不保證未來的結果。簡言之，個人化只在有限的情境下才能運作良好，如果要擴展應用到整體資訊空間上，通常很難達到預期的效果。

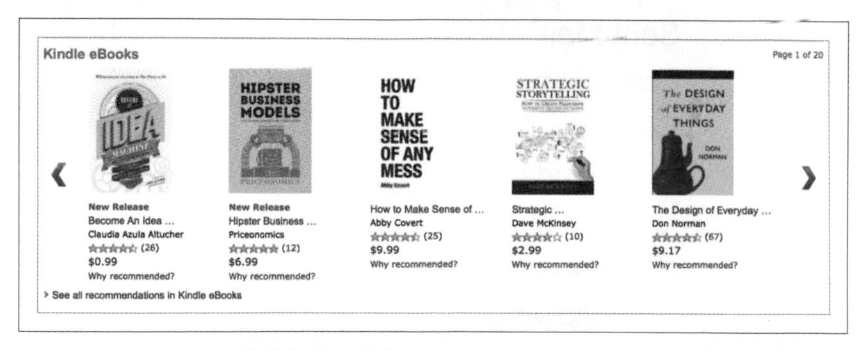

圖 8-24　Amazon 網站的個人化推薦

客製化和個人化一樣，也擁有類似的遭遇。讓使用者自行選擇與掌控，可以降低設計時的一些壓力，當然非常吸引我們；有時候，客製化也的確能帶來很大的助益。舉例來說，Gmail 中一個重要功能，是讓使用者只要在全域導覽中拖放，就可以設定不同類別郵件的順序與顯示與否（圖 8-25）。

客製化之所以難以成功，原因出在人性，多數使用者不太想花時間來設定和調整。企業內部網站的使用場景是例外，因為使用者別無選擇，又必須經常使用，通常應用客製化的可能性會高於一般公開的網站。

圖 8-25　Gmail 的客製化

然而，客製化還有其他問題，原因一樣出在人性，人們不見得知道自己要什麼，如果不知道自己要什麼，他們就不知道如何客製化自己的需求了。有些時候，人們很清楚知道自己要什麼，例如熱愛的球隊或想買的股票，那麼客製化的設定，就能夠突顯這支球隊的比賽結果，或想買的股票票價。但若是比較一般的資訊需求，客製化就不太行了，舉例來說：也許你今天想知道選舉結果，但是明天想知道狗是何時為人類所馴養，這種飄忽不定的資訊需求，很難透過客製化來解決。話說回來，有時候我們連明天的午餐要吃什麼都不知道了，更不用說，弄清楚下個月會有什麼資訊需求了。

視覺化

自從有網站以來，很多人一直在努力創造以視覺方式來瀏覽或移動的工具。最早人們藉著比喻的手法，將網路博物館、圖書館、購物中心等，以類比實體空間的方式呈現。後來有動態的網站地圖，用來顯示站內各網頁間的關係。這兩種方式看來都很酷，也能擴展我們的想像空間，但兩種都不是太有用。視覺化（visualization）最有效的應用，是當使用者知道他要的東西長什麼樣子，並需要在一組結果中選擇之時，像是在選購實體商品的時候（圖 8-26）。

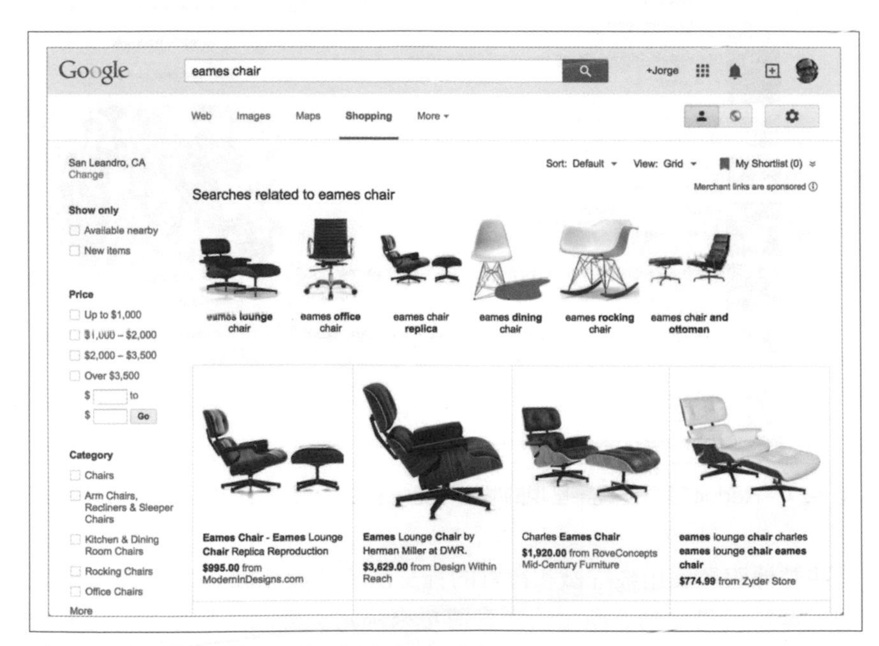

圖 8-26　Google 購物的視覺化搜尋結果

社交導覽

隨著 Facebook、Twitter 等超大型社交網站的興起，社交導覽（Social Navigation）就成為組織資訊的重要方式，讓使用者能發現與其興趣相關的資訊。社交導覽的假設，是藉由觀察其他使用者的行為，能為特定使用者帶來有價值的訊息；特別是觀察那些與該特定使用者有獨特關係的人。

簡單的說，社交導覽可以根據資訊的熱門程度，讓使用者注意到該資訊；熱門程度可以根據造訪的流量、使用者評價、或使用者投票。Reddit 是一個整合與探索資訊的服務，它就是以使用者投票的機制做為資訊突顯程度的方法（圖 8-27）。

圖 8-27　Reddit 首頁上資訊呈現的順序，是以會員投票推昇或拉低的結果來安排

有些其他服務應用較細緻和複雜的社交演算法。以圖 8-28 為例，臉書的導覽結構是由動態產生的內容清單來決定：無論是動態消息上看到的貼文順序，或臉書推薦的粉絲頁，或者你可能認識的其他使用者都是如此。雖然這些演算法的細節並未公開，但觀察臉書所挑選的內容和排列的順序，可以推測應該是受到使用者社交圖譜（social graph，也就是使用者在臉書上的朋友）的影響。

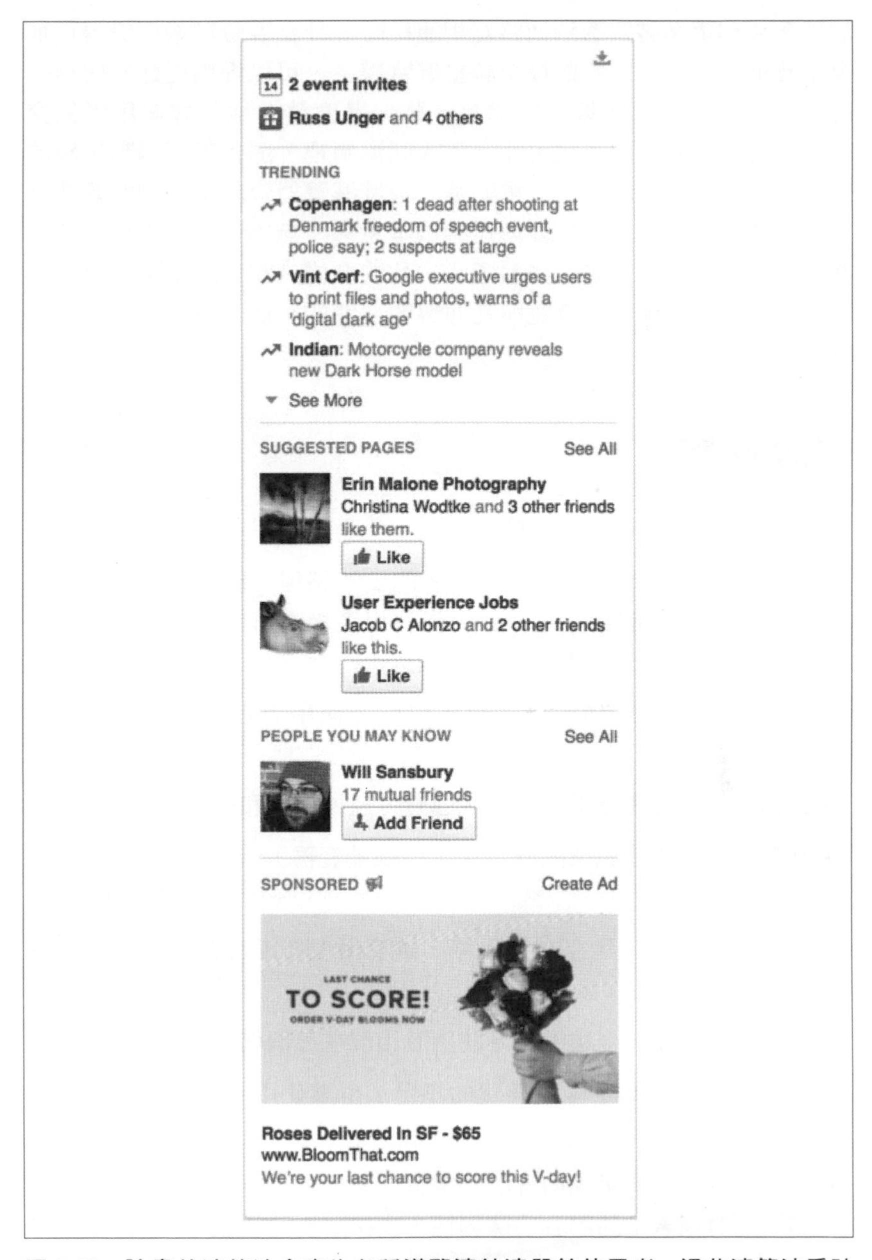

圖 8-28　臉書的演算法會產生各種導覽連結清單給使用者，這些演算法受社交連結影響；此外，廣告的挑選也是由演算法決定（臉書知道作者 Jorge 住在舊金山灣區，而且情人節要到了）

當更多人和更多裝置透過網路互相連結時，社交導覽體系會變得更加複雜及細緻，運用這些數據來調整導覽體系，可以提供更好的服務給使用者。運用社交數據的壞處是，萬一過度精準地依據使用者社交群體來打造資訊空間，很可能會落入同溫層裡，弱化不同觀點出現的機會。另一個該謹記在心的重點是，全域導覽對資訊空間的影響非常大，它會左右資訊空間想要傳達的根本意義。無論何時，人們在造訪資訊空間時，還是需要一些共同、一致的結構。和資訊架構所有其他層面一樣，要講求社交導覽與其他導覽之間的平衡，不應偏好特定的導覽系統。

要點回顧

我們總結一下本章的學習要點：

- 導覽體系主要是協助規劃使用者的瀏覽路徑、確認所在位置，也用它來認路並回到某些網頁。當使用者探索新環境時，導覽體系提供脈絡訊息，也讓人們感到安心。
- 導覽位於資訊架構的最表層（也就是使用者真正與之互動的部分），變化非常快。
- 最常見的三種導覽系統是全域導覽、區域導覽和內文導覽。
- 我們用來探索資訊空間的工具（例如瀏覽器），也有自己的導覽機制。
- 提供空間線索，建立空間脈絡，讓使用者知道身在何處是導覽體系的核心功能。
- 在資訊空間中，全域導覽系統應該出現在每個網頁或畫面。
- 區域導覽可以補足全域導覽的不足，也讓使用者探索所在位置的臨近區域。
- 內文導覽依目前呈現內容的特定情境產生，它能輔助關聯式學習，讓使用者循著不同內容的關聯性，去探索新的資訊。
- 另外還有多種附加的導覽系統，例如網站地圖、索引和引導。

接著我們進入搜尋體系，使用者能藉由它在資訊空間中找到所需資訊。

第九章

搜尋體系

終極的搜尋引擎基本上要能了解全世界所有事物，
也總是能給你正確的資訊。
距離這一天，我們還差得很遠。
— *Larry Page*

本章中會涵蓋：

- 確認你的資訊空間是否需要搜尋
- 剖析搜尋體系的基本要素
- 決定哪些內容可以被搜尋
- 搜尋演算法的基本認識
- 如何呈現搜尋結果
- 搜尋介面設計
- 進階學習資源

第八章介紹如何為資訊空間創造最佳的導覽體系。本章將介紹另一種資訊查找的形式：搜尋。搜尋，又稱為資訊檢索（information retrieval），是一個快速擴張、充滿挑戰、且發展完善的領域，本章只能略述皮毛。我們的討論會聚焦在搜尋體系的構成、建置搜尋系統的時機，並提出關於設計搜尋介面，與展示搜尋結果的建議。

本章選取的搜尋體系範例，通常能用來搜尋多種不同資訊空間，從整個網站到手機 app 都有。雖然不同的搜尋工具，應用於檢索各式各樣不同的內容，也許不見得與你關心的資訊空間有直接關聯。即使如此，研究各種搜尋體系，仍然對資訊架構規劃很有幫助。

你規劃的資訊空間需要搜尋嗎？

在鑽研搜尋體系之前，我們需要先提醒一件事：仔細想清楚，你規劃設計的網站或手機 app 是否需要供使用者搜尋？

你的資訊空間當然應該支援使用者查找資訊。但就如前幾章所說，尋找資訊有很多方式，不只是搜尋而已。然而，有許多人誤以為光靠搜尋引擎，就能滿足使用者所有的資訊需求，這是錯誤的假設，這一點請格外留意。儘管許多人希望進行搜尋，還是有些偏好瀏覽的使用者，寧可跳過小小的搜尋框和搜尋鍵，直接自行瀏覽內容。

我們建議在決定採用搜尋系統之前，先思考以下幾點：

評估資訊空間裡的內容量

> 內容要有多少數量，使用搜尋引擎才有效益？這很難回答，五、五十、或五百個內容項目都有可能；沒有標準答案。真正重要的是，弄清楚目標使用者的資訊需求的類型是什麼。舉例來說，在技術支援網站找東西的使用者，通常知道自己需要的特定資訊種類，因此搜尋就很適合這種資訊行為；相對來說，網路銀行的使用者可能還不確定所需資訊為何，有時候無法進行搜尋。假使你的網站或手機 app 比較像圖書館而非應用軟體，那麼搜尋或許較為合理。類似圖書館這種的資訊空間，就得考慮內容的數量多寡，建置與維護搜尋系統所需時間、以及它帶給使用者的效益，綜合這些因素來找到最適合的方案。

改善導覽體系（*navigation system*）以發揮其作用

> 當使用者找尋資訊遇到困難時，許多開發人員以搜尋引擎作為解決方案，於是搜尋引擎成為 OK 繃，「貼」在設計不良的導覽體系與資訊架構之上。假使你發現身處這個陷阱，或許應該暫緩搜尋體系的建立，先行修復導覽體系的問題才是正解。你會發現如果善用導覽體系的特性，反能能夠讓搜尋系統展現更好的效能，

例如在搜尋時運用控制詞彙。如果這兩個體系配合良好，使用者併用兩者時也將獲益更多。有些時候，設計團隊無法形成整體導覽架構的共識，因政治因素使得導覽體系一團混亂，在這種情形下，現實強過理想，搜尋或許會是最佳替代方案。

具備優化搜尋系統的時間與知識

建置搜尋引擎並開始運作乍看不難，但要使搜尋引擎產生良好效益就很困難了。身為網路使用者，你一定看過不知所云的搜尋介面，也一定在查詢時，得到過一些莫名其妙的結果。這往往是由於網站開發人員缺乏規劃導致，可能只是依預設條件安裝好搜尋引擎軟體，指定它搜尋自己的網站，接下來便什麼都不管了。假使你沒有夠多的時間，無法好好調校搜尋引擎的設定，那麼請重新考慮是否真的要建立搜尋引擎。

採用其他替代方案，例如建立索引

搜尋或許是服務使用者的好方法，但其他方法說不定更有效。舉例來說，假如你缺乏調校搜尋引擎的專業知識或信心，或者沒有預算購買搜尋引擎軟體，那麼可以考慮以索引（index）來代替。對於那些知道自己要找什麼的使用者，索引和搜尋引擎二者都能幫上忙。儘管建立索引是一項龐大的工程，但由於索引通常是由人工所產生，只需要人工維護，因此建立較為容易。另外，你也可以套用 Google 等第三方搜尋引擎。這是節省成本的替代方案，但它也有缺點：舉例來說，由於套用第三方搜尋，以至於搜尋與其他資訊查找方法會被完全區隔開來，導致使用經驗無法一致連貫；此外，自行建立的搜尋引擎，可以獲得較深入的搜尋數據分析，委外搜尋通常無法獲得相同的資料與見解。

使用者偏好的互動方式

或許你的使用者明顯地喜歡瀏覽勝過搜尋；比方說，在手工藝品網站上，使用者應該會比較喜歡瀏覽縮圖來尋找資訊，勝過搜尋。也或許使用者的確會進行搜尋，但他們將這件事擺在較低的順位；如果他們是這樣想，你也應該要這樣想，重新調整資訊架構開發預算的配置順序。

既然醜話都說在前頭了，如果你還是堅持搜尋體系有其必要，那麼我們就可以開始討論建置搜尋體系了。許多資訊空間（尤其是網站）在建造之前並未規劃太多細節，而是以有機的方式成長。對未來不會擴展太多的小型網站來說，這樣或許沒問題，但對於愈來愈熱門、內容與功能不斷隨意新增的系統而言，就會變成一場資訊尋找的夢魘。

以下幾項議題可用來評估何時會需要搜尋系統：

當資訊多到不利於瀏覽時，搜尋可以派上用場

有個實體建築的例子可以做為比方。位於奧瑞崗州波特蘭（Portland，Oregon）的鮑威爾書店（Powell's Books）號稱是世界上最大的書店，佔地有一整個街區大（六萬八千平方呎）。我們猜想它原來應該只是街上的一個小店面，但隨著生意日漸興隆，老闆便將隔壁的店面一間間買下來，直到書店佔據整個街區，於是最後形成了錯綜複雜的空間、拐來彎去的通道、與出人意表的樓梯。如果想閒逛與瀏覽，這樣的紊亂迷宮充滿了魅力與驚喜；但若想找尋特定某一本書，就只能憑運氣了。這種情況下，你很難找到那本想要的書，但假使你運氣真的非常好，或許有機會碰巧看到更好的書。

雅虎（Yahoo!）過去就像網路版的鮑威爾書店。剛開始，所有內容都一目瞭然，相當容易找到。因為當時雅虎本身的規模遠比今日小得多，如同剛開始起步的全球資訊網一樣。起初雅虎只提供數百個網路資源，用主題式階層目錄就能輕鬆瀏覽。今日的雅虎使用者大概很難想像，當時並沒有搜尋功能。當時雅虎提供極佳的技術架構，方便網站所有者自行註冊他們的網站，因此雅虎的資訊內容每天大量增加，以致雅虎的資訊架構無法應付，於是狀況很快地就惡化了。到後來，主題式目錄變得太過龐雜累贅，也難以瀏覽，雅虎最終也加上搜尋系統，做為查找資訊的替代方式。最後在 2014 年，雅虎關閉了所有瀏覽式網站目錄的功能。

你的資訊空間或許沒有雅虎來得大，但可能也正在經歷類似的演化進程。你的瀏覽體系是否已經趕不上內容的成長？你的使用者是否會抓狂，試著在冗長的目錄頁面上尋找正確連結？那麼或許該是搜尋上場的時候了。

搜尋對於零散的網站有幫助

鮑威爾書店一個房間又一個房間地擴展，正像許多內部網站和大型公共網站一樣，內容也是個別獨立地一個一個組合。常見的情形是，每個企業單位各自為政，根據形同虛設的標準隨意增加內容，多半沒有設置任何 metadata，以致無法做出各種有用的瀏覽動線設計。

假使上述場景說中了你的處境，那麼你眼前還有漫漫長路得走，而且搜尋沒辦法解決你所有的問題，更別說要解決使用者的問題了。此刻，你該先做的是，建立一套能夠針對所有內容進行全文檢索的搜尋系統，其涵蓋廣度應該跨越企業部門這種傳統藩籬。就算這只是一時的權宜之計，搜尋仍可以解決使用者尋找資訊的迫切需求，不論所需資訊屬於哪個單位，搜尋也讓你更容易掌握內容的現況。

將搜尋視為經營資訊空間的學習工具

在第七章約略提過，透過搜尋記錄分析，可以蒐集許多有用的資料，包括使用者真正想在資訊空間上看到的資訊，以及他們如何透過使用的關鍵字，來表達這些需求。一段時間之後，你可以分析這些深具價值的資料，藉以診斷並調整搜尋系統、資訊架構的其他面向、內容的表現等等。

本來就該有搜尋，因為使用者有此期待

你的資訊空間或許沒有雅虎那麼多的內容，但假使數量夠大，或許就該有個搜尋引擎。這麼做的理由很充分：使用者不見得每次都願意從頭瀏覽到尾；他們的時間有限，而他們認知超載的門檻遠比你想像的低。有趣的是，有時候使用者應該瀏覽卻不肯瀏覽 —也就是說，某些情況下，使用者透過瀏覽反而比較能獲得解答，但他們還是寧可只做搜尋，即使他們不見得知道該搜尋什麼。但或許最重要的一點，使用者期待走到哪兒，都看得到那個小小搜尋框。這已經是約定俗成的慣例了，要與這種期望抗衡並不容易。

搜尋可以對付動態內容

假使你的資訊空間包含極為動態、經常變化更新的內容，你應該要考慮建置搜尋系統。以網路新聞媒體為例，每天各種新聞來源、供稿系統都會不斷傳送各種新的內容。因此，網路報社沒時間以人工方式分類組織這些內容，也沒空更新網站的內容目錄；如果採用搜尋引擎，則可以每天多次自動為網站內容建立索引。將此流程自動化，可以確保使用者能找到高品質的資訊，而團隊成員也可以將編製索引的時間節省下來，把心思用於其他工作上。

剖析搜尋體系

就表面來看，搜尋似乎相當直截了當：找到帶有搜尋按鈕的小方塊、輸入關鍵字並送出查詢、然後在等待結果的同時低聲禱告一番。假使禱告獲得回應，你會得到一些有用的結果，接著便可以繼續過你的生活。

當然，搜尋背後的道理可不只這些。實際上，搜尋引擎會預先針對內容建立索引，索引能加速資訊比對查找，但使用者無從得知哪些內容建立了索引，因此可以搜尋得到。搜尋引擎通常可以針對文件內容作全文檢索，還可以建立額外索引（例如標題、控制詞彙等等）。然後，還有搜尋介面，這是搜尋引擎和你互動的媒介，你透過介面輸入關鍵字，這個關鍵字會在索引中進行查找，順利的話，符合關鍵字的結果會回傳到結果介面上。

搜尋的學問非常多，並不是一般人以為的那麼簡單。搜尋引擎內部有各種元件：除了建立索引與網路爬蟲（spider，自動蒐集網站內容的機器人）的工具之外，還有各種演算法，負責將查詢關鍵字處理為軟體了解的語言，也負責處理搜尋結果的排序。此外還有各種搜尋介面：有輸入查詢的介面（包括簡單的搜尋框，到像 Siri 這種先進的自然語言語音介面），也有呈現搜尋結果的介面（包括考慮該顯示一則結果的哪些部分，以及如何呈現所有搜尋結果）。再更複雜一點，還有不同的查詢語言（比如是否可以使用布林運算子 Boolean operators，如 AND、OR、和 NOT），與查詢產生器（query builder，如拼字檢查）可以讓查詢功能更完善。

搜尋這件事顯然遠比想像中複雜。除此之外，查詢本身往往也沒有那麼簡單。比如查詢輸入的關鍵字到底是怎麼來的？通常你感覺心裡有個需求，得用資訊來滿足，但你不見得知道如何表達這個需求。所以搜尋常常一再反覆進行，不只是因為對結果不滿意，而是有時候得多試幾次，才能找到正確的查詢關鍵字詞。接下來還得和搜尋介面互動，使用像 Google 那種簡單的搜尋框，或者假使你是「進階」使用者，可以和進階的搜尋介面奮戰。到最後，你會和搜尋結果互動，期望很快地判斷出哪些結果值得點進去探索、哪些直接略過，以及是否該回頭嘗試修改搜尋條件。圖 9-1 展示了其中部分過程。

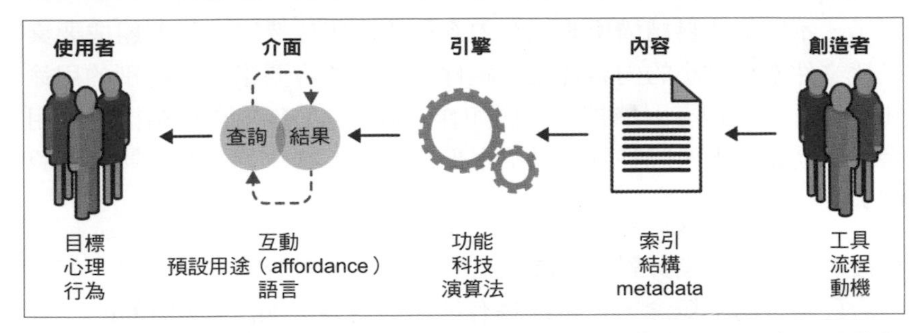

圖 9-1　搜尋體系的基本剖析（圖片改編自〈搜尋模式：為探索而設計〉〔Search Patterns: Design for Discovery〕，Peter Morville 和 Jeffery Callender 合著）

上面是對於搜尋系統極為粗略的概述。大部分的技術細節只要資訊人員了解就好；你關心的重點應該是檢索成效的影響因素，而不是搜尋引擎的內部運作。話說回來，負責資訊架構的團隊，應該要參與搜尋引擎的選擇和建置過程，而不全然依據技術人員對技術平台或程式語言的偏好來決定，資訊架構團隊應該強烈要求擁有和技術團隊相等的責任，來選擇並建置對使用者最有幫助的搜尋引擎。

選出要建立索引的內容

假如你已經挑好了搜尋引擎，該選擇哪些內容來建立索引以供搜尋呢？你可以讓搜尋引擎自行處理你的內容，要它針對所有文件的全文建立索引。這是搜尋系統最大的好處之一：可以完整涵蓋所有內容，而且可以在短時間內，快速地處理大量內容。

但是為所有資訊都建立索引，對使用者來說不見得是最好的方案。在巨大龐雜的資訊空間中，可能塞滿了各式異質的子系統與資料庫；當使用者搜尋時，你可能希望鎖定在技術報告，或職員名錄的範圍內，而不希望員工餐廳公告的新菜色也混進搜尋結果內。提供**搜尋區域**（*search zones*），也就是同質性較高的內容區塊，可以減少牛頭不對馬嘴的狀況，讓使用者的搜尋得以聚焦。

選擇哪些內容可以搜尋，不是只有挑選適合的搜尋區域而已。每一則文件本身都具備某種結構，可能透過如 HTML 標記語言（markup language）展現；或者每一筆記錄本身也有結構，透過資料庫欄位來顯示。不同的資料結構用來儲存內容的不同組成要素，那些組成要素是比文件本身更小的內容片段或組件。有些內容要素具有特別的用途和意義，可讓搜尋引擎搜尋（例如作者姓名）；有些資料結構對使用者的意義並不大，或許就可以不用搜尋（例如文件下方的法律免責聲明）。

最後，假使你已經針對內容詳細盤點並分析，對於哪些部分是「好」內容已經有初步概念，你可以將有價值的內容，加註標記（tag），或以其他方法標示出來。那麼這些較好的內容，除了一般搜尋會涵蓋之外，也可以讓使用者只搜尋這些較好的內容。你甚至可以讓搜尋引擎先搜尋這些「好內容」，萬一沒有找到有用的結果，再進一步擴大範圍去搜尋其他內容。舉例來說，在電子商務網站上，大多數使用者的目的都是來找商品資訊，搜尋就可以預設只涵蓋商品資訊，之後再藉著調整搜尋選項，擴大到搜尋全站的內容（包含非商品的資訊）。

這個章節會探討哪些部分應該可以搜尋，我們將分別從顆粒程度（granularity）較大的層次（搜尋區域），和在單一文件當中搜尋的細微層次（內容組成元素）來討論。

決定搜尋區域

搜尋區域是資訊空間中的特定部分，個別建立與其他區域不同的索引。當使用者透過介面指定在搜尋區域中搜尋時，表示對那些特定資訊有興趣。理想上，搜尋區域對應到使用者的特定需求，會形成較佳的搜尋體驗。去除與需求無關的內容之後，使用者應該可以得到出數量較少、但關聯性較高的結果。

如圖 9-2 所示，在 Windows 8.1 當中，搜尋提供了五種搜尋區域：「所有地方（Everywhere）」、「設定（Settings）」、「檔案（Files）」、「網路圖片（Web images）」、「網路影片（Web videos）」。這五個項目的搜尋區域也不太一樣，包括有些是電腦中的特定類型（設定與檔案）。使用「網路」一詞似乎暗示「設定」與「檔案」選項指的是本地電腦上的設定與檔案（請注意預設值是「所有地方」。但若使用者想要在網路上搜尋影片或圖片之外的資訊呢？或者反過來，想搜尋自己電腦上的影片或圖片呢？

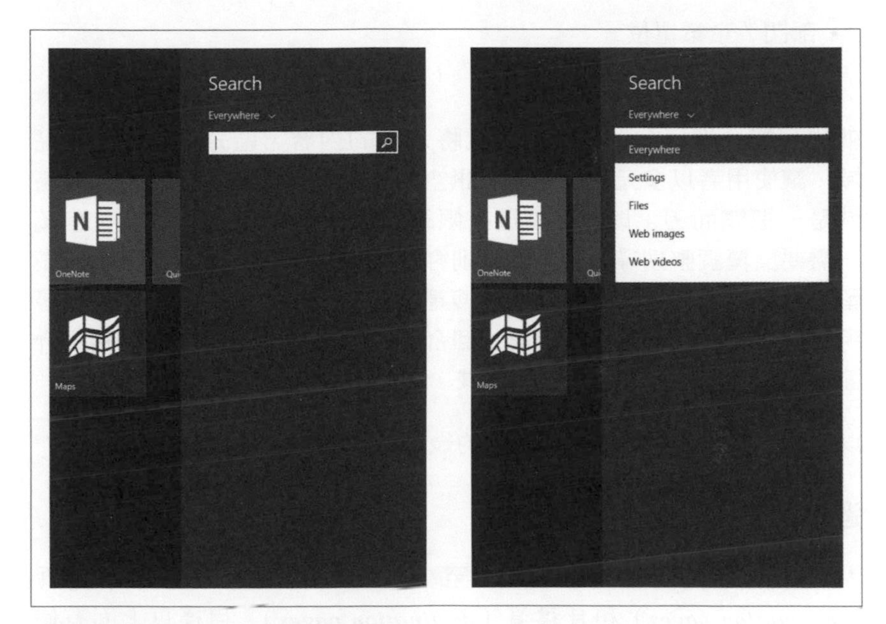

圖 9-2　Windows 8.1 上的搜尋區域

雖然 Windows 8.1 上的搜尋框與搜尋結果畫面，都顯示同樣的使用者介面，但在系統背後，搜尋結果來自兩個完全不同的搜尋區域：「設定」和「檔案」來自使用者的電腦，而圖片與影片則來自整個網路（透過微軟的 Bing 搜尋引擎）。

建立搜尋區域的方法有很多種，你可以將文件分區隔離，或替它們加上標籤。資訊空間選擇的組織規則，往往也有助於決定搜尋區域。所以，我們在第六章所認識的老朋友們，也可以做為搜尋區域的基礎：

- 內容類型
- 目標族群
- 角色
- 主旨／主題
- 地理區域
- 時間順序
- 作者
- 部門／企業單位

  … 諸如此類

就和瀏覽一樣，有很多種方式能將大量的內容，區分成不同搜尋區域，讓使用者以多元角度瞭解資訊空間和其內容。但是，挑選搜尋區域是一把雙面刃；以搜尋區域來限縮範圍可以改善搜尋結果，但萬一需要反覆調整搜尋區域的話，則會增加搜尋工作的複雜度。所以請留意：許多使用者一開始會略過搜尋區域，只簡單輸入關鍵字來搜尋所有內容。或許要等到進行第二回合的搜尋時，才會透過進階搜尋介面，接觸到你精心建立的搜尋區域。

以下是將內容分為不同搜尋區域的幾個方法。

過場導覽頁面與目標頁面

大部分內容很多的資訊空間，至少會有兩種頁面：**過場導覽頁**（*navigation pages*）和**目標頁**（*destination pages*）。目標頁上面有使用者想要的實際資訊，例如：賽事比分、書評、軟體說明文件等等。過場導覽頁則包括首頁、搜尋頁，和幫助瀏覽資訊空間的頁面。過場導覽頁的主要目的，在於引導使用者到達目標頁。

使用者在資訊空間搜尋時，我們可以假設他們想找尋的是目標頁。因此若搜尋結果涵蓋了過場導覽頁，將會造成搜尋結果的混淆。

我們來看個簡單的例子：你的公司網站用來銷售電子產品週邊配件。目標頁的內容包含：商品敘述、價格、與訂購資訊等，一頁介紹一項商品。另外還有幾個導覽頁幫助使用者尋找商品，例如：以裝置類型分類的商品列表（如平板電腦與智慧型手機）、以週邊類型分類的商品列表（如螢幕保護貼與保護殼）、裝置製造商的列表（如蘋果、三星、LG）。

假如使用者搜尋 Mophie 出品的 iPhone 手機殼，可能會發生什麼狀況？結果或許不只出現 Mophie 的相關商品頁，使用者可能得費力地看過以下頁面：

- iPhone 手機殼索引頁
- 行動電源索引頁
- 蘋果系列商品索引頁
- Mophie 商品索引頁
- 安卓商品索引頁
- Mophie iPhone 商品索引頁

使用者的搜尋結果中有正確的目標頁（也就是 Mophie iPhone 商品頁），但當中也出現了五個只是列表的導覽頁。換句話說，83％的結果會干擾使用者找到最有用的頁面。

當然，要替相似的內容建立索引並不容易，因為「相似」並不是一種絕對的描述，在缺少參考目標的情況下，通常很難劃分什麼叫做相似，什麼叫做不相似。因此，有時候我們也很難清楚地劃分過場導覽頁與目標頁的界線，甚至在某些狀況下，一個頁面可能同時兼具這兩種性質。所以重要的是在實際建置之前，要先確認過場導覽頁與目標頁兩者的區別。

把頁面特性硬分成過場導覽頁或目標頁，這樣的分類方式是採用精確的組織規則（第六章討論過），它的缺點是，萬一遇到某些頁面的本質上兩者兼具時，會造成這些頁面難以被分類。接下來的三種作法使用模糊的組織規則，因而較能容許頁面歸屬於多重的類別。

為特定族群建立索引

假使你已經決定採用目標族群導向的組織規則，那麼搜尋區域以目標族群來分類就十分合理。我們發現這對於密西根圖書館（Library of Michigan）最初的網站來說，是相當好的作法。

密西根圖書館有三大主要目標族群：密西根州議會議員與其幕僚、密西根州內各圖書館與其館員，以及密西根的居民。每種族群對網站的資訊需求都不相同；舉例來說，針對各個族群的圖書流通政策有很大差異。

於是我們建立了四種索引：三種目標族群擁有各自的索引，另外一種則是為整個網站所設置的全站索引，避免單一目標族群的索引無法產生有效搜尋結果的情況。表 9-1 顯示了在這四種索引下搜尋「流通（circulation）」一詞所得到的結果。

表 9-1　查詢結果

索引	搜尋到的文件數	搜尋結果減少的比例
全站	40	-
州議會內容區域	18	55%
圖書館內容區域	24	40%
一般居民內容區域	9	78%

以搜尋區域的設計來說，若索引之間重疊性降低，反而可以提高搜尋品質與成效。假使搜尋結果改善不多（比如只減少了 10% 或 20%），或許就不值得特別建立個別族群導向的索引了。就密西根圖書館的例子來說，網站上有許多內容針對個別族群而提供，所以很適合採用這個設計策略。

以主題建立索引

梅約診所（Mayo Clinic）在官網上運用了主題式的搜尋區域。舉例來說，假如你想找一位協助復健的醫師，你可以選擇「醫師與醫療人員（Doctors & Medical Staff）」搜尋區域，如圖 9-3。

圖中顯示鎖定醫療人員之後，獲得了 88 個搜尋結果，這個數字聽起來好像很多，但若搜尋整個網站，則會得到 1,470 個結果，其中參雜了許多無關醫師的搜尋結果。

圖 9-3　在「醫師與醫療人員」主題搜尋區域中進行搜尋

為較新的內容建立索引

若內容已依時間先後順序來安排，在搜尋區域的各種設計方案中，按照時間來區分是最簡單不過了（毫不意外，這是常見的搜尋區域作法）。因為一般來說，日期資訊比較不會模稜兩可，通常也容易取得，因此以日期（時間）來設定搜尋區域，是很直截了當的作法，即使需要選擇特殊區間也很容易。

《紐約時報》（New York Times）是個很好的範例，圖 9-4 是以日期範圍篩選的搜尋介面。

一般使用者能以現成的時間區段來篩選新聞（如今日新聞、上週新聞、過去 30 日、過去 90 日、去年，及從 1851 年開始的所有新聞）。除此之外，若想要查詢特定日期範圍或某一天的新聞，也可以建立一個特殊的搜尋區域。

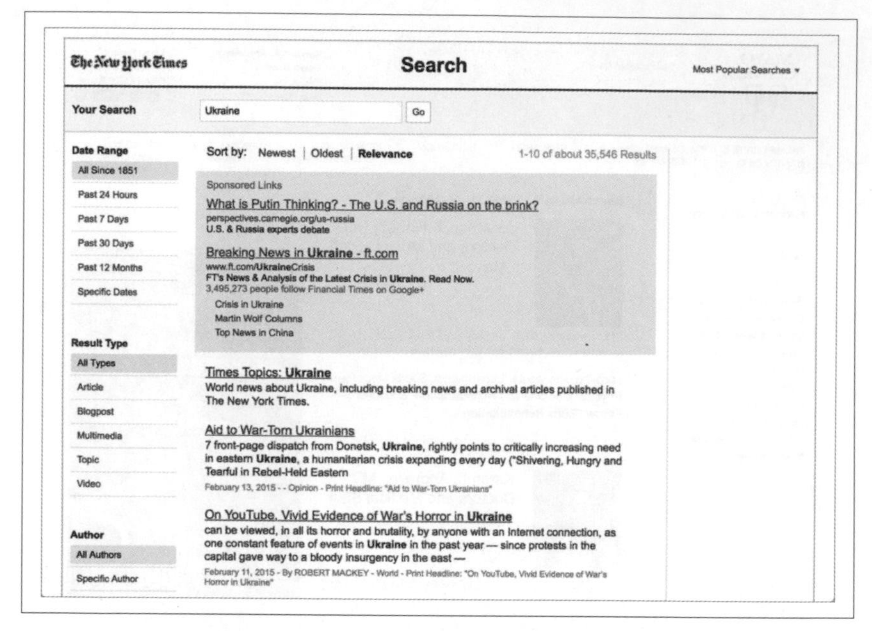

圖 9-4　在《紐約時報》上，有很多依日期限縮搜尋的方式

挑選適當的內容元素來建立索引

如同前面的介紹，讓使用者只搜尋資訊空間內容的一部分，對搜尋體驗很有幫助；而讓使用者搜尋特定的內容組成元素，也同樣有效。這樣做可以讓使用者搜尋到更特定、更精準的結果。此外，假使文件裡包含如管理資訊，或其他對使用者沒有特別意義的內容元素，也可以藉此將之排除在搜尋結果之外。

圖 9-5 是 Yelp 的商家資訊，其中不為使用者所見到的內容組成元素，遠比畫面看到的來得多。商家資訊裡頭有店名、營業時間、圖片、商家網站連結，和一些使用者看不到的屬性；也有一些使用者不想搜尋的內容元素，例如使用者評論和靠近畫面下方的小提示，其中有些東西會混淆使用者的搜尋結果，例如評論裡頭出現了其他餐廳的店名。隨著內容管理系統與邏輯標示語言的出現，排除不應被檢索的內容變比較簡單；要排除的內容，包括像是導覽選項、廣告、聲明，和其他可能出現在頁首和頁尾的資訊。

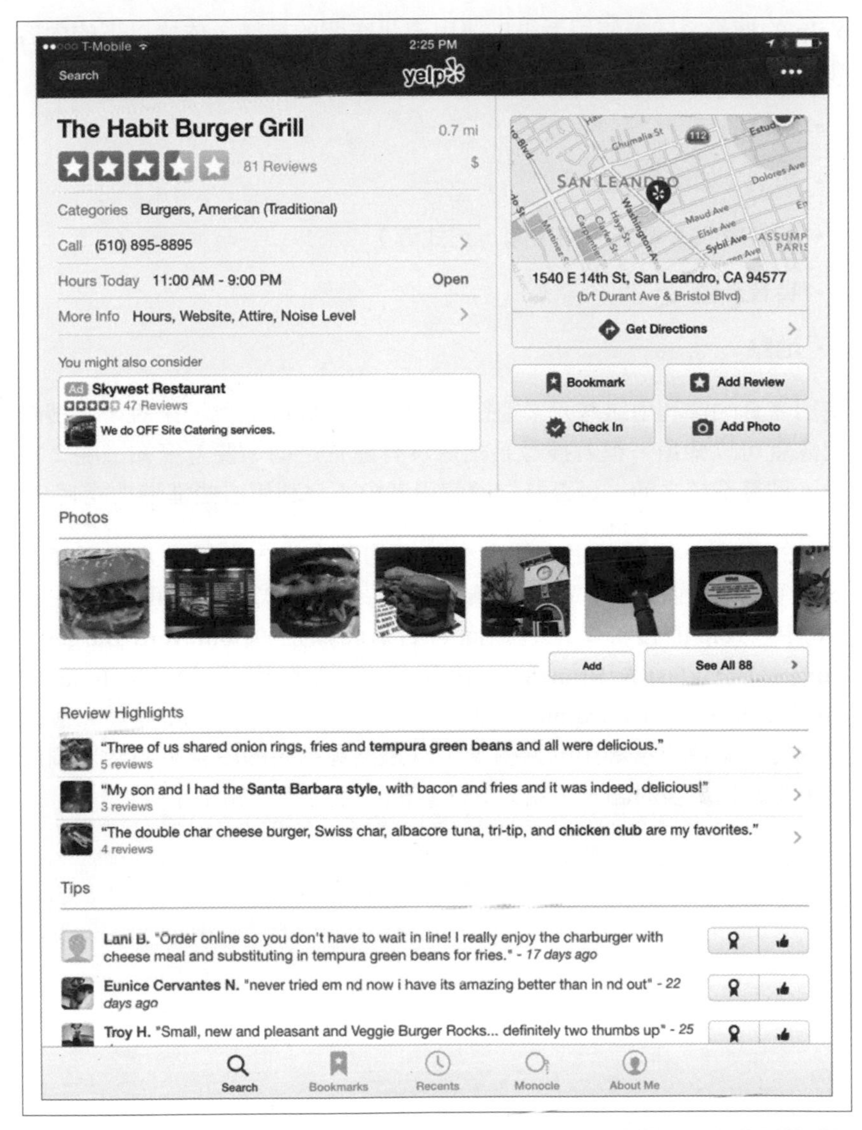

圖 9-5　Yelp 的商家資訊裡塞滿了各種內容元素，有些清楚易見、有些則被隱藏起來

Yelp 的搜尋系統讓使用者得以運用資訊空間的結構，依據以下的內容組成元素進行搜尋：

- 商家名稱
- 類別（如漢堡、美式）
- 氣氛與衣著要求（如休閒、正式等）
- 噪音音量
- 地點

使用者真的會利用這些元素進行搜尋嗎？以 Yelp 的例子來說，看搜尋記錄就可以知道。但若搜尋系統還沒有建置之前，要怎麼知道呢？在設計搜尋系統之前，是否能知道使用者會不會利用這些進階功能呢？

另外，還有一個該善用文件內在結構的理由：內容組成元素不僅有助於更精準的搜尋，還可以讓搜尋結果的格式意義更明確。在圖 9-6 中，Yelp 的搜尋結果包括商店名稱和類別（Boulevard Burger、Burger, Breakfast & Brunch），使用者評論的片段（My wife and I came in last night for dinner…）、評論人數、平均評分和地點。替大量內容元素建立搜尋用的索引，可以讓搜尋結果的設計更靈活（關於這項主題的更多討論，請見第 237 頁的「呈現搜尋結果」。）

圖 9-6　商店名稱、評分和地點，是每則搜尋結果都會呈現的內容元素

這導致了一個矛盾的困境：就算使用者可以受惠於這類提高效率的搜尋功能，但在初期的使用者研究中，他們大概不會提出這些需求。一般說來，使用者並不了解搜尋系統的複雜性與能力。發展使用案例與情境，或許能找出支持進階搜尋功能的理由，但先研究使用者認為有用的其他搜尋介面，並且決定是否提供類似功能可能才是上策。

搜尋演算法（Search Algorithms）

搜尋引擎找尋資料的方法有很多種。事實上，大約有 40 種不同的檢索演算法，其中大部分已經存在數十年了。我們不會在這裡談及所有的演算法；假使你想知道更多，可以參閱資訊檢索的標準教科書[1]。

我們介紹演算法的主題，是因為你必須要瞭解到「搜尋演算法本質上就是工具」，然而就和其他工具一樣，特定的演算法只能解決某些特定問題。搜尋演算法是搜尋引擎的核心，要特別注意的是，絕對沒有任何單一搜尋引擎，可以滿足使用者的所有資訊需求。所以下次當你聽到搜尋引擎業者聲稱他們的全新專利演算法可以解決所有資訊搜尋問題時，可別當真。

樣式比對演算法

大部分的搜尋演算法以樣式比對（Pattern-Matching）來進行搜尋；也就是說，將使用者的查詢關鍵字與索引相比對（通常是全文的索引），並找尋同樣的字串。找到相符的字串之後，含有該字串的來源文件就會加入檢索結果中。舉例來說，輸入查詢關鍵字「電吉他」，那麼內容有「電吉他」字串的文件就會被列出。這聽起來很簡單。但比對流程有很多種不同運作方式，也會產生不同的結果。

查全（recall）與查準（precision）

有些演算法會回傳大量的結果，但關聯性高低不一；有些則只回傳質佳但量少的結果。這兩種相反的做法分別稱為查全（*recall*）與查準（*precision*）。圖 9-7 是它們的計算公式（請注意分母的相異之處）。

$$\text{查準率} = \frac{\text{搜尋所得的相關文件筆數}}{\text{搜尋所得的文件筆數}}$$

$$\text{查全率} = \frac{\text{搜尋所得的相關文件筆數}}{\text{系統中所有相關文件筆數}}$$

圖 9-7　查準率與查全率

1 Ricardo Baeza-Yates 著作的《現代資訊檢索》（Modern Information Retrieval）是一本很好的入門書。

你的使用者是在進行法律案件研究、學習某個領域的科學研究發展現況，還是對收購案進行實質調查評估？在這些情況下，他們會希望得到高查全率的結果。成千上萬（或更多）的結果中，每一筆搜尋結果都會跟查詢關鍵字有些關聯，但關聯性或許不是太高。再舉一個例子，進行「自我搜尋（ego-surfing，也就是在網路上搜尋自己的名字）」的使用者會希望看到任何出現他們名字的結果—高查全率才符合他們的需求。當然，這種方式的問題在於雖然能得到好的結果，但也會伴隨著大量相關性很低的資訊。

反過來說，若使用者想要知道如何清除羊毛地毯上的汙漬，應該只需要找到兩、三篇真正有用的文章就好，那麼他們會期待高查準率的結果。假使能立刻得到夠好的答案，那麼究竟有多少相關資料就不是那麼重要了。

那麼能夠既查全又查準不是很好嗎？難道不能獲得質精量多的搜尋結果嗎？很遺憾，魚與熊掌無法兼得，查全與查準兩者呈負相關，一個愈大、另一個愈小。你必須思考如何抉擇取捨，找到對使用者最有利的方案，想側重查全呢？還是以查準為目標？然後挑選一個適合的演算法，或者調整搜尋引擎的設定。

舉例而言，搜尋引擎可能會提供自動詞幹（automatic stemming）搜尋的功能，也就是搜尋時將詞根（或詞幹）相同的詞一同含括進來。假使運用強度很高的詞幹搜尋機制，在搜尋「computer」一詞時，擁有「comput」字根的「computers」、「computation」、「computational」和「computing」都會一起搜尋。強度高的詞幹搜尋機制，會搜尋包含上述任一字詞的所有結果，增加使用者的查詢字詞。這種經過強化的查詢，可以找到更多相關文件，就會產生較高查全率的結果。

反過來看，沒有詞幹搜尋機制就表示搜尋「computer」只會找出含有「computer」一詞的文件，而忽略其他相關詞。強度較低的詞幹搜尋機制，可能只會加上複數形，搜尋包含「computer」或「computers」的文件。強度較低的詞幹搜尋機制或沒有詞幹搜尋的系統，會有較高的查準率與較低的查全率。你的搜尋體系該選擇高查全還是高查準呢？答案端看你的使用者有哪種資訊需求。

另外一個需要考量的重點在於內容的結構化程度。內容的結構（如欄位）是否透過 HTML、XML 或文件記錄呈現？如果有良好的內容結構的話，就可以供搜尋引擎直接查看特定欄位的索引，並進行搜尋比對。例如，想找 Faulkner 著作的書籍，直接在作者欄位搜尋「William Faulkner」，會得到查準率較高的結果；否則，檢索系統會找遍每一篇文件的全文，無論找到的內容是不是 Faulkner 的著作，所有提到「William Faulkner」的內容，全部都會回傳作為搜尋結果。

其他方法

當你已經有一份符合需求的「好」文件，某些演算法可以「用這份文件」來查詢其他資料，也就是一般稱為**文獻相似性**（*document similarity*）的方法。首先「剔除字（stop words）」（如 the、is、he 等）會從這份好文件中移除，只留下一組語意豐富的有用詞彙，理想上能完整代表這份文件的意義。接著這些詞彙會被轉換成查詢字詞，並用來搜尋出類似的結果。另一種方法則是把擁有相似 metadata 的文件也呈現出來。圖 9-8 中，DuckDuckGo 搜尋引擎（*https://duckduckgo.com/*）的每一筆搜尋結果的「更多結果」，都可以在相同網域裡再次以同樣關鍵字進行搜尋。

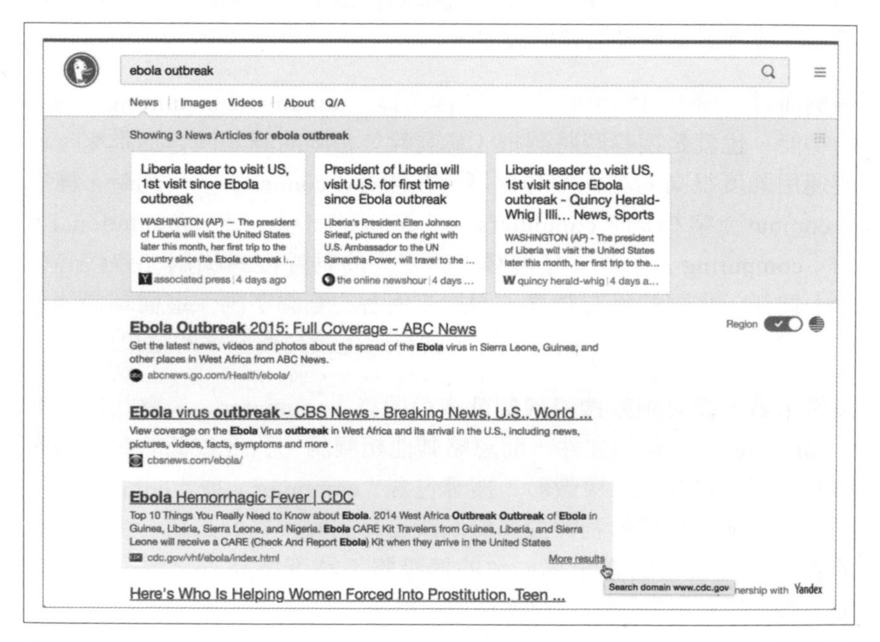

圖 9-8　DuckDuckGo 的搜尋結果都會附帶在有同樣網域搜尋「更多結果」的連結

另外像是「協同過濾（collaborative filtering）」和「引文搜尋（citation searching）」，都可以更進一步從單一相關文件衍生出更多的搜尋結果。

以資訊工程領域專業文章為主的搜尋引擎 CiteSeer 當例子（圖 9-9），我們已經找到一篇想要的論文：《工作站異質網路環境的應用層容錯機制》（Application Level Fault Tolerance in Heterogeneous Networks of Workstations）。CiteSeer 會透過幾種方式自動找尋文章：

圖 9-9　CiteSeer 提供了數種將單一搜尋結果延伸放大的方法

被誰引用（*Cited by*）

有哪些其他論文引用了這篇論文？引用和被引用論文之間的關係，代表某種程度的相互關聯性。或許兩篇論文的作者還彼此認識。

參考書目（相關文件，*Active bibliography*，*related documents*）

反過來說，這篇論文也引用了別人的作品為自己的參考文獻，同樣代表類似的共同關聯性。

共同被引用的相關文件（*Related documents from co-citation*）

共被引（co-citation，共同被另一篇論文引用）是引用的另一種變形。共被引的情境是：如果這篇論文與另一篇論文一同出現在其他文件的參考文獻中，或許表示這兩篇論文具有某些共通性。

還有其他更多的搜尋演算法，在此無法一一詳述。最重要的是，請記得這些演算法的目的在於找出一些最佳文件作為搜尋的結果。可是什麼才叫做「最佳」？這很主觀，你必須洞悉使用者搜尋時心裡期望看到的結果，一旦掌握他們搜尋時的期待，就可以開始尋找適合的搜尋演算法工具，來回應使用者的資訊需求。

查詢產生器（Query Builder）

除了搜尋演算法之外，還有許多工具會影響搜尋的結果。**查詢產生器**是一種可以增強搜尋品質的工具。使用者通常看不到這些工具，也不太了解它們的價值或用法。常見的例子包括：

拼字檢查工具（*spell checkers*）

這個工具可以自動修正輸入的關鍵字，讓使用者即使拼錯字，也能查得正確的結果。舉例來說，「accomodation」（少了一個 m）會被視作「accommodation」，以確保搜尋結果裡包含正確的用字。

語音工具（*phonetic tools*）

語音工具（最為人熟知的就是「Soundex」）在搜尋名字時特別有用。利用這些工具，查詢「Smith」時可以將「Smyth」的搜尋結果一併含括進來。

詞幹搜尋工具（*stemming tools*）

詞幹搜尋工具讓使用者只要輸入一個字詞（例如「lodge」），便可以搜尋含有相同詞幹的其他字詞（如「lodging」、「lodger」）。

自然語言處理工具（*natural language processing tools*）

這些工具會檢視查詢的語法性質，比如問題屬於「如何做（how to）」還是「是誰（who is）」的類型，並且利用這些知識縮限搜尋範圍。舉例來說，Siri 便運用了自然語言處理，來判斷是否應該啟動網路搜尋，還是該回應個冷笑話（圖 9-10）。

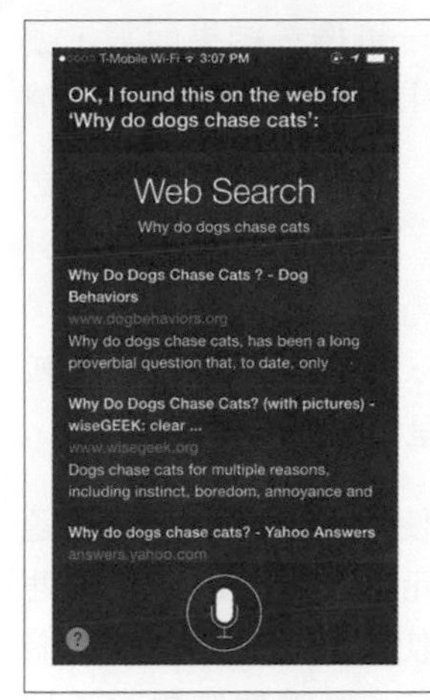

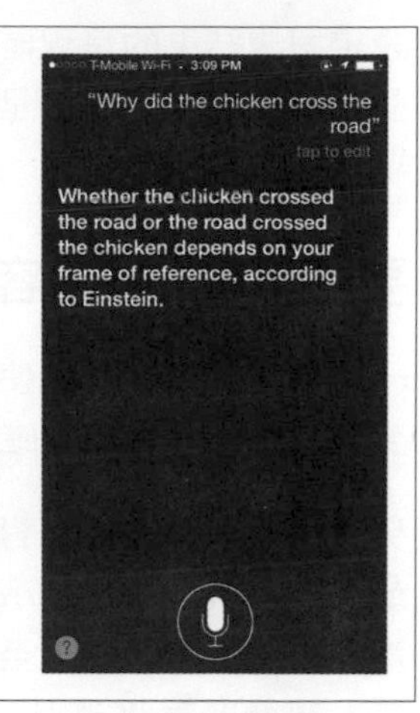

圖 9-10　Siri 利用自然語言處理來判斷使用者想要搜尋網路、查看天氣 app 或者只是聽聽冷笑話

控制詞彙與同義詞典（*controlled vocabularies and thesauri*）

　　第十章會更詳細地介紹。這些工具會利用查詢關鍵字的語意性質，自動將同義詞 併搜尋。

拼字檢查工具修正了搜尋者最普遍的問題，非常值得加入到搜尋系統中。只要看看查詢記錄，裡面的錯別字會多到讓你大吃一驚。

其他的查詢產生器則各有利弊，能在不同的情況下應付不同的資訊需求。再強調一次，了解使用者的資訊需求，有助挑選最合宜的工具；此外，也需要提醒一下，並不是所有的搜尋引擎軟體都支援這些查詢產生器。

呈現搜尋結果

當搜尋引擎將結果組合起來準備呈現時，接著會發生什麼呢？呈現搜尋結果的方式有很多種，於是你再度面臨選擇。跟其他搜尋設計決策一樣，你一樣得先去了解內容與使用者，才能做出好的搜尋結果的設計決策。

設定搜尋結果的呈現時，有兩個主要議題：對一筆搜尋結果而言，哪些內容組成元素需要呈現？以及對所有搜尋結果而言，如何排列為清單或分組呈現？

要呈現哪些內容組成元素？

一個基本原則：如果使用者知道自己要找什麼，搜尋結果可以呈現較少資訊；若使用者不確定想要找什麼，則可以呈現較多資訊。

另一種變化作法，是對於清楚自己在找什麼的使用者，只呈現如標題或作者等具**代表性**（*representational*）的內容元素，好幫助他們快速辨識出想要的結果。至於不太確定要找什麼的使用者，有用的是像摘要、關鍵字等**描述性**（*descriptive*）的內容元素，好讓他們更容易理解搜尋結果的意義。你也可以讓使用者自己選擇要呈現哪些資訊；同樣，這些選項的預設值，需要考慮使用者最常見的資訊需求。舉例來說，Yelp 在 iPad 上的 app 讓使用者選擇搜尋結果樣式，包括清單列表、標示地點的地圖，或者是圖片（圖 9-11）。

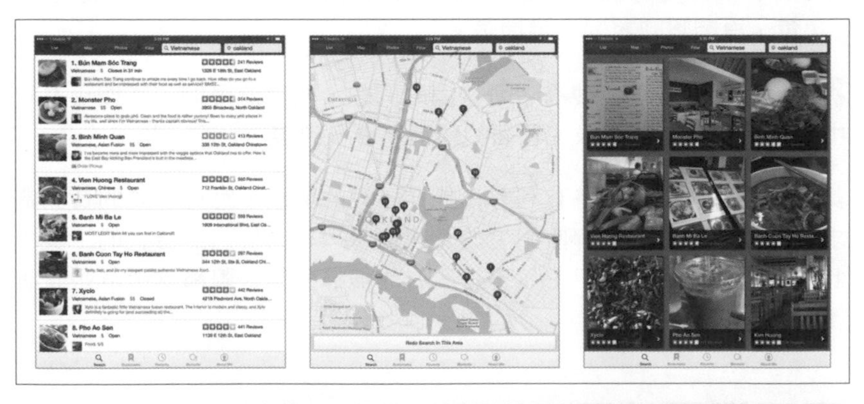

圖 9-11　Yelp 在 iPad 上的 app 提供三種瀏覽搜尋結果的方式，讓使用者自行選擇：清單、地圖或圖片。

若不同文件的某個欄位內容相同（例如文件標題一模一樣），造成搜尋結果不易區別時，可以呈現更多資訊（例如頁碼）的方式，幫助使用者分辨搜尋結果。

這個作法可以參考圖 9-12，畫面中的搜尋結果呈現了同一本書的不同版本。其中有些資訊對使用者很實用，比如哪一本書能在圖書館借到；有些資訊對某些使用者來說，或許意義不大，比如不同的封面。

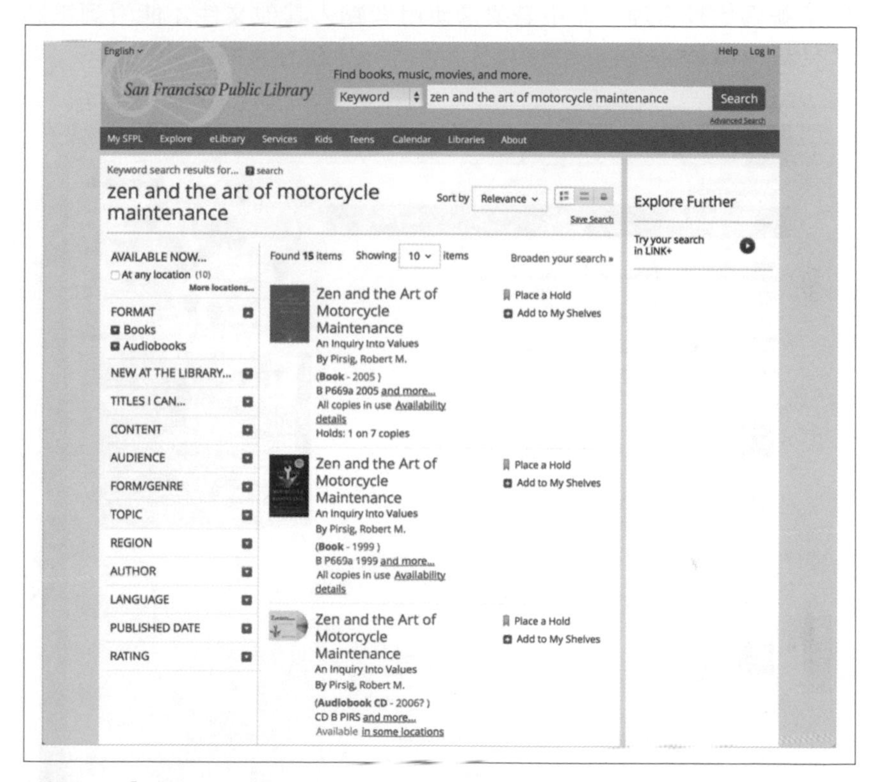

圖 9-12　內容組成元素有助區別同一本書的不同版本

每一筆搜尋結果要呈現多少資訊，也與搜尋結果的數量有關。或許你的內容沒那麼多，或是大多數使用者的查詢都很明確，因此只能找到很少的結果。你推測使用者在這些狀況下，仍想看到更多資訊的話，你可以在每一筆結果附加更多的內容元素。但是請記得，不論花多少力氣告訴使用者，在第一屏之外還有更多搜尋結果，許多人就是只看第一個畫面裡的結果，不會往下捲動。所以不要替單筆搜尋結果附加太多內容，以免光是前幾筆結果就佔掉大部分的畫面，也擋住了其他結果呈現的機會。

搜尋結果中要呈現什麼內容組成元素，也與文件裡有哪些元素（也就是內容的結構方式）、以及內容如何被使用有關。舉例來說，查詢電話號碼簿時，電話號碼是最重要的資訊，所以在搜尋結果中直接顯示電話號碼比較合理，而不是要求使用者點入其他文件才能看到電話（見圖 9-13）。

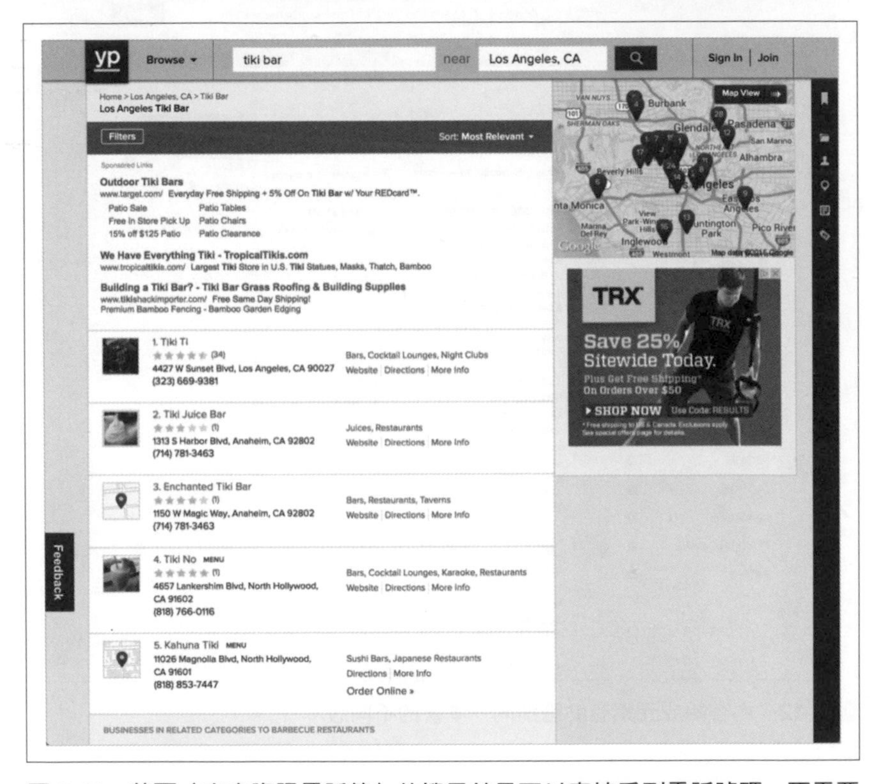

圖 9-13　黃頁（商家資訊電話簿）的搜尋結果可以直接看到電話號碼，不需要再點擊查找。

假使內容沒有做好結構規劃，缺乏內容細項元素可供運用，或者你的搜尋引擎只能找全文的話，那麼，替代作法是在文件中（或一小段上下文中）標示搜尋關鍵字（圖 9-14）。就這個例子來看，The Verge 在關鍵字出現的句子中將該字加粗，這個作法很棒，能幫助使用者快速瀏覽搜尋結果頁，檢視每筆結果中相關的部分。

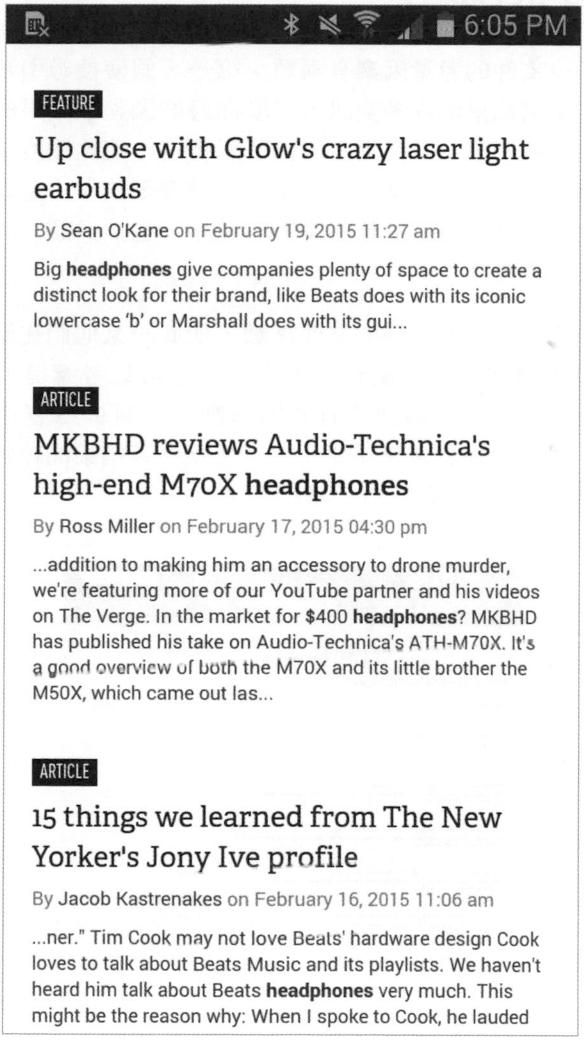

6:05 PM

FEATURE

Up close with Glow's crazy laser light earbuds

By Sean O'Kane on February 19, 2015 11:27 am

Big **headphones** give companies plenty of space to create a distinct look for their brand, like Beats does with its iconic lowercase 'b' or Marshall does with its gui...

ARTICLE

MKBHD reviews Audio-Technica's high-end M70X **headphones**

By Ross Miller on February 17, 2015 04:30 pm

...addition to making him an accessory to drone murder, we're featuring more of our YouTube partner and his videos on The Verge. In the market for $400 **headphones**? MKBHD has published his take on Audio-Technica's ATH-M70X. It's a good overview of both the M70X and its little brother the M50X, which came out las...

ARTICLE

15 things we learned from The New Yorker's Jony Ive profile

By Jacob Kastrenakes on February 16, 2015 11:06 am

...ner." Tim Cook may not love Beats' hardware design Cook loves to talk about Beats Music and its playlists. We haven't heard him talk about Beats **headphones** very much. This might be the reason why: When I spoke to Cook, he lauded

圖 9-14 The Verge 在搜尋結果中將查詢關鍵字「headphones」加粗，並在其上下文中呈現。

要呈現多少文件？

決定呈現多少文件的考量因素有兩類：第一，假使搜尋引擎的設定是讓每筆搜尋結果都呈現許多資訊，那麼你最好調整讓結果的文件數少一點，反之亦然。第二，使用者的螢幕解析度、連線速度，與瀏覽器設定，都會影響有效呈現文件的數量。比較安全的作法是傾向以簡潔的方式呈現，也就是展示少量但優質的結果，並提供額外的設定，讓使用者根據需求選擇。

最好能讓使用者知道搜尋到的文件總數，如此一來他們在檢視搜尋結果時，可以大概知道後面還有多少文件。也可以考慮提供搜尋結果的導覽功能，幫助使用者快速有效地移動。在圖 9-15 當中，路透社（Reuters）提供了換頁導覽功能，除了呈現搜尋結果的總數之外，也讓使用者可以一次跳過數十個搜尋結果。

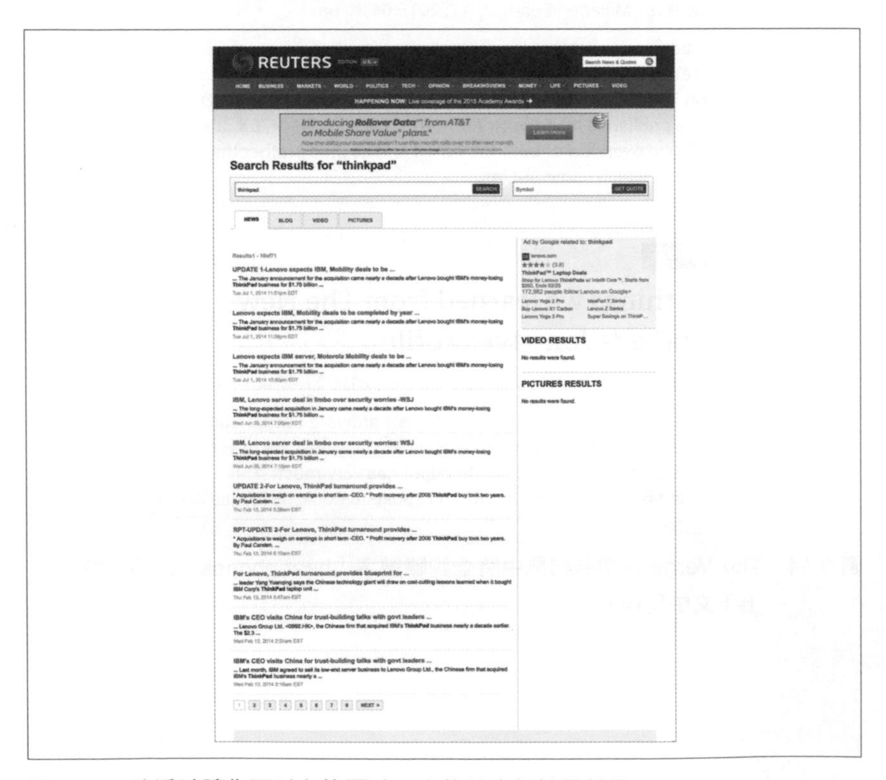

圖 9-15　路透社讓你可以在換頁時一次往前十個搜尋結果

很多情況下，使用者在看到大量的搜尋結果時，才會感到搜尋結果實在太多了。而這正是個大好機會，可以提供選項讓使用者修改、限縮搜尋。路透社的簡單作法就是讓關鍵字出現在搜尋框裡。

排列搜尋結果

現在已經有搜尋結果，也知道該呈現哪些內容元素，那麼這些結果應該如何排列呢？同樣地，答案端看使用者有哪些資訊需求、他們期待接收什麼樣的結果、以及他們想要如何使用這些結果。

排列搜尋結果最常見的方式有兩種：排序（sorting）與排名（ranking）。搜尋結果可以依據日期先後或內容元素（如標題、作者、或部門）的字母順序排列，也可以依搜尋演算法排序（如根據相關性或熱門度）。

排序對於「需要作決定或採取行動」的使用者來說特別有幫助。舉例而言，正在選購比較商品的使用者，可能想要依價格或其他特色排序來做選擇。雖然依照任何內容元素排序都可行，但明智的作法是，以真正有助完成任務的內容元素作為排序選項。至於哪些內容元素與使用者的任務有關、哪些沒有，當然就要視個別情況而定了。

排名則在「需要瞭解資訊或學習」時更能派上用場。排名前後通常代表文件的關聯性高低。使用者期望從關聯性最高的文件中獲得資訊。然而關聯性是一種相對的概念，在選擇關聯性的排名方法時應該要小心謹慎。此外，使用者通常會認定排名前幾名是最佳的搜尋結果。

以下介紹搜尋結果排序，與排名的實例，以及如何判斷哪種方式適合你的使用者。

依字母排序（Sorting by alphabet）

幾乎任何內容元素都可以按字母順序排序（圖 9-16）。這種排序方法用途廣泛，而且絕大部分情況下，使用者知道字母的順序是什麼，用於名字排列時尤其好用。在排序的時候，最好忽略開頭的「a」和「the」這些冠詞和定冠詞（有些搜尋引擎會提供這個選項）；使用者要找「The Nakcd Bungee Jumping Guide」的話，大概會在「N」下面找，而不是「T」。

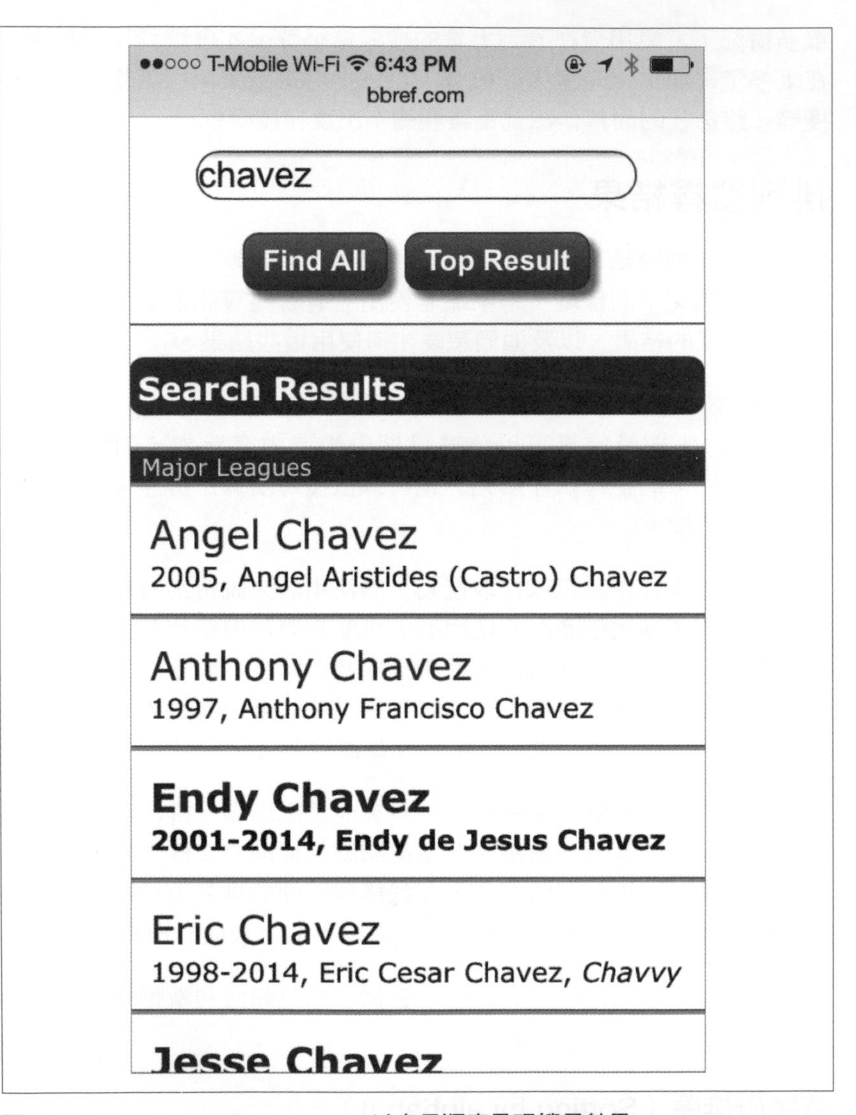

圖 9-16 Baseball-Reference.com 以字母順序呈現搜尋結果

以時間先後排序（Sorting by chronology）

假使你的內容（或使用者的搜尋）和時間有關，依時間先後排序是很好的作法。如果你沒有其他日期資料，檔案系統中內建的日期時間可以做為資料來源。

舉例來說，新聞資訊就很適合依時間由新到舊排列（見圖 9-17 和圖 9-18）。由舊到新排列的方式較為少見，大多適用於呈現歷史資料。

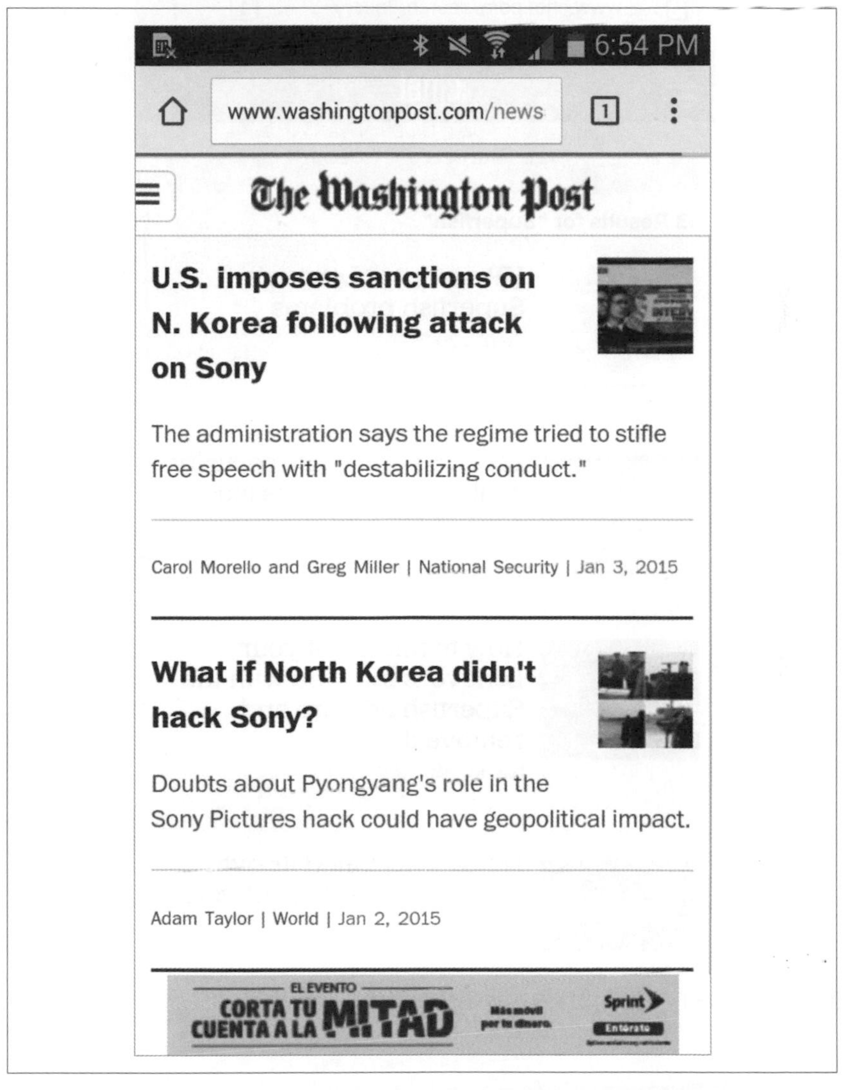

圖 9-17　《華盛頓郵報》（Washington Post）的預設排序方式是依時間由新到舊排列

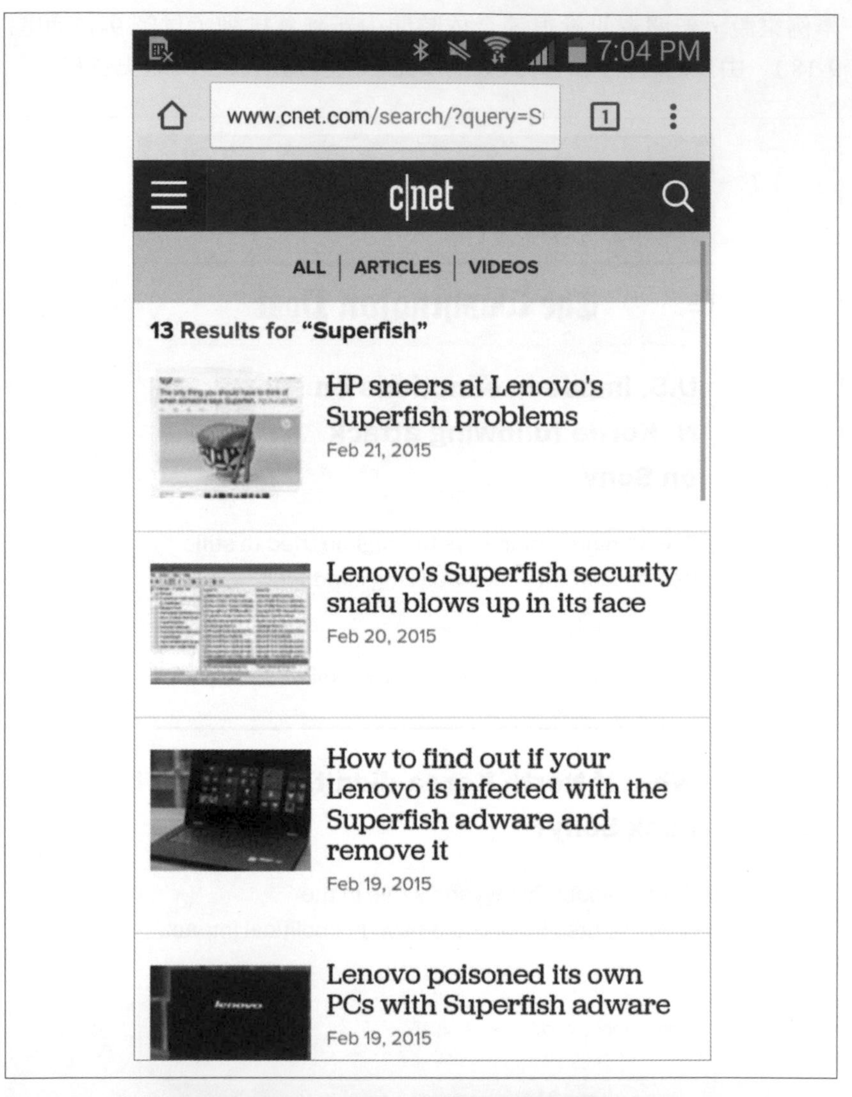

圖 9-18　CNET 的預設排序方式也是依時間由新到舊排列

依關聯性排名（Ranking by relevance）

關聯性排名演算法有很多種類，通常依據下列一種或數種原則，來決定搜尋結果的排名：

- 進行多關鍵字搜尋時，該文件中出現多少個搜尋關鍵字
- 文件中出現搜尋關鍵字的頻率
- 搜尋關鍵字出現時的靠近程度（例如彼此相連，或是在同一個句子裡，還是同一個段落裡？）
- 搜尋關鍵字出現的位置（例如出現在標題裡，可能就比內文更具關聯性。）
- 文件本身的熱門程度（例如該文件是否經常被連結，以及這些連結的來源文件本身是否熱門？）

資訊空間中內容的異質性愈高，進行關聯性排名的時候就必須愈謹慎，理論上，不同類型的內容應該採用不同的關聯性排名規則，但對大部分搜尋引擎來說，使用者搜尋的內容其實很難相互比較，也就難以決定排名。舉例來說，有時候 A 文件排名在 B 文件之前，但 B 文件的關聯性卻絕對較 A 文件為高。為什麼會產生這種現象呢？可能是因為 A 文件的內容很長，剛好多次提到搜尋關鍵字，就會被關聯性演算法排到較前面的順序，即使 B 文件是更佳的參考文獻。

人工編製索引是另一種建立關聯性的方法。搜尋引擎除了搜尋文件內容之外，同時也一併搜尋人工建立的文件關鍵字和描述（經過人為編輯而成內容組成元素），藉此提昇索引編輯人員對搜尋排名的影響力。比方說，大家所熟悉的「最佳選擇（best bets）」，就是由人工精選的推薦文件，會在搜尋時被回傳為相關結果。例如圖 9-19 當中，前幾組結果已經預先與關鍵字「烏克蘭（Ukraine）」建立了關聯性。

「最佳選擇」需要大量的人力、專業知識與時間，建置開發工程並非小事，也因此不見得需要為所有查詢準備好最佳選擇的答案。所以這種推薦規則，通常只用於最常見的搜尋（可以從搜尋記錄分析瞭解），再搭配自動產生的搜尋結果。

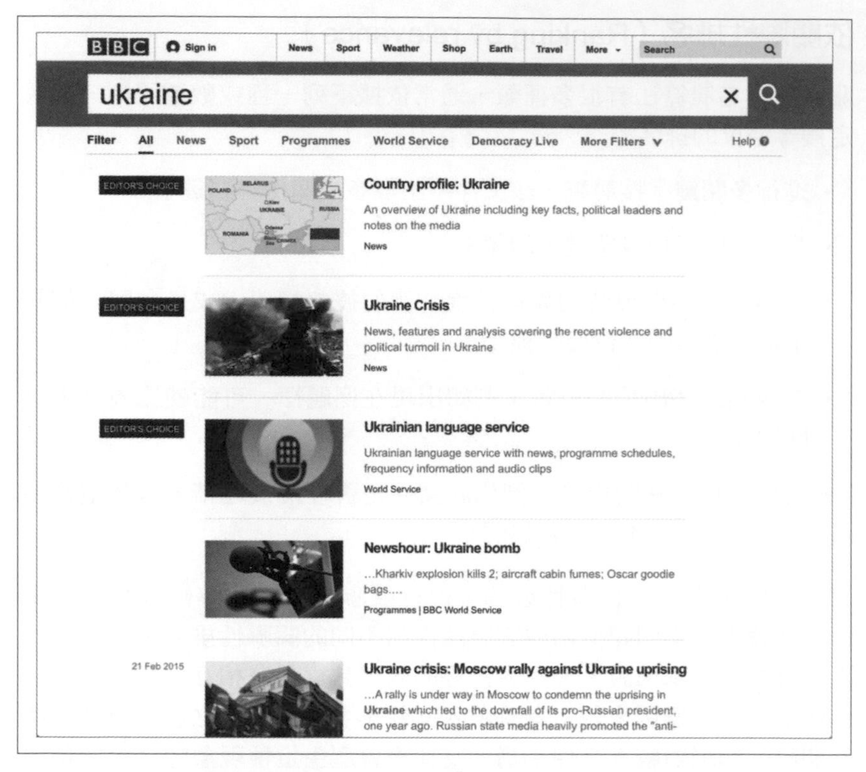

圖 9-19　在 BBC 網站上搜尋，除了自動搜尋的結果外，還會得到一些經過人工加註標籤的文件；這些推薦項目被稱為「編輯精選（Editor's Choice）」，而不是「最佳選擇」。

依熱門度排名（Ranking by popularity）

Google 之所以受到歡迎，就是因為熱門度排名的關係。

換句話說，因為 Google 將搜尋結果依照熱門度排名，因此而獲得使用者的青睞。Google 的作法是考慮一個網頁有多少外部連結，同時 Google 也會判斷這些連結的品質：若連結來自本身也有很多外部連結的網站，其價值就會比一個沒沒無聞的網站來得高。這就是大家所知道的 PageRank 演算法，也是 Google 呈現搜尋結果的獨門秘方之一。

還有其他計算熱門程度的方法，但請記住，小型網站或獨立且無連結的典藏資訊（通常稱為「孤島〔silos〕」），不見得能受惠於熱門度帶來的好處，和擁有許多使用者的大型、多網站空間不同；後者的使用範圍廣泛，連結眾多。小型的資訊空間裡不同文件間的熱門度變化可能不夠，因而採用熱門度排名用途不大。而在「孤島」空間中，資訊空間之間也因為缺乏交互作用的機會而少有連結。另外值得注意的是除了 PageRank 之外，Google 在計算關聯性上還使用了許多其他條件。

依使用者或專家的評分排名（Ranking by users' or experts' ratings）

愈來愈多的使用者開始願意為資訊的價值評分，這些來自使用者的評分，也能當作搜尋結果排名的重要依據。以 Yelp 為例，裡面的星號評分是使用者評價的綜合結果，整合大量使用者的評價，來判斷商家的價值，同時也構成整體 Yelp 商業模式的基礎。幸運的是，Yelp 網站上多的是這種勇於表達意見的使用者，所以才能累積大量評價，來當作排名依據（圖 9-20）。

然而熱心的使用者其實並不多，大多數資訊空間難以藉此獲取深具價值的評分資料。假使你有使用者評價的資料可以運用的話，就算不直接拿來計算搜尋排名，至少也應將評分一併呈現在搜尋結果上，這個資訊對使用者判斷後續的動作很有用。

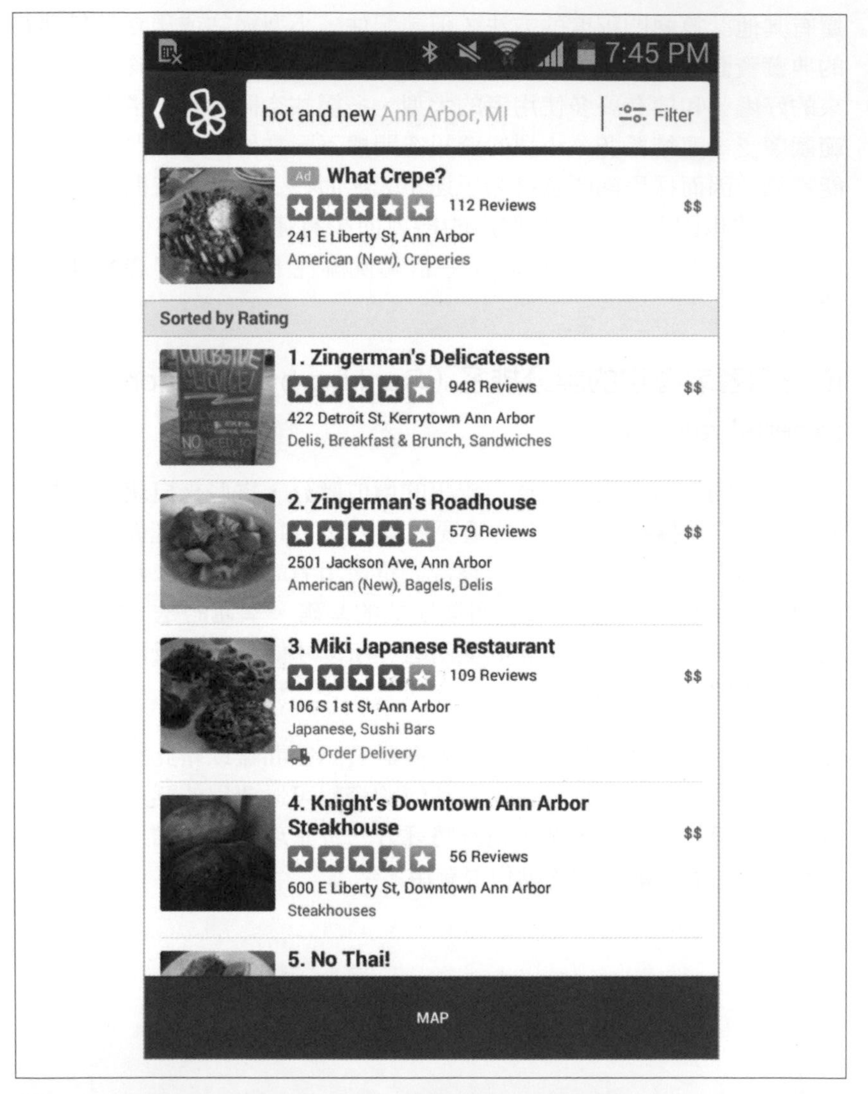

圖 9-20　使用者評分是影響 Yelp 搜尋結果排名的重要依據

依付費置入（pay-for-placement，PFP）排名

廣告已成為網路媒體最主要的商業模式，所以「付費置入」成為許多搜尋系統的常態業務也就不足為奇了。雖然前面 Yelp 的例子中，搜尋結果是依使用者評分來排序，但結果列表上第一項的分數卻比其他結

果來得低；它之所以被放在最頂端，完全是因為這是一則付費廣告的關係。

如果你的系統裡有許多不同商家的內容，不妨考慮利用付費置入機制來呈現搜尋結果。假如使用者本來就有消費動機，他們也會欣賞這個做法，因為使用者會有一種假設：相較於搜尋結果混雜著不明確的商家資訊來說，那些能負擔得起置頂廣告費用的廠商，通常是一些較大較穩的商家。這有點像是在黃頁商業電話簿中，選擇廣告版面最大的水電行來修理馬桶的意思。

將搜尋結果分組

儘管有這麼多排列搜尋結果的方法，但並沒有所謂的最完美的方法。儘管，結合不同排序方法的複合式策略看來大有可為（像是 Google 採用的作法），但大概只有搜尋引擎業者才有能力掌握這樣的工具。無論如何，資訊空間只會愈來愈大，不會愈來愈小；因此搜尋結果當然也會隨之增加，而使用者在看到最佳結果前，就放棄搜尋的機率也增加了。

然而，有一種排序與排名的方法相當看好：將搜尋結果依共同特性分為不同群組。由微軟與加州柏克萊大學（University of California at Berkeley）研究人員所做的研究顯示，將搜尋結果依類別分組或以排名列表呈現，都可以增進績效[2]。然而該如何將結果分群呢？很遺憾，最簡單直接的方法就是利用現成的 metadata 來分組，像是文件類型（如 .doc 檔、.pdf 檔等）、檔案建立與修改日期等，但這也是最沒有效的方法。更為有用的作法，是以人工建立的 metadata 作為分組依據，如主題、目標族群、語言、和產品系列等。很不幸地，需要人力投入的作法可能過於昂貴而不易進行。

在圖 9-21 中，Forrester（*https://go.forrester.com/*）為搜尋「使用者經驗（user experience）」結果建立了許多情境分組，提供依任務角色的分組（像是「行銷決策者（Marketing Leadership）」，或者依特定日期範圍的分組。

2 Susan T. Dumais, Edward Cutrell, 及 Hao Chen 合作的研究論文："Optimizing search by showing results in context"（*Proceedings of CHI '01, Human Factors in Computing Systems*, 2001, 277–284）"

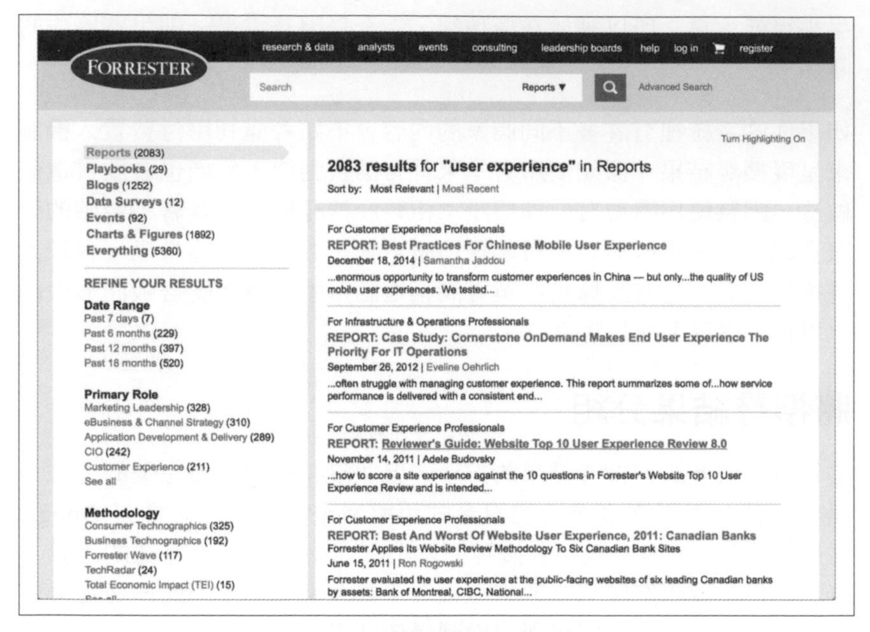

圖 9-21　Forrester 將搜尋「使用者經驗」的結果脈絡化（contextualize）

這些群組提供了不同的脈絡供使用者參考，使用者可以只查看符合興趣的分組，可以更輕鬆地處理較少的搜尋結果，並面對屬於同一主題分組的文件。Forrester 這個作法也很像是在搜尋時，即時產生多元的搜尋區域。

根據結果採取行動

現在你已經給了使用者一些搜尋結果，接下來呢？當然，使用者可以繼續搜尋、持續尋找想追尋的事物，一路調整搜尋關鍵字，也修正關於這個主題的認識。或者非常幸運，使用者已經找到想要的答案，也準備好繼續前進了。如果想要了解使用者在得到結果後會做什麼，可以透過「脈絡訪查（contextual inquiry）」與「任務分析（task-analysis）」方法來找到答案。以下章節我們將討論幾個常見的做法。

行為召喚（call to action）

有些搜尋結果本身就很適合直接採取行動，不需經過其他步驟。在這種情況下，可以在每則搜尋結果旁邊，加上行為召喚按鈕或連結。舉例來說，在 iOS 的 App Store 中，使用者可以直接由搜尋結果「取得（GET）」app，毋需先看到 app 的描述與使用者評論頁面（圖 9-22）。

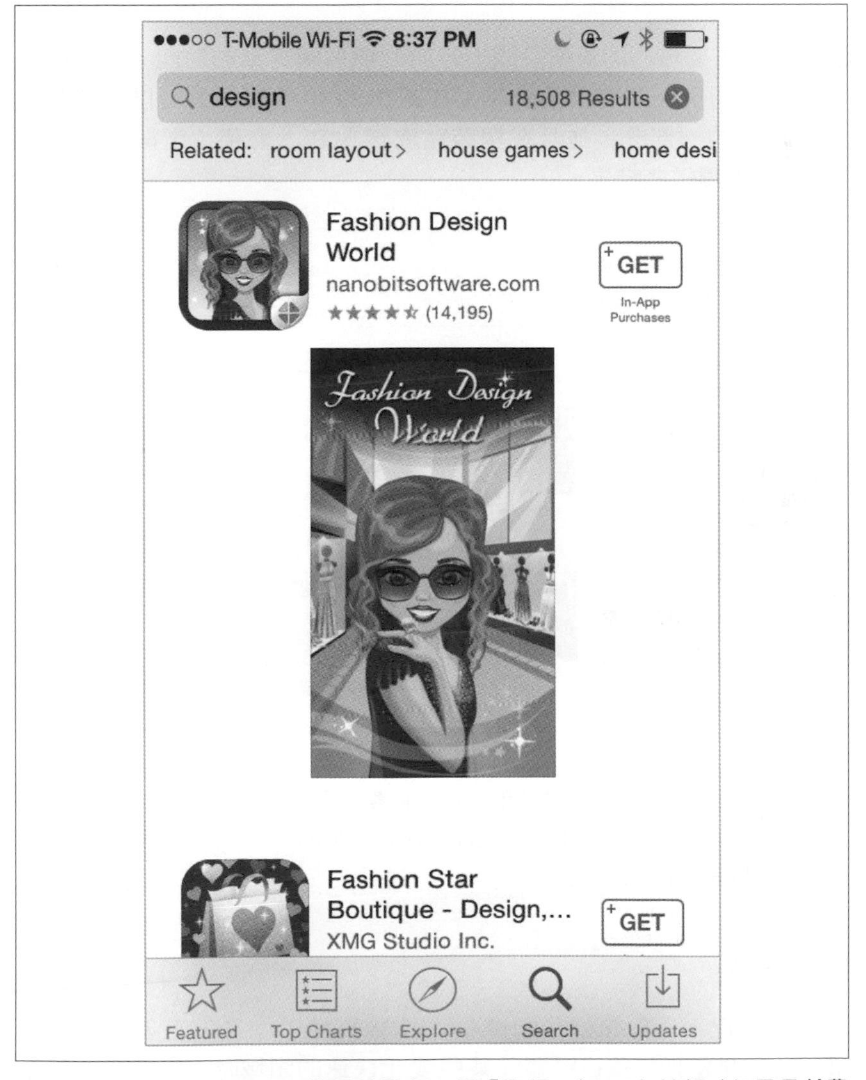

圖 9-22　iOS 的 App Store 搜尋結果有一個「取得」（GET）按鈕（如果是付費 app，則會直接標示價格）

挑選搜尋結果的一部分

有時候使用者在搜尋時，會想要獲得一個以上的搜尋結果。有點像在 Amazon 網站選購書籍一樣，使用者也會想要先看看不同的搜尋結果，再來做出某些決定，不會只挑選唯一一個搜尋結構就停止。因此，如果搜尋找到好幾十或幾百筆資料，使用者會需要在喜歡的文件上做個記號，才不會忘記或遺漏某些資料。

以搜尋為主要核心的資訊空間，若加上類似購物車的功能，可以幫助使用者挑選出一些有用的資訊。在圖 9-23 中，使用者可以「儲存」搜尋結果的一部分，並且在搜尋完成後，在「書架（虛擬的書籍清單）」上處理這些結果。

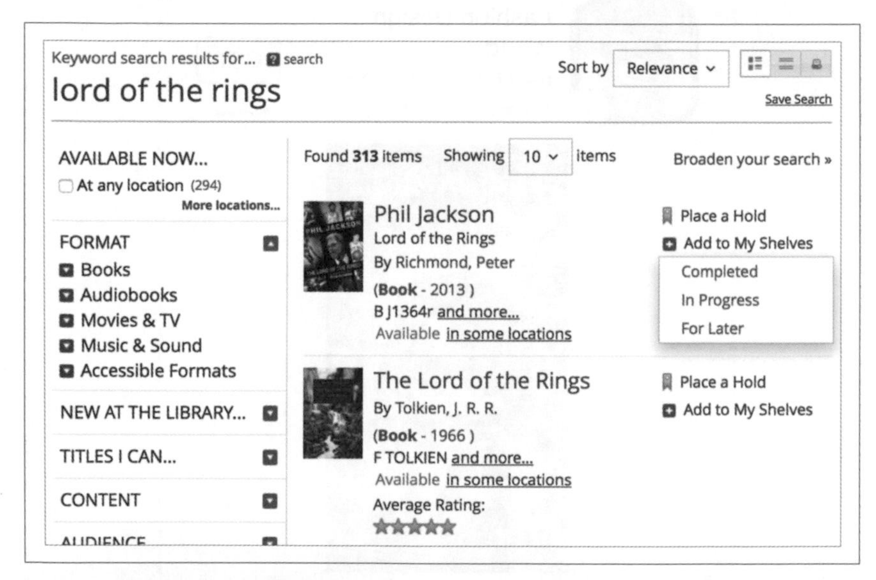

圖 9-23　舊金山公共圖書館的使用者可以將搜尋結果加到三個「書架」上：「已閱讀（Completed）」、「借閱中（In Progress）」、「稍後再看（For Later）」

儲存搜尋

在某些情況下，你想儲存的會是「搜尋條件」本身，而不是搜尋結果。特別是當你持續追蹤關注某些變化快速的領域時，這種預先儲存的搜尋條件格外有用；你可以手動定期執行同樣的搜尋，或排程定時自動執行。在圖 9-23 的範例中，搜尋結果頁面的右上角有一個「儲存搜尋（Save Search）」的連結；使用者可以為儲存下來的搜尋條件命名，方便之後再次使用。

設計搜尋介面

目前為止，我們討論過跟搜尋相關的要素，最終都會出現在搜尋介面上，包括可以搜尋哪些地方、如何選擇結果、如何呈現結果。由於使用者需求與搜尋功能二者都是變化多端，因此沒有所謂最理想的搜尋介面。雖然資訊檢索領域有很多研究，探討如何設計搜尋介面，但受到諸多因素的限制，以致於並不存在所謂「最正確的」搜尋介面設計。以下是檯面上的幾個因素：

使用者的搜尋知識與積極程度

使用者是否能自在地使用特定的查詢語言（如布林運算子），還是他們傾向使用自然語言？他們需要簡單的介面，還是功能強大的介面？他們會極力搜尋到最成功的結果，還是他們只要「還可以」的結果就好？他們願意反覆嘗試幾次？這些不同的使用者態度與偏好，需要的使用者介面並不一樣。

資訊需求類型

使用者只想初步瞭解，還是在進行全面性的研究？哪些內容組成元素可以幫助他們決定要點選一份文件？搜尋結果應該精簡，還是應該在每筆結果中提供詳盡細節？使用者願意提供多詳細地表達資訊需求（用更多、更清楚的關鍵字來搜尋）？同樣，不同的資訊需求類型，所對應的使用者介面也不一樣。

供搜尋的資訊類型

這些資訊是有結構化的欄位，還是全文？是導覽頁面、目標頁面，還是兩者都是？是由 HTML 還是其他格式撰寫，包括非文字的部分？內容屬於較為動態還是靜態？是否附帶有 metadata 及各種欄位資訊，還是就是全文？同樣，不同類型的內容格式，也會影響使用者介面的設計。

被搜尋資訊的數量

使用者會不會被搜尋結果的數量所淹沒？多少數量的結果才「正確」？

實際上要考慮的因素很多，幸好我們還能提供這些基本建議，作為設計搜尋介面的參考。

在網路時代的初期，許多搜尋引擎的前身，是來自模仿線上圖書館目錄與資料庫的「傳統」搜尋引擎，或者乾脆將整個傳統系統直接移植過來。這些傳統系統通常不是為一般使用者而設計，是設計給研究人員、圖書館員，和其他有能力和動機，透過複雜查詢語言表達資訊需求的人。因此，當時許多搜尋系統會讓使用者使用布林運算子、搜尋欄位等等，因此當使用者搜尋時，往往必須知道如何使用這些複雜的語法。

隨著網路使用者數量大爆發，整體來說的搜尋經驗與知識也降到低點，而且新一代使用者的耐心更不若以往。使用者通常只輸入一、二個詞，不會用任何運算子，接著便按下「搜尋」鍵，等待最好的結果產生。

對於這個現象，搜尋引擎開發者採取的設計策略，是將較複雜的搜尋功能藏到進階搜尋介面裡，或者將進階功能建置在搜尋引擎裡頭，讓使用者看不見。舉例來說，Google 作了一些關於使用者的假設，並建置到演算法中；這些假設包括使用者想要哪些結果（以關聯性演算法表達），和使用者希望結果如何呈現（以熱門度演算法表達）。Google 對網路搜尋做了一些很好的假設，這也是它所以成功的原因。坦白說，大部分搜尋系統，包括網路上或一般資訊系統中的搜尋，運作都不如 Google 良好。

因此，或許局面最後還是會轉向回到支援瞭解搜尋的使用者；因為使用者出於挫折，逐漸會更懂得如何搜尋，也更願意花時間學習複雜的搜尋介面，與選擇更好的搜尋關鍵字。但以目前的狀況來說，除非你的使用者是圖書館員、研究人員、或特定的專家（例如進行專利搜尋的律師），否則可以假設使用者不會花時間與心力，去仔細思索最佳的搜尋方式或關鍵字；而這也表示良好搜尋的責任主要會落在搜尋引擎、搜尋介面、以及內容如何建立標籤與索引上。因此，搜尋介面應該愈簡單愈好：只要給使用者簡單的搜尋框和「搜尋」鍵就可以了。

搜尋框

你的系統裡可能有像圖 9-24 這種隨處可見的搜尋框。

圖 9-24　隨處可見的搜尋框（這個搜尋框來自 Apple）

就是這麼簡單明瞭。你可以鍵入關鍵字（如「遺失 iPhone」）或以自然語言表達（「該怎麼找我的 iPhone ？」），然後按下鍵盤上的 Return 或 Enter 鍵，就會在整個資訊空間進行搜尋並呈現結果。

使用者對搜尋介面如何運作有自己的假設，在設計搜尋系統時最好先測試一下。常見的使用者假設有：

- 「只要把能描述我正在找的東西的詞彙打上去，剩下就是搜尋引擎的事了。」
- 「我不需要把 AND、OR，或者是 NOT 這種好笑的東西打上去。」
- 「我不必管什麼同義字；假如我想找『狗（dogs）』，只要輸入『狗』而不用管什麼犬不犬的（canine、canines）。」
- 「『欄位搜尋』？我沒時間去搞清楚有哪些欄位可以搜尋。」
- 「我的搜尋是搜尋整個網站。」

如果你的使用者有以上假設，也不打算瞭解你的系統和他們的想像有何不同，那就不要為難他們，只給他們一個搜尋框也許就夠了。當然你也可以提供一個說明頁面，解釋如何建立更進階、精準的查詢，但使用者可能不會去看。

反之，若使用者充滿學習動機，那麼我們就應該要認真教，尤其要把**握使用者願意學習的時候去教育他們**。最好的時機是在使用者遇到挫折後，開始尋求更好的搜尋品質時，假使他們打算要調整搜尋方式，正好就是我們可以幫助他們的時機。

舉例來說，在 eBay app 上搜尋「手錶（watches）」，你會得到比預期還來得多的結果（圖 9-25）。

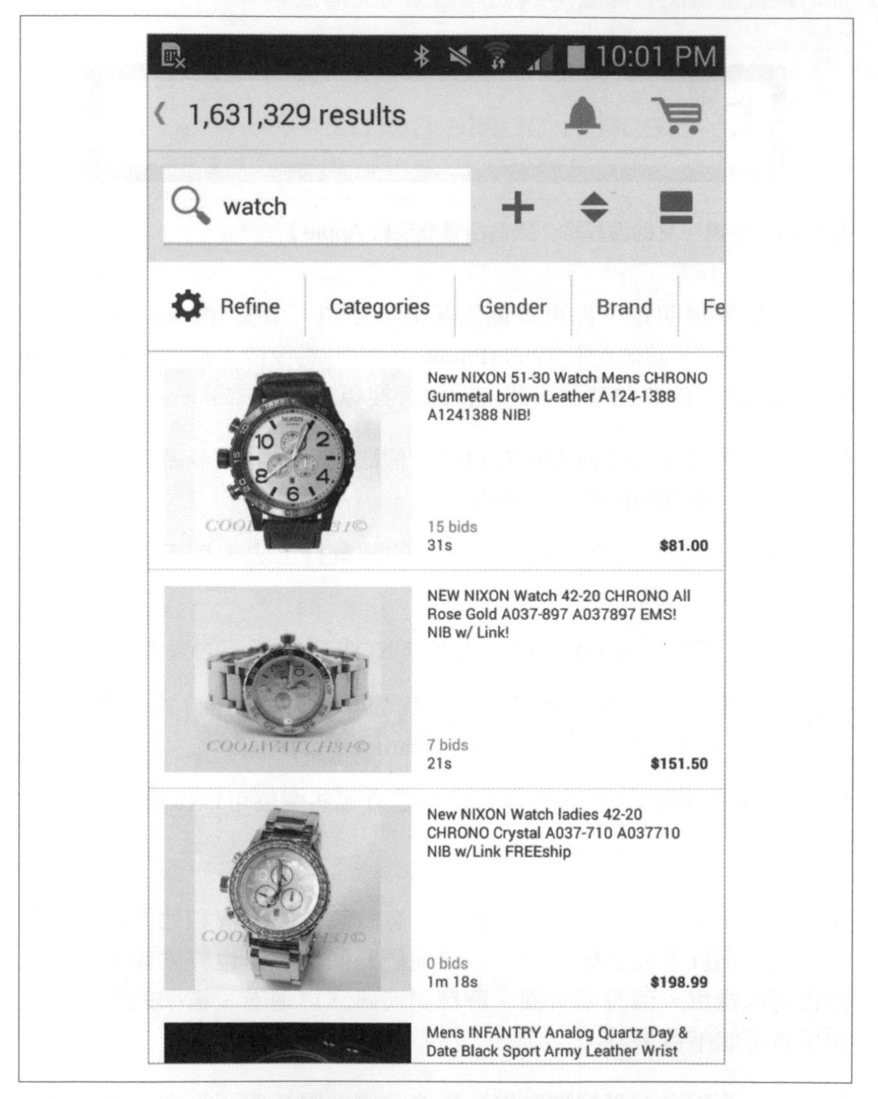

圖 9-25　eBay app 在得到搜尋結果後，提供機會讓使用者修正搜尋⋯。

在這裡，eBay 的搜尋系統做了很多輔助，不僅僅是讓使用者在搜尋框上，調整搜尋關鍵字而已：eBay 好像在跟使用者說「你得到了 1,631,329 個搜尋結果。或許太多了對吧？如果太多的話，可以考慮利用我們的『改善搜尋（Refine）』介面，縮小你的搜尋範圍。或者也可以選擇某個類別，進一步獲得更準確的搜尋結果。」（見圖 9-26）

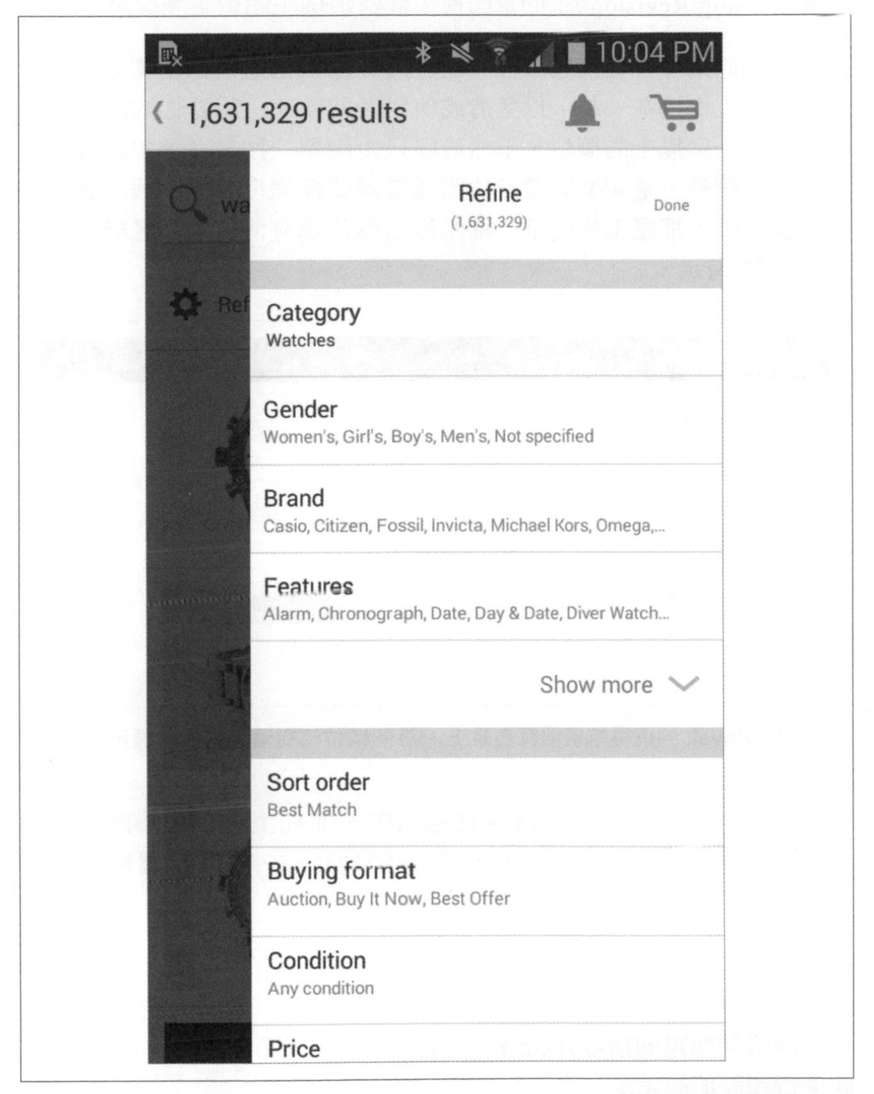

圖 9-26　eBay app 的 Refine 介面提供各種特定類別，幫助使用者改善搜尋品質。

對使用者來說，無論搜尋結果太多或太少（通常是零筆），這兩種現象都是修正搜尋的重要指標；我們會在「提供調整的機會（Supporting Revision）」的章節裡，針對這個主題做更多探討。

接著，我們來考慮如何設計搜尋框。搜尋輸入框通常都很獨立，避免和其他輸入框擺在一起，以免造成使用者的困惑。除非你的搜尋功能確實需要一個以上的欄位，不然最好只使用單一搜尋框。旅遊資訊的搜尋是個例外，這類型的搜尋功能通常需要多個搜尋框。假如必需使用多個欄位，那麼重要的是，確保每個欄位都有清楚的命名標示，如同圖 9-27 所示。

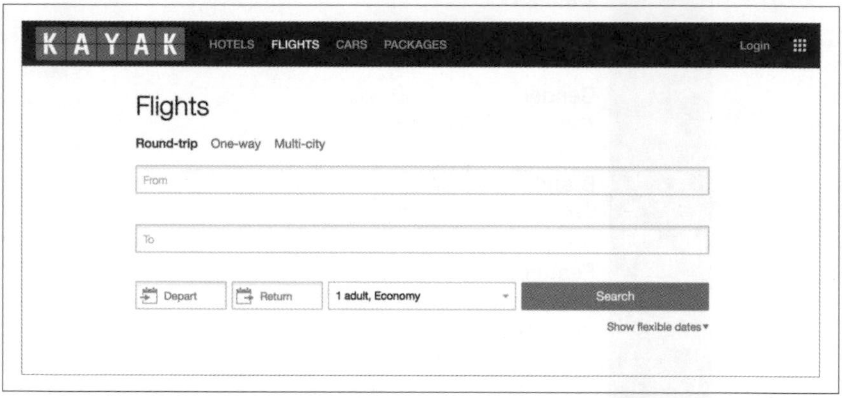

圖 9-27　Kayak 的飛機航班搜尋表單上，每個欄位都有清楚的命名標示。

搜尋框若能一致地放在全域導覽選項旁，並加上一致的「搜尋」按鈕，這樣的設計手法有助於使用者清楚地認知，該在哪裡輸入查詢條件。

在這個看似平淡無奇的小搜尋框之後藏有許多假設，有些出自於使用者，有些則出自於設計者（因為他們決定搜尋背後會有哪些功能）。在設計這個簡單的搜尋介面時，先確認使用者做了哪些假設，並且據此進行預設值的設定。

自動完成與自動建議

「自動完成（Autocomplete）」與「自動建議（Autosuggest）」是廣泛用於搜尋系統的互動模式（pattern）。在這兩種功能裡，只要輸入開頭幾個字，尚未送出之前，搜尋框就會出現初步符合的結果清單，讓使用者可以早一步看到有用的提示資訊。這些結果可能來自搜尋索引、控制詞彙、或手動挑選的關聯資訊，或者綜合上述這些作法。呈現方式可以是非常簡單直接的文字清單（自動完成模式），也可以是具高度客製化樣式的彈出框（popovers）。

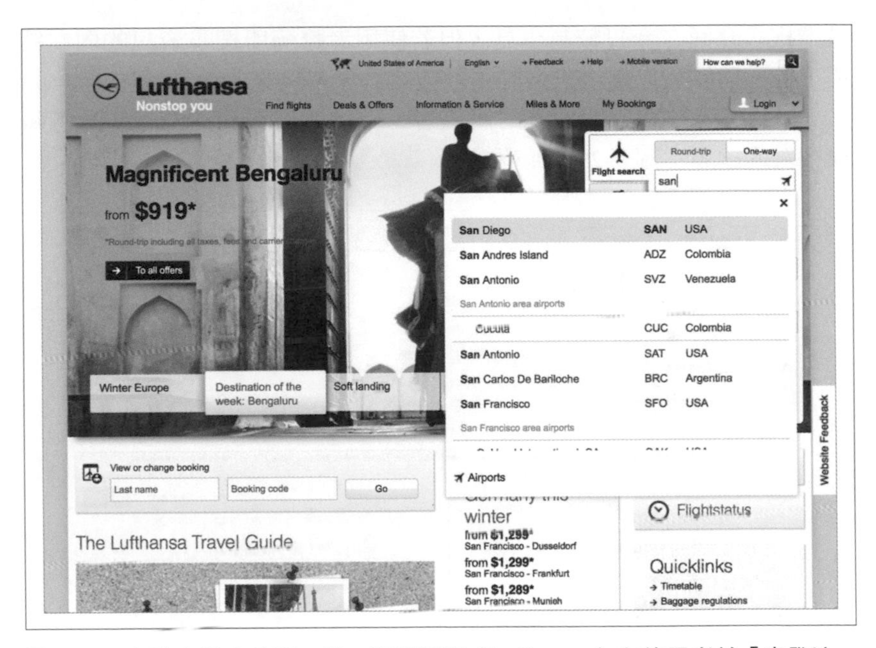

圖 9-28　和許多航空公司一樣，漢莎航空（Lufthansa）在使用者於「出發地」與「目的地」的搜尋欄位中輸入前幾個字母時，就會帶出符合條件的機場清單。

這兩種設計手法對使用者非常有用，因為系統能主動提示使用者搜尋條件，即使只有不完整的搜尋條件，也盡可能找出符合的結果。在某些情況下，這個方式也能讓使用者對於系統結構有些概念，賦予他們透過搜尋框，去探索搜尋系統的能力，進而作出更聰明的搜尋。正因如此，這種方法已經大致取代了過去那些傳統的進階搜尋機制了。

進階搜尋

過去有許多資訊系統會提供進階搜尋介面，以彌補搜尋系統在功能或設定上的不足。進階搜尋介面與搜尋框有很大的不同，因為進階介面讓使用者進行更多細部操作。進階功能通常有兩種使用者類型：較進階的搜尋者（圖書館員、律師、博士班學生、醫學研究者），和需要修正初步搜尋的受挫使用者（通常也是發現搜尋框無法滿足需求的使用者）。隨著搜尋引擎不斷改良，進階搜尋介面已經逐漸聚焦於服務前者。

進階搜尋介面在今日較為少見，但若使用者瞭解所搜尋資訊的內在結構，進階功能可以提供更多的彈性與能力。舉例來說，美國國會（US Congress）網站讓瞭解搜尋的使用者，得以運用布林運算子，自行組成複雜的搜尋（圖 9-29）。

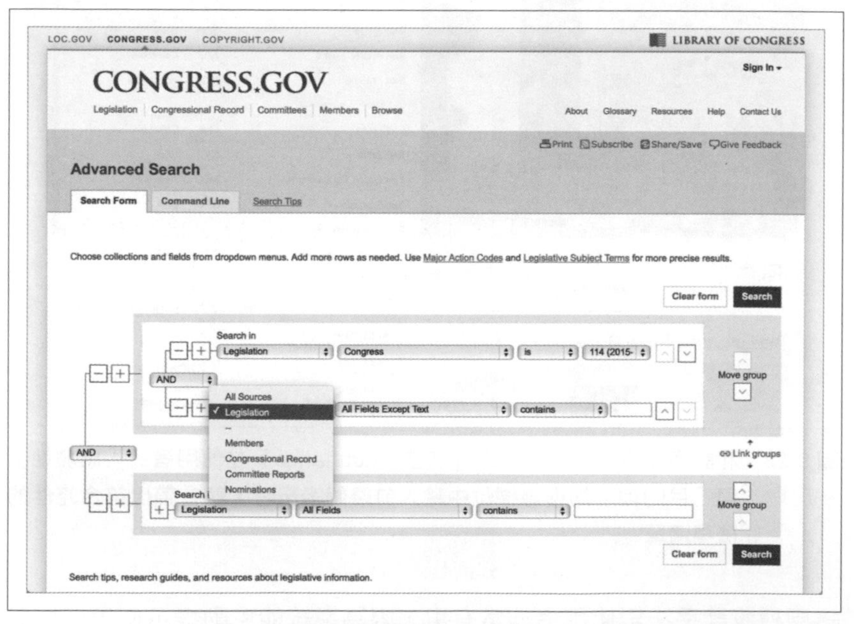

圖 9-29　Congress.gov 讓進階使用者運用布林運算子，建立複雜的搜尋。

假使你的系統可以得利於進階搜尋，根據經驗法則，理想的作法是將各種強大功能，都整合到進階搜尋頁上，供想要嘗試的極少數人來運用。但是在設計搜尋系統時，目標是要讓大多數搜尋者根本毋需進入進階搜尋頁面，就能得到好的結果。

提供調整的機會

我們已經談過使用者在搜尋完成、找到所需資訊之後的可能狀況。但事情往往不是這麼順利。以下有一些準則，可以幫助使用者調整搜尋，也希望能讓使用者更了解你的搜尋系統。

重複顯示搜尋關鍵字於結果頁面

使用者有時候很健忘，不記得剛剛搜尋了什麼；尤其是在看過幾十個搜尋結果之後。在搜尋框中顯示輸入的關鍵字會很有幫助（圖 9-30）：可以提醒使用者剛剛執行的搜尋，也讓使用者可以直接修改，而無須重新輸入字詞。

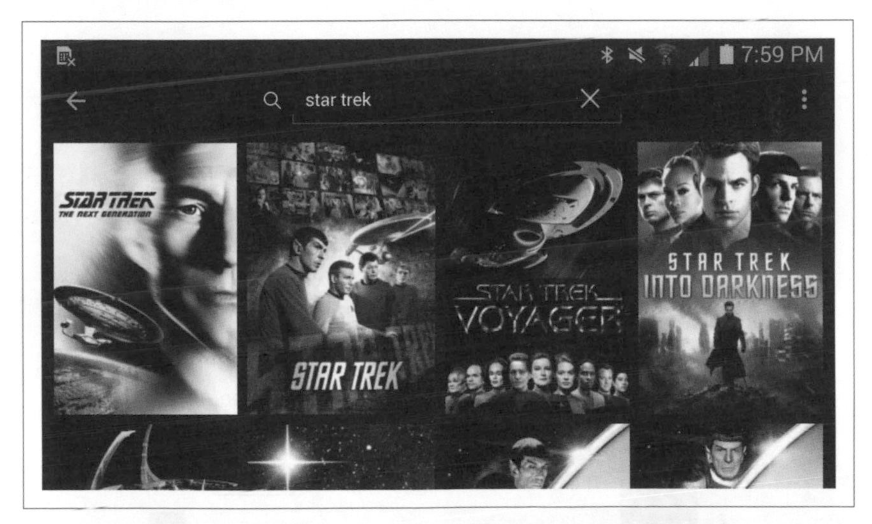

圖 9-30　在 Netflix 的安卓版 app 中，查詢的關鍵字會顯示在結果頁上，可以直接修正並再次查詢。

說明搜尋結果由何而來

交待清楚搜尋了哪些內容，對使用者來說很有用，尤其在搜尋系統支援多個搜尋區域的時候（圖 9-31）。若使用者決定要放寬或縮小搜尋範圍，這項說明就很方便；在調整的時候，使用者可以選擇要搜尋更多或更少的搜尋區域。

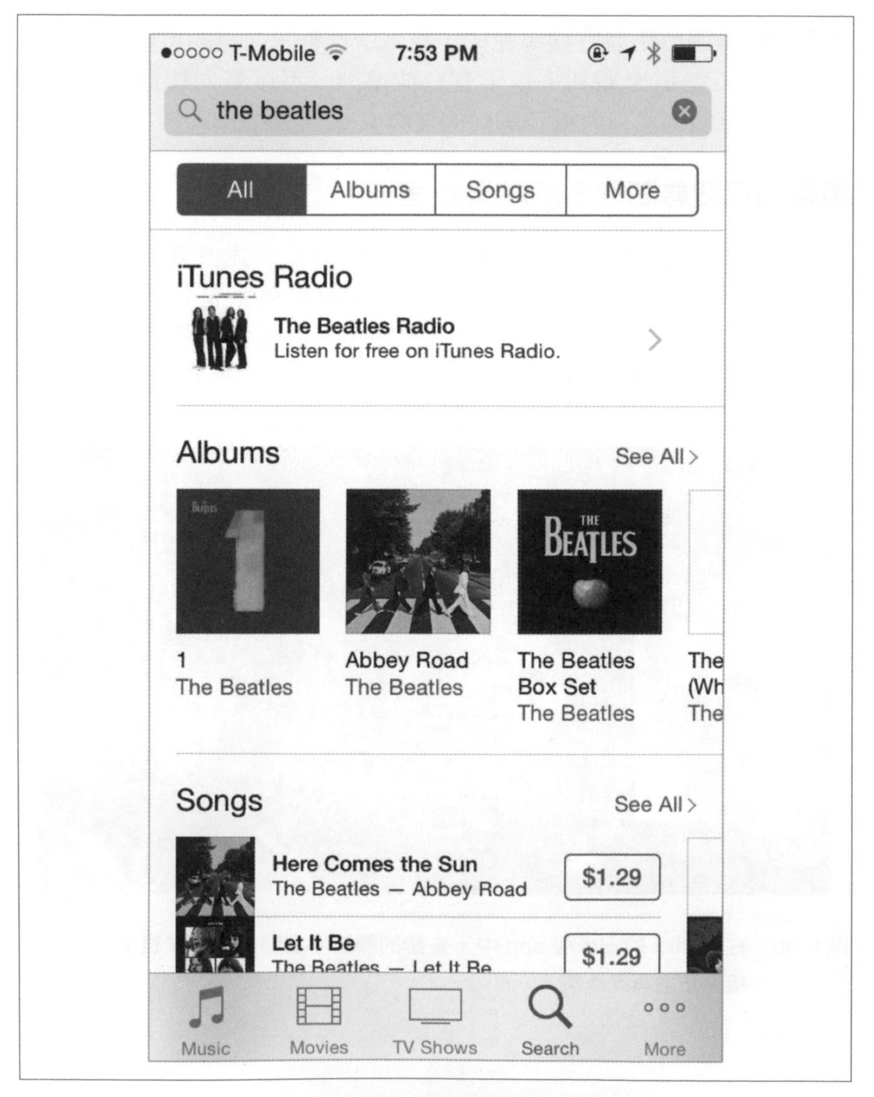

圖 9-31　iOS 的 iTune Store app 裡，搜尋結果會顯示搜尋範圍（如「全部」），也讓使用者能方便取得其他搜尋區域的搜尋結果。

讓使用者理解搜尋過程

假如搜尋結果令人不甚滿意，向使用者說明背後發生的事情，應該有助於改善現況，因為當使用者更清楚了解狀況之後，更能評估該如何修正搜尋，以獲得更好的結果。

要向使用者解釋搜尋背後「發生的事情」，可以提供這些資訊（包括前面的兩個準則在內）：

- 重複顯示搜尋關鍵字
- 說明搜尋了哪些內容
- 說明使用了哪些篩選設定（例如日期範圍）
- 顯示原本隱藏起來的布林或其他運算子，例如預設以 AND 連接兩個搜尋關鍵字
- 顯示其他目前的設定，例如排序方法
- 顯示搜尋到的結果筆數

在圖 9-32 當中，《紐約時報》（New York Times）網站提供了絕佳範例，展現如何向使用者說明所有搜尋「發生的事情」。

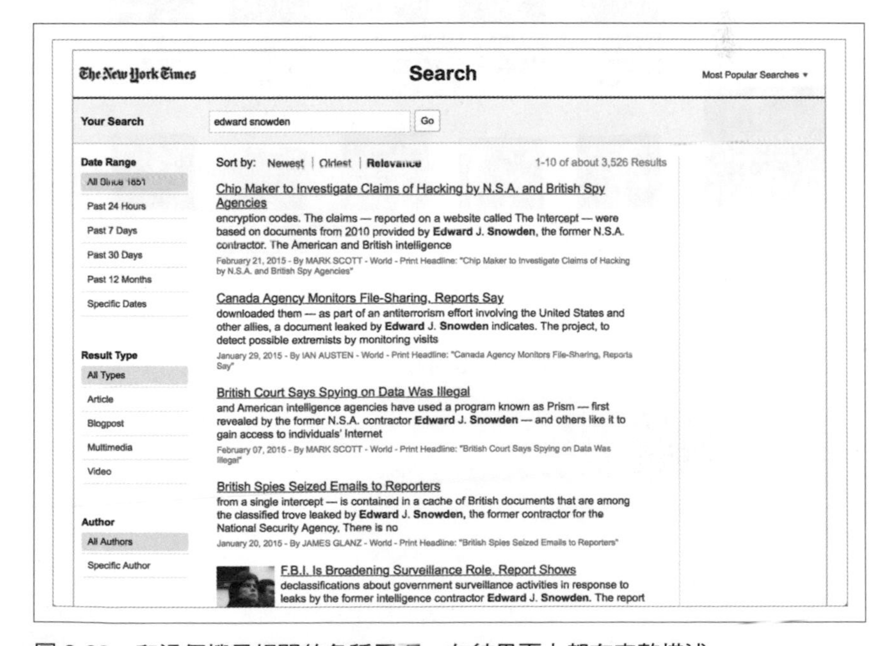

圖 9-32　和這個搜尋相關的各種層面，在結果頁上都有完整描述。

整合搜尋與瀏覽

本書的關鍵主題之一，在於整合搜尋與瀏覽的必要，這兩者必須一起思考才是「尋找」〔finding〕，但我們不在此重述。只要記住，資訊架構的規劃策略上，應當盡可能地連結搜尋與瀏覽體系，讓使用者可以在兩者之間來去自如。

如同圖 9-33 和 9-34 所示，邦諾書店（Barnes & Noble）同時提供了這兩方面的功能。

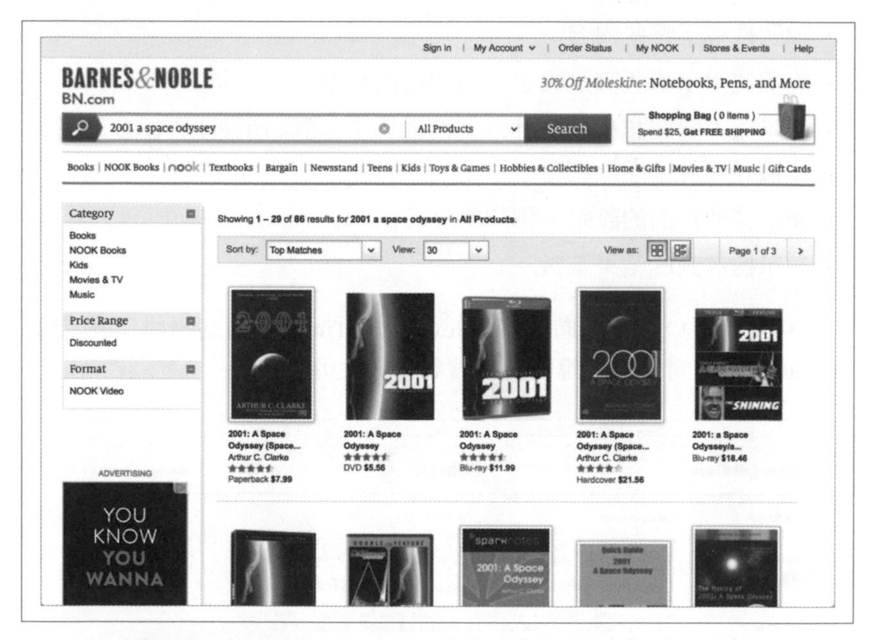

圖 9-33　搜尋導向瀏覽（*Searching leads to browsing*）：在邦諾書店網站上搜尋「2001 a space odyssey」時會同時找出類別與文件。

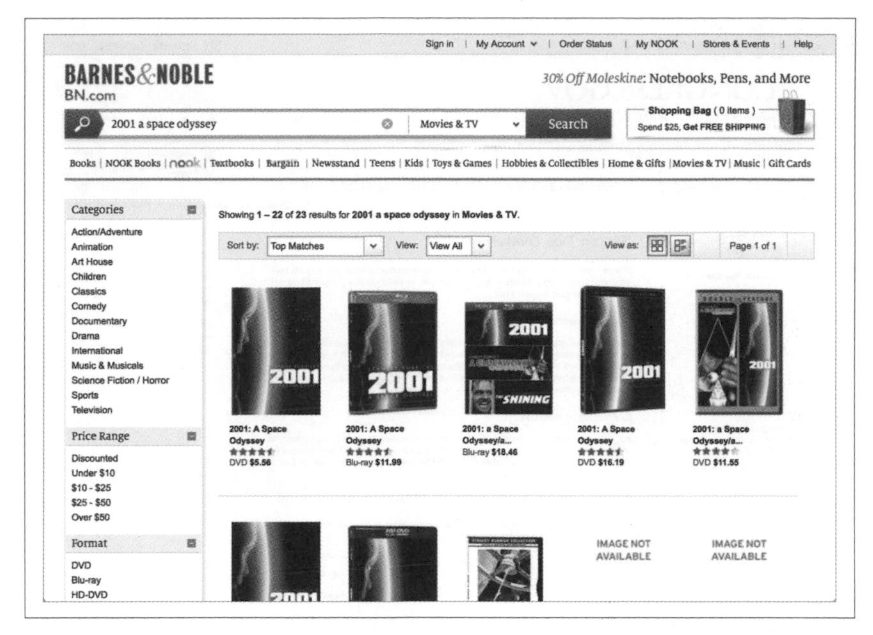

圖 9-34　瀏覽導向搜尋（*browsing leads to searching*）：進入「電影與電視（Movies & TV）」類別時，搜尋框會設定為在此區域進行搜尋。

當使用者卡關的時候

當我們已經盡力幫助使用者，提供他們重複搜尋的機會、整合的瀏覽功能、先進的檢索技術、以及各種排列呈現的演算法之後，萬一他們還是一再地失敗呢？當使用者看到搜尋結果筆數為零，或結果太多的時候，你應該怎麼做？

搜尋結果太多的狀況，比較容易應付，因為在大多數情況下，搜尋引擎會依關連性將搜尋結果排序。實際上，將過多的搜尋結果去蕪存菁，正是修正搜尋的一種形式，而且往往使用者準備停止檢視結果時，就會先自行加以挑選了。話雖如此，提供一些如何縮限搜尋結果的說明還是很有幫助（圖 9-35）。

讓使用者在現有搜尋結果裡再次搜尋，以縮減結果數量，這是常見的解決方式。在圖 9-36 中，搜尋紐約市飯店得到超過六百筆的結果；我們可以「依飯店名稱篩選」，選擇特定品牌以減少搜尋結果。

圖 9-35　Congress.gov 提供縮減搜尋筆數的建議

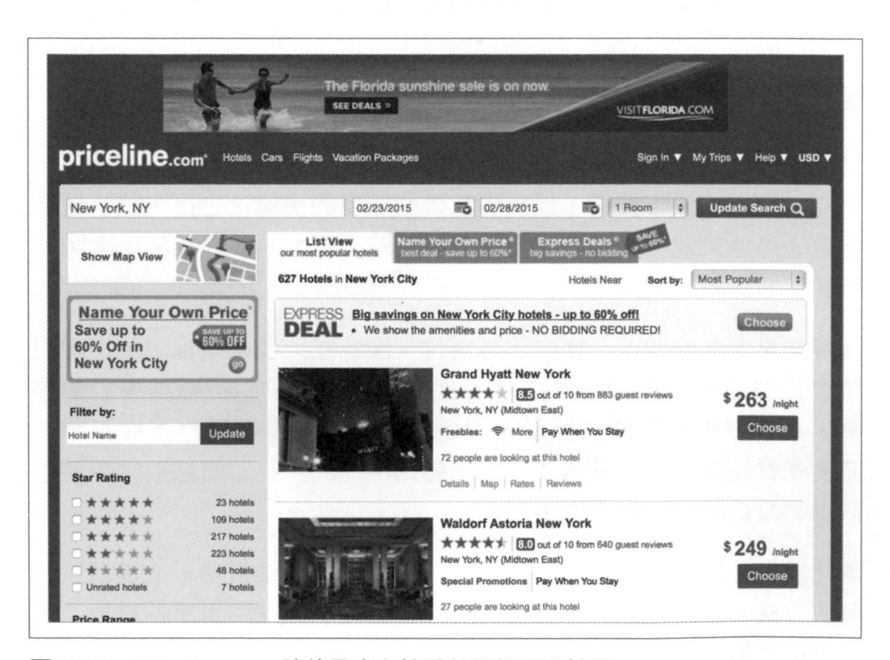

圖 9-36　Priceline.com 讓使用者在搜尋結果裡再次搜尋

在光譜的另一端是搜尋結果為零的狀況，這不但讓使用者更感挫折，對資訊架構師來說也是一大挑戰。我們建議你採用「無死巷（no dead ends）」的對策來處理這個問題。「無死巷」其實只是表示讓使用者永遠都有其他選項，即便搜尋一無所獲。選項可能包括：

- 修正搜尋的工具
- 改善搜尋的訣竅或建議
- 提供瀏覽的引導（例如：在零搜尋結果畫面中，加上各種導覽或資訊空間地圖）
- 改採用真人客服，若搜尋與瀏覽均無法運作時

值得順帶一提的是，我們很少看到能滿足上述所有條件的搜尋體系。

更多學習資源

雖然本章是這本書中篇幅最長的章節，但實際上我們只略窺了搜尋的冰山一角。假如你因此對相關主題產生興趣，或許會想進一步鑽研資訊檢索的領域。以下是我們最喜愛的書籍：

- 《搜尋模式》（Search Patterns：Design for Discovery），Peter Morville 與 Jeffery Callender 著（Sebastopol, CA：O'Reilly, 2010）
- 《現代資訊檢索》（Modern Information Retrieval），Ricardo Baeza-Yates 與 Berthier Ribeiro-Neto 著（Boston：Addison-Wesley, 2011）。
- 《資訊檢索概念》（Concepts of Information Retrieval），Miranda Lee Pao 著（Westport, CT：Libraries Unlimited, 1989）。這本書已經絕版，但或許你可以在 Amazon 上面找到二手書。
- 《On Search, the Series》，這是由 XML 之父提姆．布雷（Tim Bray）所寫的一系列關於搜尋的文章。

假如你希望找到更實質的建議，可以閱讀 Avi Rappoport 的文章，包含搜尋工具安裝與設定建議、產品列表、產業消息等，放在她的 Searchtools 網站上（*http://www.searchtools.com*）。另外一個很棒的資源是 Danny Sullivan 的 Search Engine Watch（*http://www.searchenginewatch.com*），這個網站主要聚焦於全球資訊網的搜尋議題，但內容與站內搜尋也有高度相關。

要點回顧

我們總結一下本章的學習要點：

- 搜尋是尋找資料的重要機制；然而，資訊空間並非絕對需要搜尋系統。
- 雖然搜尋看起來很簡單—只要在搜尋框內鍵入幾個字就成了，但實際上內部運作相當複雜。
- 調校與設定搜尋系統時，選擇在什麼內容上建立索引，這是很重要的步驟。
- 搜尋演算法有非常多種不同類型。
- 將搜尋結果呈現在使用者面前的方式也同樣五花八門。
- 所有因素－可以搜尋哪些地方、如何選擇結果、如何呈現結果－全都會出現在搜尋介面上。

現在我們要接著探討概論裡的最後一個觀念：同義詞典、控制詞彙，與 metadata。

第十章

同義詞典、控制詞彙和 Metadata

操控現實的基本工具是操控字詞。

—*Philip K. Dick*

本章中會涵蓋：

- metadata 和控制詞彙的定義
- 同義詞環、權威檔案、分類規則（方法）和同義詞典的概述
- 階層關係、相等關係和關聯關係
- 層面分類與引導式導覽

一個互動的資訊空間（例如網站或手機 app），是由多個系統相互連結而成，彼此有複雜的相依性。以畫面上的某個小元素來看（例如一個連結），可能同時屬於資訊空間的組織結構、命名、導覽和搜尋體系的一部分。將這些不同的體系分開來學習，雖然比較容易入門，但過度簡化的觀點，會產生見樹不見林的缺憾，畢竟不同體系彼此之間的互動也是非常關鍵。

metadata 和控制詞彙（controlled vocabularies）彌補了這個缺憾，它們幫助我們看到體系彼此之間的關係。許多以 metadata 為基礎的產品或服務裡，控制詞彙扮演著將整個系統串連起來的角色。而隱身在後的同義詞典（thesaurus），則讓舞台前的使用者經驗能更順暢與更令人滿意。

此外，同義詞典累積的設計經驗可以銜接過去與現在的隔閡。在全球資訊網出現的很久以前，同義詞典就開始應用於圖書館、博物館和政府單位了。我們可以從這數十年的經驗中學習，但需要仔細分辨而不能直接套用。與過去相較，今日的系統有著不同的挑戰，因此需要更有創意的解決方案。

不過講這些有點太早，我們先來定義一些基本詞彙和觀念，然後再往上描繪整個全貌。

Metadata

想為 metadata 下定義，就像試圖抓泥鰍一樣困難。把 metadata 稱為「關於資料的資料（data about data）」，其實對於理解沒什麼太大幫助[譯註]。

下面說明是從維基百科節錄出來，稍微有點幫助：

> Metadata（或 metacontent）的定義是：「它是一些資料，能提供關於資料某些層面的相關資訊」，例如：
>
> - 資料建立的方式
> - 資料的用途
> - 資料建立的日期和時間
> - 資料的建立者或作者
> - 資料建立的位置（電腦網路上）
> - 運用的標準
>
> 舉例來說，一張數位影像可能包括這些 metadata：影像檔案的大小、色彩濃度、解析度、建立的時間，以及其他資料。一個文字檔案則可能有這些 metadata：文件長度、作者、撰寫時間，及內容的簡短摘要。

譯註 Metadata 的中文翻譯有多種講法：詮釋資料、中介資料、中繼資料、後設資料、元資料等。Metadata 在本書中盡量採用 metadata 原文，也比較符合國內普遍的用詞習慣。

Metadata 標籤可應於描述文件、網頁、圖像、軟體、影片和聲音檔案，及其他內容物件，有了這些 metadata 標籤就能改善導覽和搜尋。舉個簡單的例子，很多網站會使用 HTML 中 <meta> 標籤的 keyword（關鍵字）屬性來描述網頁，網頁製作者可以隨意地加入各種描述內容的關鍵字，而這些關鍵字可以供搜尋引擎使用，但是並不顯示於網頁介面上：

```
<meta name="keywords" content="information architecture,
content management, knowledge management, user experience">
```

現在已經有許多企業以更細緻的方式使用 metadata，結合內容管理軟體和控制詞彙的力量，建立以 metadata 驅動的動態系統，創造了分散式協作與強大的導覽功能。這種以 metadata 驅動的資訊空間模式，顯示出資訊空間的建構與管理方式在本質上的深度改變。過去我們會說「我該把這文件放在分類中的何處」，現在我們則關心「我該如何描述這份文件」，而讓軟體和詞彙系統來處理剩下的工作。

控制詞彙（Controlled Vocabularies）

控制詞彙有各式各樣的形式和大小。最粗略的形式，是由任何自然語言的子集合所組成；而控制詞彙最簡單的形式，就是一份同義詞環（synonym ring）形式的**相等詞清單**（*a list of equivalent terms*），或者是一份權威檔（authority file）形式的**優先詞清單**（*a list of preferred terms*）。定義術語之間的關係（例如：廣義、狹義）之後，就會獲得一套詞語的分類方法；而製作同義詞典就是幫概念之間建立聯想關係（**例如：參見款目** *see also*，**參考相關** *see related*）。圖 10-1 描述了不同類型的控制詞彙之間的關係。

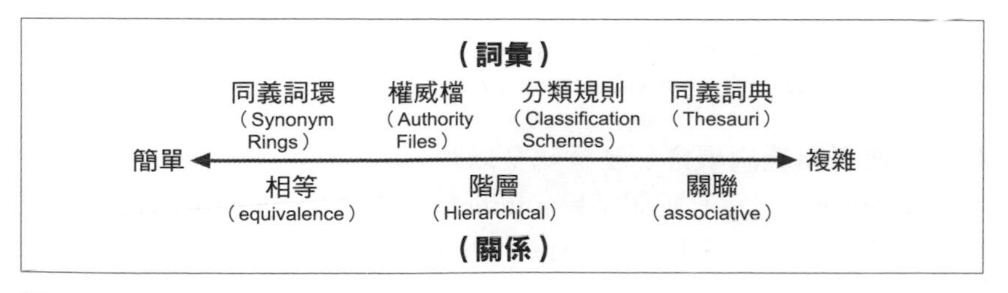

圖 10-1　控制詞彙的類型

完整的同義詞典就像一把瑞士刀，包括所有其他較簡單的關係與功能（即分類規則、權威檔、同義詞環等）。因此在仔細介紹同義詞典之前，我們先來深入了解其中的基本元素。

同義詞環（Synonym Rings）

同義詞環將意義相等的詞彙連結起來；這裡的「相等」指的是在檢索時可用來替代的詞彙（圖 10-2）。在實務上，這些詞往往不是真的同義詞。

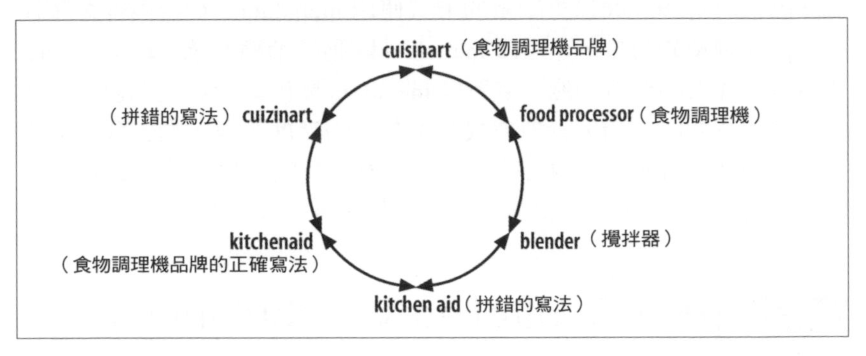

圖 10-2　同義詞環

舉例來說，如果你正在重新設計一個產品資訊網站，提供居家產品的評比資訊。同義詞環中可能沒有優先詞，或不一定要選出優先詞。只要利用搜尋引擎的基本功能，就能建立同義詞環；有些只要把一組一組意義相同的詞，放到一個文字檔案裡就好。當使用者搜尋一個關鍵字，系統便會檢查文字檔案裡是否有這個字。找到了之後，使用者的搜尋就會「擴展分解」，同時去查詢所有意義相等的詞彙。例如，轉變成這樣的布林邏輯式：

```
(kitchenaid) becomes (kitchenaid or "kitchen aid" or blender or
"food processor" or cuisinart or cuizinart)
```

如果不使用同義詞環會怎麼樣呢？以圖 10-3 為例，若在 Frys.com 上搜尋「itouch」只會有兩個結果，itouch 是 iPod touch 的常用組合字，但並非正式的商品名稱。然而以「iPod touch」搜尋，卻有 648 個結果。

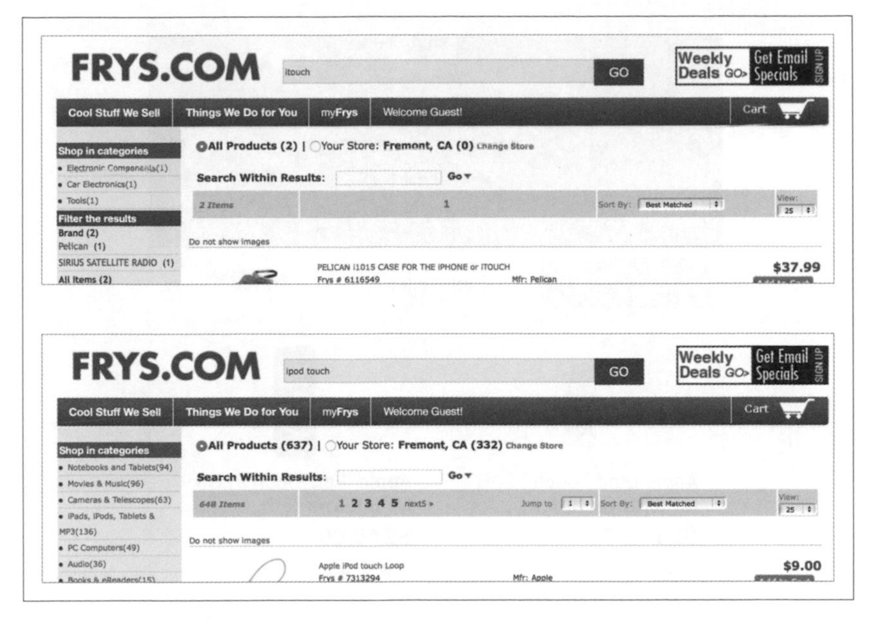

圖 10-3　在 Frys.com 搜尋「itouch」和「iPod touch」的結果

若是為 itouch 建立了同義詞，就會獲得較多有用的搜尋結果；即使 itouch 其實是個「錯誤」的用詞（圖 10-4）。

同義詞環雖然能解決一些搜尋的問題，但也可能會帶來新的問題。假使上述的擴展搜尋在系統內部運作，使用者會發現某些搜尋結果中，在網頁內容並未見到輸入的關鍵字，他們可能會感到困惑。除此之外，使用同義詞環也會產生關聯性較低的搜尋結果。這讓我們又回到了查準與查全的主題。

你或許還記得，**查準**（*precision*）指的是檢索結果中文件的關聯性。查準率要高，相當於對系統說：「只給我最相關的文件。」**查全**（*recall*）指的則是檢索結果中的相關文件佔所有相關文件的比例。查全率要高，相當於對系統說：「給我*所有*相關的文件。」讓我們回頭再看一次第九章討論過的查準率與查全率，如圖 10-5 所示。

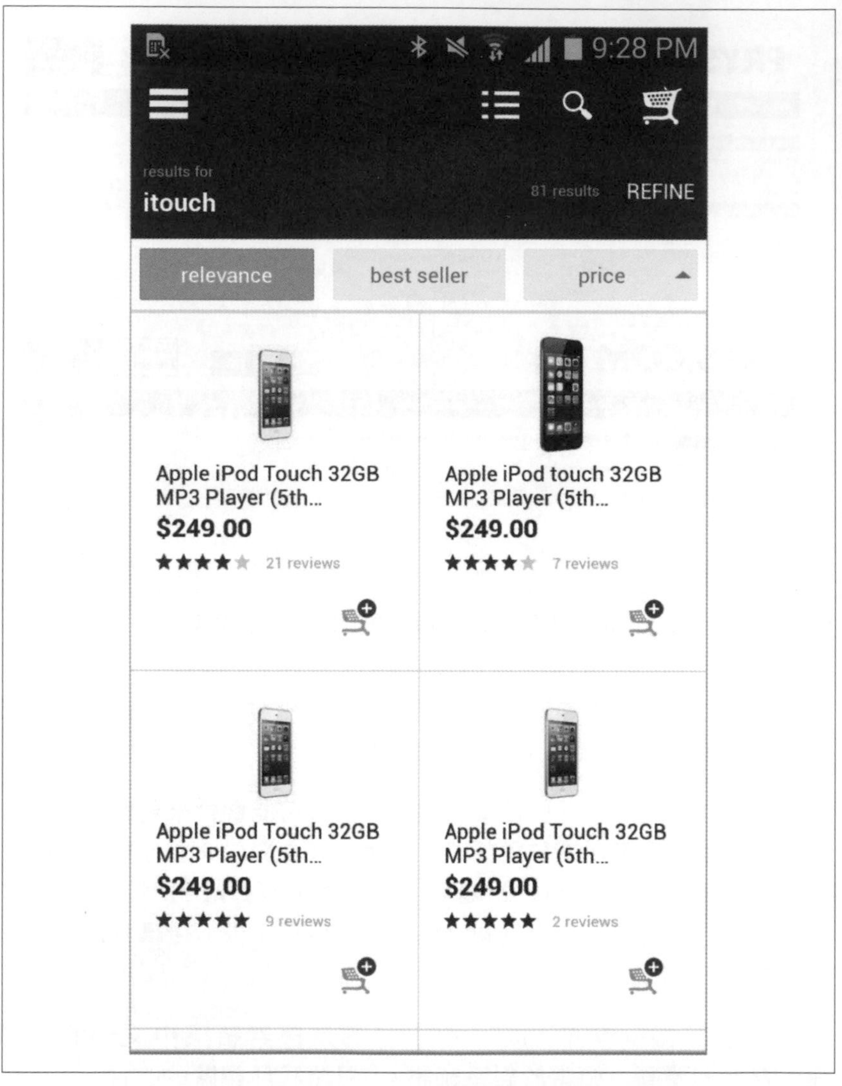

圖 10-4　在 Target 的 Android app 上搜尋「itouch」有 81 個結果

$$\textbf{查準率} = \frac{\text{搜尋所得的相關文件筆數}}{\text{搜尋所得的文件筆數}}$$

$$\textbf{查全率} = \frac{\text{搜尋所得的相關文件筆數}}{\text{系統中所有相關文件筆數}}$$

圖 10-5　查準率與查全率

高查準率與高查全率若能魚與熊掌兼得，那就再好不過了，但在資訊檢索專業領域中普遍的認知是，這兩者會互為消長，無法兼得。對於控制詞彙的運用來說，這個現象具有重要意涵。

你不難猜到，同義詞環可以大幅提昇查全率。根據 1980 年代貝爾通信研究所（Bellcore）進行的研究，在一個小型測試資料庫中，使用同義詞環或「無限同義詞（unlimited aliasing）」，可以讓查全率從 20% 提高為 80%[1]。然而同義詞環也可能會降低查準率。想達到查全與查準間的最佳平衡，可以從好的介面設計，與了解使用者的目標來著手。舉例來說，一開始預設使用同義詞環，當搜尋結果產生後，開始排列順序時，將完全符合關鍵字的搜尋結果排在最前面，不完全符合者排在後面。或者你也可以預設不使用同義詞環，但是當搜尋結果很少或沒有結果時，提供「以相關詞彙擴大搜尋」的選項。

總而言之，同義詞環是控制詞彙中既簡單又好用的方法。對多數大型的資訊空間來說，實在沒有藉口不提供這項基本功能。

權威檔（Authority Files）

嚴格來說，權威檔是優先詞（preferred terms）或接受值（acceptable values）的清單，其中並不包括變異詞或同義詞（variants or synonyms）。傳統上，權威檔被廣泛使用於圖書館與公家機關，在有限的資訊範疇內，提供適合的專有名稱。

就實務而言，權威檔通常同時包含優先詞與變異詞。換句話說，權威檔就是同義詞環，但會從中選擇一個詞彙，當作優先詞或接受值。

例如美國各州州名的標準縮寫是兩個字母，由美國郵政總局所定義。這是個很有教育意義的例子。依最純粹的定義來看，權威檔應該只包括下列可容許的縮寫：

```
AL, AK, AZ, AR, CA, CO, CT, DE, DC, FL, GA, HI, ID, IL, IN, IA,
KS, KY, LA, ME, MD, MA, MI, MN, MS, MO, MT, NE, NV, NH, NJ, NM,
NY, NC, ND, OH, OK, OR, PA, PR, RI, SC, SD, TN, TX, UT, VT, VA,
WA, WV, WI, WY
```

1 Thomas K. Landauer, The Trouble with Computers：Usefulness, Usability, and Productivity（Cambridge, MA：MIT Press, 1996）

然而，要讓這份清單在大部分情境裡發揮作用，至少呈現出縮寫州名與全寫的對應關係：

```
AL Alabama
AK Alaska
AZ Arizona
AR Arkansas
CA California
CO Colorado
CT Connecticut
...
```

如果要讓這份清單更好用，也要將常見且非正式州名的變異詞也放進來，會更有幫助：

```
CT Connecticut, Conn, Conneticut, Constitution State
```

討論到這裡，我們碰上一些關於權威檔的使用與價值的重要問題：既然使用者搜尋時，輸入的許多關鍵字都可以對應到同一個概念上，我們是否需要定義優先詞？也許同義詞環就能處理了？何苦多花力氣把 CT 定義為接受值呢？

首先，有一些背後的理由。對於內容作者與索引建立者來說，權威檔是一項實用的工具，可以幫助他們有效率且一致地使用經認可的詞彙。同時，從控制詞彙管理的觀點來看，優先詞可以視為這組意義相等詞彙的代言人（唯一識別碼，unique identifier），讓變異詞的增補、刪除、修改更有效率。

此外，使用優先詞也為使用者帶來很多好處。以圖 10-6 為例，Drugstore.com 提供錯誤拼法「tilenol」和正確品牌名稱「Tylenol」間的對應；透過顯示優先詞「Tylenol」，可以教育使用者認識正確的名稱。有時候還能幫助使用者修正錯誤的拼字，也可以提供業界使用的專有名詞，或幫助建立品牌認知。

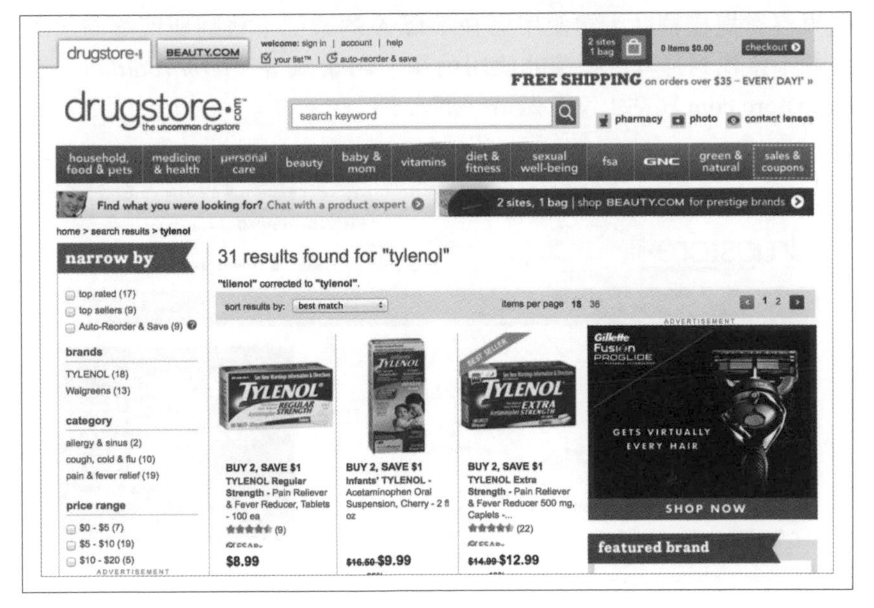

圖 10-6　相等詞之間的對應

使用者透過搜尋學到的資訊，影響的不只是資訊空間的行為，即使在其他情境也能發揮功用，例如使用者透過電話聯繫，或造訪實體店面接觸時，他們就會使用正確的詞彙來溝通。這是促使大家運用共同的詞彙來溝通的契機，而且在搜尋時不需要先了解正確的字詞。實際上，這種搜尋體驗可能很像和業務員互動，他們懂得顧客的用詞，但也會讓顧客知道業界習慣的術語。

在使用者從搜尋模式切換為瀏覽模式時，優先詞可以作為其他相同意義詞彙的代表。在設計分類、導覽列與索引時，如果要把每一個詞彙所有的同義詞、縮寫、簡稱、與常見的錯誤拼法全部呈現出來，會是一場折磨人的大混仗。

在 Drugstore.com 網站上，只有品牌名稱會放在索引裡（見圖 10-7）；像「tilenol」這種相等詞不會出現。這讓整個索引目錄相對簡短整齊，而且以這個例子來說，也強化了品牌名稱。然而這其中也有取捨，若相等詞的開頭字母不同，建立指標（pointers）就有其價值：

```
阿斯匹靈（Aspirin） 參見 拜耳（Bayer）
Aspirin see Bayer
```

如果沒有指標輔助，當使用者在字母 A 的索引下找阿斯匹靈時，其實並不會找到拜耳。指標的使用稱為「**詞彙輪替**（*term rotation*）」。Drugstore.com 網站上沒有做這件事。

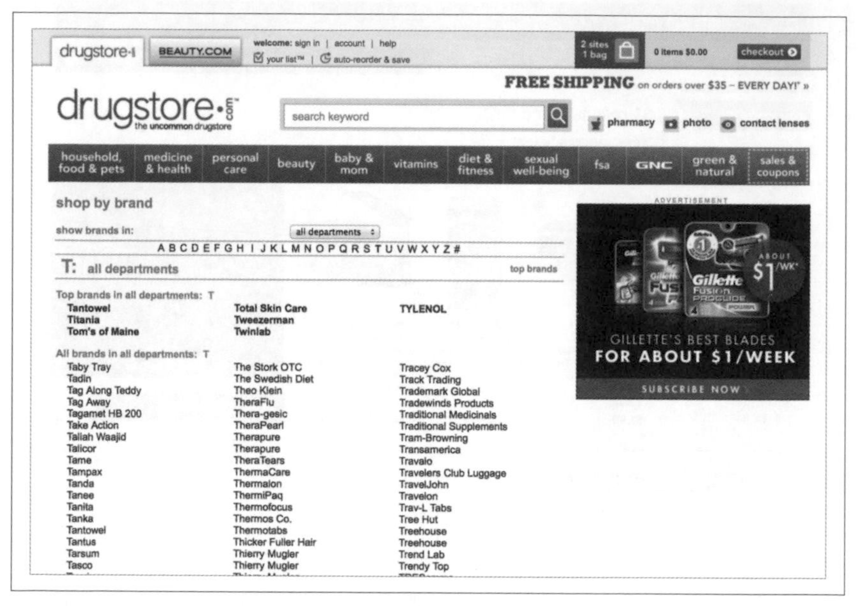

圖 10-7　Drugstore.com 上的品牌索引

在圖 10-8 中，使用者在美國聯邦藥物管理局（US Federal Drug Administration）網站上搜尋「Tylenol」時，會被導引至通用詞彙「乙醯胺酚（acetaminophen）」。像這樣整合「著錄詞彙（entry vocabulary）」，可以大大提昇網站索引的實用性。然而，這需要有選擇性地進行；否則索引會變得過長而損害整體的易用性。這裡同樣需要仰賴研究與良好的判斷，以謹慎求取平衡。

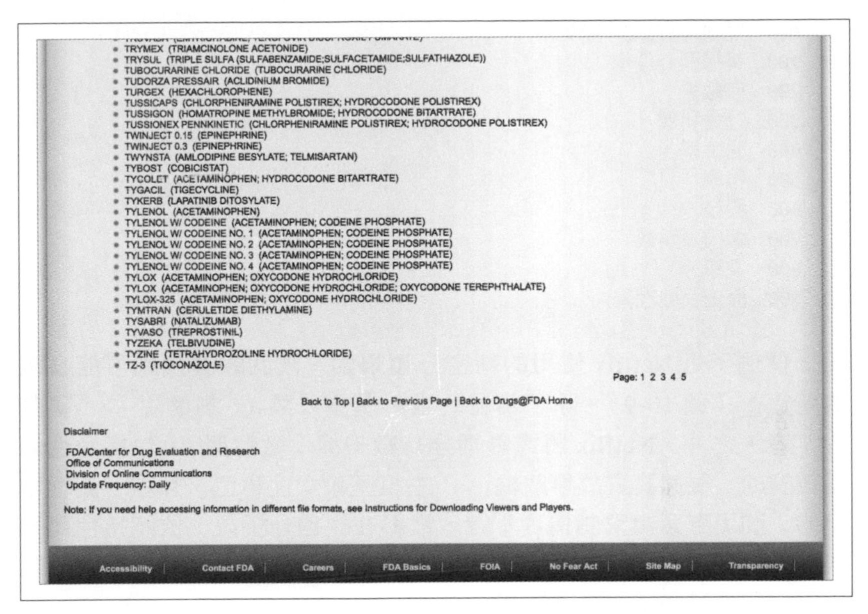

圖 10-8　有詞彙輪替的網站索引

分類規則（Classification Schemes）

我們以**分類規則**一詞表示優先詞的安排方式；近來許多人更喜歡**分類學**（*taxonomy*）一詞。不論哪一種，我們都必須瞭解到安排優先詞的方法，會影響展現的方式以及多元的目的，包括：

- 前台使用者介面的一部分，可供瀏覽的階層
- 作者與索引建立者使用的後台工具，用於文件的組織與標籤（tagging）

舉個例子，我們來看看「杜威十進分類法（Dewey Decimal Classification，DDC）」。杜威十進分類法首次發表於 1876 年，現在是「全世界最廣為使用的分類法。有超過 135 個國家的圖書館採用杜威十進分類法來組織、管理藏書[2]。」以其最純粹的形式來看，杜威十進分類法是一份階層清單，最頂層有十個類別，每一個類別會再各自展開細部分類：

2　資料來自 OCLC 的〈杜威十進分類法簡介〉（*http://www.oclc.org/dewey/about/about_the_ddc.htm*）。

000　電腦、資訊及總類
100　哲學及心理學
200　宗教學
300　社會科學
400　語言學
500　科學
600　科技
700　藝術及娛樂
800　文學
900　歷史及地理學

另一個例子是 Netflix 使用的精密分類規則，幫助顧客找到可能喜歡的新電影（圖 10-9）。除了常見的電影基本分類（「劇情片」、「喜劇片」等）之外，Netflix 將電影細分為數千種「微類型」，包括涵蓋範圍較廣的「根據真實故事改編」、「主打堅毅女性角色」類型，到極特定的「闇黑懸疑黑幫劇情片」等。電影在經過分析後，依照特色而被加上「微標籤（microtags）」，例如是否有圓滿大結局這種特色。分類的流程便會根據這些微標籤運作[3]。

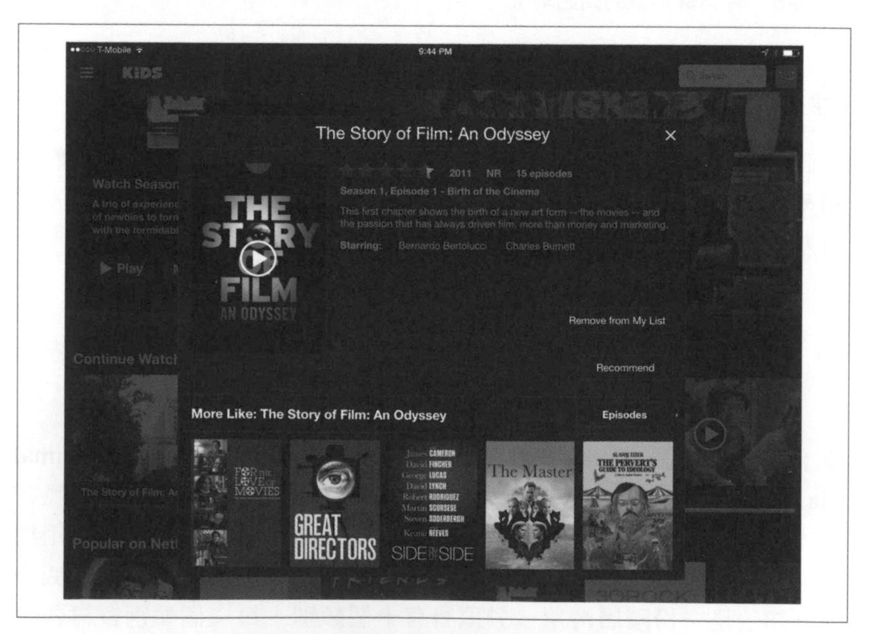

圖 10-9　Netflix 利用微類型將電影分類，為顧客做出更智慧的電影推薦

3　若想進一步了解 Netflix 的電影分類規則如何運作，請參閱 Alexis C. Madrigal 於《大西洋雜誌》(The Atlantic) 上的文章：〈Netflix 如何翻轉被操控的好萊塢〉(How Netflix Reverse Engineered Hollywood)。

分類規則也可以用於搜尋中。如圖 10-10 中所見，Walmart 的搜尋結果中有「部門（Departments）」的類別，讓使用者更熟悉 Walmart 的分類規則。

圖 10-10　Walmart.com 網站上與搜尋相符的類別

這裡的重點是，分類規則並不只侷限於單一觀點或只適用於單一情況。可以用各式各樣的方法應用於後台與前台。我們會在本章稍後探討分類規則的類型，但首先讓我們來了解一下詞彙控制的「瑞士刀」—同義詞典。

同義詞典（Thesauri，索引典）

《牛津英語辭典（*The Oxford English Dictionary*）》裡將**同義詞典**定義為一本書，將詞彙依同義詞與相關概念分組。這個說法讓我們回想起高中英文課，我們總是會從同義詞典裡挑選一些華麗的詞藻，希望讓老師對我們留下深刻的印象。[譯註]

同義詞典源於實體世界，在數位空間中也有同義詞典，用以改善導覽與檢索效能，與上述參考詞典繼承了同樣的傳統，但卻有著不同的形式與功能。也和前述參考詞典相同，數位空間的同義詞典，也是概念的語意網絡，將詞彙與其同義詞、同音異義詞、反義詞、廣義詞、狹義詞都串連起來。

與實體書籍不同的是，我們談論的同義詞典是以線上資料庫的形式存在，且與數位產品或服務的使用者介面緊密整合在一起。傳統的同義詞典希望讓人從一個詞找到多個詞，但我們的同義詞典卻是反向操作。它最重要的目標是進行「同義詞管理」—將許多同義詞或變異詞對應到優先詞或概念上。如此一來，人們才不會因語言中模稜兩可的性質，找不到需要的資訊。

所以，就本書的目的來看，同義詞典是：

> 「為了改善檢索的結果，能顯示相等、階層、與關聯關係的控制詞彙[4]。」

換句話說，同義詞典建立於較簡單的控制詞彙概念之上，建立這三種基本的語意關係模式（如圖 10-11）。

---

4 〈單語同義詞典構造、形式、與管理的指南〉（Guidelines for the Construction, Format, and Management of Monolingual Thesauri），ANSI/NISO Z39.19-1993（R1998）。（*http://bit.ly/monolingual_thesauri*）

譯註 在圖資學界 Thesaurus 的正式翻譯是索引典，本書採通俗翻譯為同義詞典。

每個優先詞都各自成為語意網絡的中心。**相等關係**重點在於同義詞管理；**階層關係**將優先詞分到不同類別與子類別；**關聯關係**則為階層或相等關係沒有處理到的部分，提供有意義的連結。就資訊檢索與導覽的目的來說，這三種關係各有實用之處。

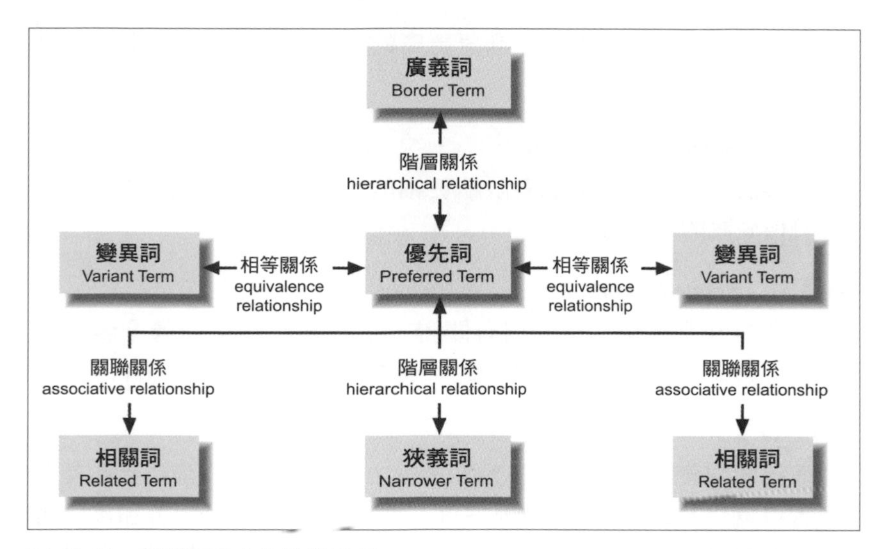

圖 10-11　同義詞典中的語意關係

專業術語

如果你需要用到控制詞彙和同義詞典，那麼學習一下專業術語會有幫助，這個領域的專家使用這些專有名詞來表達定義和關係。使用這些專業技術用語，彼此溝通時可以更有效率，也更明確。不過，不要期待使用者看得懂這些術語。在資訊空間中，不能要求使用者上過圖書資訊學的課再來使用。

主要的術語包括下面這些：

優先詞（*Preferred Term*，*PT*）

也稱為接受詞（accepted term）、接受值（acceptable value）、主題標目（subject heading），或敘述語（descriptor）。所有關係的定義都是以優先詞為中心出發。

變異詞（*Variant Term，VT*）

也稱為著錄詞（entry term）或非優先詞。變異詞的定義，是和優先詞完全同義或大致同義的詞語。

廣義詞（*Broader Term，BT*）

廣義詞是比優先詞的意義涵蓋更廣的上層詞語，在關係階層中位於優先詞的上一層。

狹義詞（*Narrower Term，NT*）

狹義詞是比優先詞的意義限縮更細的下層詞語，在關係階層中位於優先詞的下一層。

相關詞（*Related Term，RT*）

相關詞在意義上和優先詞有關聯。這種關係通常透過「**參見款目**」（see also）來表達，例如，「普拿疼，**參見款目**：頭痛」。

用（*Use，U*）

傳統的同義詞典通常採用下列的語法格式，讓建立索引者和使用者可以作為工具：「變異詞　**用**　優先詞」。例如，「普那疼　**用**　普拿疼」（普那疼是錯誤寫法）。很多人可能更熟悉「參見」（see），像是「普那疼　**參見**　普拿疼」

代用（*Used For，UF*）

「代用」表達出優先詞和變異詞間相互替換的關係，如「優先詞　**代用**　變異詞」。在優先詞的記錄中，可以用來顯示其所有的變異詞，像是「普拿疼　**代用**　普那疼」。

範圍註（*Scope Note，SN*）

範圍註基本上是優先詞的一種特別的定義方式，仔細地限制優先詞的意義，以盡可能地排除模稜二可的意義。

在這些術語裡頭，優先詞是語意宇宙裡的中心。當然，某個優先詞在其他優先詞的宇宙中，可能是廣義詞、狹義詞、相關詞，或甚至是變異詞（見圖 10-12）。

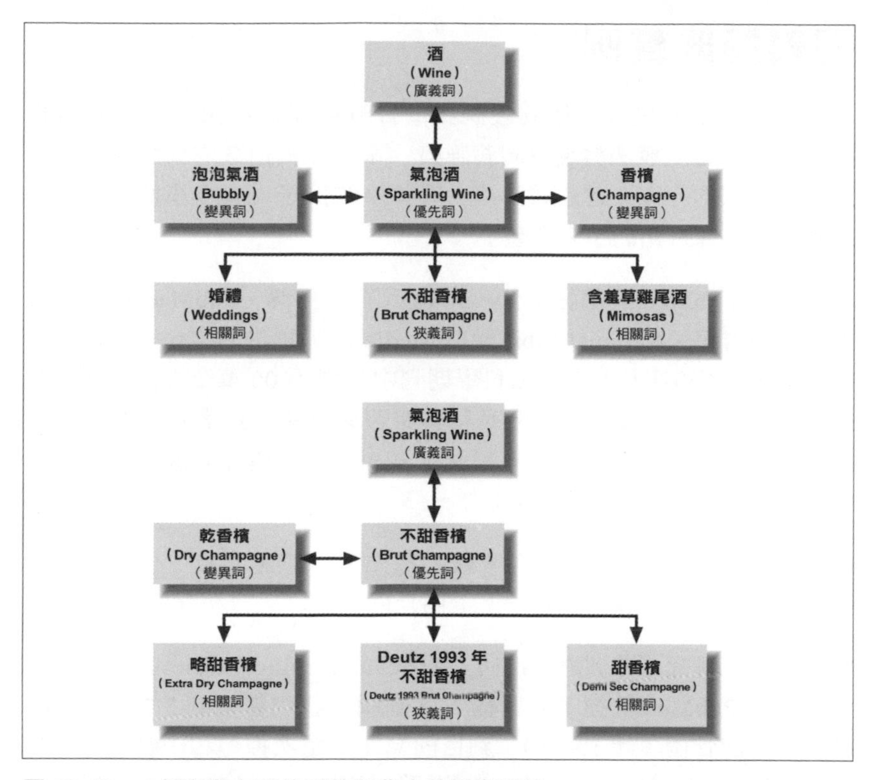

圖 10-12　一個和酒有關的同義詞典中的語意關係

若你對酒的分類有些經驗，可能會質疑圖 10-12 中優先詞和語言關係的選擇。真的應該用「氣泡酒（sparkling wine）」當作優先詞嗎？如果應該，理由是什麼呢？因為它比較為人所知嗎？還是因為它意義比較正確呢？難道沒有比「婚禮（weddings）」和「含羞草雞尾酒（mimosas）」更好的相關詞嗎？為什麼選這些呢？事實是這些問題都沒有標準答案，設計同義詞典也沒有「正確」的方法。設計同義詞典之前，需要做很多事前研究，進行專業的評估。後面我們會再討論這些問題，並提供一些原則，以幫助建立「夠好」的答案。但現在讓我們先來看一個網路上真正的同義詞典。

同義詞典實例

網站或手機 app 是否應用同義詞典，有時很難看出來。如果整合良好，一般人可能無法發現有同義詞典。除非你知道該看什麼線索，才能發現到它的存在。想想普那疼 / 普拿疼的例子，有多少使用者會注意到網站根據打錯的字來調整？

本章會用 PubMed 這個好案例，來說明同義詞典。PubMed 是美國國家醫學圖書館（National Library of Medicine）提供的服務，可以查閱 MEDLINE 資料庫和其他生命科學期刊中超過 1600 萬筆文獻。多年來 MEDLINE 一直是醫生、研究員和其他醫藥專業工作者首選的電子資訊服務，它應用的同義詞典有超過 1 萬 9 千多個優先詞或「主標題條目」，並提供威力強大的搜尋能力。

PubMed 提供了簡單的介面給一般大眾，可以查詢文獻，但無法閱讀期刊文章的全文。我們先看一下這個介面，再深入分析背後的作法。

假設我們想研究「非洲睡眠疾病（African sleeping sickness）」的相關主題。在 PubMed 的搜尋介面輸入這個詞，我們會看到 5,758 個搜尋結果中的前廿個（圖 10-13）。到目前為止，這次搜尋和一般搜尋沒有什麼明顯不同。就畫面所見，我們可能剛剛搜尋了 2400 萬篇期刊文章的全文。想瞭解背後發生了什麼事，我們必須更深入探討。

事事實上，我們根本沒有搜尋文獻的全文。我們其實只搜尋了這些文獻的 metadata 記錄，記錄中包括摘要和主題標目（圖 10-14）。

若我們從搜尋結果中點選另一筆資料（「Wolbachia，一個性與生存的故事」），可能會發現有主題標目（即圖中的 MeSH Term）但沒有摘要（圖 10-15）。MeSH 的全文是 Medical Subject Heading（醫學主題標目）。

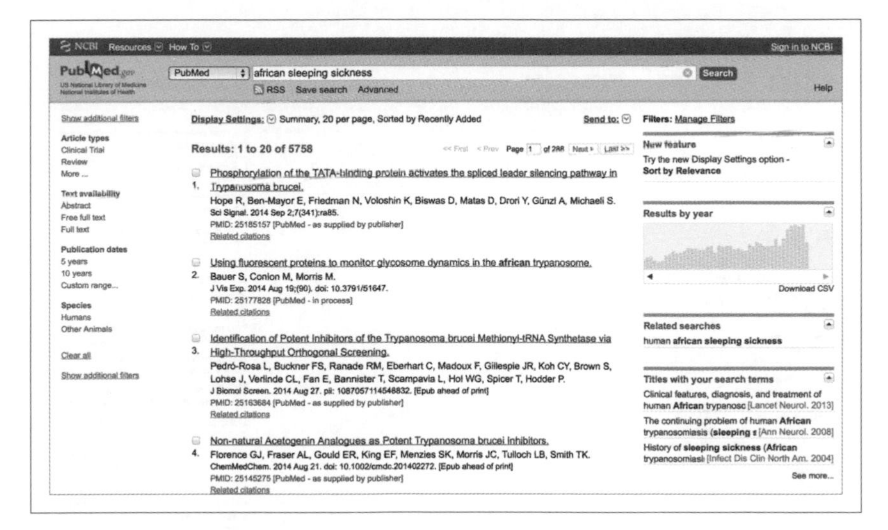

圖 10-13　PubMed 的搜尋結果

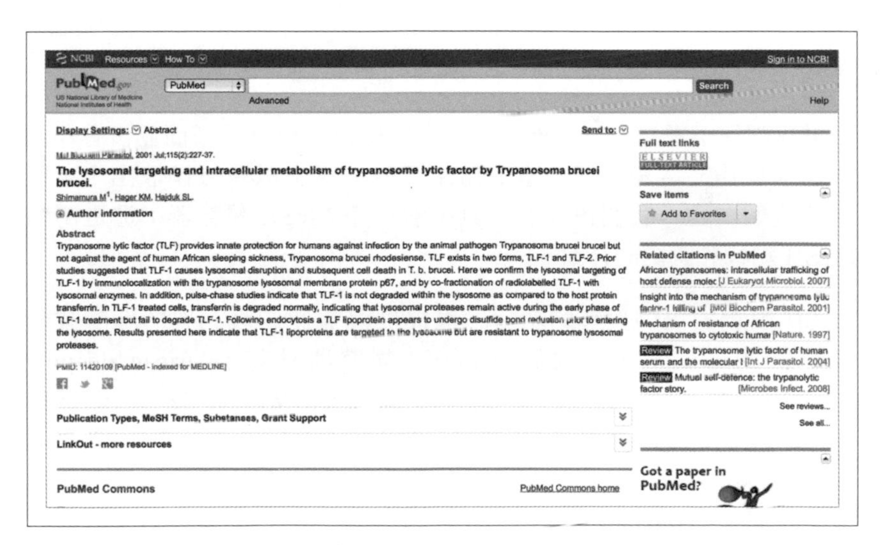

圖 10-14　PubMed 中有摘要的記錄範例

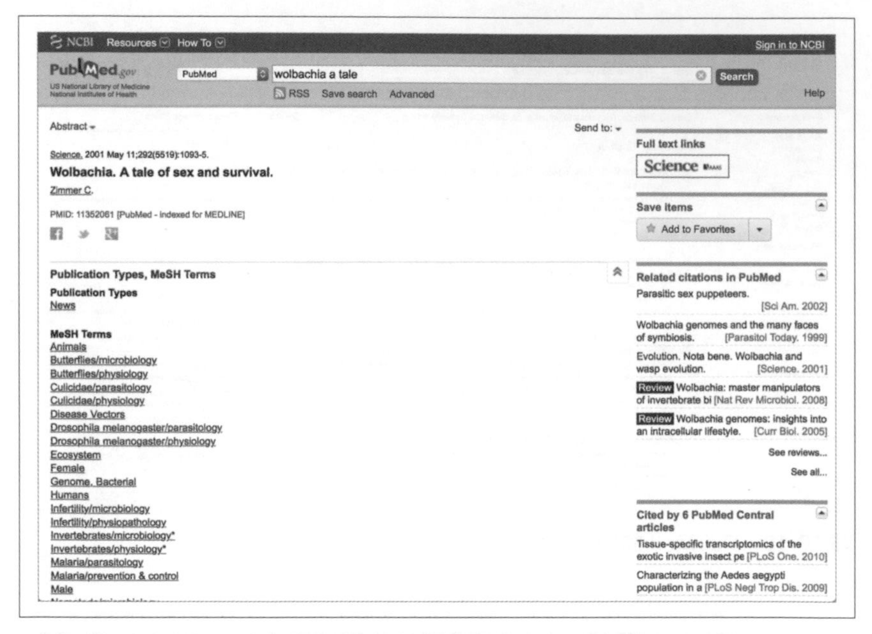

圖 10-15　PubMed 中有索引項目的記錄範例

如果我們往下看這一筆記錄的全部主題標目，會發現裡面並沒有非洲的睡眠疾病。這是怎麼回事？為什麼這一篇文獻會被擷取出來？要回答這個問題，我們得換個工具，看一下 MeSH 瀏覽器；這是瀏覽 MeSH 結構和詞彙的介面。

MeSH 瀏覽器提供搜尋的功能，也提供瀏覽此同義詞典的階層式分類規則的方式。如果我們用 MeSH 瀏覽器搜尋「African sleeping sickness（非洲睡眠疾病）」，就知道為什麼「Wolbachia，一個性與生存的故事」這一篇文章會出現在我們之前的搜尋結果了。「African sleeping sickness」其實是著錄詞，它在 MeSH 中的優先詞是「錐蟲病，非洲」（Trypanosomiasis，African，圖 10-17）。當我們搜尋時，PubMed 在背後把我們使用的變異詞對應到其優先詞。很可惜地，PubMed 沒有進一步運用背後 MeSH 同義詞典的能力。舉例來說，如果把這個範例裡 MeSH 的所有詞彙都加上連結，並提供加強的搜尋與瀏覽功能，應該會很不錯，就是類似圖 10-18 中 Amazon 網站提供的連結。

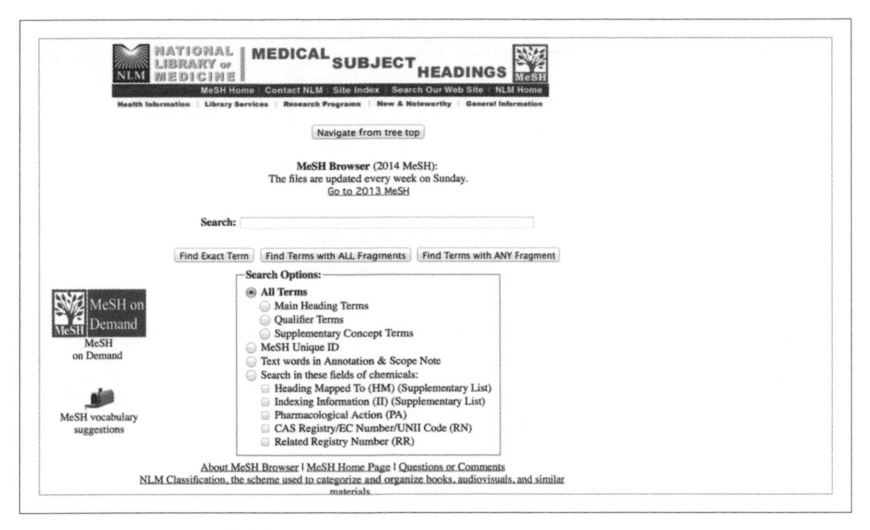

圖 10-16　MeSH 瀏覽器

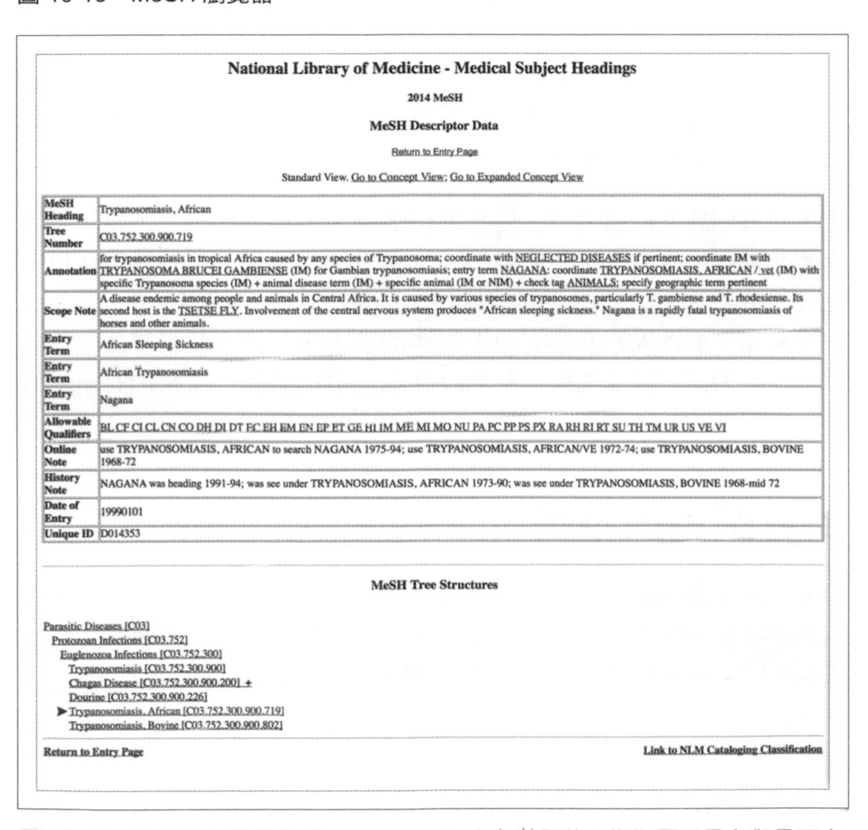

National Library of Medicine - Medical Subject Headings

2014 MeSH

MeSH Descriptor Data

Return to Entry Page

Standard View. Go to Concept View; Go to Expanded Concept View

MeSH Heading	Trypanosomiasis, African
Tree Number	C03.752.300.900.719
Annotation	for trypanosomiasis in tropical Africa caused by any species of Trypanosoma; coordinate with NEGLECTED DISEASES if pertinent; coordinate IM with TRYPANOSOMA BRUCEI GAMBIENSE (IM) for Gambian trypanosomiasis; entry term NAGANA: coordinate TRYPANOSOMIASIS, AFRICAN / vet (IM) with specific Trypanosoma species (IM) + animal disease term (IM) + specific animal (IM or NIM) + check tag ANIMALS; specify geographic term pertinent
Scope Note	A disease endemic among people and animals in Central Africa. It is caused by various species of trypanosomes, particularly T. gambiense and T. rhodesiense. Its second host is the TSETSE FLY. Involvement of the central nervous system produces "African sleeping sickness." Nagana is a rapidly fatal trypanosomiasis of horses and other animals.
Entry Term	African Sleeping Sickness
Entry Term	African Trypanosomiasis
Entry Term	Nagana
Allowable Qualifiers	BL CF CI CL CN CO DH DI DT EC EH EM EN EP ET GE HI IM ME MI MO NU PA PC PP PS PX RA RH RI RT SU TH TM UR US VE VI
Online Note	use TRYPANOSOMIASIS, AFRICAN to search NAGANA 1975-94; use TRYPANOSOMIASIS, AFRICAN/VE 1972-74; use TRYPANOSOMIASIS, BOVINE 1968-72
History Note	NAGANA was heading 1991-94; was see under TRYPANOSOMIASIS, AFRICAN 1973-90; was see under TRYPANOSOMIASIS, BOVINE 1968-mid 72
Date of Entry	19990101
Unique ID	D014353

MeSH Tree Structures

Parasitic Diseases [C03]
Protozoan Infections [C03.752]
Euglenozoa Infections [C03.752.300]
Trypanosomiasis [C03.752.300.900]
Chagas Disease [C03.752.300.900.200] +
Dourine [C03.752.300.900.226]
➤ Trypanosomiasis, African [C03.752.300.900.719]
Trypanosomiasis, Bovine [C03.752.300.900.802]

Return to Entry Page　　**Link to NLM Cataloging Classification**

圖 10-17　MeSH 中錐蟲病（trypanosomiasis）的記錄；擷取頁面最上與最下方

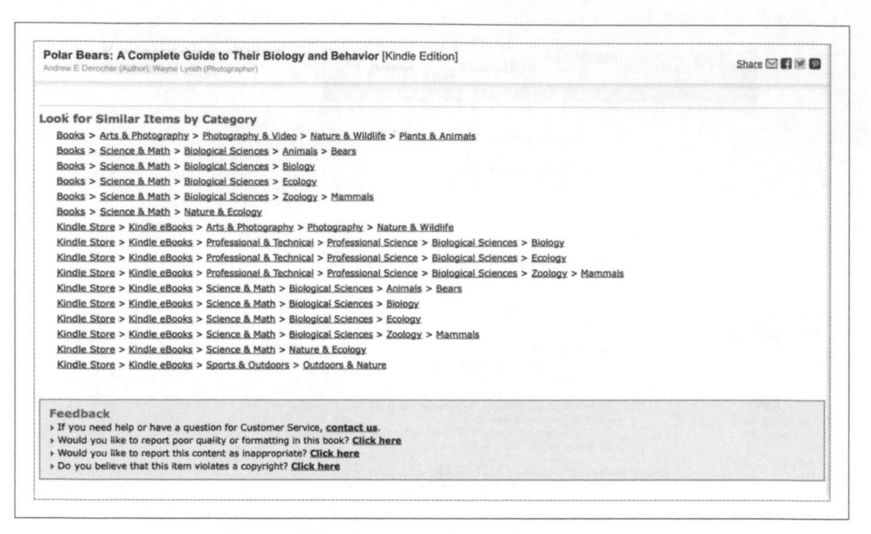

圖 10-18　Amazon 網站使用結構和主題標目加強導覽

在這個例子中，Amazon 運用其階層式分類規則和主題標目，提供威力強大的瀏覽參考選擇，讓使用者可以反覆改善希望的查詢。這個改良對 PubMed 應該很有用。

使用同義詞典的好處之一，你會獲得很強大的能力和彈性，隨著時間持續改善使用者介面。即使無法一下子就用上所有的功能，但你可以隨自己的想法，去測試不同的特性，一邊學習一邊調整。PubMed 或許尚未完全發揮 MEDLINE 同義詞典的威力，不過既然已經擁有這個內容豐富的語意關係網絡，隨著設計和開發的進展，未來仍有不少機會迸出新火花。

同義詞典的種類

如果你決定要為資訊空間建立同義詞典，你必須在三種同義詞典裡擇一：經典式、索引式，和搜尋式同義詞典（圖 10-19）。選擇的考量應該基於同義詞典的使用方式，當然這也會對設計產生重要的影響。

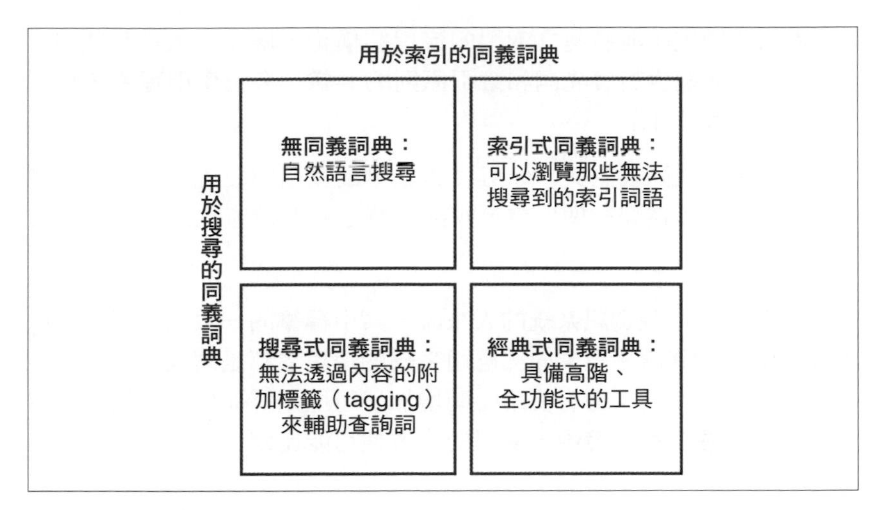

圖 10-19　同義詞典的種類

經典式同義詞典（Classic Thesaurus）

經典式同義詞典用在建立索引和搜尋的時候。在為文件建立索引時，編纂者用同義詞典來把變異詞對應到優先詞。在搜尋時，使用者也會用到同義詞典，無論他們是否意識到搜尋過程中同義詞典扮演的角色。同義詞典將使用者查詢的字詞對應到豐富的相關詞彙，提供同義字管理、階層式瀏覽，和關聯式連結等功能。本章中提到的同義詞典，大部分都是指這種功能完整齊全、整合良好的同義詞典。

索引式同義詞典（Indexing Thesaurus）

然而，不是所有的系統都需要建立經典式同義詞典，有時候會受到環境資源的限制，不可能做到。試想若其他部門負責搜尋功能，但不願與你們合作，或者搜尋引擎需經大幅修改才能管理同義詞典。這時候盡管你能自行建立控制詞彙，也可以編製索引，但終究無法在搜尋中打造同義字管理的功能。

無論何種原因，你只能提供控制詞彙、索引，但無法在使用者搜尋時，將他們的變異詞對應到優先詞。這雖然是嚴重的缺點，但至少建立了索引式同義詞典，還是比完全沒有同義詞典更好，有以下幾個理由：

- 索引式同義詞典將建立索引的流程結構化，增加一致性和效率。由於詞典提供對優先詞和索引原則的共識，多位索引編纂者可以如同一體般合作。
- 透過索引式同義詞典，你可以建立可瀏覽用的優先詞的索引，讓使用者可以在同一個地方，找到某特定主題或產品的所有相關文件。

對於非得使用某些資訊系統的人來說，索引編纂的一致性，可以為他們帶來真正的好處。企業內部應用系統的使用者都是同樣的一群人，而且經常性地使用；隨著使用時間增加，可以期待他們漸漸知道哪些是優先詞。在這種環境中，索引的一致性可能比索引本身的品質更有價值。

最後，索引式同義詞典是建立經典式同義詞典的基礎。當所有文件都應用同一套專屬打造的詞彙時，你可以專注在使用者介面的整合。首先可以考慮為可瀏覽的索引加上著錄詞彙，並可能在未來將搜尋功能整合進來，讓同義詞典的價值用於增強搜尋和瀏覽的體驗。

搜尋式同義詞典（Searching Thesaurus）

有時候文件的內容有些狀況，以致無法為個別文件製作索引，這時候經典式同義詞典會有些不切實際。例如由第三方提供的資訊內容，或者每日變換的動態新聞內容。又或者內容實在太多，以致人工索引編纂的成本會是天文數字。（後者的狀況可以考慮建立經典式同義詞典，因為可以應用自動分類軟體來幫忙）。無論何種原因，在很多網站和企業內部資訊空間裡，就是沒辦法以控制詞彙為所有文件編纂索引。但這種情況下，同義詞典仍然是改善使用者經驗的可行方案。

搜尋式同義詞典可以讓搜尋過程中，應用到控制詞彙的好處，但沒在索引編纂時使用。舉例來說，當使用者在搜尋引擎中輸入一個字詞時，在對全文索引執行搜尋前，搜尋式同義詞典會先將該查詢詞對應到控制詞彙中。同義詞典可能僅是增加查詢詞彙，像是前面介紹的運用同義詞環；或者除了相等關係，同義詞典也可能沿著語意關係階層往下延伸，同時搜尋所有狹義詞（傳統上稱為 posting down）。這些方法都可以明顯地改善查全（但付出查準的代價）。

你也可以考慮給使用者更多功能和控制搜尋的能力，像是問他們是否要綜合優先詞、變異詞、廣義詞、狹義詞和相關詞一起查詢。若妥善地將這些功能與搜尋介面和結果頁面整合時，將能有效地幫助使用者來限縮、擴展或調整他們的搜尋。

搜尋式同義詞典也可以為瀏覽提供更多彈性。你可以讓使用者瀏覽部分或整個同義詞典，在同義、階層和關聯的關係中探索。一組詞語（或優先詞與變異詞的組合）可以事先設定或提供現成的查詢詞，用來對全文索引進行查詢。換句話說，你的同義詞典可以成為入口頁面，提供導覽的新方法，也讓使用者能接觸更多的內容。搜尋式同義詞典的主要好處之一，就是其開發和維護成本基本上和內容的數量無關。但反過來說，它對同義和對應關係的品質要求較高。

如果你希望更多瞭解搜尋式同義詞典，可以看這些文章：

- James D. Anderson and Frederick A. Rowley, “Building End User Thesauri from Full Text,” Proc. 2nd ASIS SIG/CR Classification Research Workshop, 1991, 1–10.
- Marcia J. Bates, “Design for a Subject Search Interface and Online Thesaurus for a Very Large Records Management Database,” Proc. 53rd ASIS Annual Meeting 27, 1990, 20–28.

同義詞典的標準

如同之前的說明，同義詞典的發展已經有多年的歷史了。David A. Krooks 和 F. W. Lancaster 在一篇 1993 年的文章「同義詞典編纂指導原則的演進（The Evolution of Guidelines for Thesaurus Construction[5]）」中，認為「同義詞典編纂的主要問題中，大部分在 1967 年前就已經發現並解決」。

這些過去發展的豐富歷史，讓我們得以向許多國家和國際標準取經，主要包含單一語言的同義詞典。舉例來說，

- ISO 2788（1974、1985、1986，國際）
- BS 5723（1987，英國）

5 Libri 43:4, 2009, 326–342

- AFNOR NFZ 47–100（1981，法國）
- DIN 1463（1987—1993，德國）
- ANSI/NISO Z39.19（1994、1998、2005、2010，美國）

在本書中，我們主要向美國標準 ANSI/NISO Z39.19-2005 來學習，它和國際標準 ISO 2788 十分類似。ANSI/NISO 標準的名稱是「單一語言同義詞典的編纂、格式和管理指導原則（Guidelines for the Construction, Format and Management of Monolingual Thesauri）」。標題中的「指導原則」一詞表達得十分清楚。看看軟體廠商 Oracle（*http://bit.ly/intermedia_text*）對這個標準的想法：

> 「『同義詞典標準』一詞有些誤導。電腦產業對『標準』的理解是行為或介面的特定規格，但同義詞典的標準並未訂定任何實質內容。如果你想找同義詞典功能介面定義，或者標準的詞典檔案格式，這裡找不到。這裡有的是給同義詞典編譯者的指導原則—而這裡所謂的編譯者是指真正的人，不是程式。
>
> Oracle 的做法是從這些指導原則和 ANSI Z39.19 裡獲得想法，用來當作我們自訂規格的基礎。因此，Oracle 支援 ISO-2788 的關係或符合 ISO-2788 的同義詞典。」

當我們討論更多實例時，你會發現 ANSI/NISO 標準的簡單指導原則其實很難應用。這個標準提供很有價值的概念架構，在某些狀況下也有可以遵循的特定規則，但在打造同義詞典的過程中，應用這個標準絕對需要批判性思考、創意和冒一點風險。

對於 Krooks 和 Lancaster 認為這個領域的基本問題都已解決，我們非常不同意；我們也常不同意 ANSI/NISO 標準裡的指導原則。這是什麼狀況？我們是故意找麻煩嗎？並非如此。在這些相互拉扯想法的背後，其實是網際網路的破壞性力量。我們正處於轉變的過程中，從傳統形式的同義詞典，過渡到內嵌於相互連結資訊空間中的同義詞典新典範。

傳統的同義詞典由學術和圖書館社群中產生，應用於紙本印刷物，主要提供給專家使用。當我們在 80 和 90 年代修讀圖書館科學的課程時，線上資訊檢索課程中有一個主要單元，是學習如何在圖書館的大量紙本同義詞典中，找出主題敘述語（subject descriptors），以供 DIALOG 資訊服務的線上搜尋使用。受過訓練的人才會使用這些工具，而其背後的假設也是專業人員會經常使用它們，因此會愈來愈有效率和效能。整個體系是建立於當時相對昂貴的電腦處理器成本和網路頻寬。

然而後來世界改變了。我們現在面對的全都是線上系統。我們不能要求使用者在使用網站前先去圖書館查詞典。我們服務的一般對象是，未受正規搜尋技巧訓練的新手使用者。他們不太可能經常造訪，所以即使時間久了，他們也不會更熟悉我們的網站。此外，我們的營運範圍是更廣泛的商業世界，和學術界或圖書館界的目標差異非常大。

在這種新的典範之下，我們面臨新的挑戰，需要找出舊指導原則中，還有哪些仍然適用或不適用。像 ANSI/NISO 這種歷經長年研究與經驗建立的標準，是非常有價值的資源，若棄之不用極為浪費；其中有極多部分仍然非常適用。然而，若盲目地遵循這些原則也會是個錯誤，有點像是拿著 1950 年代的地圖在現代高速公路上導航一樣。

貼近標準的好處包括：

- 這些指導原則中富含極佳的想法與智慧。
- 多數的同義詞典管理軟體都和 ANSI/NISO 相容，所以從技術整合的角度來說，符合這些標準十分有幫助。
- 遵循標準比較可能做到跨資料庫間的相容，所以若公司與對手合併，在整合兩套詞彙時，你可以省點力。

我們的建議是好好閱讀這些指導原則，若是合理則遵循，但必要時也得預備好做出不同的選擇。畢竟有機會打破規則，是身為資訊架構師最有趣和興奮之處！

語意關係

同義詞典與較簡單的控制詞彙之間的差異，就是豐富的語意關係。下面更仔細地來看一下每種關係。

相等關係（Equivalence）

相等關係是表達優先詞和其變異詞間的連結關係（圖 10-20）。雖然也可以簡化為「同義詞管理」，但重要的是你得了解「相等關係 equivalence」遠比「同義 synonymy」的概念更廣泛，有時候我們刻意視為相等關係的詞彙，不見得是同義。

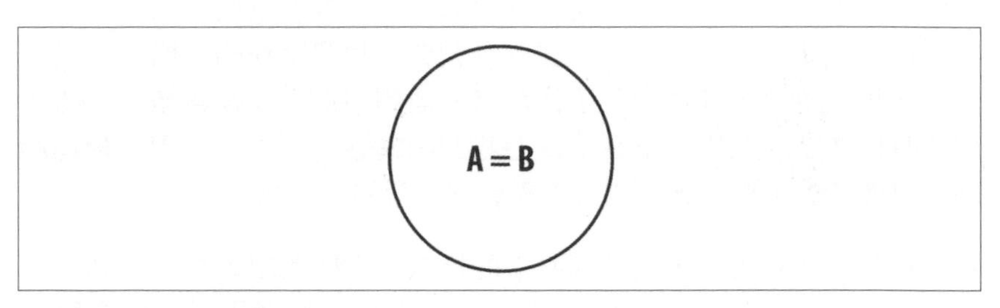

圖 10-20　相等關係

相等關係的目的，是把「就檢索來說，意義相同的詞」圈在一起。因此可能包括同義詞、近義詞、首字母縮寫詞（acronym）、縮寫詞（abbreviation）、詞彙變異詞（lexical variant），及常見的拼寫錯誤。舉例來說，我們可以如此定義相等關係：

優先詞 *Preferred term*

Apple Watch Sport

變異詞（相等）*Variant terms (equivalents)*

Apple Watch, iWatch, Smart watch, Smartwatch, Wearable computer, Galaxy Gear, Moto 360

若是產品資料庫，相等關係也可能加入停產產品及競爭對手產品。此外，依照你的控制詞彙所需特定程度，你也可以考慮在相等關係，加入意義更廣和更特定的字詞，以避免太多階層層級。總之目標在建立豐富的著錄詞彙，當作一個漏斗來連接使用者與產品、服務和內容，無論是他們想要找的目標，或者你希望他們看到的項目。

階層關係（Hierarchical）

階層關係將資訊空間分為不同類別和子類別，透過熟知的親子關係將較廣泛和精細的觀念相連（圖 10-21）。

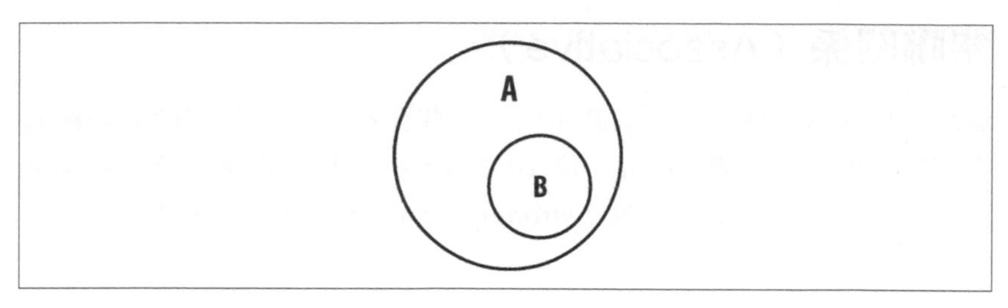

圖 10-21 階層關係

階層關係有三種類型：

一般性階層關係（*Generic*）

這是我們從生物學分類裡學到的傳統綱－種的關係。B 物種是 A 綱的成員之一，並繼承其親代的特性。舉例來說，鳥 狹義詞 喜鵲（Bird *NT* Magpie.）。

全體－部分階層關係（*Whole-part*）

在這種階層關係裡，B 是 A 的一部分。舉例來說，腳 狹義詞 大姆指（Foot *NT* Big Toe）。

實例階層關係（*Instance*）

在這種情況裡，B 是 A 的一個實例或範例。這種關係通常包括適當的名稱。舉例來說，海洋 狹義詞 地中海（Seas *NT* Mediterra-nean Sea.）。

乍看之下，階層關係十分直接了當。然而，只要實作過階層關係的人就會知道並不容易。以階層方式為資訊空間組織分類，有很多種不同的方法（如依主題、產品類別、地理區域）。我們很快會說明，多層面的同義詞典（faceted thesaurus）支援多重階層這種常見的需求。你也必須考量複雜的細節程度，決定要建立多少階層。

再一次強調，我們的努力必須朝向終極目標，就是增強使用者找到所需資訊的能力。卡片分類法（介紹於 11 章）可以幫助你基於使用者需求和行為，開始打造階層。

關聯關係（Associative）

關聯關係通常最難搞定，同時也因為一些原因，通常是在前面兩種關係有初步規劃後才開始建立（圖 10-22）。在編纂同義字典時，關聯關係經常是那些具強烈必然性（strongly implied）的語意連結，但無法透過相等和階層關係表達。

關聯關係必須具「強烈必然性」。舉例來說，鎚子　相關詞　釘子（Hammer *RT* Nail）。然而實務上，決定這些關係是高度主觀判斷的過程。

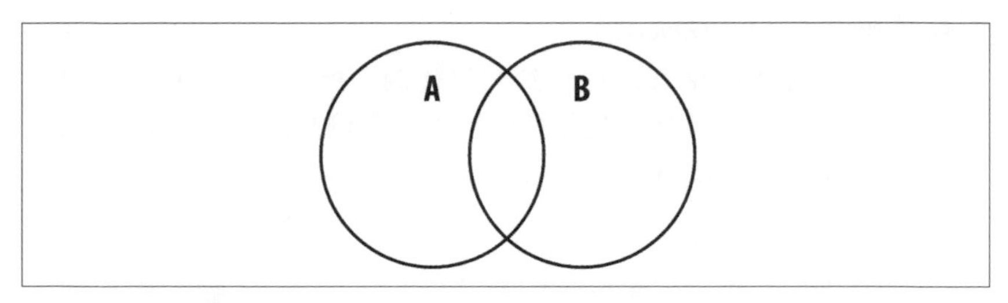

圖 10-22　關聯關係

ANSI/NISO 同義字典討論了很多關聯關係的子類別。表 10-1 有一些例子。

表 10-1　關係的子類別範例

關係的子類別	範例
學習領域和學習對象	心臟病學　相關詞　心臟
流程和工具	白蟻防治　相關詞　殺蟲劑
觀念和其性質	毒藥　相關詞　毒性
行動和行動的結果	進食　相關詞　消化不良
由因果相依性相連的觀念	慶祝　相關詞　除夕夜

在電子商務的世界，關聯關係是絕佳工具，可以連結顧客與相關產品、服務。關聯關係能促成行銷人所說的「交叉銷售」，像是讓電商網站說出類似「很漂亮的褲子！配上這件襯衫很合適喔！」這種話。如果使用得當，關聯關係可以增進使用者經驗，也能推展企業目標。

優先詞（Preferred Terms）

專門術語很重要。下面的章節詳細探討術語的一些層面。

術語形式（Term Form）

定義優先詞的形式看來容易，但開始動手後才會發現並非如此。你會發現自己忽然陷入文法細節的激烈爭論。該用名詞或動詞？哪種拼法才「正確」？用單數還是複數形式？縮寫字可以當優先詞嗎？這些爭辯會耗費大量的時間和精神。

幸好 ANSI/NISO 同義字典標準在這方面有極詳細的說明。我們建議你遵循這些原則，但在有其他更好原因時也容許例外。表 10-2 列出一些標準中討論到的議題。

表 10-2　ANSI/NISO 同義字典標準中討論的議題

主題	我們的解讀和建議
文法格式	標準中強烈建議以名詞作為優先詞的選擇。這是很好的預設指導原則，因為相較於動詞或形容詞，使用者通常較易瞭解和記得名詞。 然而在真實世界的控制詞彙中，會有很多使用動詞或形容的好理由，例如任務導向的字詞（適合動詞）或像價格、大小、種類、顏色等商品描述（適合形容詞）。
拼字	標準中提到可以選擇「明確的權威」（defined authority）作為拼法的依據，例如特定的詞典或專門用語詞彙表；或者也可以選擇自訂的形式。 我們建議你考慮使用者最常用的拼法。這個議題最重要的考量是，做好決定後要繼續堅持使用。一致性會讓索引編纂者和使用者的日子更好過。
單複數形式	標準中建議可數名詞用複數，如汽車（cars）、道路（roads）或地圖（maps）。概念式名詞則用單數，如數學（math）、生物學（biology）。 由於搜尋技術的進展，這個議題和過去相較已較不重要。同樣，一致性仍然是決定的考量目標。
縮寫詞和首字母縮寫詞	標準中建議要預設選擇常見用法。 在大部分情況下，優先詞會是完整的字詞，但像下面的幾個例子，首字母縮寫詞或縮寫詞可能比較好，如 RADAR（雷達，無線電偵測與定位 RAdio Detecting And Ranging、IRS（美國國稅局，Internal Revenue Service）、401K（退休金提撥專戶，從美國國稅局法律的章節而來的簡稱）、MI（密西根州，Michigan 的縮寫詞），和 TV（電視，Television 的縮寫詞）。你可以使用變異詞來引導使用者由一個詞連結到另一個詞，如 Internal Revenue Service 參見 IRS。

術語挑選（Term Selection）

當然，優先詞的挑選絕對不只是字詞的形式而已，一開始就必須選擇正確的用詞。ANSI/NISO 標準在這方面幫不上太多忙，比如下面這兩條標準：

- *Section* 3.0：「文獻保證原則（literary warrant），也就是術語應出現在文件中，是選擇優先詞的指導原則。
- *Section* 5.2.2：「優先詞的選擇應該滿足大部分使用者的需求。」

文獻保證原則（*3.0*）和使用者保證原則（*5.2.2*）是分屬兩個不同方向間的拉扯，唯有透過檢視你的目標，以及同義字典和網站間的整合狀況來解決。你希望透過優先詞來教育使用者什麼是業界用語嗎？你用優先詞當作著錄詞（也就是索引中沒有變異詞）嗎？你必須先回答這些問題，才能決定術語選擇該以什麼當作主要的參考來源。

術語定義（Term Definition）

在編纂同義字典內容時，我們會竭盡全力讓字詞的意義非常明確。請記得，我們想要控制這些詞彙。除了選擇能區別的優先詞外，還有一些管理不確定性的工具可以使用。

術語範圍限制（parenthetical term qualifiers）可以用來管理同形異義字（homographs）。根據同義字典的脈絡，你可能需要用類似下列的方式來限制 cell 一詞的意義，因為在不同的使用情境的意義不一樣，包含：細胞／電池／牢房[譯註]：

- Cells（生物學）
- Cells（電）
- Cells（監獄）

範圍註（*scope notes*）是另一種增加特定程度的方法。雖然有時候範圍註看來跟定義很像，但在本質上完全不同。使用範圍註的目的，是刻意限制一個觀念的意義，而定義通常會列出多種意義。在索引編纂者挑選正確的優先詞時，範圍註非常有幫助。此外，範圍註有時也可以應用於搜尋或結果呈現，對使用者有很多幫助。

譯註 此例在中文並非同形異義

術語特定性（Term Specificity）

詞語的特定程度，是設計同義字典時必須面對的另一個困難課題。舉例來說，「知識管理軟題（knowledge management software）」應該算是一個詞、兩個詞或三個詞？下面是標準裡的建議：

- ANSI/NISO Z39.19：「每個描述字詞…應該代表一個單一觀念。」
- ISO 2788：「一般原則是…複合字應該分解（拆開）成更基本的元素。」

標準再一次並未真正提供解答。ANSI/NISO 留下「單一觀念」究竟為何的爭論空間，而 ISO 則引導我們走向單元字詞（即知識、管理、軟體三詞分開），但在「知識管理軟體」一例中，單元字詞可能是錯誤的作法。

你必須依脈絡來思考取捨，特別需要去考慮資訊空間的大小。當內容增加時，使用複合字來增加精準度會愈來愈必要。若使用單元字詞，使用者每次搜尋時都可能得到數以千百計的結果。

內容的範圍也很重要。舉例來說，如果你為《知識管理》雜誌設計網站，那麼將「知識管理軟體」視為一個字詞，或使用「軟體（知識管理）」的方式可能比較好。然而，如果是設計像 CNET 這種涵蓋很廣的資訊科技網站，以「知識管理」和「軟體」為獨立的優先詞可能較好。

多重階層（Polyhierarchy）

嚴格的階層定義裡，每個字詞只能出現在唯一的地方。這是生物學分類最早的安排，每個物種在生命之樹的分類裡，應該恰如其份地出現在一個分支裡：

```
界：
    門：
        亞門：
            綱：
                目：
                    科：
                        屬：
                            種：
```

然而，事情總會不照安排發生。事實上，關於有些物種的正確分類位置，生物學家已經爭論了幾十年；有些生物就是夠帶種同時具備多種分類的特徵。

如果你是純粹主義者，還是可以試著在資訊空間裡，維持嚴格階層定義的理想。但若你是實用主義者，就可以容許某種程度的多重階層，讓一些字詞重複出現在多種類別裡。圖 10-23 顯示了這個觀念。

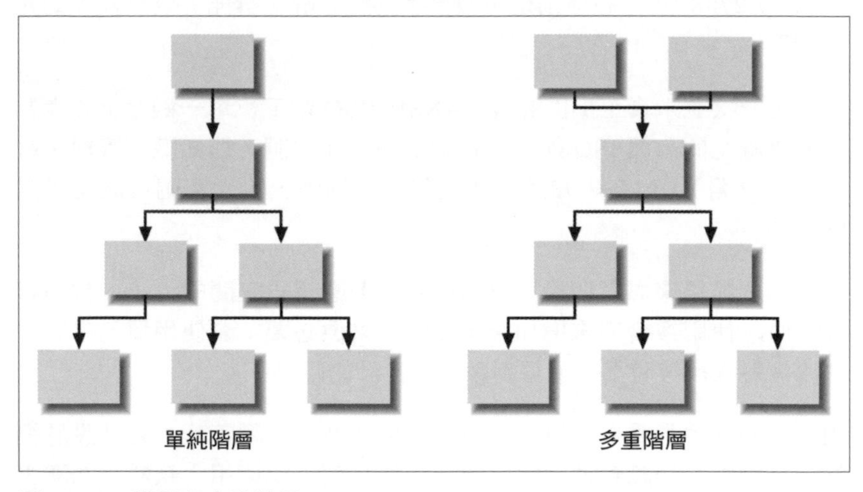

圖 10-23 階層和多重階層

面對大型資訊系統時，多重階層將無法避免。隨著資料增加，為了提高精準度，需要更高程度的預先安排整理（透過複合字詞），如此就非使用多重階層不可。舉例來說，MEDLINE 把「病毒性肺炎」（viral pneumonia）重複列於「病毒性疾病」（virus diseases）和「呼吸道疾病」（respiratory tract diseases），如圖 10-24。

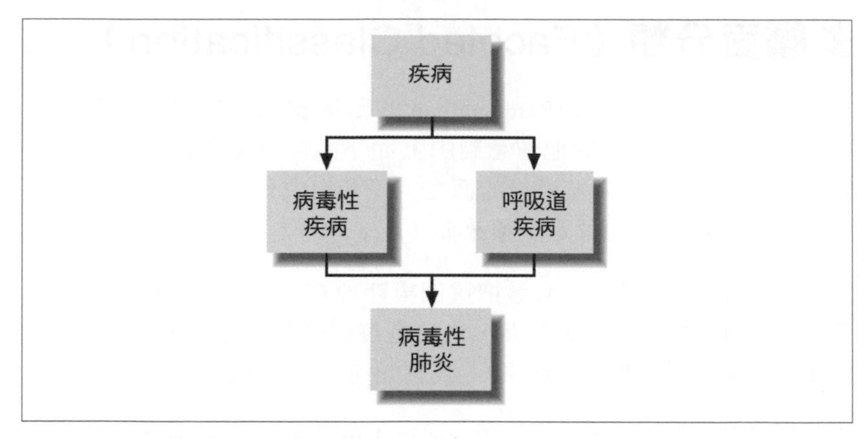

圖 10-24　MEDLINE 中的多重階層

維基百科是另一個廣泛使用多重階層的大型資訊空間。大部分維基百科文章的註腳處，會有表格列出連結，列出該文章出現於哪些較高層、抽象的條目和概念之下。

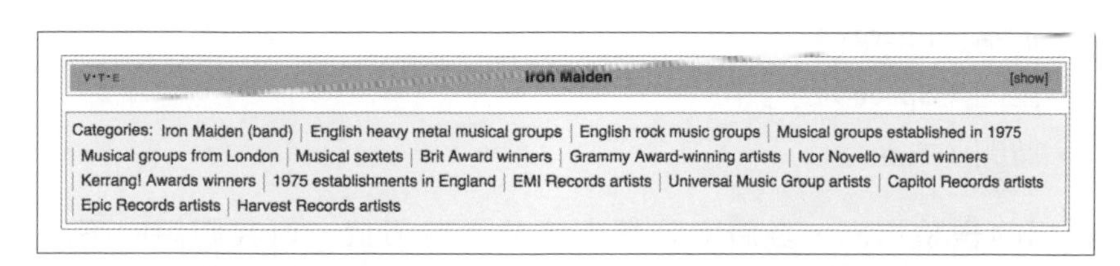

圖 10-25　維基百科的多重階層

在分類和安放實體物品時，多重階層會有問題。單一物品一般只能出現在一個地方，所以像美國國家圖書館分類體系的設計目的，就是讓圖書館中的書都只能在唯一的地方擺放（和找到）。數位資訊系統裡沒有這種限制，但多重階層帶來的真正挑戰是，如何適當呈現導覽脈絡。大部分系統都能在階層中標註首要和次要位置，可以適度解決這個問題。

多層面分類（Faceted Classification）

1930 年代，一位叫 S.R. Ranganathan 的印第安圖書館員，發明了一種新的分類系統。由於他留意到由上而下階層分類的問題與限制，Ranganathan 的分類系統背後的概念，是所有文件與物品都有多種面向（dimensions），也就是**多種層面**（*facets*）。

固有的分類思考會想，「我該把這個東西放在哪裡？」這種思考和我們在實體世界的經驗緊密相關，也就是每個東西該有一個位置。與此對比，多層面分類的思考會問，「我該如何描述這個東西？」

正如許多其他圖書館員一樣，Ranganathan 也是理想主義者。他主張必須建立多個「純粹」的類別，每次使用一個原則來分類。他建議以五種普遍存在的層面來組織所有事物：

- 性格（Personality）
- 物質（Matter）
- 能量（Energy）
- 空間（Space）
- 時間（Time）

我們的經驗指出，多層面分類方式非常有價值，但我們傾向不用 Ranganathan 的五個普世層面。在商業世界裡，常見的層面包括：

- 主題（Topic）
- 產品（Product）
- 文件類型（Document type）
- 目標族群（Audience）
- 地理位置（Geography）
- 價格（Price）

如果還搞不懂層面，可以參考圖 10-26。我們把資料庫有不同欄位的這種結構，應用在網站比較異質的文件和程式上，而不是把同一種分類法套在所有資料上，也就是轉向多種分類方法、分別處理內容中不同面向的觀念。

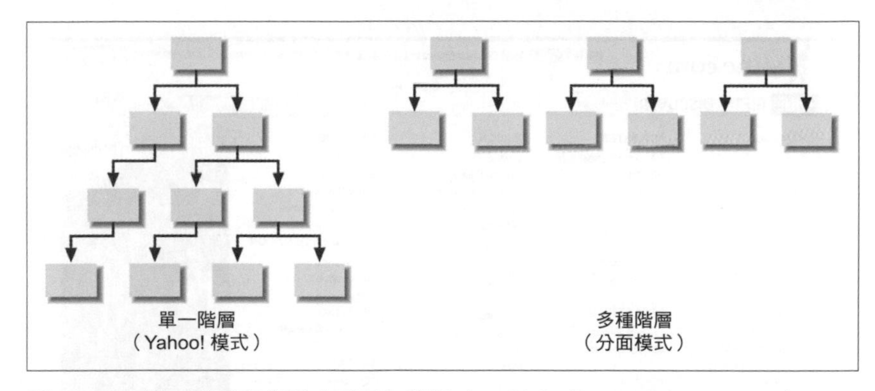

圖 10-26　單一階層和多種（層面）階層（multiple (faceted) hierarchies）

Wine.com 有個分面分類的簡單例子。在餐廳或賣場挑選酒的時候，我們常混合選擇酒的不同層面，如表 10-3 所示。

表 10-3　酒的多層面分類

層面	控制詞彙範例
類型	紅酒（梅洛，黑皮諾），白酒（夏布利，夏多內），氣泡酒，粉紅酒，甜酒
區域（來源）	澳洲，加州，法國，義大利
酒商（製造商）	黑石園酒莊，寶林酒莊，蛋糕麵包酒莊
年份	1969，1990，1999，2000
價格	$3.99，$20.99，<$199，平價，中價，高價

請注意有些層面把內容完全列出（如價格），而有些層面必須以階層表示（如類型）。當我們想要一瓶中價位的加州梅洛酒時，其實不自覺地定義與混合了不同層面。Wine.com 妥善運用多層面分類，讓我們得以在網站上運用這種方式尋找。圖 10-27 中的巨型功能列表顯示了多種瀏覽方式，為同樣的資訊提供不同的尋找途徑。

圖 10-28 中的進階酒類搜尋（Advanced Wine Search）介面，可以結合多個分面，形成類似以自然語言表達的豐富查詢。

圖 10-27　Wine.com 的多層面分類

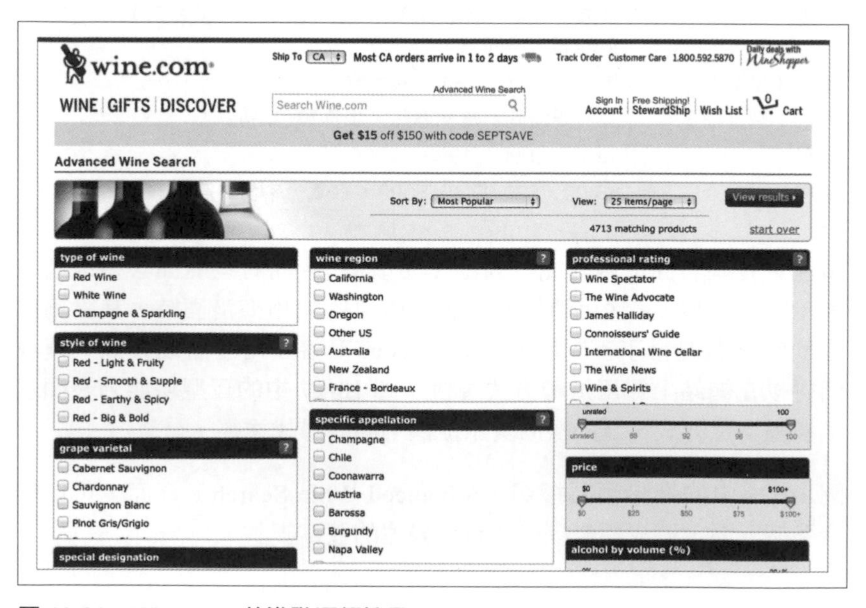

圖 10-28　Wine.com 的進階酒類搜尋

搜尋結果頁（圖 10-29）列出了我們要的中價位加州梅洛紅酒。請留意我們不但能在搜尋中運用多種層面，也能在結果中透過不同面向來排列和篩選。Wine.com 還加上了一些雜誌的評比作為另一個層面（RP：Robert Parker 的《The Wine Advocate》；WS：《Wine Spectator》）。

圖 10-29　彈彈性的搜尋和結果呈現

Wine.com 的設計師在整個網站的介面中，都必須不斷地決定運用多層面分類的時機與形式，舉例來說，首頁沒有提供依照雜誌評比層面（如前段提到的 RP 或 WS）的瀏覽方式。理想上，這些設計決策最好都有其依據，並周全地考慮過各種角度：滿足使用者的需求（人們想要如何瀏覽和搜尋），滿足商業需求（Wine.com 能在高利潤品項上將銷售極大化），以及打造我們在第四章中提到有意義的空間。

多層面分類的優點是它提供強大的能力和彈性。透過背後建立的描述性 metadata 和結構，你可以試驗各種不同方式的導覽選項。多層面分類提供不變的基礎，讓介面可以隨時間測試和改善。

在線上零售環境中，引導式導覽（guided navigation）很快就獲得大量應用，特別是那些可尋性直接影響獲利之處，因為多層面分類有助於使用者更容易找到所需商品。近年來，這種混合搜尋與瀏覽的模式被廣泛運用在各種產業與政府、醫療保健、出版和教育領域中。如圖 10-30 所示，引導式導覽甚至用於改良圖書館目錄的呈現。Ranganathan 如果知道一定會覺得很驕傲。

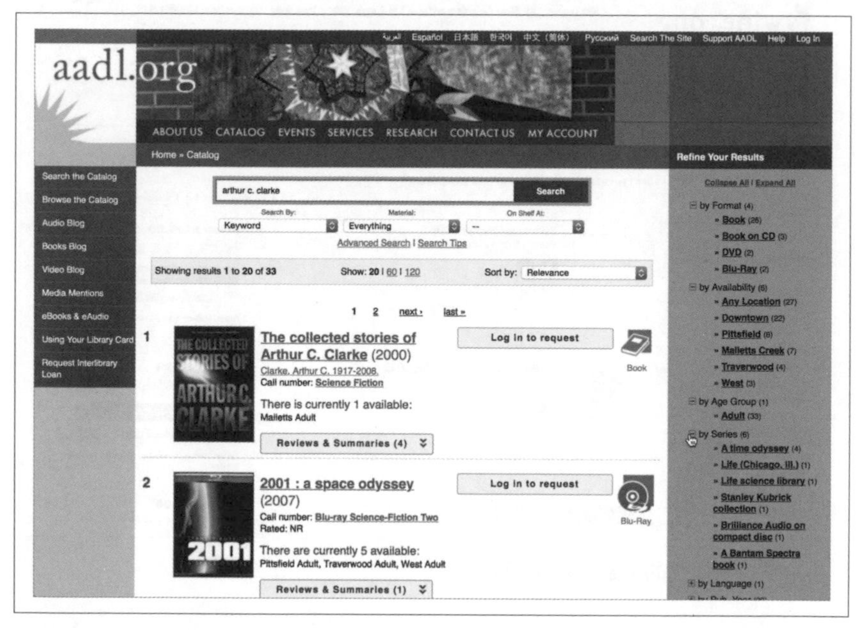

圖 10-30 安娜堡（Ann Arbor）公立圖書館網站的引導式導覽

建置控制詞彙的主流網站已愈來愈多，此外，相關的參考資源也日漸增加。下面是其中一些：

- ANSI/NISO Z39.19-2005，「單一語言控制詞彙之建立、格式與管理的指導原則」（Guidelines for the Construction, Format, and Management of Monolingual Controlled Vocabularies）；於 2005 年完全重新撰寫（並更名）。
- 「控制詞彙：語言同義字典」，由 Fred Leise，Karl Fast 和 Mike Steckel 合著。
- 都柏林核心 metadata 提案（Dublin Core Metadata Initiative）

- 弗拉明哥搜尋介面計劃（Flamenco Search Interface Project）[譯註]。
- 與同義詞典相關術語的專門詞典（Glossary of terms relating to thesauri）
- 分類倉庫（Taxonomy Warehouse）
- 線上同義詞典與權威檔（Online Thesauri and Authority Files）

metadata、控制詞彙和同義詞典，已漸漸成為多數大型網站和企業內部網站的重要基礎元素。單一分類的做法，也逐漸為更彈性的分面分類所取代。簡單地說，如果你在設計資訊架構，你的未來一定有分面分類！[6]

要點回顧

我們總結一下本章的學習要點：

- 同義詞典、控制詞彙和 metadata 在資訊空間的背後運作，讓外在能呈現更完美與滿足的體驗。
- Metadata 標籤用來描述文件、網頁、圖片、軟體、影音檔和其他內容物件，目的在提供更好的導覽和檢索。
- 控制詞彙是自然語言的子集合；它們包括同義詞環、權威檔、分類規則和同義詞典。
- 上述觀念與實務能讓你建立與規劃語言的使用，使得人們可以更容易地找到資訊。
- 多層面分類和多重階層能讓你以更多方式分類與安排資訊，使得人們能以自己理解的方式找到需要的東西。

在討論同義詞典、控制詞彙和 metadata 之後，本書「基本原則」的章節也正式結束。既然你已經知道資訊架構組成的基本原素，我們可以開始看這些體系如何相互結合，形成更有用和引人入勝的資訊空間。

6　關於 Wine.com 與分面分類的更多資訊，請見 Peter 的 2001 年文章「資訊架構的速度」（The Speed of Information Architecture）。

譯註　Flamenco 為 FLexible information Access using MEtadata in Novel Combinations 的縮寫，意指「以 metadata 的新穎組合來彈性存取資訊」

第三部分

實現資訊架構

第一部分我們談資訊架構的概念，第二部分我們談資訊架構的組成，現在我們換檔加速進入第三部分，來介紹創造資訊架構的流程與方法。

好的資訊產品或服務不會憑空出現，有太多事情會影響這些產品或服務的創造過程及品質。不瞭解過程的人可能會以為設計資訊架構只是畫畫樹狀圖，要是有這麼簡單，那我們的工作會輕鬆多了，但同時這個角色也會失去舞台。實際上，要在複雜的環境中創造優良的資訊產品或服務，需要跨領域多元專業一起合作，包括互動設計師、軟體工程師、內容策略專家、易用性工程師或其他專業工作者，除了專案經理之外，資訊架構師是另一個串連所有其他人的關鍵角色。

有效的協同合作則需要一套結構化的工作流程。無論專案或團隊大小，我們都需要知道如何找到正確的時機點，以對的方法去解決問題，才能發揮關鍵效果。接下來的章節會介紹整個流程，以及過程中會遇到的挑戰。我們會聚焦在早期過程的工作上：研究與評估、策略與方向、設計與規劃，比較不會著墨在後期的開發與管理。belies our consulting background. 我們主要的顧問經驗大多與資訊架構策略與設計相關，但這不代表我們只主張策略與設計的價值而忽略其他環節，同時我們也深信在開發過程，及維護資訊架構的存續時，任何微小細節都是不容小覷的。能確保資訊環境穩定長期運作的真正的英雄，是那些全心全意保護且完善資訊架構的內部人員。

第十一章

研究

研究是好奇心的正式講法，
其實就是有目的地戳一戳、挖一挖。
—Zora Neale Hurston

在這個章節，我們會涵蓋這些內容：

- 在開發流程加入資訊架構設計
- 關於人們，脈絡，內容三者，為何需要研究？如何進行研究？
- 研究方法有利害關係人訪談（stakeholder interviews），經驗法則評估（heuristic evaluations），使用者測試（user testing），卡片分類法（card sorting）等

在網站設計的洪荒時期，很多人只用這一招來設計網站：就是「直接寫 HTML code」，所有的人都想一步到位，人們沒有耐心去研究觀察，也沒心去思考什麼才是對的策略方向。曾經有個心急的客戶在設計規劃的中期，不斷質問我們：「請問你們究竟什麼時候才會展開真正的工作？」他不明白的是，其實我們的工作早就展開了，但他以為看到網頁才算數。慶幸經過多年磨難後，大家終於越來越瞭解到，資訊空間設計與規劃不是一件容易的事情，需要按部就班有章有法的進行，如同圖 11-1。

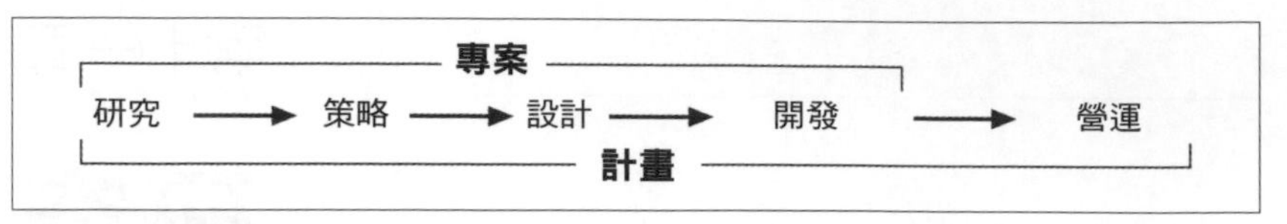

圖 11-1　資訊空間（資訊產品與服務）的設計開發流程與階段

看到這裡，你也許會不禁懷疑：「這本書很像是講瀑布式（waterfall）開發流程，但我們採用的可是敏捷式流程（agile）耶！？」以資訊架構的情況來看，我們認為這種想法是一種誤解，以為兩種流程只能選擇其中一種。其實這兩種流程可以解決的問題不太一樣，可以因時因地權宜應用：如果團隊的目標很清楚，敏捷式流程非常管用，例如：目標是建造教堂，不是蓋車庫。如果團隊需要先弄清楚全貌以得知方向，或者釐清問題的涵蓋範圍，那麼還是需要一個階段接著一個階段進行。再從其他面向來看，創造資訊空間的過程裡，資訊架構也需反覆調整，直到整個產品完成。受到現實世界的條件限制，設計的變動常常無法避免，這種時候也需要敏捷式流程或它的精神來因應。（我們推崇美國總統艾森豪的這句名言：「戰爭準備中我總是發現做好的計畫不管用，但是計畫是不能或缺的。」）

接著我們來檢視這個流程的每一個階段。「**研究**（*research*）」階段一開始可以從瞭解整個專案背景輪廓著手，與策略團隊討論以獲得商業脈絡與目標的深入理解，瞭解現有的資訊架構、內容以及預設的目標使者，然後可以快速開展一系列不同的研究任務，分析個別問題，探索整體脈絡，藉著各種方法來釐清整個資訊生態。

研究是規劃資訊架構的基礎，研究做的越透徹，掌握更多脈絡，就能幫助建立更穩固的「**資訊架構策略**（*information architecture strategy*）」。資訊架構策略必須顧及資訊空間的各個層面：由上而下，必須定義整體資訊空間組織與導覽結構的最頂端的兩三層；由下而上，則必須找出構築資訊空間的基礎內容元素，瞭解所有可能的文件型態，規劃初步的 metadata 結構。擬定策略主要是為了建立資訊空間的設計框架，提供明確地發展方向以及範疇，這兩者影響將一直延續到開發階段。

「**設計**（*design*）」階段用來將先前的策略與規劃，轉變成更精細的空間地圖（sitemap）、線框圖（wireframe）、metadata 定義等文件或規劃，以供後面接手的視覺設計師、程式設計師、內容編輯、以及開發製作團隊來使用。「**設計**（*design*）」階段產出各種文件及規劃方案後，此刻資訊架構的工作也接近尾聲。要留意的是，無論前面的研究與策略做得多好，資訊架構的工作並不是以多取勝，埋頭苦幹的同時必須能兼顧品質，因為後期糟糕的設計執行會讓前期的投入付諸於流水。換句話說，執行力比呼口號重要，魔鬼都藏在細節裡。

「**開發**（*implementation*）」階段就是把前面的資訊架構設計轉變成實際的資訊產品與服務，在這個階段包含程式撰寫、系統測試以及發布。針對存在於資訊空間中的內容，則必須進行組織、分類、標記各種文件或資料、測試、排除各種疑難雜症、撰寫各種文件、規劃教育訓練等，以確保資訊空間能夠被有效維護，並經得起時間考驗。

最後階段是「**營運管理**（*administration*）」，針對運作中的資訊空間持續地評估監測，進行資訊架構的改善。內容管理工作特別重要。對日常週期的文件或內容進行標記與整理，將過時無用的內容移除，保持內容實用而正確。同時監測使用狀況，聆聽使用者意見回饋，從中取得改善各種大大小小缺陷的線索。有效的管理會使得資訊空間變得更棒。

坦白說，上述流程稍嫌簡略，實際上的專案階段往往不容易有清楚的界線劃分，很少專案會有機會實施完美的工作流程。預算限制、時程緊迫、政治干擾這些負面因素無可避免地會把專案推向懸崖。我們介紹設計流程的目的不在於提供一份死板的設計指南，因為真實世界真的是紛擾不堪，絕非一份制式流程文件可以解決。所以，我們打算提供一套框架，工具跟方法，能夠在不同時機地點幫助你解決問題。

在開始之前，我們想先幫你打打氣。當人們面對搜尋紀錄（search log）或大量的內容分析工作，如果不是對這類工作特別有熱情的話，多數人很難像我們一樣興致盎然去鑽研。排除環境周遭因素之後，這些工作有時候看起來顯得繁瑣而乏味。但是一旦你全心投入後，卻有可能讓你喜不自勝，尤其是從成堆資料萃取出你的洞見，觸發靈感而獲得解法妙方時，你會發現這些付出都是值得的。

研究框架

問「對的問題」就是好的研究。如何選出對的問題來瞄準，需要先將複雜的背景環境先轉化成一套概念框架，幫助我們看清各種影響因素及相互關係。在第二章介紹過的三個圓圈（圖 11-2）又再次派上用場。藉著這個模型，我們得以拿捏研究重點與方向，解釋所見所得。因此，我們採用這個模型來說明研究工作的結構與類型。

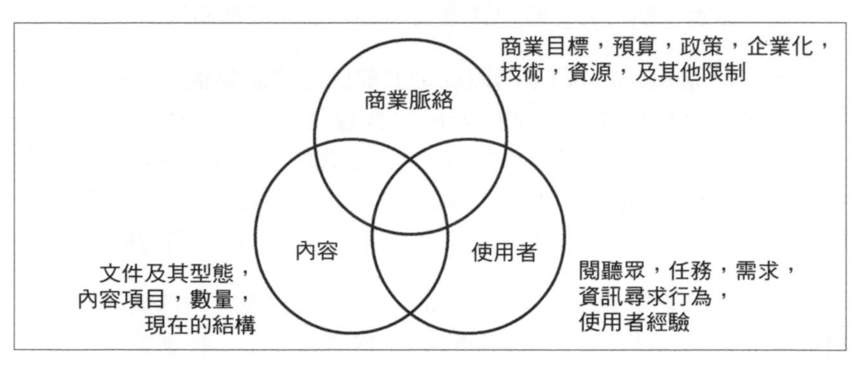

圖 11-2　資訊架構的研究框架圖

我們先看看相關的研究工具及方法（圖 11-3）。這張圖裡顯示三種層面的各式方法，你只需要在解決特定問題時，找出適合的工具與方法來用，不需要把所有的方法都硬塞到每個專案裡頭。而且，這張圖也不包括所有可能的工具與方法，你絕對需要再去找更多方法，去嘗試不同工具。我們的目的是給你一張地圖，一只指南針，至於旅程，你得親自走上一回。

圖 11-3 研究的工作與方法

商業脈絡

從現實的角度來思考，從商業脈絡開始進行調查研究是很好的起跑點。對任何專案來說，正確地掌握商業目標與政治生態是很關鍵的，因為忽略商業現實就跟忽略使用者一樣無知而盲目。對企業組織的目標沒有幫助的網站或 app，不管有多好用，終究沒有理由存續。「以使用者為中心的設計（user-centered design）」是很有價值的，它能降低「以老闆為中心」模式造成的缺點，例如過度主觀以至於誤判使用者需求。但是設計決策完全以使用者為重，忽略企業目標也不對。總之，過與不及都不好，最好能尋找到最佳平衡點。

當然，商業脈絡不會僅僅談企業部門政治問題。除了瞭解組織中的決策權力、責任歸屬之外，我們還需要知道目標、預算、時程、技術基礎架構、人力資源、企業文化等，甚至在某些特別行業裡頭，法律問題也很重要。這些因素都會影響資訊架構策略的輪廓。

贏得人們認同研究

進行研究計畫絕對不能一意孤行。執行研究工作之前，最好夠先確認這件事情對團隊的價值，如果沒有獲得認同，團隊不予以支持，那就得重新思考研究方向了。畢竟你不是在實驗室對著毫無反抗之力的白老鼠，在現實世界裡頭，你的研究對象是人類個體，每個人都會有自己關切的問題，一定會在意你的調查方法。

舉例來說，面對你的研究計畫，他們會產生這些疑問：

- 你是誰？為何你要問我這些問題？
- 資訊架構是什麼？為什麼我需要關心它呢？
- 你的研究方法是什麼？這個研究關我什麼事呢？

你回答上述問題的態度跟方式會影響對方的反應，進而影響到在專案上獲得支持的程度。越大的資訊環境規劃專案越需要跨部門合作，越需要避免內容擁有權太過集中，如果沒有獲得廣泛的支持，專案成功機率就不高。因此，在研究的過程需要去思考如何讓團隊及相關人都能買單。

商業脈絡背景研究

專案剛開始時，你應該會遇到這類問題：

- 短期目標是什麼？長期目標又是什麼？
- 商業計畫的內容是什麼？裡頭的權責利害關係又是什麼？
- 時間限制及預算限制？
- 誰是預期的目標受眾？
- 目標對象為什麼而來？什麼原因讓他們再度回訪？
- 通常使用者能完成哪些類型的任務或行為？
- 資訊空間中的內容由誰來創造？由誰來管理與維護？
- 基礎的技術環境是？
- 哪些老事物還管用？哪些已經無效了？

進行任何研究，光只會「問對的問題」也不太夠，還必須能在適當的時機，以正確的方式找到對的人來問。受訪者沒有義務隨時配合你的研究工作，他們的有限時間對研究者來說是稀有的資源，必須盡可能善用對方提供的時間；你也必須瞭解事實上受訪者所知有限，什麼樣的人能回答哪些問題，需要仔細斟酌，不要亂問一通。由於開始前需要特別謹慎，因此若從檢視各種背景資料開始，這會是不錯的方法。

我們想要設計未來，找出最佳方案的線索卻可能隱藏在過去。嘗試去挖掘取得任何關於這個資訊空間的文件，包含論及願景、目標、使命、目的、預定受眾及內容等，同時也要去瞭解管理團隊的組織架構以及團隊文化。舉例來說，如果你是外部專家要幫某企業組織規劃新的資訊架構，那麼企業組織架構圖是很有用的文件，尤其是內部網站系統類型的專案。企業組織架構圖反映出企業內使用者的心智模型，他們通常如何認知自己的企業組織。這可以幫助到你選擇適合的利害關係人進行訪談，或挑選哪些部門的人來進行訪談或測試。

可以嘗試這種非常有意思的練習：試試比較原本設定的企業願景與實際產品所表現出來的種種差異。我們曾經看過一些浮誇的案例，用了上百頁精美的電腦簡報檔案，畫出天花亂墜的資訊生態系，但是當我們實際去檢視現行的產品與服務，卻只能看到一個小小的網站，裡頭不只沒什麼內容，甚至也沒有做好設計。企業願景與產品現況的落差是個嚴重的警訊，那表示企業組織的高層跟執行層之間的想法有嚴重誤解。偉大的願景也需要有足夠的時間、預算、專業來落實。在這種情況下，你必須儘快管理各方期待。

開場簡報

當你啟動一個專案時，用點心思好好地設計開場簡報是很必要的。資訊架構專案通常需要整合多方意見，例如內容編輯或作者、軟體工程師、互動設計師、視覺設計師、行銷人員、部門主管等。如果能夠掌握專案會議內（或會議之外）的溝通機會，一份好的開場簡報會有助於獲得團隊所有成員的共識，包含下列議題：

- 什麼是資訊架構？為什麼資訊架構很重要？
- 資訊架構與資訊空間中的各種組成元素的關聯？資訊架構與企業組織之間的關聯？
- 哪些是專案流程中的里程碑以及產出？

這些簡報以及引發的討論，能夠幫助你辨識潛在的地雷，得以及早迴避或採取因應措施，更有助於你促進團隊之間彼此的良性關係。好的專案開場簡報能有效建立共同的概念與詞彙，有助於人與人之間更順暢地溝通。

商業脈絡研究會議的種類

在 1990 年代早期，我們跟客戶團隊一起開全天候馬拉松式的會議，去更深入瞭解關於使命，願景，目標受眾，內容，以及基礎建設等，賦予資訊架構框架更多的血肉。當時在那種小而集中的團隊組織架構中，溝通只需要一次大型研究會議就足夠了。

時至今日，資訊過多的產品與服務所需要的設計與製作工作比以前更複雜，需要納入不同部門裡頭的不同團隊，這種分散式組織可能需要好幾場聚焦的研究會議才夠。讓我們來想想下列三種會議以及議程—策略小組會議、內容管理會議、資訊技術會議：

策略小組會議

今日許多機構會設置一個中央策略小組或部門，專職管理數位產品與通路。策略團隊的任務是設定高階目標，定義願景與使命，目標對象，內容與功能。在集中與分散之間，在人工與自動化之間，都由這個策略小組來決定抓取平衡點。

與這個團隊建立互信與尊重有其必要性，因此，透過面對面的會議與其進行溝通是非常基本的工作。只有藉由這些會議溝通，你才能抓到專案的真正目的，以及潛藏的地雷。

如果你想要碰觸某些較深入的問題，挖得更深入，那麼你會需要他們的協助。面對面的溝通會議有助於你的團隊成員（以及你自己）獲得較佳的溝通效果。

為了溝通的有效性，會議最好不要太大或太正式。讓會議氣氛輕鬆一點，顯得不那麼正式，少一點的人數，大約五人到七人是理想的會議人數。如果會議人數太多，那麼為了確保政治正確，會使得人們不願意主動表達，或者僅願意表達片面看法。

假使會議能順利展開，你就會有機會獲得下列問題的解答：

- 這個系統的目的是什麼？
- 主要的受眾或使用者是誰？
- 會有哪些內容？哪些功能呢？
- 人們會透過哪些管道來接觸或使用這個系統？

- 在專案過程中，還有哪些人應該要包含進來？
- 什麼時候需要你呈現進度或結果？
- 可能會遭遇哪些難關或障礙？

會議上保持警覺去深入探索更重要或更有趣的議題，別只是守著既定的議題而已，那就太可惜了。把自己當作會議討論的引導者，引導大家投入參與討論，而不是只守著你自己感興趣的議題，不要擔心討論有點混亂或發散，如果能激發更多的想法或對話，你一定可以獲得更多，而且大家參與也會感覺較有樂趣。

內容管理會議

專案過程中，想要了解內容的本質以及內容管理過程，你一定會很想找內容擁有者與管理者進行深入的討論。因為他們本身擁有豐富的實務經驗，以及來自實地操作自下而上的觀點。如果你能夠獲得他們的信任跟幫助，你就能從中學到這個組織的文化及管理政策。在這個會議上，你可以問這類問題：

- 關於內容的本質內涵，有哪些正式或非正式的管理政策？
- 是否有一套內容管理系統（CMS）用來管理編輯及發佈？
- 這些內容管理系統是否採用了控制詞彙（controlled vocabularies）及內容屬性來管理內容？
- 內容如何進入到系統內？由誰輸入的？
- 使用了哪些技術？
- 個別的內容管理者分別掌管哪些內容？
- 這些內容應用的目的是什麼？在這些內容領域的背後，真正的目標與願景是什麼？
- 這些內容的閱聽眾是誰？
- 這些閱聽眾如何接觸到內容？透過什麼媒介或管道？
- 內容有哪些格式？是靜態結構還是動態的？
- 誰負責維護內容？
- 關於內容或服務，有哪些未來規劃構想？
- 內容都是來自何處？內容又是如何被清整篩選的？

- 管理內容的合法性會對內容管理流程產生什麼影響？

資訊技術會議

進行資訊架構規劃之前，務必盡早瞭解專案相關的資訊技術基礎環境，尋求系統管理員或軟體工程師的協助，請教他們以前曾經規劃過及現行資訊環境。在這個會議上，可以探索規劃中的資訊架構與資訊基礎環境的關聯，也可以趁此場合與技術人員認識，並建立互信與互相尊重。提醒一下，你終究得仰賴技術人員來幫助你實現資訊架構的規劃構想，轉變成具體的資訊產品或服務。在技術會議上，探討的議題包含這些：

- 能否採用內容管理系統來幫助這個計畫呢？
- 如何建立必要的基礎結構用來支援內容標籤（tagging）？
- 內容管理系統能否自動對文件進行分類？
- 關於自動生成資料索引的技術？
- 關於個人化內容的技術？
- 搜尋引擎技術的應用具備多大彈性？
- 搜尋引擎是否能整合預設的詞庫？
- 我們如何定期查閱搜尋紀錄以及使用分析數據？

不幸的是，多數組織的資訊技術部門都非常忙碌，通常沒有時間來支援資訊架構規劃或者改善系統易用性。早一點把資訊技術的議題定調下來，有助於開發出一套可行合理的資訊技術方案，否則等到專案要進入開發階段，你的力氣大概已經用光了，沒辦法處理技術議題了。

利害關係人訪談

與利害關係人及意見領袖進行面對面訪談，是商業脈絡研究工作中最有價值的一環。能夠訪談跨部門或不同事業單位的高階主管，往往能獲得他們對設計過程投入更多的支持跟關注，而且也能帶來更新的觀點、想法以及各種有效的資源。

在這類訪談中，你可以用開放式的問法來詢問意見領袖或高階主管，不要只是單純詢問是或否的選擇題。例如，你可以詢問他們關於組織機構的願景，對於網站或行動應用的期待，或者請他們評估目前的資訊環境狀態。此外，你也可以花一些時間介紹這個專案計畫給他們聽。獲得他們對於未來計畫持續的支持，甚至比起當下他們回答你什麼問題還更重要。以一個企業內部網路系統規劃案來當例子，以下是部分示範問題：

- 請教您在組織中的角色是？
- 請問您管理的團隊在組織中負責些什麼？
- 假設處於在一個理想的狀態之下，貴公司如何透過內部網路系統來創造競爭優勢呢？
- 依照您個人的看法，目前貴公司內部網路系統面臨的關鍵挑戰是什麼？
- 您會建議內部網路規劃策略小組去關心哪些橫跨企業整體的議題呢？
- 您平常使用現行的內部網路系統嗎？如果沒有，原因是？如果有，您通常使用哪些部分？通常使用的週期頻率是如何？
- 您透過什麼方式來存取內部網絡系統？
- 有什麼誘因使得部門與員工之間願意主動分享知識呢？
- 對內部網路系統來說，什麼是關鍵的成功因素？
- 這些成功因素如何被衡量？公司如何衡量這套系統的投資報酬率？
- 重新設計內部網路系統的工作很多，如果您來挑選最優先的三項工作，您覺得會是什麼？
- 如果您只能告訴內部網路策略小組一件事情，那會是什麼事情呢？
- 有什麼問題是我們應該請教您，但是我們卻忽略沒有詢問的呢？

如同前面所提到的策略團隊會議，面訪利害關係人的會議應該是非正式討論會比較好，這種氣氛比較能夠讓利害關係人講出他們心中的真正想法。

除了面對面訪談之外，你也可以應用脈絡訪查（contextual inquiries），這是另一種有用的人類學研究方法，可以用來挖掘商業組織的運作脈絡。脈絡訪查不是簡單地針對特定受訪者或利害關係人進行訪談，而是進入場域，在他們的工作場所進行第一手觀察，一邊觀察一邊詢問受訪者與設計專案相關的問題。在這個章節後面，我們會針對脈絡訪查這個研究方法再做深入一點的說明。

技術評鑑

理想上，我們總是希望設計一套不受到資訊技術牽制的資訊空間，而且能獲得一組專屬的系統工程師與軟體開發工程師來幫助我們打造基礎設施與各種工具。

回到現實環境，這種好事並不常發生。通常我們必須遷就現有的基礎環境與工具，無法採用更新更好的方案。這樣的現象意味著我們必須在專案初期就評估現在的資訊技術環境，早點發現落實策略與設計究竟和現實有多大差距，因此我們必須盡早跟 IT 人員談談，去了解哪些事項已經就緒，哪些還在逐步發展中，以及哪些人有空來參與計畫。

經過探索之後，你會發現究竟在商業目標、用戶需求、現行資訊基礎建設這三者之間有多大的斷層，接著你可以研究有哪些商業方案或工具，才有助於彌補這些落差，或者啟動一個評估任務來決定哪些務實的可以與現行的資訊環境整合起來。不管你用什麼方式，最好在專案初期就設法搞定這些議題。

內容

「內容」的白話定義是「所有塞在你的資訊環境中的東西」，包含文件、檔案、資料、應用程式、數位服務、圖片、聲音、視訊、網頁、電子郵件等等。因此內容並不是只有文數字資料，資料的各種面貌，以及操控資料的功能都算是「內容」的一部分。此外，有些未來才會出現的東西，我們還不知道該如何描述它們，也一樣會被放入資訊環境中，這些也是內容的一部分。

使用者在運用內容之前，必須能夠先找到內容：可尋性（findability）優先於易用性（usability）。在創造出容易被尋找到的內容之前，我們必須先研究這些內容是什麼。是什麼資料特徵造成不同東西之間的差異，必須把這些線索找出來，同時也要鑽研文件結構及內容的描述資料（metadata），去理解這些會如何影響內容的可尋性。在現行的資訊架構裡頭，有時候要從上而下來拆解分析內容，有時候會需要從下而上來組織內容結構，我們要嘗試在不同的作法中去找到內容分析的策略。

假使你運氣不錯，能夠在專案計畫中與內容策略專家合作，他們可能會為你的工作帶來下面這些方法或工具。如果沒有這種機會，你必須要知道的這些基本的內容策略分析方法或工具，以下是概括的介紹：經驗法則評估法（Heuristic Evaluation），內容分析（Content Analysis），繪製內容地圖（Content Mapping），基準評比分析（Benchmarking）。

經驗法則評估法（heuristic evaluation）

許多資訊架構專案計畫都是重新設計現行資訊環境，而不是從零開始創造一個全新的一套。在這種案例裡頭，你有機會站在前人的肩膀上，應用他們所留下或經歷過的事物，但是往往由於人們比較容易注意到舊有資訊環境的問題，而急著甩掉舊包袱重新開始，導致人們經常忘記去好好利用前人的貢獻。我們經常聽到客戶把自己的網站視為敝屣，欲除之而後快，還勸我們不要浪費時間去檢視。這種情況該如何說呢？就好像是你為了把澡盆裡頭的水倒掉，卻連同裡頭的寶寶也倒出去了，這種顧此失彼的動作是研究內容策略時不該犯的錯誤。無論如何，盡可能從現有的資訊環境去學習，去辨認出哪些是值得被保留的。要開始評估現行資訊環境的好壞利弊，有一個稱為「經驗法則評估（heuristic evaluation）」的方法可以幫助你完成這些工作。

經驗法則評估法可以用來檢視產品或服務的使用品質，通常由一位或多位專家根據某些設計法則來進行人為評估。這個工作通常是由組織機構之外的人來執行，外部專家通常能夠比較客觀地評估，採用不同的觀點，而且比較不受到組織內各種利害關係顧慮的束縛。為了保持客觀，進行經驗法則評估之前，最好不要太熟悉背景資料，保持超然以避免觀點被影響而導致評估結果偏差。

最簡單的作法是只要找到一位專家，請他依據設計原則及經驗法則來檢視資訊環境，找出主要的問題點，以及可以改善的機會點。根據這位專家在不同組織的各種專案經驗，他能夠提供哪些是可行的，哪些是不可行的種種假設。類似的實務經驗就像是醫生在進行診斷一樣，假如病人只是感覺到喉嚨疼痛，醫生不太可能特別去查閱參考資料或啟動一整套複雜的實驗檢查，通常是根據病人自己的陳述、可視的症狀、以及常見疾病的知識，醫生據此做出適當的推測來判定問題與治療方案。也許推測不見得永遠正確，但這種憑藉專家一個人就能解決問題的「經驗法則評估（heuristic evaluation）」法，經常能在專案品質與成本之間取得還不錯的平衡。

如果需要更嚴謹的分析，同時也有足夠的時間或預算，可以聘請多位專家同時進行經驗法則評估，取代原本只有一位專家的做法。如果是多位專家一起進行評估，可以先把要評估的原則及指標先定義下來[1]。這些準則或指標可能包含以下這些一般常見的指標：

- 提供多元的路徑得以存取相同的資訊
- 應用索引及空間地圖（sitemap）來補強資訊的分類
- 導覽系統應該提供給用戶清楚的空間脈絡
- 採用適合目標用戶的語言，而且這些語言應該前後一致
- 搜尋與瀏覽應該適度整合，而且彼此互相強化

每一位專家各自獨立評估檢查資訊空間，同時紀錄各式各樣的問題。接著專家群可以比較彼此的紀錄，討論看法的異同，然後做出共識或總結。這樣做的好處是可以結合多位專家的豐富背景與經驗，不同的專家可能會看出不同的問題點或機會點，並且避免專家太過於個人的主觀意見。當然，這樣的方式會需要更多的專案資源（時間或

1 Jakob Nielsen 提出的“Ten Usability Heuristics”（http://bit.ly/usability_heuristics）是很值得參考的評估準則範例。

費用），就看你的專案大小來評估，要找多少位專家以及要作到多嚴謹，這並沒有絕對的規定，不過，假使能至少有三位專家進行評估會是還不錯的作法。

內容分析法

內容分析是一個由下而上的過程，分析組成資訊空間的基本內容元素，過程中必須小心地，全面地檢視既有資訊空間裡的各種東西，這些東西可能是結構良好的文件，也可能是雜七雜八的項目，會有不同形式存在的各種資料，甚至也包含應用功能在內。分析後，你會逐漸發現許多與企業組織策略或願景不一致的項目，例如數量差異或品質落差。

藉著這個由下而上的過程，你可以了解到現實狀態，拿來對照由上而下的願景，相比之下各種差異跟問題就會突顯出來，慢慢地就會形成各種資訊架構規劃上的疑問跟想法。

內容分析的工作型態可以很正式，也可以非正式。在研究的早期階段，重點放在理解計畫範疇與內容特質，這時候應該要採用鳥瞰的方式，不追求完全的細節，但是設法調查出資訊架構的整體輪廓。內容研究的後期階段，則需要仔細盤點所有的內容項目，思考它們與內容管理系統要如何整合在一起，也包含內容的發布編輯與結果呈現，互動流程與介面設計，最終目標是創造出有用的內容以及更友善的使用經驗。

蒐集內容

分析內容始於蒐集內容，一開始的內容蒐集不見得會有人整理交接給你，你得試著從現有的系統環境中去挖掘、列印、查找，去找出一些有代表性的樣本內容來討論跟分析。至於什麼才是有代表性的內容樣本？建議你取樣的時候不要想得太過縝密細緻，實際上並沒有一套公式或準則可保證最終的成功，因此，偶爾會需要依賴直覺判斷或者詢問他人。你應該設法在專案有限的時間資源中，盡可能去找到多元且具代表性的內容樣本。

內容蒐集的開始是一個資料取樣的過程，很像是挑選動物送上諾亞方舟。所謂的「諾亞方舟」取樣策略是盡可能挑選各種可能的物種，而每一種獨特物種只選擇幾隻動物。在資訊環境中，不同的物種就是不同的內容型態，例如白皮書、企業年報、線上費用申報表單等，最困難的是判斷什麼是一種獨特的物種。下面這些分類資料的維度可以當作辨認不同內容物種的方法，有助於獲得夠多元且有用的內容樣本。

格式（*Format*）

以取得最廣泛的不同格式為目標，例如文本型態的文件、軟體應用程式、視訊、音訊、備份起來的電子郵件等等。也可以試著把實體世界的資源納入，例如書籍、人們、設施以及組織。在資訊環境中，這些事物應該都有相對應的替代紀錄。至於有哪些格式要納入，則依據資訊架構專案計畫的型態而有所取捨。

文件類型（*Document type*）

設法取得最多元的文件類型，會是內容分析階段的優先任務。不同的文件類型包含產品型錄、行銷冊子、新聞發布稿、最新消息、部落格文章、年度財報、技術報告、白皮書、表格表單、線上試算、投影片簡報、試算表等等。同樣的，哪些文件類型要納入，也是依據計畫型態而取捨。

內容來源（*Source*）

你所蒐集的內容樣本也應該要反映出內容來源的多樣性。在公司網站或內部網站的資訊空間中，內容來源往往會對應到企業組織架構。你需要蒐集到的內容樣本，來源應該包含來自不同的部門，例如：工程、行銷、客戶服務、財務、人力資源、業務銷售、研究等。這不僅僅是用在內容分析上，同時也對於計畫進行過程的跨部門溝通有幫助。如果你的資訊空間包括第三方內容，那麼也應該要把這些外部來源納入分析範疇，例如：部落格、Facebook 粉絲頁、Twitter、Tumblr、Instagram、電子期刊、APIs（應用程式介面）或其他雲端服務等。

主題（*Subject*）

內容分析的初期依據主題來蒐集內容，這有點讓人為難，因為剛開始我們連資訊環境中有哪些分類主題都還不知道，也許試著從外部環境來找找看，有沒有公用的分類架構或慣例先當作基礎分類。當然，在準備內容樣本的主題取材呈現越廣越好，但也許先把這個嘗試當作練習就好，不需要太勉強。簡單來說，盡力而為。

現行的資訊架構（*Existing architecture*）

搭配上述的分類維度來蒐集內容，現行資訊環境所呈現的結構也可以拿來參考，幫助我們蒐集更多元的內容型態。最簡單的作法就是沿著目前資訊環境的主單元或主導覽選單進去查看，通常能夠取得較廣泛的內容範本。但是你得提醒自己，分析內容的時候不要被舊的資訊架構給制約了。

還有沒有其他資料維度能獲得更多元廣泛的內容樣本呢？其實你還可以多想想其他的可能性，包括：閱聽眾的差異、文件長度、文件變動性、語系差異、文件頁面的樣本形式等等。

時間跟預算有限的情況下，我們必須在內容樣本數量跟可用資源求取平衡。判斷的依據可以先算算看同一個內容型態的數量，數量相對多的型態可以優先被選取。舉例來說，如果資訊環境中有數百份技術報告，你應該要挑選幾份當作樣本，但是如果你最後只看到一份白皮書，那麼也許這個內容型態不太需要納入取樣範圍裡頭。數量只是一種取樣的標準，有些時候你需要自己判別文件的重要性，例如企業年報。一家企業不會有太多份企業年報，但每一份企業年報對投資者來說都很重要，裡頭充滿豐富的資訊，而且經常是熱門下載文件。換句話說，你還是得依照專案情境自己下判斷決定如何取樣。

最後一個考慮因素是效益遞減（或報酬遞減 diminishing returns）原則。當你開始投入內容分析工作後，到達某個臨界點後，你會開始感覺到沒辦法學到任何新東西了，看來看去都沒能再超出你對內容型態的理解範圍。這不一定是壞事，可能是因為你對這些內容樣本已經了然於心，或者需要休息一下再嘗試其他型態的內容。如果把蒐集內容工作當作例行公事，只是做做樣子而已，其實會非常無聊，而且沒有價值產出，你的團隊會看不到你的貢獻，只有在你能從中得到資訊環境的知識，了解使用者跟內容之間的關係，此時蒐集內容 / 分析內容才是一件有用的事情。

分析內容

內容分析能夠幫助資訊架構設計什麼作用呢？我們先從簡單的談起，內容分析帶來的邊際效益是：你會因此而更了解企業組織以及顧客，知道對他們來說哪些才是重要的主題內容。站在專案執行的立場，無論是外部顧問或者是專案計畫新人，這是一個練習學會客戶行業語言的好機會，學會了才能在專案的各種溝通環節裡悠遊自在。

內容分析的目的是產出有用的情報，而這些情報關係著資訊架構的使用體驗。最主要的關鍵情報，是找出內容與 metadata 之間的關係與對應模式，應用這些知識來建立更好的結構框架，在結構上更好內容布局，並建立使用者存取內容的各種路徑。進行分析過程的起頭，可以優先挑選一小部分內容開始，然後一塊一塊拼湊出前進的路線地圖。

舉例來說，對於任何單一內容物件，你可以從下面這些維度開始進行分析：

結構化 *Metadata*（*Structural metadata*）

試著描述這個內容物件自身的資訊結構，試著去拆解它成為更小的資訊區塊（chunk）。它有沒有標題？有沒有任何分散的段落章節，或者小一點的資訊區塊？使用者會想要單獨看這些資訊區塊嗎？

描述性的 *Metadata*（*Descriptive metadata*）

有哪些可能的描述方式能用來說明這個內容物件呢？請盡可能想出不一樣的描述方式。例如這個內容物件的歸屬主題（topic）、目標讀者以及內容格式（format）是什麼？過去你花了大量時間研究大量的內容，理當可以找到十種以上方式來描述研究過的內容物件，現在就把對內容物件的各種認識全部都攤開來看。

管理用的 *Metadata*（*Administrative metadata*）

這個內容物件之於整體的商業脈絡有什麼互相的關聯跟意義？誰製造這個內容物件？誰擁有這個內容物件？何時被生產出來的？又是什麼時候會消失？要管理好這些內容物件，我們需要了解內容物件的生命週期，以及控制生命週期的各種資料。

下面這個問題清單可以幫助你開始分析內容。在某些情況下，內容物件本身就附帶 metadata，這些現成的資訊也不要浪費掉，但是要提醒自己，不要被這些先前定義的 metadata 給制約了，繼續沿用或重新規劃都是有可能的。試著讓內容物件的 metadata 多一些可能性，下面這些問題會對你有幫助，看看還有什麼是你沒想過的。

- 這個內容物件是什麼？
- 如果要講給給人類知道，該如何描述？如果要給電腦軟體知道，又該如何描述？
- 如何分辨這個內容物件跟其他的差別？
- 如何提昇這個內容物件的可尋性，不管是對人們還是對電腦？

分析內容不能只著眼於小處微觀，也要有宏觀的角度去觀察整體內容，尋找出內容模式輪廓，以及這些不同內容物件之間的相對關係。有沒有看出來哪些內容分群的輪廓變得明顯了？是不是可以看出更明確的階層關係？分屬不同階層的內容物件，有沒有潛在的相似性或相關性，也許有某個常見的商業邏輯把彼此看似無關的內容物件連結在一起了？

由於需要費力從先前蒐集的內容樣本去辨識出各種模式，因此內容分析的工作會是一種反覆循環的操作過程，不會是一口氣直線到底的工作。也許在分析的第二回合或第三回合時，某個特殊的文件或契機會讓你靈光乍現，突然想出某個特別有用或創新的設計方案。

少數讓我們佩服不已的內容分析怪咖，他們能夠對於這項工作愛不釋手，除了這群人之外，多數人們不會在內容分析時感到興奮或有什麼特別之處。但是過去的經驗證明，經歷這種打底的內容分析歷程之後，對於你找到設計洞察及穩固的資訊架構策略有莫大的幫助。再幫你打打氣，「吃的苦中苦，方為人上人」這句老人家用來鼓勵年輕人的話，套在內容分析工作上相當適用，完成內容分析之後，你獲得的回報是客戶及團隊成員的欽佩眼光。未來進入設計階段時，內容分析會使得你在說明各種文件類型與 metadata 的整體規劃時更清楚明白，更有說服力。不只如此，這些分析資訊也適用於資料組織方式、命名方式、導覽系統與搜尋系統的設計。換句話說，內容分析對於整體資訊架構的設計與規劃有莫大的好處。

繪製內容地圖

經驗法則評估法以從上而下的角度，來了解資訊環境的組織與導覽結構，而內容分析法則提供從下而上的方式，來了解內容物件的屬性及本質。接下來，我們要把這兩種觀點藉著**內容地圖**（*content map*）連結在一起。

內容地圖是用來表達複雜的資訊環境概念的手法，基本上是高視角的概念視覺呈現（見圖 11-4），內容地圖就像是地圖，只保留最純粹的訊息，幫助你認識空間環境與方向，比起具體的設計更容易為人所理解。

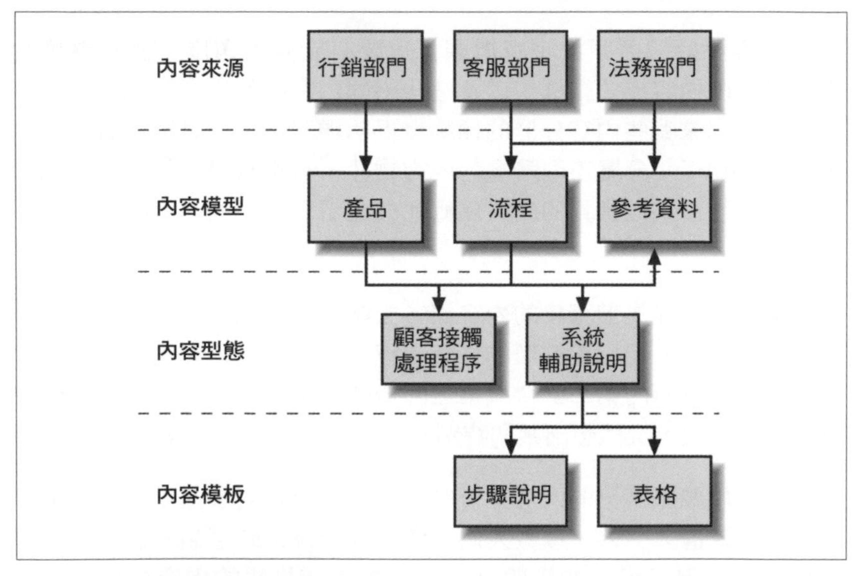

圖 11-4　內容地圖的一小部分

內容地圖樣貌多變，有些著眼於內容擁有權與發布流程，有些則是用來把內容分類及關聯性以視覺化的方式呈現出來，有些則是表達不同內容區域如何提供多種導覽路徑。你可以利用網路圖片搜尋 “content map” 找到各種內容地圖的參考例子。繪製內容的目的是幫助專案團隊思考整體的資訊架構，內容組織與內容所在的位置，更重要的是能夠藉此突顯新的資訊架構設計的亮點。

基準評比分析

基準評比（*benchmark*）指的是找到一個參考基準點，用這個點來進行比較評估或判斷，相較於學理上的嚴格定義，在此處我們對於評比（benchmark）的定義稍微寬鬆一點。在這種情況下，評比的工作項目包含系統性的辨識內容、評估內容及比較內容，而這些內容是來自網站，內網或手機 app。

這些評比方式可以是質性的，也可以是量化的，要看看用在什麼地方。例如，紀錄使用者在競爭網站上執行特定任務花多少時間，或紀錄使用者對每一個網站最感興趣的特色是什麼。比較工作可以是網站與網站之間的評比（例如競業分析），或者相同網站的不同版本（例如前後版本比較），無論你採用哪一種方式，評比分析都是一個有用且彈性的好工具。

競業評比分析

他山之石可以攻錯，師法他人的好點子本來就是一種有效的學習成長之道，無論點子來自什麼人，身為人類的我們為了生存競爭，基於生物本能很容易觀察模仿他人的行為以求自保或勝出。如果我們缺乏這種「偷學」的能力，恐怕到目前還不會有輪子發明出來，我們還是只靠雙腳走路來移動吧！不過，我們鼓勵的是在內容架構上的觀察與比較，卻不是要你去竊取他人的智慧財產，請小心分辨。

當我們採用這種捷徑來模仿競爭者的行為時，如果不加判斷，往往是好的也學，壞的也學，分不清楚哪些才是有價值的。這種情況在我們這種領域裡面出現的特別頻繁，因為照抄別人的網站或 app 實在是太容易了，以致於好壞兼收的情況屢見不鮮。自從有網站設計這門專業出現後，我們發現人們經常誤認為一開始就要花大錢，或者要做大規模的網路行銷活動，以為這才是好的網站設計的作法，忘了關心真實的使用者需求與資訊架構。分析比較或觀摩競爭對手的時候，要反思這些差異背後的道理或因素，不要囫圇吞棗，錯把馮京當馬涼。

舉例來說，我們曾經協助一個大型金融機構設計網站。在金融行業中富達投資（Fidelity Investments）長期以來都是領先者之一，以致於許多同行也把他們的網站設計誤認為金科玉律。我們同意他們的設計有值得學習的巧思，但是也有許多不良的設計方式。在與客戶溝通的過程，我們得不斷地抵抗這種行業領先者所帶來的錯誤示範，每當我們提出一些較大的改善方案時，往往會聽到客戶說：「可是富達不是這樣做的！」

富達擁有完整的金融服務以及優異的行銷策略，在金融領域的領先地位是無用置疑的，只是當時他們的網站確實是一團糟，不是那麼值得學習。為了保護我們客戶的品牌信譽，我們執行了幾次競爭評比的研究，在研究中同時對比多個競爭網站的重要屬性，最終的評比結果，富達網站設計的劣勢一覽無遺。這個發現使得之後的資訊架構設計方向上，沒有被這些錯誤假設給牽制住，得以走出自己的一條路。總之，在這裡要特別提醒的是，向競爭同業學習參考是很有用的作法，但是千萬要留意思考設計背後的脈絡跟原因，別傻傻地照單全收就對了。

前後版本評比分析

資訊架構專案執行前與執行後的版本，經常被拿來比較，以此了解是否確實達到當初設定的改善目的。我們可以藉著比較來回答投資報酬率（ROI）的質疑，例如：

- 改版後的內網設計，員工查找重要文件的平均時間降低多少？
- 新的網站是否提高了顧客的能力，讓他們更有效率地找到需要的商品？
- 有哪些面向的設計會帶來使用效率或效益的負面影響？

前後版本比較可以迫使我們去檢視，是否達成當初設定的使命或願景，尤其是那些可用來衡量效益的特定條件。這些可衡量的指標能夠讓我們在資訊架構設計上，想得更清楚，看得更仔細，同時也為專案成敗帶來可參考的基準點。

前後版本評比的好處是：

- 在既存的環境中，識別出資訊架構的不同特徵，並且從中挑出關鍵的項目。
- 在描述與思考問題或現象時，採用更精準的詞彙，而不是籠統的概念。例如，原本的描述方式可能成「網站導覽系統很爛」，為了要做好評比，可以改成可操作的定義：「在使用者測試上發現，使用者看不懂導覽系統的命名」
- 創造出可參考的基準點，以利於評估改善程度

對照一下，競業分析則可以帶來另外一些好處，跟前後版本分析可以互通互補，例如：

- 觀摩競爭者可以產生大量的評比條件或指標，刺激我們加入更多的新點子
- 與前後版本分析一樣，以操作型定義取代概念的評價描述，例如與其說「Amazon 是個好網站」，不如改成「Amazon 的個人化功能對於經常造訪的顧客非常有用」
- 挑戰舊思維或慣例，例如改變「我們應該跟富達網站一樣」的觀念，從更寬廣的角度去思考，而且避免錯誤的學習
- 建立可評量的參考指標，標示出我們與競爭者之間的差距與相對位置，並且衡量改善的速度

使用者

關於使用者，他們有很多種不同的講法，可能被稱為：使用者、訪客、成員、員工、顧客、聽眾等等。他們的行為被數字化為點擊、曝光、瀏覽頁數、廣告營收或銷售數據。不管你怎麼稱呼他們，也不管你如何計算他們，他們就是資訊空間的終極裁判。一旦網站或 app 導致顧客混淆，他們就會離你而去；如果是內部網站設計得不好，員工用得很不順，他們就會選擇不用。

這就是網路世界的快速進化特性。在早期的互聯網時代，時代華納公司投資了幾百萬美金建造一個花俏華麗的網站叫做 PathFinder，結果上線後發現使用者恨透了這個網站的設計，過沒幾個月又重新打造一個全然不同的新設計。在以使用者為中心的設計這門學問上，這是個又貴又難以啟齒的公開案例。

經過許多時間跟案例，我們越來越發現人們是自由不受擺佈的，而且複雜無法預期。即使 Amazon 網站的資訊架構設計非常成功，也不能表示可以套用到輝瑞藥廠（Pfizer）的網站設計上，你必須考慮到資訊環境的獨特性，這個資訊環境的目標對象的本性，才知道該如何進行資訊架構的設計。

人類如此複雜，想要研究透徹不是一件容易的事情，你絕對找不到一種方法可以畢其功於一役，一次就搞懂人類[2]。市場調查公司要了解消費者的品牌偏好，會透過焦點座談來進行研究；民意調查機構想知道民眾對於候選人或政治議題的感覺，他們會透過電話訪問的方式來進行研究；介面易用性研究機構想要知道不同的圖示與色彩對使用者的影響，他們會透過使用者測試或深度訪談來進行研究；人類學家為了了解人群的文化行為與信仰，會採用田野調查的方式，把自己置入人群的真實生活環境，直接觀察人群，去感受人群並與他們互動。除此之外，還有更多研究人類的不同面向與專業還沒被提到，例如社群網路的數據分析等等。

我們想要了解使用者、想要分析他們的需求、決策優先順序、心智模型、資訊搜尋行為，同樣不能只靠單一方法就能夠研究透徹。研究使用者就像是解一個立體拼圖一樣，你必須能夠透過多元觀點去檢視與觀察，去建構整體的認知，如果你有機會執行使用者研究工作，用相同的時間來執行 10 次使用者測試，還不如拆成 5 次使用者測試加上 5 次深度訪談。不管哪一種研究方案都會受到效益遞減法則的影響，相同的研究方式執行多次後，後面重複執行的研究能獲得的新知識就越少。

假使你已經開始思考，如何把這些使用者研究，整合到設計流程裡，請記住這幾點：第一，沒有預算或沒有時間並不能當作不做的藉口，

2 如果你想要學的更深入，我們推薦你閱讀 Joann Hackos 及 Janice Redish 合著的這本書：User and Task Analysis for Interface Design（Hoboken, NJ: Wiley, 1998），以及易用性大師 Jakob Nielsen 的各種文章（*http://useit.com*）。

如果你了解易用性研究的特性的話，你就會知道，即使是非正式的研究，任何使用者測試都比不做來得好。第二，記住使用者是你最強大的盟友，借用戶之力來使力會收到事半功倍之效。你的同事或客戶可以跟你爭論見解是非，但是他們（或者你自己）必須承認使用者口述的意見或真實表現的行為都是有道理的，畢竟他們是我們要爭取的顧客，這就沒什麼好爭的。從設計決策的角度來看，使用者研究根本就是絕佳的說服工具。

使用者數據分析

無論是新設計或改版設計專案，先從使用數據下手觀察與分析，這是很常見也很有意義的手法，藉此可以了解人們如何使用資訊系統，以及什麼地方出現什麼問題。

使用者的行為數據分析工作，可以從內容使用狀況以及訪客本身特性來看。大多數的分析軟體（例如 Google Analytics）都能提供下列分析報告：

內容表現（*Content performance*）

在特定的時間區段裡頭，造訪網站的使用者數量，以及使用者與網站內容的互動次數。例如：造訪次數，網頁瀏覽數，導覽系統使用量，還有更多其他數據。這些資料顯示出哪些內容對使用者是常用或有用的，哪些內容較受歡迎，哪些沒有人看。累積一段時間再看，你可以觀察到各種內容使用的趨勢，包含廣告活動帶來的成效，導覽選單改版後的差異等等。

訪客資訊（*Visitor information*）

有些分析軟體宣稱他們可以提供使用者身份辨識，告訴你究竟是誰在使用你的網站。現實上，他們能提供的資訊都是一般性資訊，不是精準的個人資料分析。一般性的資料包含訪客來源（也就是訪客是從搜尋引擎過來，或另一個網站，或社交媒體等等），依照 IP 位址辨識訪客所在的地理區域，訪客所使用的瀏覽器特性等等。分析軟體通常都提供多重視角，藉由篩選或交叉不同維度來看數據，例如：在不同日期或時間訪客造訪的流量變化，新舊訪客比例及其變化，或瀏覽器的版本，如圖 11-5。

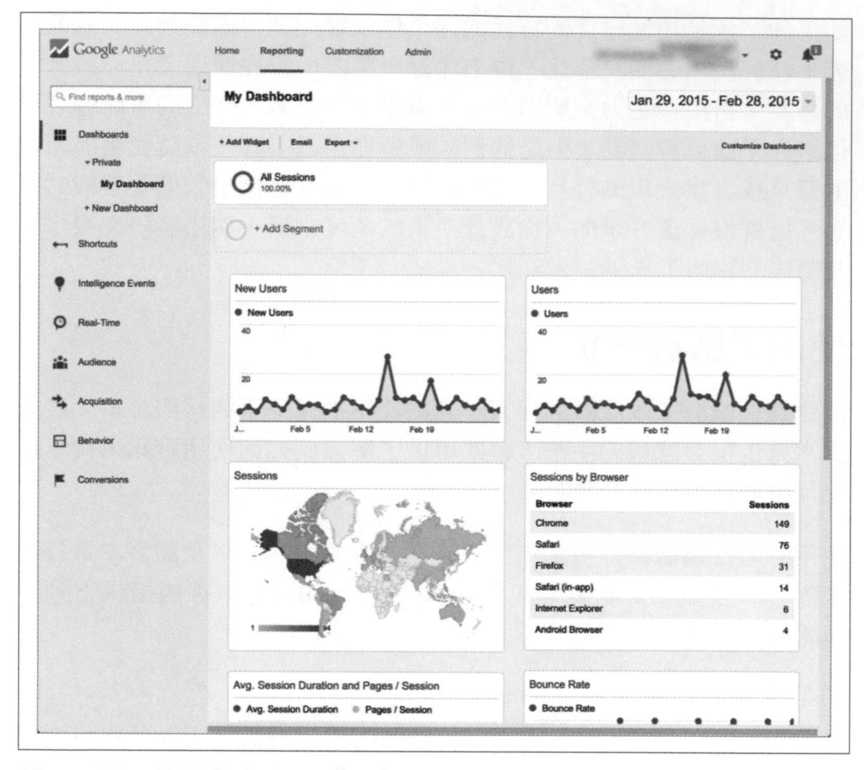

圖 11-5 Google Analytics 的用戶行為報表

還有一種有趣的分析資訊叫做用戶點擊路徑或瀏覽路徑（clickstream），這是透過追蹤技術去紀錄使用者從哪個網站來、在你的網站如何移動到不同的網頁、以及接下來去了哪個網站。追蹤紀錄也可以看出在瀏覽不同網頁時，使用者分別停留多久的時間。點擊路徑的數據相當吸引人，但是也難以立即應用。如果要把點擊路徑的價值發揮出來，我們還需要結合使用者的回饋，解釋他們造訪網站的原因，他們想來找什麼東西，以及什麼原因使得他們離開網站。有些網站會在使用者離開網站時，彈出一個線上問卷視窗來調查離開的原因。

搜尋日誌分析

另一種更簡單並且具備研究價值的方法是「搜尋日誌分析」。這個方法主要是紀錄使用者輸入搜尋引擎的關鍵字，並分析這些關鍵字所隱含的各種使用者意圖與行為[3]。仔細研究使用者的查詢資料，你會發現使用者用了哪些單字或詞組想查找什麼東西，如果你打算設計「控制詞彙（controlled vocabularies）」的話，了解使用者查找的用詞會很有幫助。此外，如果要設計最佳搜尋結果（best bets），需要計算詞組的優先順序，這也會很有用處。

從基本來說，搜尋日誌分析能幫助你真的了解使用者的實際搜尋行為，了解當他們在找東西的時候會發生哪些事情，如果他們能找到或找不到又會發生什麼事情。透過這樣的研究，你就會知道使用者一般都會輸入一兩個關鍵字，有些時候輸入會拼錯字。對於新手資訊架構師來說，搜尋日誌是學習的好教材，能讓你看清楚布林運算符號跟括號究竟能做些什麼（或不能做些什麼）。你也可以利用類似 Google Trends 這類服務來了解人們通常搜尋什麼關鍵字，如圖 11-6。

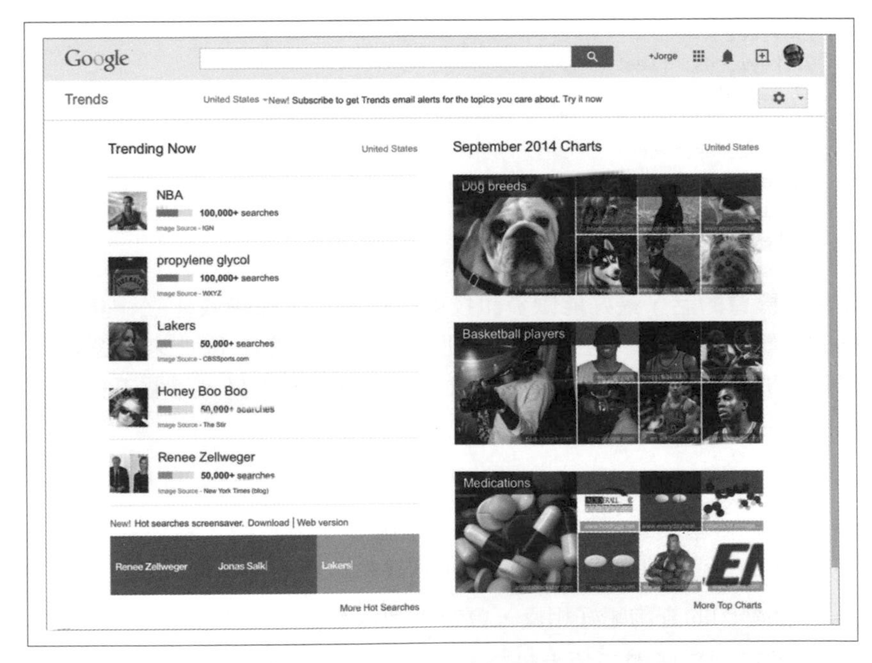

圖 11-6　Google Trends

3　關於搜尋日誌分析更深入的介紹，我們推薦 Louis Rosenfeld 寫的這本書：「Search Analytics for Your Site: Conversations with Your Customers」（Brooklyn, NY:Rosenfeld Media, 2011）

如果你能拿到自己系統的搜尋日誌，可以從中獲得更多關於使用者的情報。最少你應該能分析每個月份的搜尋關鍵字次數排名，用來了解在某個特定月份，使用者搜尋了哪些特定詞組，搜尋多少次。如下文，每一行的左邊數字是代表查詢次數，次數排列由多到少，右邊則是使用者實際輸入的詞組：

```
54 e-victor
53 keywords:"e-victor"
41 travel
41 keywords:"travel"
37 keywords:"jupiter"
37 jupiter31 esp
30 keywords:"esp"
28 keywords:"evictor"
28 evictor
28 keywords:"people finder"
28 people finder
27 fleet
27 keywords:"fleet"
27 payroll
26 eer
26 keywords:"eer"
26 keywords:"payroll"
26 digital badge
25 keywords:"digital badge"
```

如果有機會的話，最好能跟資訊技術小組合作，採購或建立一套更精細的搜尋分析軟體，至少能讓你利用日期時間或 IP 位址來篩選資料幫助分析工作。圖 11-7 顯示一個類似的搜尋分析工具，這個工具可以提供你這類情報：

- 哪些熱門的查詢會完全找不到對應的結果（搜尋結果筆數為零）？
- 呈現「查無資料」的搜尋行為，是因為使用者輸入錯誤的關鍵字造成的，還是他們要找的東西並不存在於系統當中？
- 哪些熱門的查詢剛好相反，會帶來數以百計的搜尋結果？
- 在搜尋結果所顯示的大量資料中，究竟什麼才是使用者真的要找的？
- 哪些查詢關鍵字變得越來越熱門？哪些變得越來越冷門？

藉著探索上述問題，找到背後的真相，你可以立即修正資訊檢索的功能。你可能看到使用者輸入你沒想到過的關鍵字，把這些新的可能性加入到控制詞組裡頭；你可能重新改寫網頁主標題，或修改導覽選單命名，或增加搜尋技巧問答提示，甚至改寫內容或新增內容。除了對資訊架構設計有幫助之外，行銷人員對搜尋日誌也很感興趣，因為這些資訊是了解顧客實際需求很有用的情報。

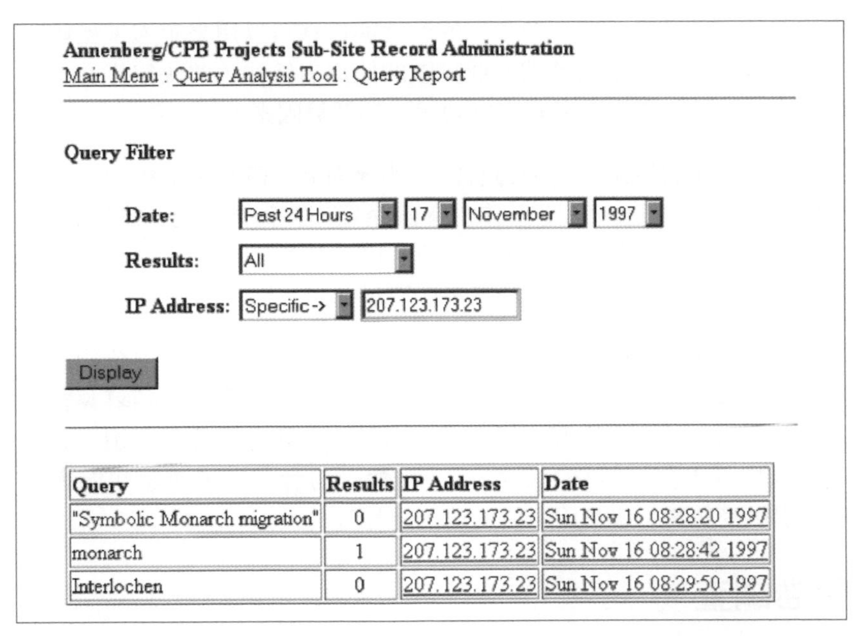

Query	Results	IP Address	Date
"Symbolic Monarch migration"	0	207.123.173.23	Sun Nov 16 08:28:20 1997
monarch	1	207.123.173.23	Sun Nov 16 08:28:42 1997
Interlochen	0	207.123.173.23	Sun Nov 16 08:29:50 1997

圖 11-7　一套很陽春的查詢分析工具

客服部門的資料

除了分析使用行為數據之外，技術支援或客戶服務部門也值得我們花時間去了解。他們站在第一線直接接觸客戶，處理客戶回應，也許他們已經掌握了大多數顧客的問題，說不定還做過問題的分類與分析。客服部門或技術服務中心的服務人員、電話中心的主管、圖書館員、管理部門行政助理等角色，這些角色也有可能提供豐富的使用者資訊。在許多大公司裡頭，這些人都是顧客或員工會諮詢的對象，因此他們身上可能早已蒐集了成千上萬個顧客的問題，這表示他們才是真正知道問題的人，值得我們去請教。

受訪者篩選與招募

所有其他使用者研究方法，包括問卷調查、焦點座談、深度訪談、人種學研究方法等，任何一種研究方法都需要有找到具備代表性的受訪者。除了少數線上調查的研究方法之外，基本上很難去研究「所有」的使用者，也因此挑選樣本（選樣）的工作相對重要。

使用者的樣貌多變，有太多不同的屬性與條件可以用來定義或區隔使用者。能夠正確描繪出預期的或實際的使用者條件，並決定條件的優先順序，這是影響使用者研究成功與否的關鍵因素。

為了幫助找出對使用者研究最有幫助的參與者，研究之前需要仔細定義篩選條件及特性。條件應該要覆蓋企業組織原本熟悉的層面（例如，家庭用戶、企業用戶、經銷商），以及身為研究人員的你在意的層面（例如，網站的新手用戶與老手用戶）。

大型的研究專案要處理的招募工作較為複雜繁瑣，可以委外給能做受訪者招募服務的市場調查公司來處理，他們通常有豐富的招募經驗，知道要如何定義目標族群、描繪受訪者輪廓、執行招募與篩選，有些則可以提供事務性服務，例如協助聯繫受訪者、出租訪談空間與設施、提供受訪贈品或費用、協助訪談紀錄等。

問卷調查

如果你需要取得大量的使用者回饋，問卷調查是一種常見的研究工具。相較於面對面訪談受訪者的作法，問卷調查相對快速而容易。由於問卷調查執行不難，有機會取得較多人數的資訊，但也因為問卷填答難以深入問題，所以只能取得比較淺顯的資訊。執行問卷調查的管道很多，目前多半透過線上問卷，而投放問卷的方式也是五花八門。可以透過電子郵件傳遞、網站、網路廣告、社交媒體，也可以透過電話或人員接觸，蒐集到的資料屬性可以是質性資料，也可以是量化數據。

假使你想取得較佳的回應率，問卷長度必須有所節制，問太多問題會導致受訪者放棄不填。多數時候保持填寫者的匿名性也可以提高回應，或提供贈品誘因來加強填答動機。因為問卷設計本身無法隨意互動或變更問題方向，如果你想了解使用者的資訊搜尋行為，是無法透過問卷獲得的。問卷調查適用的研究主題是：

- 對使用者來說，覺得什麼內容或功能是最有價值的
- 以目前的使用經驗來說，什麼會是最讓人感到挫折的
- 使用者有哪些改善產品或服務的想法
- 使用者對現行的產品或服務的滿意度

使用者的意見透過問卷取得之後，經過統計分析能形成強力的說服工具，例如：有百分之九十的填答者說員工通訊錄是最重要的服務，但也是公司內網最讓人感到挫折的服務，假使你調查得到這樣的結果，拿到會議上大概沒有人敢說這件事情不重要不需要改善。但是要提醒你的是，問卷設計是一門專業，問題設計不當，會產生誤導效果，會嚴重影響結果的客觀性與正確性。

脈絡訪查

不管是哪一種專業學門，從研究動物到研究人類，田野調查都是研究計畫的重要元素，因為生物行為與環境間有高度的交互作用，人事物互相影響，如果你不到實地場域去觀察研究，我們的想像力常常會被窗戶給限制住，實驗室能提供給你的資訊相當有限。人們與資訊技術的應用也是一樣，在實驗室裡，你只看到一些現象，走出實驗室或會議室，才會發現各種有趣的超乎你想像的可能性。這樣的研究價值已經被商業領域看到了，因此越來越多的人類學家被邀請加入商業計畫，透過人類學研究方法來協助產品與服務設計。不只人類學家，心理學家與社會學家也是一樣。

脈絡訪查（contextual inquiry）是田野調查研究方法之一，適用於了解人們與資訊環境的互動方式[4]。例如，在工作場所觀察每天的日常工作，可以輕易看到人們與各式各樣的資訊來源（包括電腦、手機、佈告欄、便利貼、各式紙筆等等）互動的方式及變動的現象，有太多細節是我們在辦公室或研究室裡頭無法想像出來的。

---

4 想要更深入了解脈絡訪查，我們推薦你閱讀 Hugh Beyer and Karen Holtzblatt 合著的這本書：Contextual Design（Burlington, MA: Morgan Kaufmann, 1997）

脈絡訪查需要投入大量的時間進行實地觀察，如果你要重新設計電話客服中心的客服應用系統，這是客服人員一整天工作要用的資訊系統，它值得你花上幾天或幾小時坐到客服中心去觀察實際運作狀況。不過，如果你要設計一個典型的企業網站，這樣的田野調查方法就不太實際了，因為大多數的使用者幾週或幾個月才來這個網站一次，說實在的，你很難找到正確的時機去觀察使用狀況。遇到這種狀況，我們會選擇實驗室或研究室作為研究場域，邀請目標使用者過來，請他們執行使用者測試來展現接近真實的使用情況或習慣。

以企業內網資訊架構專案為例，簡單觀察人們的日常工作方式，有時候可以獲得一部分研究價值，例如觀察人們如何邀約會議、參與會議、接聽或撥打電話、或者收發 email，你可以看到網站或內網如何幫助人們提高工作效率（或沒能提供任何幫助）。最困難的是，資訊架構對於人們的影響，可能是始於企業流程改造或知識管理系統，而這些前後脈絡僅僅透過觀察，是非常難以掌握的。所有只採用觀察的研究方法都有一樣的弱點：現場之外，但仍屬於整體脈絡中的現象，是無法輕易觀察得到的。也因此，脈絡訪查研究執行過程中，我們也必須依據當下狀況，挑選正確的問題來詢問目標對象，嘗試挖掘出更深入更廣泛的因素。理想的狀況下，組織內的部門與個人應該要良好的角色分工與責任歸屬，但實際狀況受到預算、時程及工作範疇的限制，負責設計資訊架構的小組很難去影響其他部門的工作。明白這樣的現實後，如果你想要做好資訊架構的規劃，一定要隨時問自己掌握了哪些整體脈絡資料跟情報，沒掌握到的或不理解的，務必嘗試各種研究方法去挖掘，包括脈絡訪查法。

焦點座談

焦點座談是一種最常見的研究方法，也是一種最常被濫用的研究工具。執行焦點座談活動時，首先要先找到一群產品的目標使用者或潛在使用者。在典型的座談活動裡頭，我們會邀請六到八位參加者一起進入座談，接著按照預先設計好的腳本逐一詢問每位參加者，例如關於產品的各種偏好及原因，展示產品或原型給參加者看，然後問他們對於產品的感受或認知，以及他們對於產品改善的想法。

焦點座談很適合用來刺激點子，產生更多可能的內容或功能。找到幾個目標使用者，把他們聚在一起討論，引導大家一起進行腦力激盪，你能很快的獲得一籃子建議跟意見。焦點座談很適合用在消費性產品設計或行銷相關研究，對於資訊架構的研究並沒有那麼好用。

舉例來說，在焦點座談中詢問跟冰箱有關的看法，參與者可以告訴你：我喜歡什麼，我不喜歡什麼，我有哪些期待等等，但是他們很難描述挑選冰箱所需要的資訊細節給你聽。

比較令資訊架構研究人員困擾的是，焦點座談通常只能證明一個特定方案是否有效或無效，比較難梳理脈絡與細節，而且座談主持人的技巧跟經驗會嚴重影響參與者的回答方向，用詞稍微偏頗就會使得討論方向走偏了，不管是無心的或刻意的，研究結果很容易被操弄。

使用者訪談

接下來介紹的使用者研究方法，是指與使用者實際見面進行的研究活動，而且同一個時間只有一位受訪者。這類型的訪談通常都比較花時間，而且需要較高的費用，不過這種研究方式相當有價值。簡單描述一下研究流程，首先需要花一些時間招募到幾位受訪者，每一場次的訪談則需要一到二小時，彙整訪談結果資料做進一步分析，最後才能得到研究成果。接下來介紹三種與使用者個別會面的研究方式：一對一深度訪談（Interviews）、卡片分類（Card Sorting）、使用者測試（User Testing）。

根據經驗我們會建議合併其中的兩種一起實施，例如一對一深訪搭配卡片分類法，或搭配使用者測試一起進行。這樣的組合可以讓我們在與受訪者接觸的有限時間裡，獲得較大的研究成果。

一對一深度訪談

使用者訪談研究工作的開始跟結尾都是問與答，我們會在這個過程不斷的向受訪的使用者提問。一開始會選擇容易回答的問題，我們可以問受訪者的實際經歷，例如曾經購買過某個產品的選擇歷程，對於產品的偏好或需求。訪談的後半段則可以用來跟進在使用者測試中觀察到的問題，進一步追問那些問題的原因，例如在使用產品的當下遇到的各種挫折或疑惑，最終可以詢問對於產品改善的總體建議或看法，到這裡差不多就可以結束一次訪談工作了。這裡有一些問題曾經在我們的企業內網專案使用過：

受訪者背景

- 請問您目前工作的角色是做些什麼呢？
- 請問您的專業背景是？
- 請問您在這家公司任職多久了？

資訊使用狀況

- 在工作中你會需要什麼資訊？
- 什麼資訊是最難找到的？
- 當你無法找到任何資訊時，你會做些什麼呢？

企業內網系統使用狀況

- 請問您使用內部網路系統嗎？
- 對於企業內網的印象是什麼？它容易用或難用嗎？
- 通常你會如何在企業內部網站系統查找資訊呢？
- 您是否使用過個人化或客製的功能嗎？

文件發布

- 您會製作任何文件，提供給公司其他同事或其他部門使用嗎？
- 請分享一下您對這些文件生命週期的理解。在您製作文件之後，這份文件會繼續發生哪些事情呢？
- 您是否使用過內容管理系統的功能，在內部網站系統發布文件？

任何建議或想法

- 如果您能改變內部網站系統的三件事情，您會想修改哪三件？
- 如果您能增加三個功能到內網系統，您會想加入哪三個新功能？
- 還有沒有什麼我沒問到，但是您覺得應該要告訴我的事情？

在決定問什麼問題之前，你必須知道，多數人並不懂資訊架構這個專業，無論是現在或未來的資訊空間使用者，他們並不會（也沒有必要）理解任何相關術語。對他們提問時，應該要採用受訪者能理解的白話用詞，如果你問他們對現在的 metadata 的看法，或者問同義詞詞典是否能改善網站易用性，你很可能會遭受訪者白眼對待，要不然就是聽到受訪者不懂裝懂胡扯一通，這些都不是好現象。換句話說，以問答對話的形式訪談受訪者，來進行資訊架構的研究，能夠獲得的研究結果是有侷限的，這迫使我們必須採用其他的研究方法，讓受訪者可以表達出對於資訊架構問題的想法。

卡片分類

想要獲得最強大的資訊架構研究工具嗎？就是一疊卡片、一些便利貼、加上一支筆。是的，卡片分類法一點都不高科技，可是你真的想要了解使用者，選擇卡片分類法就沒錯了，它真的是很棒的研究工具。

那麼接著要做什麼呢？其實也沒有很多，就如同你在圖 11-8 看到的一樣。在卡片上寫下網站分類名稱、子分類名稱、重要內容的標題，大約整理出 20-25 張卡片通常就夠用了。對卡片進行編號，以利於後續分析資料。請使用者開始排卡，把分成一堆一堆有意義的卡片，並使用便利貼來標記這些卡片堆。請受訪者一邊操作排卡分類，一邊講出他們的想法（放聲思考，Think Aloud）。最後做好筆記，並紀錄卡片分類命名及內容。如此而已！

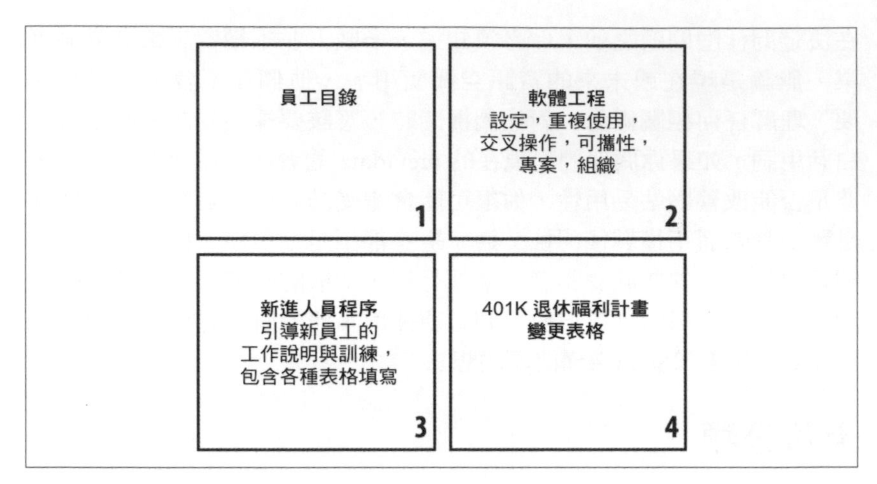

圖 11-8　示範卡片

卡片分類研究可以用在觀察了解使用者的心智模型，它可以呈現出使用者腦袋裡頭的內容分組，順序及命名，藉此我們可以得知使用者究竟是怎麼想的。這個方法的簡易特質使得應用上有極大彈性，在研究階段的最初期，可以應用開放式卡片分類法，讓使用者能自由添加自己想要的卡片。隨後，可以使用封閉式的卡片分類法，這套卡片的命名是基於你的預先設定，用來驗證資訊架構的原型。你可以要求受訪者根據他們心目中的重要性來排列，甚至也可以排出命名為「這是我不在乎的東西」的一堆卡片[譯註]。

卡片分類組合的可能性有無限多種，下面這些不同的思考角度都可以拿來組合應用：

開放 / 封閉（*Open/closed*）

採用完全開放的卡片分類法時，使用者可以自己寫下新的卡片，也可以自由命名卡片分組名稱。如果是完全封閉的卡片分類，使用者只允許使用預先寫好的卡片及分組名稱，不能任意新增。開放式卡片分類可以用來挖掘新事務，封閉式卡片分類則可以用來驗證假設。在開放與封閉之間，還有許多種可能的調整方式，你可以依據你的計畫目標來嘗試不同的作法。

譯註　原文將卡片分類法當作與使用者面對面的研究方式，實際上卡片分類法也可以透過網路遠距實施，研究人員不一定要跟使用者碰面。

措辭方式（*Phrasing*）

卡片上的標註文字也許是一個字、片語或句子、或者帶有子類別例子的分類名稱。如果有需要，你也可以附加圖片說明來取代文字，或者寫成問句或答案、或採用主題導向 / 任務導向的文字，這些都是可能的措辭方式。

資訊顆粒程度（*Granularity*）

顆粒程度（Granularity）是指抽象資訊區塊的相對大小或粗糙程度，不同級別從大到小可能有：雜誌期刊、文章、段落、句子。卡片命名可以是高階的或細緻的粒度。你可以拿網頁主分類來命名，也可以採用子網站名稱當作命名，或者特定文件名稱，或文件中的內容元素。

異質程度（*Heterogeneity*）

剛開始你會想要混合各式各樣的資訊（例如子網站名稱、文件標題、主題大標等），以求覆蓋最廣泛的可能性，目的是多聽聽使用者的各種想法，取得質性的研究資料。之後，你會需要較高的一致性的資訊（例如只採用主題大標）用來創造量化的研究結果（例如 80% 的使用者把這三項放在一起）。

交叉排列（*Cross-listing*）

你正在整理產品的最主要分類架構？還是想要了解瀏覽路徑的各種可能？如果是後者，你可能要提供使用者幾套複製卡片，好應用於多種分類裡頭交叉排列。甚至，你可以要求使用者寫下其他描述的文字（也就是 metadata），寫在卡片上或卡片分類名稱。

隨機程度（*Randomness*）

基於不同的考量，你可以刻意挑選一些卡片來證明某種假設，或者你可以從一堆卡片池，隨機挑選出卡片來。如同其他的研究一樣，你有操弄研究的能力，也會影響研究產出，這就看你的出發點是否良善。

質性的 / 量化的（*Quantitative/qualitative*）

卡片分類可以當作訪談刺激物，也可以用來當作資料蒐集工具，我們發現用來蒐集質性資料特別好用。如果你走的是量化研究的路線，請留意科學研究方法的基本準則，避免造成結果偏差。

進行卡片分類法的方式很多種，分析結果的方法也很多，從質性研究的觀點來看，當使用者說出他們的想法、理由、疑問或表達沮喪的時候，你應該會從中學到很多並且形成你的點子。藉著追問問題，你可以深入各種細節，獲得更好的理解，知道如何去進行內容的組織與命名。站在量化研究的立場，有一些明顯的指標可以被擷取出來：

- 使用者將兩張卡片擺在一起的所花的時間比例。從高視角觀察卡片的相關性，會得出在使用者心中的親和圖（affinity diagram）。親和圖是一種資訊關聯性的呈現方式，經常用來從複雜現象理出頭緒。
- 使用者將某一張卡片放到相同分類所花的時間比例。這個指標用適用於採用封閉式分類的時候，如果你是採用開放式卡片分類，必須事先將分類名稱正規化才能得到有用的結果，例如把「人力資源」「HR」「行政人事」這幾個不同的名詞都視為同一張卡片。

這些指標可以被視覺化呈現為**親和模型圖**（*affinity modeling diagram*）（見圖 11-9），它能表達出資料叢集（cluster）以及叢集之間的關係。你可能會想把資料直接灌到分析軟體裡頭，讓它幫你產生資料視覺化的圖表。然而，這類自動產生的資料視覺圖通常都很複雜，而且難以理解。這類資訊視覺圖表用來辨識資料模式（pattern）很有幫助，但是用來溝通分析結果卻很難用，換句話說，解讀資料最好還是靠你自己。當你要把研究分析結果簡報給客戶或老闆的時候，建議你重新繪制簡單一點的親和圖，可以單純突顯出卡片分類後的重點，淡化不重要的訊息，有助於溝通研究結果。

從圖 11-10 可以看的出來，這把卡片分類在「How to set DHTML event properties」和分類在「Enterprise edition: Deployment」的使用者有 80% 的關聯性，這代表這兩個分類在網站上應該要緊密連結。留意一下「Load balancing web servers」這個分類，剛好是跨在兩個領域的交集，在網站上應該要能夠讓兩種領域都能夠參考到這個分類。

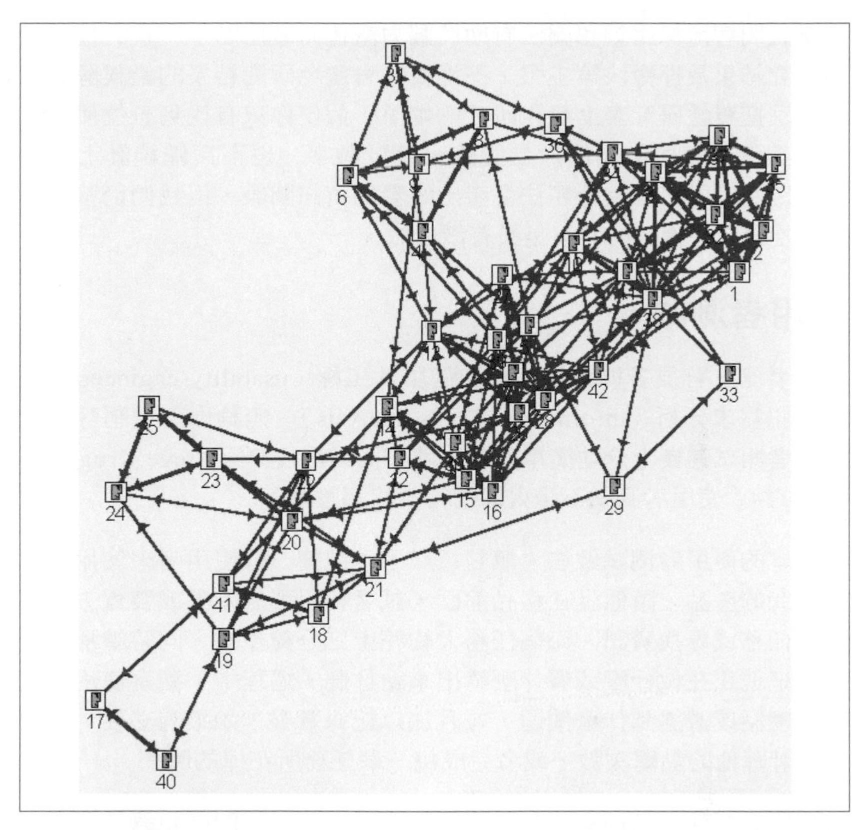

圖 11-9　由資料自動生成的親和圖（資料與製圖貢獻：Louis Rosenfeld，Michele de la Iglesia，Edward Vielmetti，Valdis Krebs，採用 InFlow 3.0 網路分析軟體）。

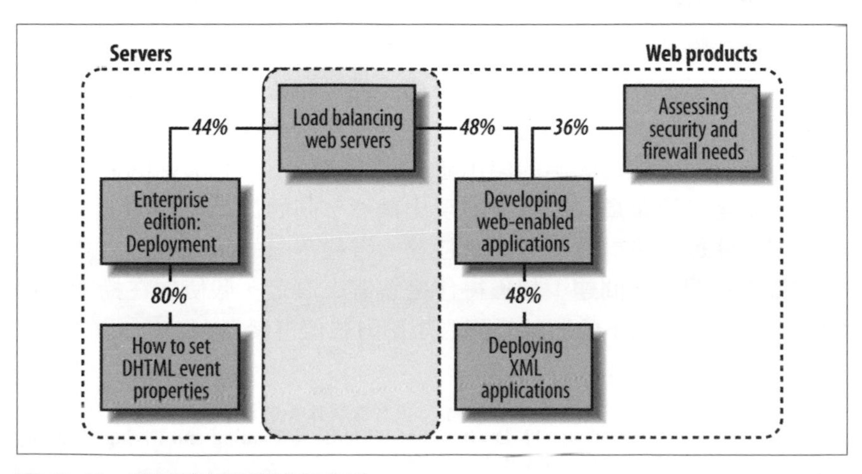

圖 11-10　重新繪制簡易的親和圖

適當且明智地採用親和圖法有助於腦力激盪時產出點子，也有仕於表達研究結果及捍衛決策主張。不過要留意避免研究結果的錯誤解讀，千萬別把質性研究套上量化研究的帽子，假使你只有找到五位使用者來參與測試，即使這個數量能跑出統計數字，也不具備統計上的意義。因此，即使卡片分類法會產出好看的資訊圖表，但我們仍堅持透過質性研究而獲得的洞察是最有價值的。

使用者測試

使用者測試有很多種講法，例如易用性工程（usability engineering）或資訊需求分析（information needs analysis）。無論你怎麼稱呼它，使用者測試其實十分地簡單明瞭，就如同易用性專家 Steve Krug 最喜歡說的：「使用者測試不是火箭技術（沒那麼難）！[5]」

最基本的使用者測試做法大概是這樣子：邀請一位使用者來使用你正在研究的產品，請他坐在產品前面，試著利用那個產品或裝置去完成特定任務或尋找資訊。每個任務大約花上三分鐘左右，同時請那位使用者把他正在做什麼或看什麼講出來給你聽。過程中，觀察使用者說了什麼話或遭遇到什麼問題，並且加以紀錄彙整，如果有必要，你也可以計算他的點擊次數，或者完成每一個任務所花掉的時間。

這種研究的執行結構有無數種可能的組合，藉著不同的紀錄方式或不同的實驗物品混合搭配等等。如果有必要，可以透過錄影或錄音的方式紀錄使用者講的話以及操作方式，或者你也可以利用特殊軟體來紀錄使用者的點擊路徑。進行測試的時候，可採用高擬真的網站原型當作操作用的物品，或者採用低擬真的手繪紙面原型也行。你可以要求使用者只能以瀏覽的方式來完成任務，或只能透過搜尋，或者什麼限制都沒有。找到適合的受訪者很重要，盡可能地找到不同的受訪者型態，找幾位熟悉你的網站的使用者，也找幾位不熟悉網站的使用者，因為通常老鳥跟菜鳥使用者會展現出截然不同的行為模式。另一個重要的研究關鍵是設計適合的測試任務。這些不同的研究執行方式，需要依據你想問什麼問題，想獲得什麼答案來決定。假使你在探索使用者需求的階段，以下的測試任務的規劃方式值得參考：

5 關於使用者測試為什麼不是火箭技術，我們推薦你去閱讀 Steve 撰寫的這本書：Rocket Surgery Made Easy: Th Do-It-Yourself Guide to Finding and Fixing Usability Problems（San Francisco: New Riders, 2009）

從簡單到困難（*Easy to impossible*）

最好從從簡單的任務開始，因為簡單的任務可以讓使用者比較容易進入狀況，讓使用者放鬆自在，可以獲得更好的研究成果。之後，可以提供較難的任務，或甚至故意給一些不可能完成的任務，看看在這些極端的狀態之下，使用者跟系統之間如何互動，使用者會產生什麼反應，系統提供了什麼樣的互動回饋。

從已知項目到窮盡可能（*Known-item to exhaustive*）

請使用者找出某個特定的資訊或答案，例如找出企業的客戶服務電話號碼。也可以請使用者針對某個問題嘗試所有的可能作法。

從寬到窄（*Topic to task*）

先詢問受訪者某個主題範圍的經驗或脈絡歷程，例如：如何在網路上研究某類商品選購的資訊。之後，請受訪者執行特定的任務，例如：購買一款手機。

從模擬到真實（*Artifiial to real*）

訪談的時候如果能夠選擇真正的情境，就不要用假設的情境。如果提供給受訪者的任務是模擬的情境，也要盡量把模擬情境搭建在受訪者的真實生活經驗裡頭，換言之，要請受訪者進入接近真實的角色扮演情境。例如，想要研究受訪者如何在網站上找到一部適合的印表機，你提供的任務描述搭配的情境會是：「你因為在家工作的關係，需要購置一部印表機，你會怎麼做？」，而不是「請你試著在網站上找到 X 廠牌印表機」。這麼一來，或許受訪者會先到其他網站上去搜尋這部印表機的評價資訊，而不是直接進行線上購買。因為有了背景情境的輔助，你會看到使用者更真實的需求及行為面貌。

與內容分析階段一樣，這些訪談研究的任務也適合布局在產品的多個領域和不同層次上，不見得只侷限於當下的特定任務。

使用者測試通常能帶來豐富的資訊，幫助我們了解使用者行為與需求。光是用眼睛看，用耳朵聽，就可以學到一大堆了。在做前後版本比較的研究中，可以觀察「點擊次數」、「執行時間」這類可以計算的數字指標，藉此看出新版本的設計究竟改善了多少。你也很容易找出究竟哪些錯誤的設計，導致使用者誤入非預期中的流程。

如果你學會跟我們一樣這麼做，最終你會發現從使用者測試中能夠獲得滿滿的能量。對於一個想要轉變成以使用者為中心的團隊來說，沒有任何一種作法能比直接觀察使用者反應能帶來更大的契機，尤其是當你眼睜睜地看著人們在使用產品過程中所產生的掙扎與痛苦時。你會看到使用者的痛點，你會看到什麼設計毫無用處，這些刺激會使得你忍不住在腦海中翻攪出更多的解決方案。打鐵要趁熱，別白白浪費掉這些點子，好好紀錄下來趕快跟團隊討論評估設計方案，別以為創意都要等到進了策略規劃階段才能產出，研究階段觀察發現而速寫紀錄的點子，可以直接在研究現場立刻跟團隊夥伴或客戶開始討論，或者找到時間空檔盡快把這些點子修飾得更圓滿更有效。等你進入策略階段的時候，你會發現這些點子跟討論內容對於資訊架構設計的影響，遠超出你的想像。

為研究辯護

任何複雜的資訊環境，全新設計，或改版設計都應該從研究開始，以研究基礎來帶領資訊架構的規劃策略。透過研究，我們可以獲得足夠多的學習，了解商業目標、使用者、以及資訊生態，有助於發展出可靠的策略。

藉著不斷地提出構想、簡報分享、討論調整，來達成資訊架構發展方向及計畫範疇的共識，這是策略階段的重要任務之一，最終形成的資訊架構策略將會帶領後續的設計與開發工作，不僅決定了資訊架構的設計流程，也會影響視覺設計師、內容編輯、軟體工程師的工作。不同專業屬性的工作所採用的路徑可能不太一樣，但是因為有了一致的資訊架構策略，比較能確保所有的人都朝著相同的方向前進。

有些時候需要拆分不同階段，有些時候則是把研究與策略合併在同一個階段。不管是哪一種情況，參與研究的人最好就是規劃策略的人，能夠讓同一組人從研究階段做到策略階段是很重要的。假使這兩個工作團隊是完全不同的兩組人，他們之間的知識觀點很難透過任何簡報或書面報告來傳遞。在研究階段，工作小組研究了使用者需求與行為、蒐集分析了內容現況、並聽取意見領袖的看法，這使得研究結果通常會比較發散，在這個階段的任務並不是找出可行的解決方案，因此做研究的人比較難聚焦方向。相反的，在策略階段確認範疇目標與執行流程更重要，因此純粹做策略規劃的人，如果沒有經歷與使用者、利害關係人、內容的深入互動，對於問題的本質與多元性不會那麼容易掌握。

假使你完全沒有時間做任何研究，那會發生什麼事呢？這種情況連猜都不用猜，因為我們已經看過太多缺乏研究基礎而導致專案過程混亂，使得最後下場慘不忍睹的悲劇。

例如某個大型電子商務網站客戶邀請我們加入專案計畫，當時已經進入專案中期了。客戶為了加速專案進程，決定跳過研究階段及策略階段，此時視覺設計師已經創作出許多漂亮的網頁模板，內容編輯群也已經將大量文章重組結構並建立索引了，技術團隊也已經採購了內容管理系統。但是上述這些動作完全沒有整合在一起，關於如何幫助使用者跟內容之間進行良好的互動，沒有任何討論。更糟糕的是整個團隊對於網站的主要目標沒有達成共識。有一位內部專案成員形容這個專案完全陷入「死亡漩渦」狀態，各個小組只顧著說服別人認同他們決定的方向跟願景，不願意協作溝通。

最後，客戶決定歸零重啟專案，與其花力氣在協調小組之間的歧見、彌補衝突，還不如打掉重練來得有效。捨棄了研究階段的工作，表面上節省了一部分時間與心力，卻導致共同目標及願景的匱乏，使得後面的專案階段更混亂，更沒有效率，更不用說能產生效益了。

很不幸的是這種專案場景四處可見，在這個浮躁的生活氛圍中，人們都只想要尋求捷徑，不願按部就班。也因此要說服人們認同價值，投入一些時間資源在研究上，藉著研究來發展穩固策略，這並不容易，尤其是你面對的是網路經驗不足的資深管理階層，他們特別難接受這個作法。假使你正遭遇著這樣的狀況，希望下一節能對你有些幫助。

克服研究阻力

在許多企業組織裡頭，只要提到「研究」這兩個字很容易遇到立即的反對聲音，通常有三種講法：

- 我們沒有時間或預算
- 我們已經知道我們要什麼了
- 我們已經做過研究了

這三種講法的背後必定有其道理，畢竟每項工作都需要考慮時間及預算的限制。一位做過幾年工作的人，必然有自己一套做事邏輯跟方式，即使主觀觀點不盡相同，但偶爾也會出現還不錯的佳作。擔心花時間做研究會導致進度停滯不前，這種心態使得多數行銷或業務主管傾向早一點看到執行結果，所以常常聽到他們掛在嘴邊的這句話：「跳過研究，開始做些真正的工作吧！」

即使如此，你最好能找到一個方式來解釋資訊架構研究的重要性。調查跟實驗的目的在於發覺事實現況與真相，缺少了這些，最終會發現你是在偏差的意見跟錯誤的假設上建立出不穩定的策略，這會導致災難性的後果。我們來檢視這些關於執行資訊架構研究的各種爭議。

先做研究，能節省大量時間跟金錢

專案經理習慣於略過研究，直接進入設計開發階段，就像是「勤奮用戶悖論（the paradox of the active user）」的翻版一樣[6]。立刻感受到專案有進度的這種錯覺讓我們感覺良好，但這往往造成效率及效益上的損失，因為資訊架構是用來建構整個資訊環境的基礎，一旦出現錯誤，就會造成不斷擴散的連鎖效應，逐漸放大錯誤損失。

圖 11-11 是專案經驗的總結，許多專案經驗經常不斷地再次印證，投資時間與金錢在研究上的必要性，因為避免了大量對專案的爭議或反覆修改的心力，而使得總體的專案時間縮短，因為研究的基礎會幫助你避免錯誤，形成共識，因而省下大量的開發時間。

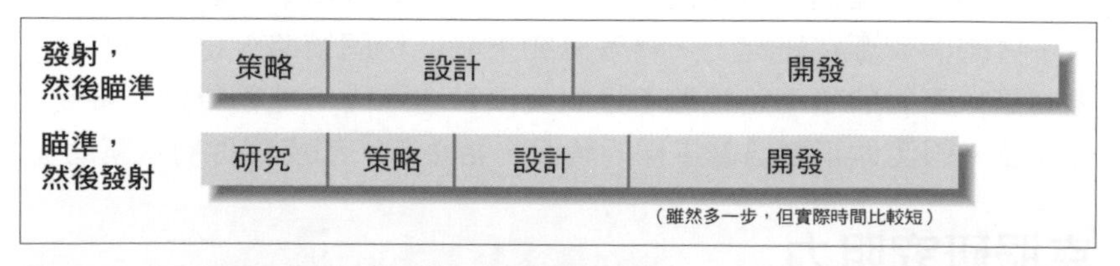

圖 11-11　勤奮用戶悖論，以資訊架構專案為例

6　勤奮用户悖論（the paradox of the active user）是 IBM 介面實驗室於 1980 年代提出，意思是人們往往急於直接操作軟體，以為這樣子比較快，而完全不看操作手冊，一開始似乎很快速，但實際上卻變得更緩慢。人們寧可選擇假的快速行為，而不願追求真的效率行為。例如人們在網頁上瀏覽資料，感覺這個作法似乎比較慢，所以急躁一點的使用者就會不斷重複輸入關鍵字來搜尋，即使搜尋結果並不理想。

實際上，最大最大的節省是來自你建構出來的資訊環境是真的能用的，不是擺出來好看的，而且上線六個月後，你不會遇到整個打掉重新設計的窘境啊！

管理人員並不知道他們的使用者要什麼

多數的數位設計者已經相信這個理念了，了解其重要性並認同以使用者為中心的設計流程。但是多數的管理人員還沒有，他們弄不清楚自己要什麼、他們的老闆要什麼、他們以為使用者需要什麼、使用者真正需要的是什麼。要改變這些缺乏使用者中心設計理念的人，最好的方法是邀請他們參與實際的用戶訪談，親眼看到一般使用者如何使用他們的產品或服務，去親自感受使用者反應出來的真實挫敗感。

我們需要做資訊架構研究

市場調查研究或一般性的易用性測試都可以提供一些有用的資料，但這些並不夠。你還需要依據個別情境，採用獨特的方法去挖掘真正的問題。同時，你也會需要一組相同的人員參與研究階段及設計階段，以利於有效傳達並保存完整的知識與發現。別浪費了舊的研究報告，它還是會有些許價值的。

要點回顧

我們回顧一下這個章節學到什麼：

- 能問出「對的問題」才能做出好的研究。選擇問題之前則需要足夠的背景知識及清晰的概念框架。
- 我們採用「內容 / 商業脈絡 / 使用者（Content/Context/Users）」的概念模型當作展開研究的基礎。
- 進行商業脈絡的研究，我們要了解商業目標、預算、時程、技術基礎建設、人力資源、企業文化、甚至組織內的政治關係。
- 進行內容的研究，我們要了解在資訊環境內的所有東西：多元類型，不同格式與來源的內容。
- 進行使用者的研究，我們要去了解人們，了解那些使用資訊環境的真正的人類。

- 有些時候要說服利害關係人投入參與研究並不容易，一旦能夠讓他們參與投入，就會對計畫成功相當有幫助。

接下來，我們要開始進入資訊架構的策略階段。

第十二章

策略

策略的起手式是關於「抉擇」：你不可能迎合所有人的需求。
—麥可 · 波特（*Michael Porter*）

在這個章節，我們會涵蓋這些內容：

- 資訊架構策略的基本要素
- 從研究階段到策略階段的指導方針
- 利用比喻、情境和概念圖讓策略真實活現
- 專案計畫、簡報與策略規劃報告書（以 Weather.com 專案為例）

研究會讓人上癮：你學越多，疑問越多，發現越多，樂趣也越多，這就是博士班學生有時候會花上十年才能完成論文的原因。但是我們並沒有這麼奢侈的時間資源：一般來說，從研究走到設計的過程是以每週或每月為單位來追趕進度，而不是以年來計算的。

連結研究階段與設計階段的橋樑是資訊架構策略。你必須在進行研究之前便開始思考，如何搭建這座橋樑。在研究過程中，你必須思考，研究的發現如何應用於策略；進入策略階段時，也最好能維持研究的習慣，持續進行使用者測試，並修正假設。

簡言之，研究與策略之間的界線是模糊的；這不像是從第十一章一路翻頁翻到第十三章那樣簡單。乍看之下，從研究階段一直到資訊環境營運管理似乎是一條直線，如圖 12-1（本圖在第十一章也曾出現過）。但是如果仔細深入細節，你會發現這是一個不斷迭代、交互頻繁的過程。

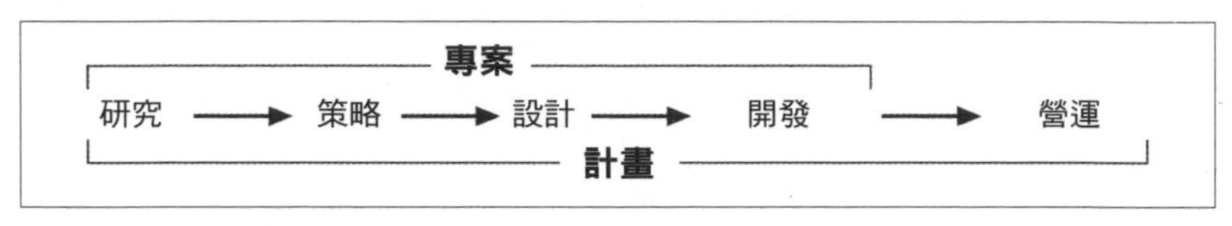

圖 12-1　資訊架構發展的進程

顧及有限的經費與時程，你經常需要施展分身術，一人分飾二角，有時候扮演研究者，有時候則是策略規劃者的角色。差點忘了提醒，工作壓力會是基本配備，資訊架構的規劃與設計不可能沒有壓力，但是它同時也充滿樂趣及成就感。

什麼是資訊架構策略？

資訊架構策略是高階的概念框架，主要是為了建構與組織資訊環境。它為設計與開發階段提供了明確的方向與範疇，讓團隊更有信心。策略也是各種討論及共識的依據；就如同部門營運計畫必須遵循一致性的企業策略，為了避免進入設計與開發才發現方向錯誤，造成難以彌補的時間或金錢損失，你規劃的資訊架構也應該以全面性的策略為指導原則。

如果希望專案或產品能成功，你會需要一套適用於個別企業資訊環境的專屬策略，依據當下的商業脈絡、關係人、內容的研究結果，去用心設計一套顧及各方需求並切合實際的策略。

資訊架構策略能提供的重要建議有：

資訊架構管理（*Information architecture administration*）

你必須要能夠預見終局，並且提前準備實際可行的發展策略與維護策略。這部分無可避免地會觸及集中式管理與分散式管理之間的抉擇，包括了組織權責關係、部門利益衝突、以及內容歸屬相關的議題。你想要的是命令控制模式還是協同整合式的做法？你的資訊架構是將使用者導到子網站去，讓使用者在正確的範圍內尋求資訊解答？還是直接讓他們一路直達對應的內容或應用程式？你選擇信賴內容作者自行編輯 metadata 嗎？未來營運維護時，又是由誰來負責管理控制詞彙呢？

技術整合（*Technology integration*）

除了目前資訊環境基礎及現成工具之外，在策略階段可以試著引入外部資源，尋求其他技術開發或管理架構的方案。關鍵的技術方案包括：搜尋引擎、內容管理、自動分類、協同過濾（collaborative filtering）、與個人化等。

由上而下或由下而上的順序思考

有許多因素會影響你應該聚焦於何處，包括現行的資訊環境狀況、政治環境資源與干擾、以及資訊架構管理模型，這些因素都會影響我們要從哪裡下手。舉例來說，假使現行的資訊架構夠完整而且穩固，或設計團隊可以主導主要架構的規劃，那麼會許採用由下而上的做法，盡快彌補內容與應用的不足，會是更好的作法。

組織與命名（由上而下）

這個工作為資訊環境定義主要的組織架構（例如：使用者必須能夠依產品、任務、和客戶這些不同的類別來瀏覽），並且依此找出能夠做為主要階層的架構方式。

文件類型識別標示（由下而上）

這是用來辨識出一整套文件與內容元件的不同類別，例如文件、報告、白皮書、財務計算方式、線上課程模組等。進行識別與建立標示的過程，需要與內容小組密切合作。

定義 *Metadata* 欄位

Metadata 的定義方向有三種，分別考慮到內容管理、內容架構、內容描述。有些時候一個欄位可以適用在三種應用，有些時候則須分別定義。此外，metadata 的應用範圍也不太一樣，有些只能應用於小範圍的特定文件類型上（例如：針對每則新聞文章的文章標題），有些可以應用在較大的範圍（例如：特定子網站的內容或文件），有些則可以應用於所有的內容文件。Metadata 欄位必須看不同的專案需求來決定。

設計導覽與搜尋體系

改版的資訊架構專案上，需要考慮與原有導覽系統的整合。資訊架構策略要如何整合新舊的導覽及搜尋系統？是整個打掉重練，還是局部整合？或者只是增補差異？導覽系統的重點要擺在上層導覽的調整，還是下層導覽的設計？舉例來說，搜尋功能可以依據從上到下的產品分類來選擇涵蓋範圍，或是讓使用者選擇特定的內容類別進行搜尋（例如，搜尋所有的「白皮書」）。當然這樣的功能，也需要顧及客製化跟個人化的需求。

以上的建議似乎已經涵蓋很多了，但這份清單肯定不夠詳盡。要記住：策略其實是選擇的科學（或藝術），你越能了解整個資訊環境的獨特性，商業脈絡與目標，以及各種資源限制，你越能做出正確的決定。

為了確認資訊架構策略的規劃，通常必須對高階主管進行簡報，這時候要能夠詳述重點與細節，並且報告資訊架構案的執行計畫。但是簡報不要過度強調完美的交付項目，以免失去彈性，畢竟進入到實作階段，這些項目還是可能有所變化。資訊架構策略是用來凝聚共識的關鍵，讓所有專案參與的小組成員，包括設計師、開發者、內容編輯、害關係人以及維護人員等，盡可能地了解與接受這個策略方案。因為人們越能認同策略的目標與願景，專案成功機率就會越高。

受到質疑的應對策略

雖然我們談的是對策略的認同，但資訊架構策略規劃時，可能會出現一些爭議，這些問題也值得探討。往往在客戶的組織裡會出現一些不懷好意的人，他們可能會提出這種問題：

- 我們根本沒有商業策略，你如何能規劃出資訊架構？
- 在缺乏具體內容之前，你要如何規劃出資訊架構？

這些問題很容易讓人感到氣餒，尤其當這些話出自於財星五百大企業的資訊長或業務副總口中的時侯。這時候你會很希望學過一些能應付難搞對象的招數，或者練過隱身術。

幸運的是，即使缺少明確的商業計畫或完整的內容館藏，並不代表我們就得收起畫好的網站地圖打包回家。在輔導財星五百大企業的這些年來，我們從來也沒看過完美的商業計劃書；它們通常都不夠完整，不然就是已經過時沒更新。我們也不曾見過在十二個月內沒做過重大變更的內容資料庫。

現實上，我們會處於類似「雞生蛋、蛋生雞」的情況，下面這兩個問題沒有絕對的答案：

- 商業計畫和資訊架構，誰先誰後？
- 內容和資訊架構，又是誰先誰後？

商業計畫（或營運策略）、內容、資訊架構都不是憑空存在，也不會突然從石頭裡蹦出來，這三者需要經過頻繁的互動，並且共同進化。

發展一個資訊架構策略，是突顯商業計畫與內容之間落差的好方法。這個過程會迫使人們不得不面對迴避已久的艱難選擇。即使是內容組織或命名的簡單議題，也可能影響到營運策略或內容，產生漣漪擴散效應。例如在某個專案裡頭：

設計師提出一個很無辜的問題：

> 「在設計消費者能源公司（Consumers Energy）網站的導覽架構時，我嘗試整合消費者能源公司和母公司 CMS 能源公司的內容架構，卻遇到很大的困難。你確定我們不該分開兩種不同的架構、並且讓它們有各自獨立的內容嗎？」

這個問題造成了長期效應：

> 這個乍看簡單的問題引發了討論，使得原本只有一個網站的計畫，最後決定建立兩個互相獨立的網站，讓這兩間機構分別擁有各自的網路身份與專屬內容：

- *http://www.consumersenergy.com/*
- *http://www.cmsenergy.com/*

這項決策已經落實多年，可對照上面這兩個網址。

其實，業務策略與內容策略之間也有著類似的雙向關係。比方說，我們一位同事參與澳洲黃頁（Australian Yellow Page）的資訊架構設計。該公司的業務策略著眼於橫幅廣告的營收。顯而易見，內容才是主導業務策略的關鍵因素，接著業務策略才能為企業帶來廣告營收。

理想中，你應該直接和商業計畫小組及內容小組合作，共同探索並定義這三個重要區塊彼此之間的關係。我們會期待商業策略規畫者與內容管理者保持開放的心態，去面對資訊架構策略所反應出來的缺失及或創新的可能。另一方面，我們也必須記住，資訊架構策略也要能接受他人意見，並提醒他人，資訊架構策略並不是一成不變的。甚至進入實作開發階段後，互動設計師與工程技術人員也可能會提出策略的缺失，只要我們保持開放態度，一定有改善資訊架構的好機會。

從研究階段到策略階段

在研究開始之前，你應該先針對資訊環境的建構與組織，去思考可能的策略。到了研究階段，透過一連串的使用者訪談（user interview）、內容分析（content analysis）、和基準評比（benchmarking study）獲得大量的研究情報之後，你應該已經做過多次測試與調校，修正原來的假設，取得有效的參考資訊。假使你是全心投入，也許你正在醞釀中，可能連洗澡淋浴的時候，都在和內容組織架構及命名方案搏鬥，說不定你會忍不住在浴室擺上白板以便隨手紀錄（因為便利貼會濕掉）！

無論如何，你都不該等到策略階段才開始思考 / 才開始與團隊討論，因為到那個時候，策略已經幾乎定案了。比較棘手是該如何拿捏時間點：你必須決定何時該開始表述、溝通、測試你對於策略的想法。你什麼時候要建立第一個概念性的網站地圖與線框圖？什麼時候要將它們給客戶？什麼時候要用使用者訪談去測試各種假設？

這些問題並不容易回答。研究階段的價值，就是用來挑戰你及所有人對於商業脈絡、內容以及使用者的主觀或偏見，藉著一些結構嚴謹的研究方法，為所有的人創造出新的學習空間。然而，在研究的過程中，你將會在某個時間點遇到效益遞減的狀況。重複再多次的訪談研究，也無法獲得更多結果。你會迫不及待地想要完成一或兩個層級，並且開始向使用者、客戶、和同事們介紹你規劃的資訊架構草案。

不論這個時間點是否符合專案計畫的進程，從此刻起，你已經從研究階段跨入策略階段，工作重點也從開放式的學習轉變成規劃設計與使用者測試。雖然在這個階段裡，你仍然可以持續使用研究方法，但是重心應該移轉到用視覺化的方式來表述你的想法，例如製作概念性的網站地圖與線框圖。同時藉著策略會議，將這些規劃分享給客戶及團隊成員，並繼續尋找使用者來測試你的內容架構與命名方案。

發展策略

從研究階段過渡到策略階段，代表工作的焦點從了解流程，轉換到流程和產品之間的平衡。方法論仍然是重要的，但它不再是眾人的關注焦點，反而是你用方法論所創造出來的工作成果與交付項目，開始逐漸成為被關注的重心。

從吸收學習的工作模式轉變為創造產出的工作模式，通常是一段辛苦的過程。不論你之前所做的研究再多再好，落實資訊架構策略本來就是一個混亂、挫折、痛苦、與歡樂的創意過程。

TACT 流程圖（圖 12-2）呈現的是策略開發流程的步驟，以及產生出來的交付項目。請注意圖上的箭頭，這是個不斷迭代與互動的過程，TACT 的四個步驟分別是：思考（think）、表述（articulate）、溝通（communicate）、與測試（test）。

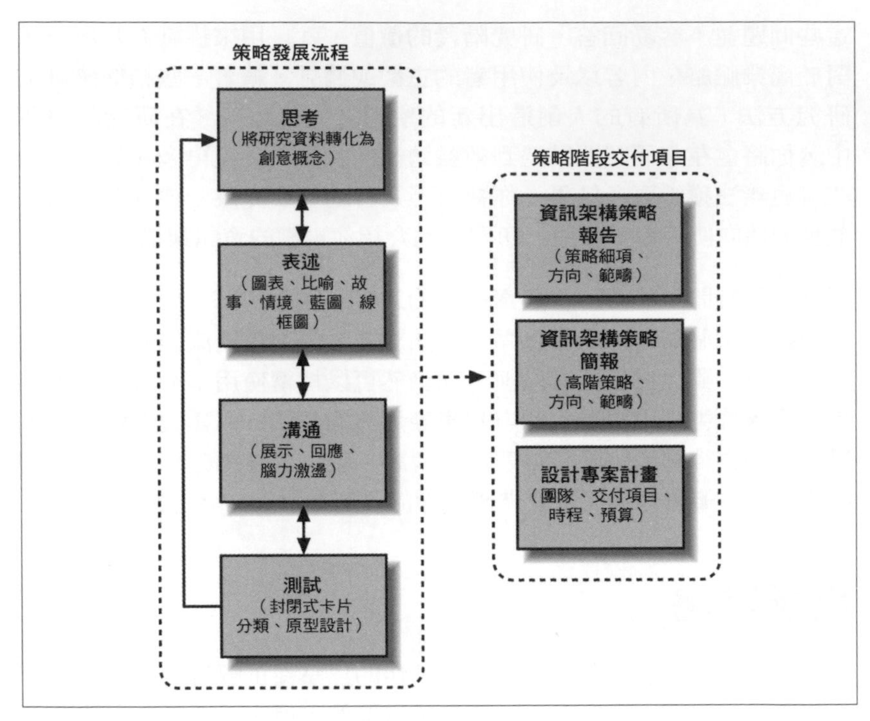

圖 12-2　以 TACT 流程發展資訊架構策略

思考（think）

人類的心智是最深不可測的黑箱。沒有人了解從輸入（例如研究資料）轉化為輸出（例如創意想法）中間的過程究竟是怎麼一回事。我們的建議是，就採用對你來說最有效的作法吧！有些人喜歡自己想，可能他們會一邊散步一邊思考，或者隨手在紙上塗塗寫寫；有些人則是喜歡進行團體討論。關鍵是你必須騰出一些時間與空間，好好消化你在研究階段所學習到的東西，並且做好產出的準備。

表述（articulate）

當你的想法開始成形，表述就變得十分重要，講不出來或講不好就等於沒想法一樣。表述最好先從比較隨意的方式開始，比方說在紙上或白板上簡單地畫些圖表、寫點說明文字。此刻，應該聚焦於發展想法而不是精雕細琢，千萬不要打開設計軟體去畫介面，你會浪費太多力氣去處理版面和格式的問題。

同樣地，有些人喜歡獨自工作，有些則需要徵詢他人意見。我們見過好幾個小團隊，只有兩三位設計師，他們會圍著白板一同研究高階視覺元素、激盪創意。我們也看過八個人以上的團隊，來自各種背景的成員將自己關在小房間裡，進行一整天的協同設計工作坊（collaborative design workshops）。究竟人少好，還是人多好？根據我們的經驗，在這個階段人多其實不好辦事。參與的人數多，有利於進行腦力激盪與回饋分享，但並不適合設計複雜的系統。在表述的階段，人數一多反而容易產生群體迷思（groupthink）。這是一種心理現象，由於成員傾向與團體一致，因此反而缺少創意觀點；或是有獨特觀點的人遭到其他成員忽視而被疏離，最終可能做出很不合理的決定。

溝通（communication）

到最後，你終究要從發想階段走向溝通。你必須找到最有效的方式，將這些想法傳達給你的目標觀眾。你的工具箱裡可能有比喻、故事、情境範例、概念圖表、網站地圖、線框圖、報告、和簡報。依照功能選擇樣式，找出最適合你的目標的溝通工具。

一般來說，最好是先和「可靠」的同事進行非正式的溝通。他可以幫你調整想法，建立你的自信心。接下來再和比較「難搞」的對象分享你的初步成果，預期他們會問一些棘手的問題，對你吹毛求疵。這個過程應該會幫助你形成概念和自信，讓你做好準備，可以向更廣大的客戶群或同事群簡報。

就過去的許多經驗來看，能越早、越頻繁地溝通你的想法越好。大部分的人打從心裡不願意分享尚未成形的想法，因為我們的本性是排斥冒險的，會避免不成熟的想法被他人抨擊。有一個方法可以降低這種焦慮感，你可以說這只是一個暫時的工作成果，或者這是一個用來討論的草案，目的是希望能引起大家的反應和討論。也許經過你的聲明後，大家會更自在地表達看法、討論不同的觀點，並從中凝聚共識。透過這些手法，你將會建立更好的資訊架構策略，也更能得到客戶與同事的認同。

測試（test）

無論你的經費少得可憐或者資金雄厚，你都不應該在確定資訊架構策略之前放棄概念測試。即使只是找個朋友進行非正式的易用性測試，也強過什麼都不做，俗話說的好：「有燒香就有保佑！」。

許多研究階段使用的方法，只要稍加修改，就可以適用於策略的測試。舉例來說，你可以向幾位意見領袖或利害關係人簡報你的初步工作成果，以確保你沒有偏離商業脈絡。同樣地，為了確保你的策略兼顧了內容的寬度與深度，你也可以拿不在內容分析裡的文件和應用程式來測試你的模型。然而我們發現，到了這個階段，最有價值的測試方法是各種卡片分類法（card sorting）與任務效益分析（task performance analysis）。

要觀察使用者對於高階內容組織與命名方案的反應，採用封閉式卡片分類法是很好的選擇。假設你已經有一套現成的卡片了，這套卡片很適當地包含了類別卡片與相連的子類別卡片。每一個高階內容分類寫在一張卡片上，接著再挑選幾張屬於不同類別的卡片。先將這組卡片弄亂，然後請使用者將卡片重新排列，分到適當的類別裡。隨著使用者進行這項活動並講出他們的想法時，你會大概知道，你的類別與命名對他們是否有意義。你也可以依據不同的資訊顆粒程度（granularity）多做幾次卡片分類研究；例如，僅針對第二層子類別命名，或者僅針對特定文件或應用程式名稱來排列。

任務效益分析也是一個實用的方法。在研究階段，你測試的是使用者在既有網站上瀏覽或搜尋的經驗；現在，你只要拿出紙張或互動原型（prototype）讓使用者瀏覽或操作，也是一樣可以進行測試。設計一套用來測試的原型可能有點複雜，也需要技巧，你必須先想好想要測試什麼，以及要如何建構出一個可以獲得可信結果的測試流程與原型。

相較於可互動原型提供的完整性，另一種測試方法是盡量不要摻雜介面元素進來。因為介面設計的排版及圖像會對使用者產生不同程度的影響，如果只保留純粹的高階資訊架構（例如內容類別、命名）來進行測試，也是不錯的作法。形式上，可以只讓使用者看高階層的導覽選單，並請他們找出部分內容、或執行一項任務。比方說，請使用者在以下分類選單中，選擇一個可以找到思科（Cisco）目前的股價的類別，來觀察使用者選擇的類別是不是與你原先預期的結果。

- 藝術與人文
- 商業與經濟
- 電腦與網路

當然，要避開所有介面設計所產生的潛在影響，是不可能的事。光是決定如何排序，例如依字母順序、依重要性、還是依熱門度來排列，任何一種作法都會影響使用者測試結果。更重要的是，在展示層級的時候就必須決定介面的呈現方式了，避不掉介面設計。有些時候，我們必須搭配第二層分類來設計卡片分類的研究，因為過去的研究經驗顯示，展示第二層分類有助於使用者了解第一層分類的意義，因為第二層分類本身能增加資訊「線索（scent）」[1]，使用者可以藉此而了解第一層分類的真實意義：

- 藝術與人文
  - 文學
  - 攝影等
- 商業與經濟
  - B2B
  - 財務
  - 消費
  - 職場等
- 電腦與網路
  - 網路
  - 全球資訊網
  - 軟體
  - 遊戲等

用這些簡單的資訊架構原型（其實就是卡片分類組合而已）進行測試，至少有兩個好處：

---

1 資訊線索（information scent）的概念來自於全錄帕羅奧圖研究中心（Xerox PARC）所發展出來的資訊搜尋（information-foraging）理論。

- 打造這些原型幾乎不必費力
- 這些測試可以保證使用者會關注資訊架構與導覽、而不是介面設計元素

缺點則有：

- 你會以為自己已經將資訊架構自介面分離出來，但事實上並沒有
- 你錯失了看到介面如何改變資訊架構使用經驗的機會

測試方法光譜的另一端則是採用完整的互動原型。在大部分情況下，這種測試會在稍後的流程當中進行，因為製作可互動的原型需要投入大量工作，有些時候需要介面設計師與軟體工程師幫忙。除此之外，這些測試本身的變數很多，常常會讓你無法看清使用者對於資訊架構產生的反應是什麼。

我們通常會將不同測試合併進行；有些是針對被分離出來的單純層級，有些則會使用簡單的線框圖。線框圖並不是已經設計好的原型，但是它們的確可以讓我們看到，使用者如何與嵌進網頁脈絡當中的資訊架構互動，如同圖 12-3 所示。

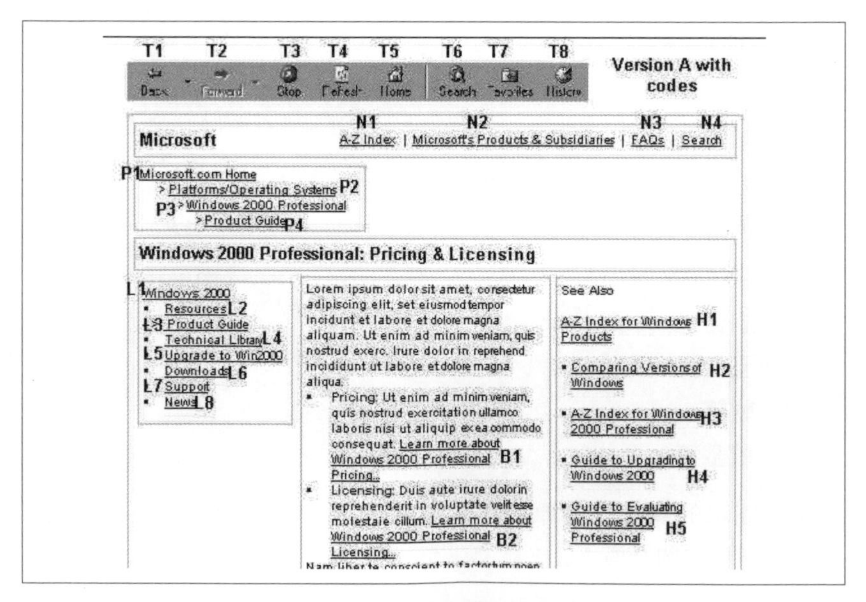

圖 12-3　線框圖範例，上面有編碼，以便於在紙上原型測試時記錄使用者所做的選擇

理想的情況下，這些測試會驗證你規劃的策略是否有效。現實上，它們會幫助你找出你的策略會面對的問題，並提供一些調整策略的方向。

記住，資訊架構策略的發展應該是一個迭代的過程。在符合時程與預算的前提下，你愈是能讓「TACT - 思考、表述、溝通、與測試」的過程反覆演進，你對策略的方向也就愈有信心。對於客戶或團隊產生的質疑，你也必須準備去面對不同的聲音。可能基於多方考慮，導致最終策略被調整到相對安全（但不一定正確）的作法，或採用緩兵之計擱置爭議問題，或者談得太抽象太模糊，迴避了大家不願意觸碰的真相，但是問題終究還是等在哪裡，沒有被解決。

工作成果與交付項目

這個章節裡頭，我們提到各種有助於溝通的工作成果與交付項目（如架構樣本、組織方案與命名方式）。接下來我們來進一步了解它們的優點、缺點、以及適當的用法。

善用比喻

比喻是溝通複雜概念與激發熱情的利器。透過充滿創意的關係聯想或以舊喻新，比喻可以用來解釋想法、觸發激情與說服人心[2]。一九九二年，美國副總統候選人艾爾・高爾（Al Gore）廣為人知的比喻：「資訊高速公路（information superhighway）」[3]，這個說法以眾所周知的意象－美國的公路基礎建設－來比喻「美國資訊基礎建設」這個全新而陌生的概念。高爾所使用的比喻讓選民對於他所描繪的未來願景充滿興奮與期待。雖然這個詞彙過於簡化、也已被過度濫用，但人們的確因此而對於全球網路的重要性與發展方向，有了進一步了解與討論的興趣。

---

2 關於比喻的研究，請參考喬治・萊考夫（George Lakoff）與馬克・強森（Mark Johnson）的《我們賴以生存的比喻》（*Metaphors We Live By*）（Chicago：University of Chicago Press，2003）。

3 根據馬克・史岱菲克（Mark Stefik）的著作《網路夢：原型、神話、與比喻》（*Internet Dreams*：*Archetypes, Myths, and Metaphors*，Cambridge，MA：MIT Press，1997），「資訊高速公路一詞最早出現於一九八八年，當時羅伯特・卡恩（Robert Kahn）提議打造一個高速國家級電腦網路，並且經常將這個概念與州際公路系統相提並論。」

有許多類型的比喻可以應用於資訊環境的設計上。以下是其中最重要的三種：

組織比喻（*Organizational metaphors*）

舉例來說，當你來到一家汽車廠，你會選擇要進入新車銷售區、中古車銷售區、保養維修區、或者是百貨零件區。人們在心中對於汽車廠如何組織運作，自有一套模式。假使你正在為某家汽車廠設計網站，利用組織性比喻這套模式是個不錯的主意。這種比喻的作法是利用人們所熟悉的實體組織架構，來幫助人們快速了解在數位環境上所建構的資訊空間。

功能比喻（*Functional metaphors*）

舉例來說，在傳統圖書館裡，人們可以在書架間穿梭，搜尋書目，或請圖書館員提供協助。許多圖書館網站也提供同樣的選項，這就是應用了功能性比喻。換句話說，以原本在實體環境中執行的工作任務，來解釋在資訊空間中可以執行的工作任務。

視覺比喻（*Visual metaphors*）

這是利用人們熟悉的圖像元素，例如圖片、符號、與顏色，來與新元素產生連結。例如，線上的商家地址與電話簿，可能就會利用黃色背景和電話圖案，這些視覺元素很容易讓人們聯想起熟悉的紙本黃頁電話簿。

比喻探索的過程確實可以激發很多溝通的創意。建議你和客戶或團隊一起合作，共同腦力激盪出適用於你們專案的比喻，並且思考看看，要如何以實體組織、功能、和視覺元素來應用比喻。想想看如何以比喻來表達數位書店、數位圖書館、或數位博物館？與實體組織相似或相異之處？顧客或用戶應該可以在這裡執行什麼任務或功能？這個網站帶來什麼視覺外觀？是否有助於人們理解資訊架構（及其策略）？你和你的團隊成員應該要讓思緒奔放，盡量拋出各式各樣的奇思妙喻，這個過程會充滿樂趣，最後你會驚訝，你們竟然能想出這麼多有趣的點子。

腦力激盪得到的點子不全然實用，把能夠想出來的比喻都套用到資訊架構上會是一場災難。比喻需要經過挑選，跟內容套套看是否合用，跟情境搭配一下是否合理。如果不合用還硬是套用，反而會造成使用者的認知問題，也會造成資訊架構策略的溝通失準。

舉例來說，網路社群的比喻已經被使用得太過火了，有些線上社群裡有郵局、市政廳、購物中心、圖書館、學校、和警察局，反而造成使用者的困擾，搞不懂哪一種類型的內容會在哪個建築比喻裡找得到。過與不及都不好，過量的比喻反而妨礙了易用性。

在網路時代早期，許多網站會實驗性地使用真實世界的比喻做為組織的為基礎。比方說，當網路公共圖書館（Internet Public Library）初次上線時（圖 12-4），使用了視覺比喻與組織比喻。例如，畫面上繪製了實體空間插畫，讓使用者可以瀏覽書架，或者向圖書館員詢問問題，或者打開門進入另一個資料室。實際上，受到基本網站技術的限制，圖書館網站沒辦法作到類似現在流行的多人線上遊戲（MOO，a multiuser object-oriented environment），到頭來整個網站只好打掉重做。這種過度採用比喻的作法，其實對於資訊架構並不是好的溝通策略。

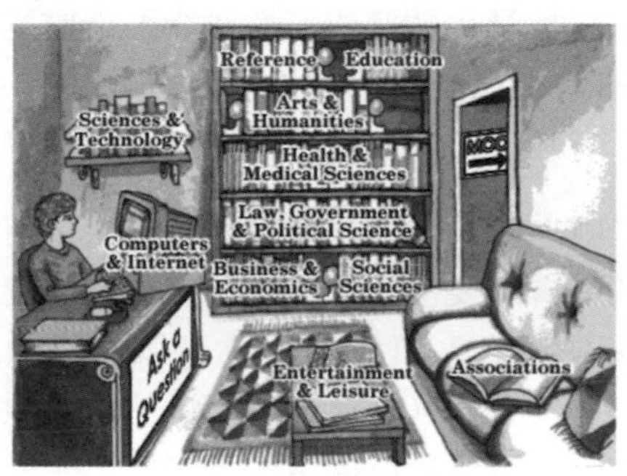

圖 12-4 比喻被使用在網路公共圖書館的主頁上（一九九 0 年代中期）

由於人們本能上會保護自己的構想跟提議，所以進行腦力激盪之前，最好預先告訴所有參加者，這只是一個練習，用來挖掘好的比喻來幫助策略的溝通，但並不是所有的比喻構想都會被採用。關於比喻的討論，可以參考 Alan Cooper 與他人合著的知名人機介面設計書籍：*About Face* 第四版（*About Face：The Essentials of User Interface Design，Fourth Edition*，Hoboken，NJ：Wiley，2014）當中的章節「比喻、慣用語、與預設用途（Metaphors, Idioms, and Affordances）」。

情境

表達資訊架構組織的方式最常使用的是網站地圖（sitemap）。它可以梳理內容層級，可大可小兼容並蓄，但是用這種文件形式講不出令人印象深刻的故事。如果我們想要把資訊架構策略溝通清楚，最好能夠在參與者的腦中播放出你心裡的那個場景。情境（Scenarios，稱為情境腳本）就是幫助人們了解使用者如何瀏覽、體驗產品的好工具，甚至可以幫助你產出關於內容組織與導覽設計的新想法。

一個資訊空間通常有不同的使用者，必須能滿足不同的需求。如果要描述這個資訊空間的可能面貌，我們會需要幾種不同的情境，來表達需求不同的人，會如何以不同面貌或行為，來使用這個資訊空間。為了避免情境描述淪為幻想小說，我們必須借助先前的使用者研究，以具體的研究發現（包括量化數據或質性研究）來描述合理的情境。如果你已經紮實地執行過使用者研究，那麼你就能夠順利地解答這些問題。

使用你的產品的是哪些人？他們為什麼會想要使用、會如何使用？他們會來去匆匆、或者會想要仔細探索？試著挑選出三、四種以不同方式使用產品的主要使用者「類型」[4]。你可以根據你的研究，為每一種使用者類型創造一個角色（persona），賦予他們姓名、職業、與使用這項產品的理由。接著開始模擬這些人們使用產品的狀況，在情境中展現產品最棒的特色。假使你設計的是一項全新的客製化功能，就展現人們會如何使用這項功能。

描述情境可以發揮創意，其過程是件簡單又有趣的事，但必須留意情境的合理性與客觀性，使用者研究可以幫助你避開空想。而且好的情境腳本對於說服客戶或團隊，具備相當大的威力。

4　以虛構人物代表產品典型使用者的「人物誌（personas）」是經常被使用的方法。關於角色（Persona）的說明，請參考艾倫・庫柏的著作《互動設計之路》（*The Inmates Are Running the Asylum*，Carmel，IN：Sams Publishing，2004）。

情境腳本示範

我們來看一個簡短的情境範例。羅莎琳是舊金山地區的高中生，她經常到訪 LiveFun 網站，因為她很喜歡這個網站所提供的互動學習體驗。她使用這個網站的模式有「研究模式（investigate mode）」與「意外發現模式（serendipity mode）」兩種。[譯註]

舉例來說，羅莎琳在解剖課中正在學習骨骼結構，於是她以研究模式在網站上搜尋骨骼的相關資源。她發現她可以在互動式人類骨骼單元裡，測試她對於每一塊骨骼的名稱與功能所具備的知識。她把這一頁加到瀏覽器書籤裡頭，好讓她在期末考前一晚可以回到這裡做考前複習。

完成功課後，羅莎琳有時候會以「意外發現模式」瀏覽網站。她對於毒蛇的興趣，將她引導至關於毒液如何影響人類神經系統的文章上。其中一篇文章則帶她前往一個互動式遊戲，她也藉此認識了其他可以穿透血腦障壁（blood-brain barrier）的化學物質（例如酒精）。這個遊戲引發羅莎琳對於化學的興趣，於是她又切換至「研究模式」，在網站上做更進一步的學習。

這個情境範例展示了使用者為什麼來到網站，以及使用者如何在網站上進行搜尋與瀏覽兩種活動。對於來自不同族群的使用者，可以利用更複雜的情境搭配不同的角色，來模擬他們可能的需求。

個案與故事

資訊架構是複雜且抽象的概念，想要讓各種不同背景的對象理解並不容易。面對其他設計師或資訊架構師溝通時，使用這些專業術語直接切入主題，應該不會遇到溝通障礙。但是如果是面對客戶或不同專業背景的團隊，你可能得在溝通手法上發揮更多的創意，讓對方對你的內容感到興趣，讓他們能更了解你的工作。

譯註　Serendipity 這個單字的典故來自《錫蘭三王子歷險記》（*The Three Princes of Serendip*），意思是意外或偶然發現有用或有趣的事物。

個案與故事（Case Studies and Stories）是讓資訊架構概念變得具體化的好方法。當你試圖說明你所規劃的架構策略時，可以拿過去的個案經驗相較對照，討論過去專案的成敗得失。這些實際的經驗，可以有效地讓溝通對象接受你的資訊架構策略。

概念圖（Conceptual Diagrams）

概念圖（或示意圖）是將抽象概念具體化的另一個方法。身為資訊架構師，經常要解說內容組織與命名方案，以及背後所代表的高階概念與系統。

舉例而言，我們常常需要畫出企業內部資訊環境的示意圖。當我們與企業內部網路團隊共事的時候，我們發現他們的視野往往因為封閉太久而變得狹隘，經常將內部網路視為企業員工的主要資訊來源。你當然也可以憑三寸不爛之舌說服他們這個想法是錯的，但是有時候透過概念圖，反而更容易表達。

圖 12-5 的概念圖將內網的使用者企業員工（而不是內部網路）放在圖的中間，突顯以人為中心的思考觀點。圍繞在人的四周的是各種資訊雲，雲朵大小則表現出這項資源的相對重要性。至於我們如何得知重要性呢？這就要透過訪談企業員工而得知。從這張圖可以看到，人們認為「人脈與同事」是最重要的資訊來源，而目前的內部網路在他們的工作生活中，價值相對較低。這張圖也呈現出零散的資訊環境，例如不同的內容技術與格式，或不同的地理位置分別形成了不同資訊雲之間的分隔界線。儘管這些都可以透過文字說明解釋，但是我們發現，利用視覺圖像可以帶來更大、更持續的影響，一張圖勝過千言萬語[5]。

5 關於概念圖更深入的論述，請參考克莉絲汀娜·沃德克（Christina Wodtke）的文章〈如何製作一個概念模型〉（How to Make a Concept Model）。

圖 12-5　員工眼中的企業資訊環境概念圖

空間地圖（網站地圖）與線框圖

與團隊成員一起腦力激盪的過程充滿興奮、混亂與樂趣，然而你遲早必須遠離人群，開始將這一團混亂理出頭緒來。網站地圖或空間地圖（sitemap）與線框圖是最常用的兩種文件。

空間地圖用來展示頁面與其他內容要素之間的關係。在規劃網站的時候，我們通常叫做網站地圖。規劃超大型資訊生態環境，資訊系統，或手機應用程式時，這些並不是網站的資訊空間，但是我們還是需要這個資訊架構圖，這時候可以改稱為「資訊空間地圖」，或簡稱「空間地圖」。

線框圖（wireframe），顧名思義是由單純的線框所組成，用來表達網站主頁面的內容與連結的視覺化表現，也是資訊架構師用以爬梳整理介面或流程的常見工具。我們會在第十三章就網站地圖與線框圖進行更詳細的討論。

策略規劃報告書

根據我們的經驗，用來說明整體資訊架構策略的策略規劃報告書，是所有交付項目中最難寫，最詳盡，也最全面的文件。規劃報告書必須彙整，分析過去的成果想法，整合成一份文件，過程中你必須作出艱難的抉擇，保持誠實而不奸巧，並且清楚地溝通。再棒的點子，如果無法融入資訊架構的框架中，基於一致性與整體性的原則還是必須將其捨棄。那些太大的，太模糊的概念則必須加以拆解，試著轉換為較小的資訊元素並加以說明，讓所有參與者都能了解這些概念的目的與意義。

對設計團隊來說，策略規劃報告書往往是最大，最困難，也最重要的交付項目。所有團隊成員會為了對資訊架構的共同願景而聚集在一起，他們也必須找出向客戶與同事（也就是非資訊架構師的那群人）說明或描繪這個願景的方法，好讓人們搞清楚他們到底是在說什麼。

寫這份規劃報告書最困難的地方，在於如何組織表達內容。雖然報告書的最後定稿是以線性的方式呈現，你會再度面臨另一個蛋生雞或雞生蛋的問題，因為策略規劃報告書的撰寫過程不是一直線到底的。由於整個規劃報告書的內容非常豐富，又有前後參照的關係，我們不免擔心「假使他們還沒讀過後面的段落，要如何了解這部分呢？」這個問題沒有完美的答案，但是可以應對的處理方法有很多種。

首先，你不需要按照研究與分析程序的步驟邏輯來呈現，可以採取高視角鳥瞰的方式，將錯綜複雜的相關元素呈現於一張大的概念圖上，然後再加上順序性的文字說明。這種方式可以避免一開始就掉入資訊架構策略的非線性邏輯解釋，比較能讓人乍看之下，感覺一目了然。因為這些詳細解釋在規劃報告書的後面會陸續出現，如果你一開始就嘗試解釋細節與邏輯，反而會越解釋越混亂。

第二，千萬不要以為交出策略規劃報告書就沒事了。文件是被動的，只有你能幫忙代言，你最好主動口頭說明你的想法，並回答各種疑惑與討論。理想中，你需要進行一場面對面的資訊架構策略簡報，不然至少也要透過電話會議進行相關的說明與討論。總之，口頭簡報與溝通絕對有必要。

只有一件事會比寫策略規劃報告書更難，更抽象，那就是教人家如何寫一份資訊架構策略規劃報告書。為了更生動地探討這個主題，我們來看看阿格思（Argus）公司在 1999 年為氣象頻道集團（The Weather Channel）所寫的資訊架構策略規劃報告書。

策略規劃報告書範例

Weather.com 網站隸屬於氣象頻道集團，集團旗下包括了有線電視、資料與電話、廣播與報紙、以及網際網路等事業，自 1982 年起即向全世界提供即時的天氣資訊。氣象頻道集團的網站是全世界最熱門的網站之一，網站上以各地與區域性雷達的偵測資料提供了全球超過一千七百個城市即時的天氣狀況與預報。

1999 年氣象頻道集團與阿格思公司簽約，請它們針對 Weather.com 的資訊架構的改版進行研究並提出策略。讓我們來看看最後的策略報告目錄（圖 12-6）。

目錄

圖 12-6 Weather.com 資訊架構策略規劃報告書的目錄

這個目錄應該可以展現出策略規劃報告書的大小與規模了。雖然我們有些規劃文件確實超過一百頁以上（包括網站地圖與線框圖），但是我們還是儘量讓報告維持在五十頁以內。假使頁數過多，就會有「根本沒人有時間或者有動力去讀」的風險。這份規劃報告書的主要內容相當典型，讓我們依序看下去。

總結摘要（Executive Summary）

總結摘要應該要提供對於整體目標與方法論的概述，呈現出從高視角往下俯瞰所看到的核心問題及關鍵建議。摘要就是整份文件的縮影，它會為整份文件定調，撰寫時要特別仔細謹慎。你可以猜想得到，整份文件裡大老闆們很可能就只看這一頁了。你必須考量你所傳遞出來的政治訊息，並且要引起人們足夠的興趣，以促使他們閱讀下去。

圖 12-7 的總結摘要寫的很好，在一頁之內就清楚表達文件的目標。之所以能有如此樂觀的語調，是因為 Weather.com 原本就有組織嚴謹的團隊，其資訊架構也相當穩固。這份摘要的重點在於如何讓資訊架構更有競爭性優勢，並提出改善建議。

總結摘要

Weather.com 委任阿格思公司（以下簡稱 Argus）根據對於目標群眾、競爭對手、內容、與公司策略焦點的研究，為兩個最高階網站架構策略提出規劃建議。Argus 負責進行使用者訪談、競業評比分析、以及內容分析，並對網站架構提供策略性建議。

目前的 Weather.com 網站是網路上最知名的氣象網站，有很高的流量。網站現有的內容試圖滿足所有使用者，包括想要知道在地氣候的人、想要仔細了解氣象的人、和只事想順便了解天氣狀況，不主動搜尋的人。目前，公司擁有詳盡的天氣資料及大量珍貴的獨家氣象資訊內容；即便如此，基本上仍然不可能把「所有」內容全部整合在一個網站上、以滿足「所有」使用者的需求。

因此，我們提出雙重策略建議：

- 發展穩固的資訊架構，以吸引對於氣候資訊有主動需求的使用者，包括對地方天氣與氣象資訊感到興趣的人們，同時提供更多資訊進入點，來吸引那些特別想鑽研氣象資訊的使用者。
- 發展並推廣 Weather.com 的內容，將其散布至各種外部資源，包括入口網站、軟體與硬體的應用以及特定觀眾。這可以吸引只求方便不想花力氣研究氣候資訊的使用者，以及只對特定天氣相關議題感興趣的使用者，例如園藝愛好者或天文愛好者。

本報告將針對影響 Weather.com 網站發展的五大關鍵焦點區域，提出建議：

- 創造與使用者高度關聯的內容—建立以地方為內容中心的架構，讓使用者可以在同一個地方接收該區域所有天氣資訊與相關氣象內容。
- 改善個人化功能—提供最適合氣象資訊使用者的客製化與個人化選項。
- 加強氣象資料的地方化—打造在地區域氣象中心，以豐富的版面提供最有效的氣象資料。
- 發展用戶忠誠度—讓使用者量身訂製符合個別需求的氣象資料與內容，將內容廣泛發佈至外界，並讓對氣象有興趣的使用者有彼此對話的空間。
- 建立擴散管道，強化傳播機率—利用網路將 Weather.com 的內容傳播至外部資源，藉此擴大使用者基礎。

按照本規劃報告書的建議，發展出實際可行的策略方案後，Weather.com 將可以更輕鬆地幫助所有使用者發現他們的需求、吸引更多的使用者、使得使用者經常回訪網站。Weather.com 的品牌或內容目前仍是氣象網站中的領先者，但現在是運用上述建議，拉開與其他對手逐漸縮小的差距的時候了。

圖 12-7　為 Weather.com 所作的總結摘要

網站的目標對象、使命與願景（Audiences, mission, and vision for the site）

網站的對象與網站本身的目標很重要，必須定義清楚，如此才能確保這份規劃報告書本身的立足點與廣闊視角。同樣的，這份規劃報告書的讀者也需要知道。所以用規劃報告書最前面的章節來闡述網站使命，再好不過了。

以下是 Weather.com 的策略規劃報告書中所提及的網站使命：

> Weather.com 將是網際網路上最佳的氣象資訊網站。身為網際網路氣象資訊的強勢領導品牌，Weather.com 將會為任何使用者提供最相關、最即時的天氣資訊。這個網站主要聚焦於提供區域化的氣象資料與加值的獨家氣象內容，輔以大量相關的公開內容，並運用科技有效進行內容個人化與客製化，藉此在各種特別的天氣狀況下，都能滿足使用者的需求。[6]

規劃報告書的這個章節，也是適合拿來討論使用者角色與觀眾區隔的好地方。圖 12-8 展示了在 Weather.com 的規劃報告書如何進行角色定義與區隔。

角色	縮寫	Weather.com 觀眾*
只在方便的時候才關心天氣	便利	日常型
關心所在城市的天氣預報	我的城市	計畫型：排程、活動
關心其他城市的天氣預報	其他城市	參與型：關心、追蹤
關心所有地區的氣象，並且想知道它的運作機制	了解	參與型：了解

*取自 Envision 所執行的分眾研究，1996 年。

圖 12-8　Weather.com 的觀眾與角色。

經驗學習

規劃報告書中的「經驗學習」這個段落，用來串連先前的各種研究、分析與建議，把這些學習成果共同展現出來。當你有能力從競爭者分

6　有時候很難避免使用「強勢領導品牌」和「獨家內容」等商業術語。如果這些字眼會讓規劃報告書的讀者感到困惑，請試著改用別的方式來清楚傳達想法，千萬別拘泥在一定要用什麼字眼不可。

析（競爭基準評比）、使用者訪談以及內容分析的結果產出有獨特觀點的建議時，往往也能幫助你建立起自信與信用。

在 Weather.com 的規劃報告書中，我們將「經驗學習」分為五種類別。表 12-1 為每種類別提供了一個示範寫法。

表 12-1　Weather.com 報告所得的觀察

觀察	結論	對網站架構的意義
地方天氣資訊組織與內容		
使用者說他們希望最先看到的是所在城市的天氣	在地、在地、在地	應該透過顯眼的搜尋框、並以地圖或連結瀏覽的方式取得地方天氣資訊
（使用者訪談）		
一般內容組織與內容資訊		
在氣象網站上，季節性的內容經常散見於好幾個內容區域。	短期性的內容不會出現在網站中的一個特定區域	即便是季節性的內容，只要是熱門的相關內容就應該放在專屬的區域裡頭。這樣有助於進行有效的內容管理。
（基準評比分析）		
導覽系統		
使用者弄不清楚網站的區域導覽系統與全域導覽系統會將他們帶向何處。	天氣只是內容當中的一部分，因此原本在氣象網站當中進行的全域導覽此時卻成了區域導覽，這會讓使用者覺得困惑。	氣象與非氣象相關的內容導覽系統不應該被放在同一個導覽系統框架中。
（使用者訪談與評比分析）		
命名方案觀察		
許多文字命名並沒有精確地描述其下的內容區域。	文字命名與標題需要精確地描述其下的內容。	使用描述文字或範圍註解可以讓標題文字更為清楚。避免使用口語或術語。
（基準評比分析）		
特色		
沒有氣象網站提供有效的個人化功能；事實上，有些網站做得極差。	匿名追蹤與內容偏好紀錄是最有效的個人化作法。	以 Amazon 作為學習對象。提供類似「前十大氣象故事」或「密西根州使用者的最愛商品前五名」的選項。從本地天氣頁面連結過來。
（基準評比分析）		

架構策略與方法

現在我們要進入策略規劃報告書的精華—對於資訊架構策略與方法的說明。這個部分的內容相當廣泛，難以在這裡道盡全貌，但是我們會介紹一些視覺呈現技巧，並且簡單扼要地解釋一下。

這份報告提出兩個策略—以地方為內容中心及擴散傳播內容，兩者要相輔相成運用。地方內容中心策略的提出，是基於使用者主要關心的重點：他們所在地區的天氣資訊。圖 12-9 的概念圖顯示了以地方內容中心為主軸的資訊架構策略。

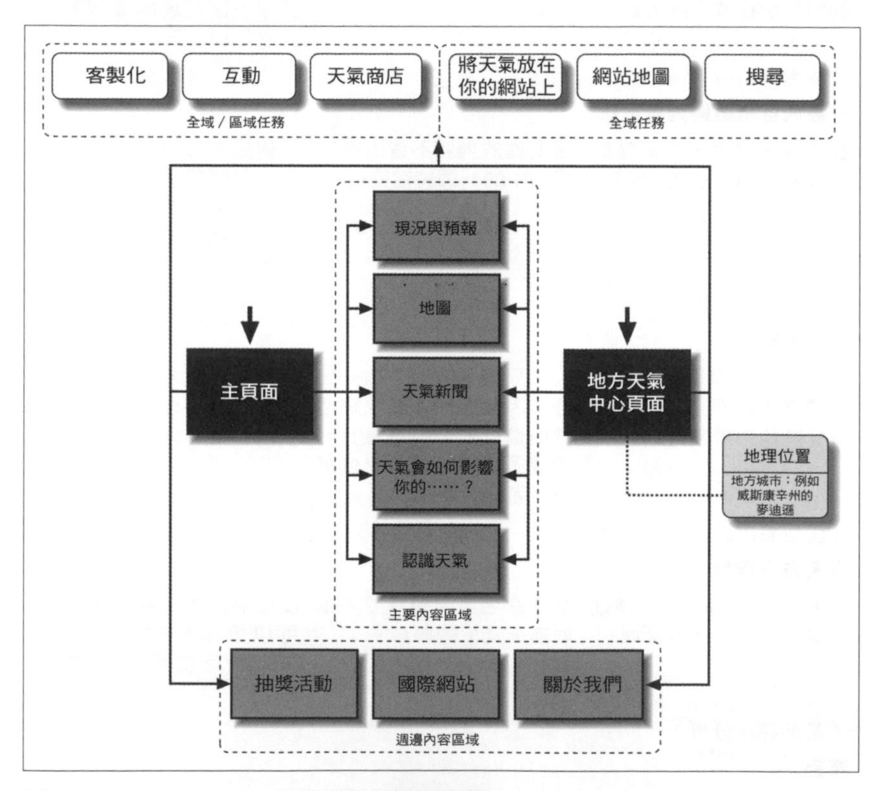

圖 12-9　Weather.com 網站資訊架構概念圖

圖 12-9 Weather.com 網站資訊架構圖是站在最高視角綜觀全局。它說明了特定地理資訊的取得（地方天氣中心），並且明確指出主要內容區域。這些任務最後會被轉換為以地方為內容中心的導覽方式，但是這份藍圖如果少了前後文就會很難理解（如圖 12-10）。

除了這些概念網站地圖外，還需要一系列的線框圖，用來進一步說明規劃的各種細節與關鍵。

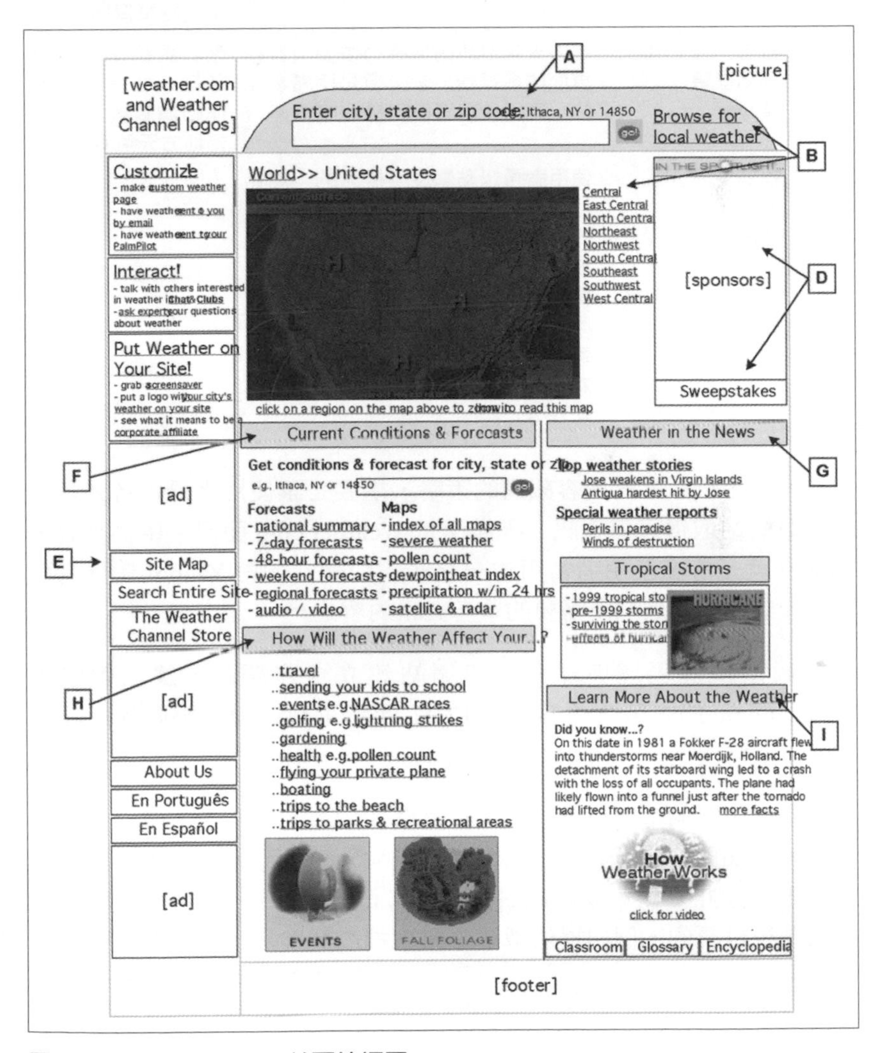

圖 12-10　Weather.com 首頁線框圖

在線框圖有限的面積裡要同時呈現文字與介面資訊，不容易把所有細節描述出來，這時候可以採用額外的附註方式來解釋。例如：在線框圖中的每個介面區塊標上代碼，每個代碼都代表一個介面模組，可以個別加上更多的文字說明。表 12-2 示範了兩個介面區塊的附註描述。

表 12-2　Weather.com 線框圖裡的介面附註描述範例

代碼	資訊元素	描述	意義（經驗學習所得）
A	城市、州、或郵遞區碼搜尋框	地方天氣資訊的搜尋必須要放置在頁面的最頂端。它必須是明顯易見的，否則使用者很容易忽略它。	應該透過顯眼的搜尋框、並以地圖或連結瀏覽的方式取得地方天氣資訊
B	找尋地方天氣資訊（搜尋、地圖、麵包屑 breadcrumbs，也就是資訊架構層級的指標）	使用者可以點擊搜尋框旁的「瀏覽地方天氣」連結、點擊地圖或右方的連結取得地方資訊、或點擊「全球」往上提高一個地理層級。這讓使用者可以依照各種層級瀏覽氣象資訊。如果有地圖的話，地圖不應該分散使用者對於搜尋框的注意力，因為搜尋框才是取得資訊的主要方法。	（同上）

另一方面，分散式的內容架構的策略，主要是讓使用者透過各式各樣的入口網站取得天氣資訊，不僅僅是 Weather.com 而已。舉例來說，Yahoo! 就是許多使用者常用的一般性入口網站。對 Yahoo! 使用者而言，天氣資訊是他們所需要的眾多資訊內容之一。

氣象頻道集團已經與部分入口網站建立合作關係，讓它們取得 Weather.com 的客製化內容。圖 12-11 展示了為這種合夥關係所設計的資訊架構模型。

這種架構策略的主要目標之一，在於讓使用者回到所有內容原本的所在地：Weather.com 網站。傳播出去的內容不太可能滿足使用者的所有需求，因此提供一些趣味設計手法（teaser）吸引使用者到原始網站來是很重要的，例如提供精華介紹來提高興趣，或賣個關子引人好奇等。

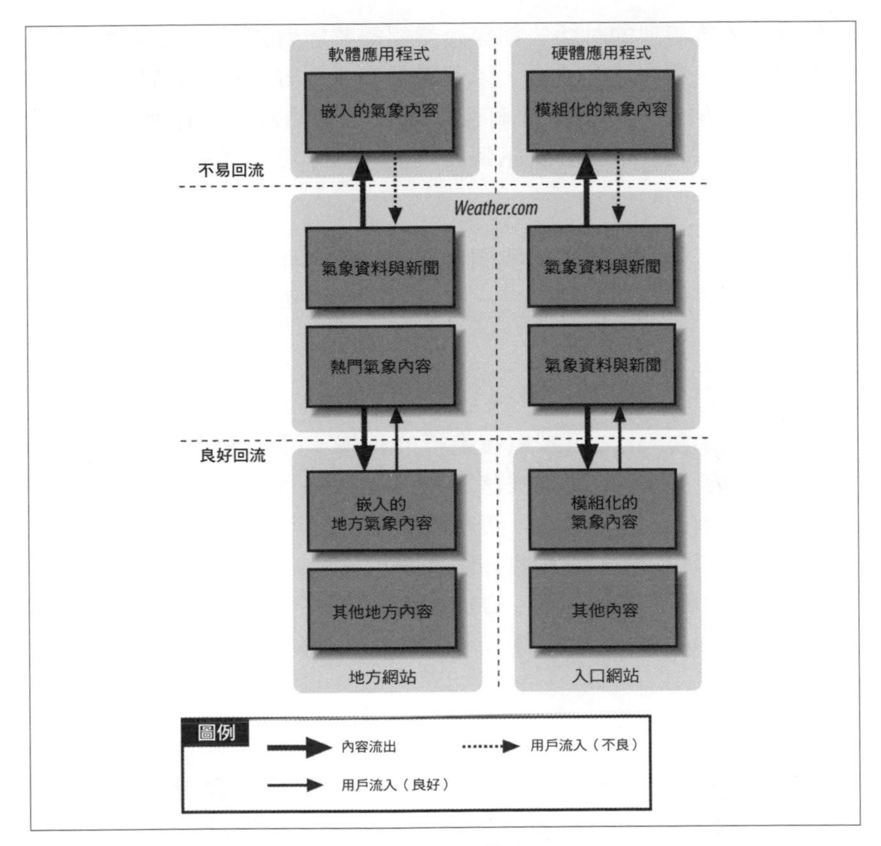

圖 12-11　Weather.com 的分散式內容架構策略

這張概念圖的重點在於 Weather.com 網站的內容輸出與用戶回流現象。主要是要解釋，相較於嵌入式的軟體應用程式（例如以邁阿密氣候熱度指數 Java 小程式）或無線終端裝置（例如桌上型電腦或手機），使用者從熱門氣象內容與模組化的氣象內容回流到 Weather.com 的可能性較大。

內容管理

策略規劃報告書的最後章節裡要探討這些資訊架構建議將會對內容管理基礎建設造成什麼衝擊，這是用來檢視所有現實條件的機會，看看各種規劃構想是否能夠實現。

任何關於內容管理的討論，都與企業組織整體背景和資源高度相關。有多少人手，擁有什麼技術，以及考量多少內容，都會影響到內容管理的布局。假使你的組織裡有全職的內容策略團隊，你應該盡早與他們合作，以確保系統的資訊架構與內容目標可以緊密配合，相互支援[7]。

在報告書的這個段落裡頭，我們會採用一種全局的視野來，解釋資訊架構與內容管理之間的關係。一開始我們先簡單說明有效內容管理的三個要素：

規則（*Rules*）

規則是指標準化、可被重複進行的程序，可以應用在組織管理和規範內容。通常規則會被落實在工作流程上，員工必須遵循這些工作流程來創作、發佈、與維護網站的內容。工作流程可以是任何內容管理軟體，或其他外部採購或開發系統的一部分，也可以在這些軟體或系統之外。附加的流程文件裡會包括介面風格規範（Style Guide）與內容標準，這些有助於隨時掌握內容的創作與管理。

角色（*Roles*）

角色是指管理內容的員工或其他人員。這些人會遵循流程、標準、與規範，同時也會協助創作、傳播、與維護內容。可能會有特定的角色專職負責定義 metadata、檢視或編輯內容、撰寫內容、擔任與外部內容提供者的聯絡窗口、或在軟體出狀況時進行修復。也可能會有好幾個人同時擔任同一個角色（例如索引編製人員、內容編輯、或行銷人員）。

資源（*Resources*）

資源包含了內容及操控內容的系統，包括各種經過創作、修改、刪除的內容，保存靜態內容與動態資料來源的內容資料庫，以及將規則與角色整合起來的內容管理軟體系統。

---

7 關於內容策略的進一步研究，請參考 Kristina Halvorson 與 Melissa Rach 的著作《網路內容策略》第二版（*Content Strategy for the Web*，*Second Edition*，San Francisco：New Riders，2012）。

以下則是對 Weather.com 提出具體的內容管理建議，以使內容管理更有效率。這是其中的幾點建議事項：

模版

許多已經存在網站上的內容是擷取自外部資料源的動態資料（如露點溫度、花粉數、與飛機抵達時間，這些全都是由外部夥伴所提供的資訊）。這類資料非常適合套用模版，也就是類似的共用頁面結構，供相同類型的資料反覆使用。某些以段落跟句子構成的內容，例如新聞報導，這種文件類型的資料確實也可以套用模版，但是由於敘述性的文件本質具高度變動性，所以不見得容易被放入模版當中。此外，也需要考慮導覽系統，無論是靜態或動態內容，都需要結構化的導覽介面模版。無論是全域導覽、區域導覽、或內文導覽，導覽系統模版可以提供導覽規劃的一致性，幫助使用者從這個前後一致的框架，輕易看見導覽系統的各種類型。

Metadata

建立描述性的 metadata 非常重要，以便於將內容的各種屬性填入網站架構中。舉例來說，在「天氣新聞」主頁上主打的每一則新聞報導，都應該要使用如表 12-3 所示的描述性 metadata。

表 12-3　新聞報導的描述性 Metadata

Metadata 基本元素	內容範例
作者	Terrell Johnson
出版者	Jody Fennell
標題	Antigua hardest hit by Jose
日期	Thu Oct 21 1999
有效期限	1031999 12:01:23
連結	/news/102199/storyhtm
文件類型	news story, glossary term
分類主題	tropical storm
關鍵字	Jose, Antigua, damage, intensity
相關資料	breaking weather, news stories, severe weather maps
地理層級	local city, local regional, national
地理區域	Antigua, North Carolina, South Carolina

同義詞典（*Thesaurus*）

替 metadata 建立同義詞典可以幫助使用者更容易找到資料。比方說，假如使用者不確定應該使用「熱帶風暴」或「颶風」哪一個詞彙，透過同義詞典就可以找出比較適當的用詞。為氣象術語和地理區域建立同義詞典是非常有意義的資訊架構規劃。此外，同義詞典也可以用於讓「關鍵字」metadata 欄位常態化，以便於建立搜尋索引。一般來說，同義詞典是為了讓替內容區塊建立 metadata（例如找尋哪個詞彙要分配給哪個內容區塊）的人員於幕後使用而編寫的，但它對於幫助人們搜尋與瀏覽網站同樣有所助益。

雖然這個策略規劃報告書是一個時代稍微久遠的範例，但是我們認為它清楚表達了我們在這一章中所想要說明的重點。因為這份報告書是建立在內容／商業脈絡／使用者（Content／Context／User）的框架上，我們可以想像如果在今天，這個專案會以不同的方式來處理。從我們製作這份報告書至今，Weather.com 所處的環境脈絡已經有了很大的變化。舉例來說，今日行動裝置遠較一九九九年時來得普及與強大，因此我們可以假設有相當多的使用者在存取這個網站時，所使用的裝置螢幕會比較小，但是也比較容易定位使用者的地理位置。諸如臉書等社交網路的滲透力也是一項重要的外部環境議題，若這份規劃報告書在今日提出，其策略內容勢必將受到此因素的影響。簡而言之，這個資訊架構策略框架已通過時代的考驗，即使內容／商業脈絡／使用者這三者持續變動，資訊架構策略要考慮到的層面，仍然萬變不離其宗。

專案計畫書

我們常常發現，除了就內容管理進行討論之外，若能為資訊架構設計建立一個專案計畫，並做為策略階段的交付項目，通常會很有幫助。

專案計畫可以達成兩個目標。首先，在發展策略報告的同時，專案計畫會迫使團隊不斷地思索這些問題：

- 我們要如何完成專案？
- 專案將會進行多久？

- 誰來執行專案？
- 需要提出哪些交付項目？
- 有哪些依存關係？

思考這些問題，可以確保資訊架構策略不會脫離現實狀況。

專案計畫的第二個目標是成為策略與設計之間的橋樑。它可以和其他團隊（如互動設計、內容編寫、或應用程式開發）的計畫整合在一起，有助於為整體網站的設計，訂出條理分明的時程。

由於考慮到經常需要呈現當時的進展，我們通常會提供短期與長期的計畫。在短期計畫中，我們會將重點放在伸手可及的成果上，為容易執行、也應該立刻執行的設計變更訂出明確的流程。在長期計畫方面，我們會呈現一套充實資訊架構的方法，並且在適當的地方註明與其他團隊之間的相互條件關係。

簡報

你完成了嚴謹的研究與精彩的腦力激盪，建立了一份詳細、優質的策略規劃，以及可靠的專案計畫。費盡千辛萬苦，你終於成功地完成了策略階段，對吧？錯！

過去的慘痛經驗告訴我們，如果任由資訊架構交付文件自生自滅，它們真的可能會默默地死去。人們是忙碌的，只能保持短暫的注意力，而且通常懶得去閱讀一份長達五十頁的資訊架構策略規劃文件。缺少了簡報與討論這最後一哩路，你的許多絕佳構想將永遠不見天日。

簡報是理念銷售的過程，你必須能夠藉由簡報將策略規劃構想賣給所有利害關係人，有些時候他們之所以買單，是因為你的簡報成功，而不是他們閱讀了厚厚的策略規劃報告書。對需要了解資訊架構策略的對象進行一到多場的簡報是必要的。在某些情況下，只需要對網站或企業內部網路策略團隊進行單場簡報；有時候，則必須向許多不同的部門進行多場簡報，藉此獲得整體組織全面性的了解與認同。你必須從銷售的角度思考你的簡報，成功與否，就看你能不能以清楚有力的態度溝通、能推銷你的想法到什麼程度。

首先，確定你已經掌握了簡報的基本原則，弄清楚對象，並且知道他們要什麼。挑選一些精彩的內容用來吸引特定對象，無論是回答疑問或是取得認同，要讓他們開始願意與你對話。接著，把你的想法有條理地組織起來，完成流暢的簡報內容。

一切就緒之後，你可以開始思考如何提昇簡報效果，例如運用表格、圖解、概念圖等視覺元素來獲取更好的溝通效果。別忘了應用比喻的手法；請記住你是在銷售你的想法，比喻是個強大的工具，運用得當的話，即使平凡的想法也可以一炮而紅！

思考一下這個案例。我們曾經為某間全球百大企業的主網站設計資訊架構策略。我們提出了三個可能的策略，為這三種策略分別下了不同的標題：

增建外殼包覆各自入口（*Umbrella Shell for Separate Hubs*）

意思是開發一個收納所有入口，但是資訊架構層級淺薄的傘形網站。以這個網站為主要入口，然後再將使用者引導至許許多各自獨立維護的子網站或入口。這種模式常見於大公司，建立一個難用的入口首頁去連結上百個子網站或子頻道，使用者要查找內容相當不方便。特點是：分權控管，成本低，易用性差。

集中整併內容資料庫（*Integrated Content Repository*）

將所有內容重組，整合到一個統一的、結構化的資料庫，提供強大、靈活、一致的搜尋與瀏覽功能。把所有分散零碎的內容重新組織，整合到獨立的內容資料庫。重建的過程，會有機會串起內容元件之間的關聯性，提供最大彈性，幫助搜尋或瀏覽的設計。特點是：集權控管，成本高，易用性最優。

中心 - 衛星的靈活管控（*Active Inter-Hub Management*）

建立全域標準 metadata，同時將子網站本身與所擁有的內容屬性考慮進來。以樞紐輻射的形式，將中心站與衛星站結合起來，適合中心站，也適合衛星站自身的使用。這是種邦聯模型，成本中等，易用性中等。

這些都是描述性的標題，但它們聽起來既拗口、也難以引起興趣。為了進行簡報，我們想了一套音樂的比喻，讓這個複雜的標題更具趣味性、也更引人入勝（表 12-4）。

表 12-4 為表現策略方案所設定的音樂模型比喻

策略方案標題	音樂模型比喻	描述	評論
增建外殼包覆各自入口	一整排手提音響	誰大聲誰贏	其實就是現狀。就只是多一層皮，對企業或使用者都沒獲得更多改善。
集中整併內容資料庫	交響樂	不同樂器的和諧演奏；大投資	放手一搏全梭了，不是大贏就是大輸，高風險。
中心 - 衛星的靈活管控	爵士樂團	一致的音調與節拍；良好的團隊合作；緊湊的節奏與即興創作結合	我們最喜愛的選項。比交響樂模式的風險低，但功能豐富。

比喻的使用不僅僅能立即帶動更熱絡的討論，人們也會更樂於在簡報結束後與同事們分享這些內容，讓簡報的概念像病毒一樣散播出去。舉例來說，在這一章裡我們不斷地將策略視為一種「橋樑」——這很顯然也是一種比喻，目的是希望讓抽象的概念變得更具體、更容易被記住。同樣地，你也可以使用比喻比喻讓你的策略更容易被討論。

現在，你總算可以向內心裡那位資訊架構夢想家道賀，稍事休息，並且準備進入設計與使用說明階段的詳細介紹。

要點回顧

我們回顧一下這個章節學到什麼：

- 資訊架構策略是研究階段與設計階段之間的橋樑，幫助研究過渡到設計。
- 資訊架構策略為建構與組織資訊環境，提供了一個高階的概念框架。
- 在進行研究之前，就要開始思考可能的資訊架構策略。

- 策略階段的主要交付項目是策略規劃報告書。
- 規劃資訊架構策略的同時，也應該同時擬好專案計畫。
- 完成規劃報告書不代表搞定一切；你還需要向利害關係人簡報並進行討論。

第十三章

設計與文件

對建築師來說，
最重要的兩個工具是製圖桌上的橡皮擦及工地裡的鐵撬。
— Frank Lloyd Wright，
美國建築師學會譽為「最偉大的美國建築師」

在這個章節，我們會涵蓋以下內容：

- 圖表在設計階段所扮演的角色
- 為什麼、何時、及如何規劃網站地圖（sitemap，空間地圖）與線框圖（wireframe）這兩種最常見的資訊架構規劃文件
- 如何進行內容對照與內容盤點
- 以內容模型與控制詞彙來連接及管理各種微小的內容單位
- 如何強化與其他設計成員的協作分工
- 創建設計規範（Style Guide）來凝聚以往設計決策精隨，並做為未來的設計指南

當你從研究與策略的彼端走來，抵達設計階段這一端，工作成果的展現便有了極大的變化。所有的重點從流程移轉到了各種交付項目上，因為你的客戶與同事們都期待你不再只是做與說、而是能實際產出一個精準明確的資訊架構藍圖。

對某些人來說，這個轉變並不是太容易。你必須脫掉研究者身上穿的實驗室白袍，走出策略者的象牙塔，踏入創意與設計的鮮活領域裡。當你開始將想法寫在紙上時，你會頓時發現這時候已經沒有回頭路，你會因為擔心犯錯或思慮不夠周全，而不斷地感到憂慮或惶恐。在這個關鍵時刻，你正在形塑整個資訊空間即將帶給用戶的使用者經驗。不過，假使在進入設計階段之前，你已經有足夠的時間與資源，進行研究與思考策略，這些惶恐與不安會逐漸消失；反之，如果你完全略過研究與策略階段，直接一頭栽進設計階段（這種情況太常見了），這就相當於你蒙著眼睛，摀住耳朵，靠著直覺與衝動闖入一個極度不確定的荒郊野地，那麼我們也只能祝你好運了！

要對設計進行論述相當困難，因為這個階段的工作絕大部分是由情境所定義，並且受到隱性知識的影響。有兩種典型卻完全不同的專案情境：其一，你和一位視覺設計師合作，從頭開始建立一個小型的網站或應用程式；其二，你正參與一個成員超過百人以上的大型專案，負責為企業的大型資訊環境建立一個控制詞彙表與索引。我們很難歸納出一套方法，能適用於各種設計專案情境；總之，你所做的設計決策與產出的交付項目，有賴於你過去所累積的各種經驗。

簡言之，我們談的是創意的流程。我們的流程就像是一塊巨大、複雜、不斷變動的畫布，與其通篇理論，還不如直接提供實務示範，這也是通常傳授藝術最好的方法。所以在這一章當中，我們將會利用工作成果與交付項目來說明我們在設計階段做了些什麼。

在此我們要鄭重提出警告：雖然本章的重點在於交付項目，但是流程在設計階段仍然是如同在研究與策略階段一樣重要的。即使在這個階段必須產出更具體的細部加工－從控制詞彙，到線框圖，到工作原型，到進行使用者測試，所有在先前階段所提及的技巧與重點，也都有機會再度被應用。

還有另一點也要先幫你打好預防針：基於某些你無法掌控的因素，你偶爾，或甚至經常會發現自己身不由己地跳過了研究與策略階段，直接進入設計的深淵裡。不是你不想做研究或策略，你是被逼的。在這樣的情境裡，交付項目有另一層意義：你可以利用交付文件當作錨點穩住冒進的專案船艦，讓它不致繼續橫衝直撞。利用這些可理解，可討論的交付文件，重新審視團隊的工作，把已經脫序的專案調整修正回來。換句話說，你可以利用交付項目當作一種手段，用來反思設計上所看到的或是所隱含的問題，使專案能重返不可或缺的的研究與策略工作。

資訊架構圖的繪製準則

作為資訊架構設計者，或稱為資訊架構師，我們一直處於高度壓力之下，因為我們必須能夠清楚講述我們的工作成果。無論是要把資訊架構的價值銷售給潛在客戶，或者是要向同事說明某個設計構想，我們經常仰賴視覺化表達（visual representations）來溝通我們實際上做的事。

然而就如同我們一再提到的，資訊架構是抽象的、概念性的產物，尤其像是網站這類事物，它沒有界限，沒辦法像寫文章一樣，很具體地說出哪裡是頭、哪裡是尾。子網站與隱藏於網站之下的資料庫更讓溝通變成一場混仗，數位資訊本身可以藉由無數種方式被重組、重新設定使用目的，也就是說一個架構基本上是多向度的，也因此即使以白板或紙張等平面空間來描繪，還是對於完全理解有一定的障礙。

於是我們陷入一種難解的尷尬中：我們被迫要以視覺化表達來呈現出設計的特色與精髓，但是這個時候所產出的設計成果本身並不是一個很優質的視覺化結果。

真的沒有什麼理想的解決方案，沒有絕對的準則能保證你拿來套用之後，就能輕鬆講清楚資訊架構。對從業工作者來說，資訊架構這個領域既年輕又多變，難以找出以視覺呈現資訊架構的最佳方法，更不用談各種專案情境和專案利害關係人的背景差異，會讓你很難定義出一套標準圖表來形成共識[1]。我們很確定，要溝通的訊息不太可能靠著一張 A4 大小的白紙就能搞定。

---

1 關於交付項目更深入的探討，我們推薦 Dan Brown 的《溝通設計：設計與計畫而做的網站文件》第二版（*Communicating Design*：*Developing Web Site Documentation for Design and Planning*，*Second Edition*，San Francisco：New Riders，2010）。Dan 是一位資訊架構師，他的作品廣受從業人員的尊敬。

不過，在你撰寫架構文件的時候，這裡還是有一些很好的準則可以遵循：

以多種角度闡述資訊架構

資訊架構太過複雜，難以一次全部完整呈現；想要以一張圖表就搞定所有對象是註定要失敗的。請考慮以不同的技巧來呈現架構的不同面向。沒有單一觀點可以代表全貌；多種圖表的組合或許會比較接近。

為特定對象提供專屬的呈現

你或許發現漂亮的圖表對於潛在客戶們來說，特別有吸引力，代價昂貴自有其道理。然而在製作過程中，如果因為圖表經常變化，會導致耗時費工而不可行。任何時候在繪製圖表之前，最好能先想清楚，為什麼這些人需要這樣的圖表。舉例來說，之前曾經在 IBM 任職的資訊架構師凱斯・因斯頓（Keith Instone）除了「向下」與設計師和開發師溝通之外，還設計了非常複雜的圖表「向上」與利害關係人和高階主管們溝通。依據對象需求來設計資訊架構圖表是個好的溝通策略。

如果你的觀眾並不熟悉這些資訊架構圖表，最好能當面展示並加以解說。假如你沒辦法到現場，至少也要透過影像會議或電話會議與現場連線。資訊架構圖表所想要傳達的內容，與實際上被了解的意義之間，存在著巨大的落差。這一點不令人意外，但也讓我們感到無比的苦惱。就像前面所說，並沒有一個標準的視覺語言可用以描述資訊架構。所以你最好能夠在現場翻譯、解釋，並且為你的主張跟構想辯護。

然而，更好的做法是事先與你所要溝通的對象，包括客戶、管理階層、設計師、工程師們一同工作，去了解他們對於圖表的需求是什麼。你會發現他們如何使用這些圖表，甚至會發現你一開始的假設很可能是錯的。我們看過太多大型知名設計公司被客戶踢出專案，因為他們花太多時間在製作裝訂精美、全彩印刷的精美圖表。而實際上，多數客戶喜歡簡單、快速、有效的溝通文件，即使手繪稿也無所謂，因為他們需要盡快看到這些東西。

就如同我們在前幾章所看到的，最常被使用的圖表就是網站地圖與線框圖。這些圖表的重點在於內容架構而非語義的價值上，因此網站地圖和線框圖不能有效地傳達內容或文字的語義本質。我們會在以下章節中詳細討論這兩種圖表類型，但是在此之前，讓我們先了解一下這些圖表所使用的視覺語言（visual language）。

視覺化的溝通

圖表在溝通資訊架構基本元素的兩種面向上相當實用[2]。圖表定義了：

內容元件（*Content components*）
: 內容的單位是由什麼構成，這些組成要件應該如何群組與排列。

元件之間的連結 *Connections between content components*
: 內容元件之間如何連結來進行活動，例如在各元件之間進行導覽。

不論你的圖表最後變得如何複雜，它們的主要目標永遠在於傳達資訊環境的內容組成、以及它們如何彼此連結。

在視覺圖表中，有各種不同的視覺語彙，來傳達資訊架構的複雜性，它們各自以成組的術語和語法，透過視覺的方式傳達組成要件與其連結。最有名也最具影響力的是 Jesse James Garrett（JJG）的視覺語彙（visual vocabulary *http://www.jjg.net/ia/visvocab*）。JJG 是知名使用者經驗設計顧問公司 Adaptive Path 的創辦人，他所創造的這套視覺語彙被翻譯成八種語言。JJG 所創造的視覺語彙原本就有多種元用法，但它成功的最主要原因是因為它夠簡單，簡單到任何人都可以用它來創作圖表，甚至是手繪也沒問題。

視覺語彙也常見於許多免費的範本圖庫中，由於這些行業專家的熱血貢獻，我們得以享用許多免費的圖庫範本來製作你的交付項目；表 13-1 便提供了一些有用的範本，每一個範本會需要採用特定的製圖軟體才能開啟使用，例如 Visio 或 OmniGraffle。

2 語義的面向，如控制詞彙，沒辦法容易地以視覺的方式呈現。

表 13-1　各種製圖軟體格式的資訊架構或介面圖表範本

名稱	創作者	應用程式	URL
線框圖	Michael Angeles	OmniGraffle	*http://bit.ly/omnigraffle_wireframe*
網站地圖、線框圖、流程圖	Nick Finck	Visio	*http://www.nickfinck.com/stencils.html*
區塊圖、流程圖	Matt Leacock, Bryce Glass, and Rich Fulcher	OmniGraffle	*http://www.paperplane.net/omnigraffle/*

萬一你對視覺一點都不在行？或者一想到要學製圖軟體就害怕？如果你要溝通的對象根本不吃視覺這一套怎麼辦？難道你的工作產出非得視覺化不可嗎？

當然不是的。不採用上述製圖軟體，你也可以利用文書處理軟體畫出網站地圖，或者用試算表的欄位作類似的事情，盡管做出來的圖可能不怎麼漂亮，但是這不要緊。最重要的是，你所表達的頁面描述，必須能跟精美的線框圖表達出同樣正確的意義，再不濟就是仰賴更多的文字書寫把事情講清楚。說到底，這些交付項目是最首要的溝通工具，順暢正確地溝通是主要目的，而採用什麼手段跟形式來完成溝通可以是靈活的戰術。好好選擇一種可以展現溝通優勢的方式，也別忘了善加利用你的溝通對象最能買單的那種文件格式。

但是要記得，俗話說「一張圖勝過千言萬語」是有道理的。資訊架構與視覺化設計之間的界線，有時候是模糊的，尤其是我們必須將資訊架構的抽象概念，和平面設計師與互動設計師的工作連結起來。因此，在這一章中我們會將大部分的時間放在傳達資訊架構的視覺方法上。

空間地圖（網站地圖，Sitemap）

網站地圖（sitemap）用來呈現不同層級的資訊元素與其他內容元件之間的整體關係，也可以用來描繪內容結構組織、導覽路徑、與命名方案。圖表與導覽路徑都是以概略的方式呈現資訊空間的樣貌，對網站開發人員與使用者來說，這兩者分別發揮了濃縮版地圖的功能。在規劃網站的時候，我們通常叫做網站地圖，但是用在規劃資訊生態系或手機應用程式時，把 sitemap 講成網站地圖會感覺怪怪的，畢竟這些設計標的並不是網站，這時候也可以稱之為「資訊空間地圖」，或簡稱為「空間地圖」。

高階網站地圖

高階網站地圖是資訊架構的巨觀呈現，著重在表達整體架構。在採用由上而下的資訊架構流程中，通常會在計畫策略階段進行繪製。一般來說，可以先從首頁著手，藉著規劃網站地圖的過程，反覆來回地逐次充實整體架構、添補次要項目、增加更多的細節、由上而下地發展出網站的導覽系統。除了這樣的過程外，網站地圖也可以搭配由下而上的設計流程，例如用來表示內容模型的內容區塊與關聯性。在本章稍後會針對這種使用方式做更多討論。

把規劃概念轉化為正式網站地圖的過程，會讓在你不知不覺中去面對各種現實，考慮實務的可行性。如果腦力激盪活動將你興奮地帶上了山頂，那麼建立網站地圖可以將你冷靜地帶回平地。有些點子畫在白板上時令人拍案叫絕，但是當你試著以務實的態度組織它們的時候，卻不見得可行。隨意拋出像「個人化」或「自適應性資訊架構」之類的想法很容易，但是要在紙張上定義這些概念該如何應用於特定產品上，卻一點都不簡單。

在設計階段，高階網站地圖對於探索主要的內容組織策略或方案很有用。高階網站地圖通常會以鳥瞰的視角從網站首頁開始，詳細說明各個主要內容區域的組織方式與命名。這樣的探索過程會隨著你進一步定義資訊架構而經過數次的迭代進化。通常高階網站地圖經會以樹狀圖展開，但並不是所有的網站地圖都是樹狀圖；發展到細節之處，網站地圖可能轉變為流程圖或導覽圖。

高階網站地圖有助於激發對內容組織，內容管理，使用者偏好的存取路徑等問題的討論，如圖 13-1。這些網站地圖可以透過手繪方式呈現，但是我們傾向於利用 Visio 或 OmniGraffle 這類的製圖軟體。這些工具不但可以幫你快速地展開網站地圖，也對網站的建置與專案管理有所幫助。更重要的是，它們還會讓你的文件看起來更專業更有架式；說來無奈，有時候包裝的重要性並不亞於你實質的內容品質。

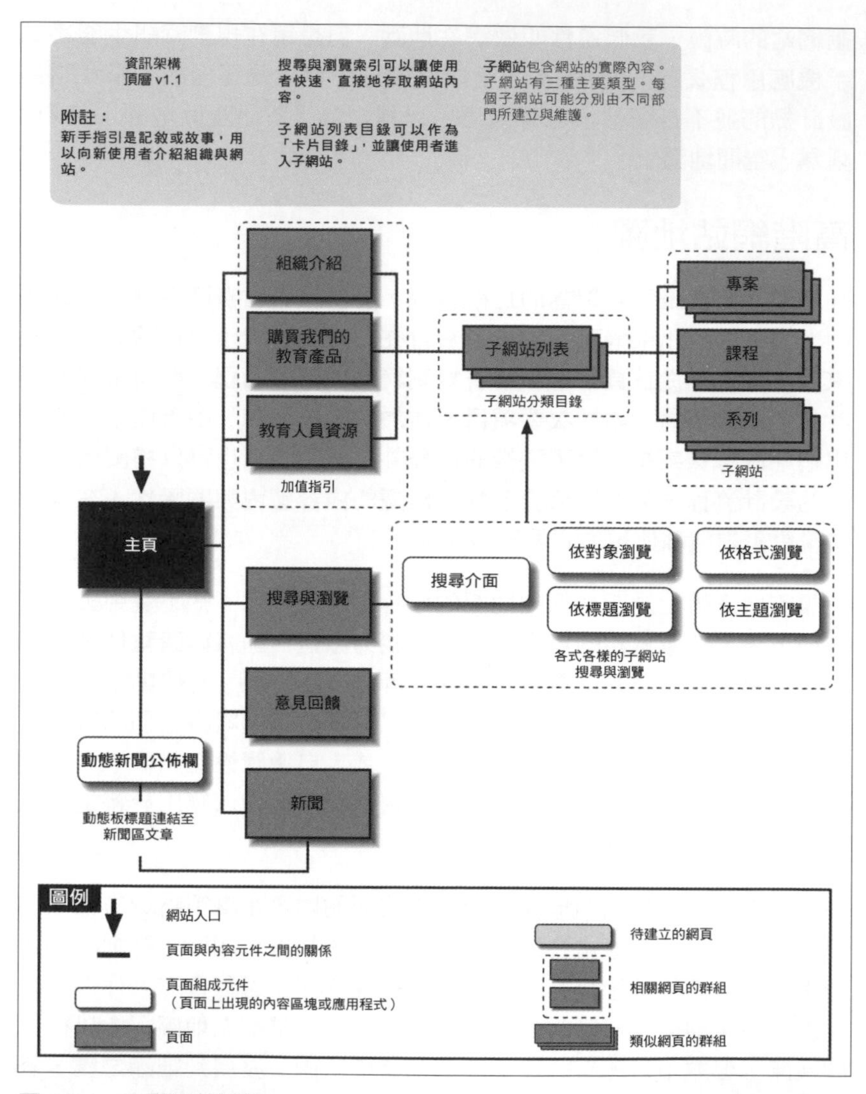

圖 13-1　高階網站地圖

我們現在看到圖 13-1 的這個資訊架構專案，本身的內容基礎是許多子網站。在這間企業裡，內容的所有權與管理分屬於不同部門的不同員工。在重新設計之前，數十個大大小小的網站已經存在了，各有各的圖像識別與資訊架構。與其試著強迫所有子網站改造成為相同標準，不如先以「傘狀架構」的方法讓使用者接觸各種不同網站的內容，而這幅網站地圖則呈現了所有子網站與新架構並存的空間概念。

從子網站往上移動，我們看見子網站列表，這個列表的功用就像是分類目錄一樣，讓使用者輕鬆地詢找到子網站。每個子網站都建立一筆記錄，每一筆記錄都是由**標題、描述、關鍵字、適用對象、格式、以及主題**等描述欄位所組成。

透過為每個子網站建立一筆標準化的記錄，我們實際上建立了一個子網站記錄的資料庫。這種資料庫方法，以及多種可以搜尋排序的欄位，在搜尋功能與分類瀏覽上很好用。如同「搜尋與瀏覽」頁面上所顯示，使用者可以依照標題、對象、格式、與主題進行搜尋與瀏覽。

這個網站地圖也展示了三種不同的使用者指引說明，針對新使用者、顧客、和教育人員。這些說明透過簡單的記敘或故事形式，將網站的贊助商與精選區域介紹給新使用者。

最後，我們看到一個動態新聞公佈欄，上面會動態地發布焦點新聞標題與公告。除了為主頁帶來一些動作外，這個公佈欄還提供了其他價值，讓使用者比較容易看到被埋沒在子網站中的內容。

在討論高階網站地圖的時候，你肯定會面臨一些問題。如你所見，網站地圖無法完全解釋一切（即使你會有這樣的期待）。高階網站地圖是個好工具，可以用來解釋整體資訊架構的主張，讓它們經得起客戶與經理人的挑戰，例如：「考量到公司針對區域性目標消費者所訂的新計畫，這些指引說明是否有意義？」這類的問題。除了提供得到客戶認同的絕佳機會，也可以為未來可能遭遇到的類似問題先作好防備，因為如果到時候要做變更，會必須付出更多的心力跟時間。

藉著當面簡報網站地圖，隨時進行問答溝通，不僅能用來消除大家的疑慮，也能趁機試探不同想法，提前取得回饋。如果有必要，可以增加一些簡要文字來幫助大家理解網站地圖，在現場說明想法時，也可以直接在網站地圖回答問題。你可以增加一個「備註」區域，如同圖 13-1 最上方的文字說明，讓你更輕鬆地解釋網站地圖本身的基本規劃構想。要記住，網站地圖是一種可以活用的工具，幫助溝通是主要目的，千萬別拘泥於形式而不知變通。

深入探索網站地圖

在你建立網站地圖的時候很重要的一點，要避免固守在一種特定的版型上，你應該依用途與內容變動形式。請注意圖 13-2 與 13-3 之間的差異。

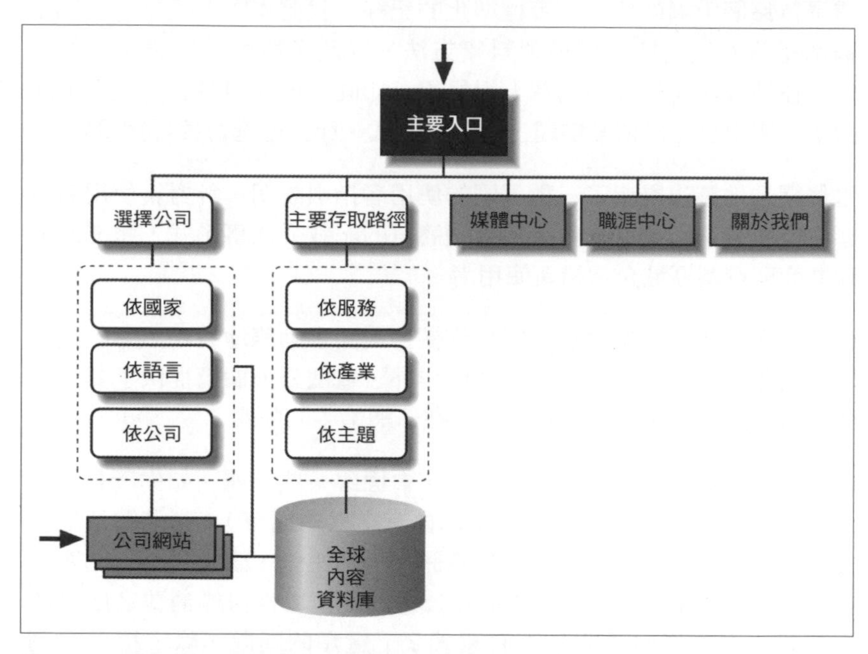

圖 13-2　這個網站地圖展現一家跨國顧問集團對外網站的概貌

圖 13-2 為某間國際顧問集團提供了一個資訊架構整體觀，這個架構整合了各個子公司的統一查找入口，也藉此展現集團的整體服務內容，幫助了網站訪客，也為集團企業輪廓建立了清晰的視野。與此對照，圖 13-3 的網站地圖則聚焦於展現氣象頻道（The Weather Channel）網站導覽路徑的這個面向，用意是呈現使用者如何在地方天氣與全國氣象報告之間移動。兩者在本質上都屬高階概念性的網站地圖，但是它們各自採用了適合其目的的獨特樣式。

圖 13-4 是線上賀卡網站 Egreetings.com 的高階網站地圖。這個網站地圖的重點，是讓使用者能一邊瀏覽網站的基本分類，一邊根據樣式或文字風格篩選卡片。

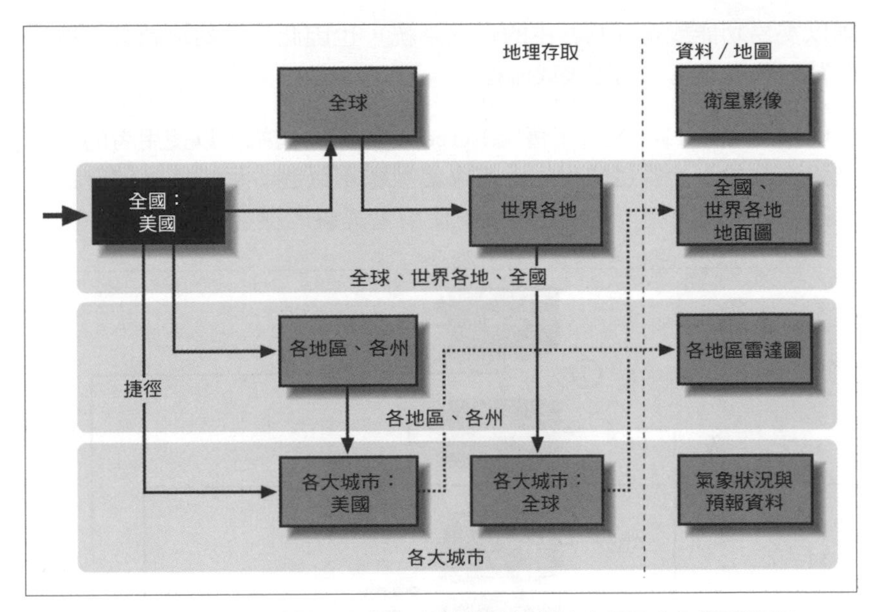

圖 13-3　這個網站地圖重點，在於氣象頻道網站的地方天氣中心導覽路徑。

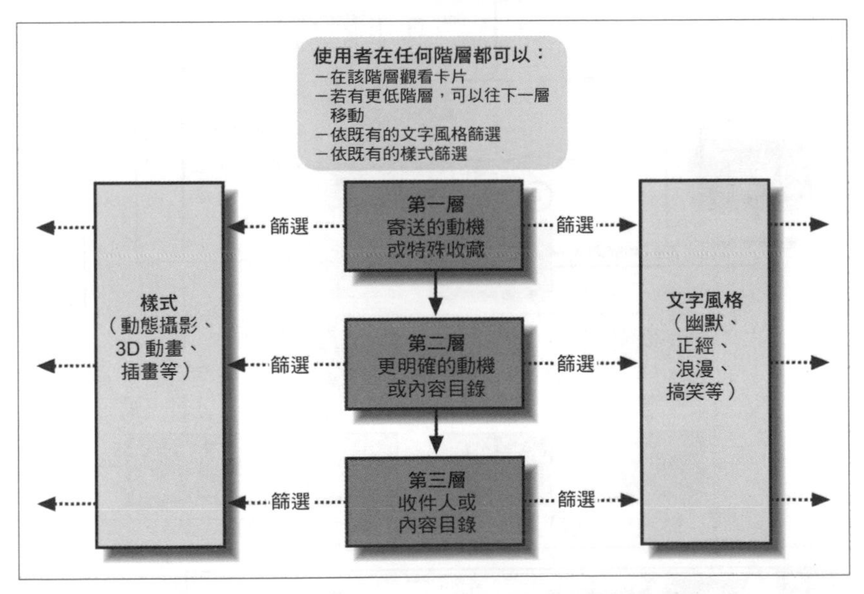

圖 13-4　這張圖顯示在 Egreetings.com 網站上如何應用篩選機制

前面提到的兩個網站地圖的例子，都是以內容組織的呈現為主要導向。我們得提醒自己，資訊環境裡不是只有內容而已；我們也可以規劃以交易功能或是任務為主的資訊系統，也因此，網站地圖必須被修改為任務導向為主的圖表或流程。

舉例來說，圖 13-5 呈現了舊版 Egreetings.com 網站，以使用者的視角描述出來的卡片寄送流程。這讓專案團隊可以逐步檢視網站與發送電子郵件的完整流程，從中找尋改善使用者經驗的機會。

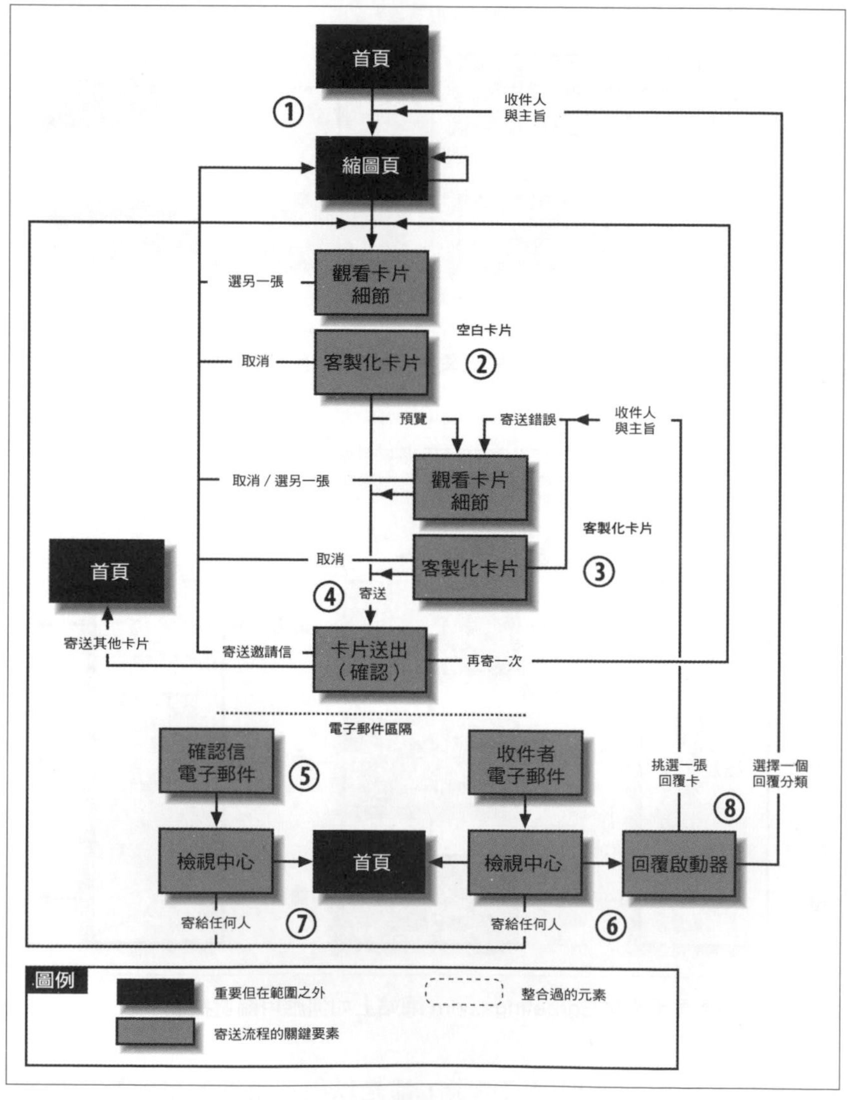

圖 13-5　卡片寄送流程的任務導向網站地圖

圖 13-6 展示了一般瀏覽者如何隨著時間，透過與網站內容的互動，而參與政治競選活動。這個網站地圖也代表了使用者心中的變化，因為它描述了網站的內容與導覽路徑。

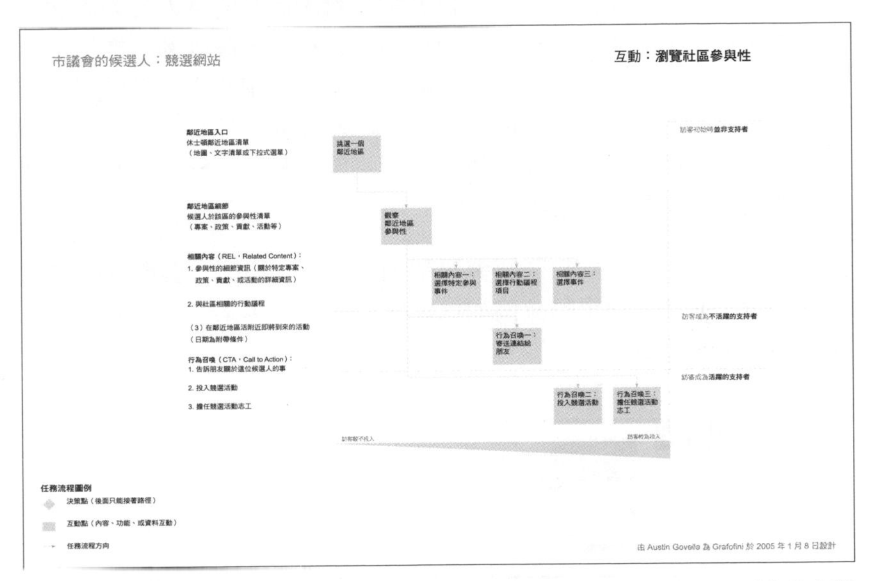

圖 13-6　Austin Govella 製作的網站地圖，描繪競選活動網站中從低到高的參與程度。

你會發現，我們愈深入資訊架構的細節，樹狀圖就愈容易轉變為特定單元的圖表，而不再是表達網站的整體方向。網站地圖極為靈活多變，即使方塊與連結符號沒辦法涵蓋一切，但是它們夠簡單，任何人都有辦法製作與理解。

你也應該會注意到，這些網站地圖省略了不少資訊。它們聚焦在網站的主要區域與架構上，省去了許多導覽要素與頁面層級的細節。這些省略是刻意的，而非出於粗心而遺漏。要記住網站地圖的首要原則：少即是多（less is more）。

精鍊網站地圖

隨著專案進展從策略到設計，再到開發建置，網站地圖也變得愈來愈偏向實用。在這個階段，它們比較著重於對設計及開發人員的溝通，策略主張與產品定義則不再是溝通重點。包括視覺設計師、編輯、程式設計師在內的專案團隊成員，會越來越需要精確的資訊架構規劃。他們會期待看到「底層（low level）」網站地圖，而不是概念式的高階網站地圖，而且需要在加入他們的意見跟觀點後，針對網站地圖進行快速迭代的修改與調整。

這些團隊成員必須要能夠了解資訊架構，因此，發展一套簡潔扼要的溝通詞彙，並透過簡單的圖例加以說明，會對於專案成功很有幫助。請參考圖 13-7 的範例。

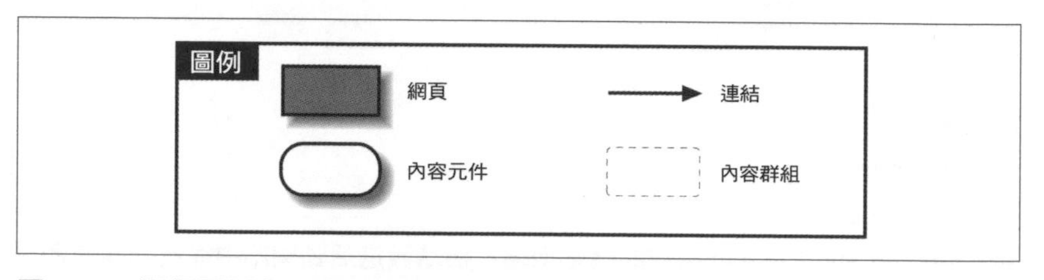

圖 13-7　這個圖例表示出四種刻意簡化的詞彙

這張圖的圖例描繪了內容顆粒程度（granularity）的三種不同層次：最大的內容單元是內容群組，相當於由許多網頁聯合構成，其次是單一網頁，而內容元件則是最小的內容單元，用來呈現最小的內容單位。箭頭則代表內容物件之間的連結，它們可以是單向或雙向的。

只用這四種詞彙來表達粗略的資訊架構概念，其實已經很夠用了。我們反而發現，採用最少數的詞彙種類，能幫助我們避開過多的資訊圖表元素的干擾，而使得意義傳達變得過於複雜難以理解。如果你真的有需要，當然也還有其他類型的圖表，可以用於有效傳達資訊架構的其他面向。

細緻明確的網站地圖

隨著你逐漸深入建置階段，你的焦點自然會從外部轉向內部。過去你要向客戶傳達高階架構概念，現在你的工作則是要與開發團隊成員溝通詳細的內容組織、命名分類、與導覽系統等規劃。

在實體的建築世界裡，這種轉變猶如建築設計對比營建工程。你或許會與客戶密切討論房間配置與窗戶位置等大方向的決策，然而要使用什麼尺寸的釘子、管路如何佈線，這些事通常不勞客戶們操心。事實上，這種枝微末節的小事，往往也不需要建築師本人參與。

在實體建築領域中，這些小細節經常會在施工現場作變更，也許是客戶對家庭工作室的大小改變了心意，或是某件廚房家電的位置不便使用，需要移動。無論如何，當抽象圖表遇上現實狀況時，修改是無法避免的。在資訊架構的領域裡，敏捷與精實開發方法往往因為資訊不夠完整，需要快速迭代。詳細的網站地圖可以（也應該）隨著其餘的設計而演進，以滿足這一類專案在開發過程中產生的新狀況與新需求。

因此，你應該要試著規劃環境的各種細節，如此一來，製作團隊才能在開始動工後，盡可能地依照你的規劃進行開發設計。這些網站地圖必須從主頁面到目標頁面，完整地呈現所有資訊層級，同時也必須詳細描述環境中各區域的分類命名與導覽系統。

每個專案的網站地圖都不一樣，視專案的範圍而定。以小型的專案來說，網站地圖的主要溝通對象可能是一兩位負責整合架構、設計和內容的平面設計師；而大型專案的主要溝通對象，則可能是以資料庫驅動的流程來整合架構、設計、內容的整個技術團隊。我們來看看幾個範例，了解一下網站地圖所傳達的內容以及它們如何變化。

SIGGRAPH 是計算機圖學領域最頂級的年度國際研討會。1996 年大會活動網站的網站地圖（圖 13-8）呈現出幾個新的應用技巧，像是透過 2.2.5.1 這樣的編號方式，給予每個元件各自獨立的識別代號，一來呈現內容順序，二來呈現資訊層級。這個圖表呈現的條理有助於製作開發，你很容易判斷出在網站架構中，資料庫內容與一般內容如何搭配共存。

在圖 13-8 中，本地頁面與遠端頁面之間有一個差異之處。在這個網站地圖裡，本地頁面源自於主要頁面，並繼承了識別圖像與導覽要素這類的相同元素。以這個例子來看，「論文委員會（Papers Committee）」頁面沿用了「論文」主頁的色彩搭配與導覽系統。另一方面，遠端頁面則屬於資訊層級當中的另一個分支。「會議室平面圖（Session Rooms Layout）」頁面的圖像識別與導覽則遵循「地圖」區的獨特系統。

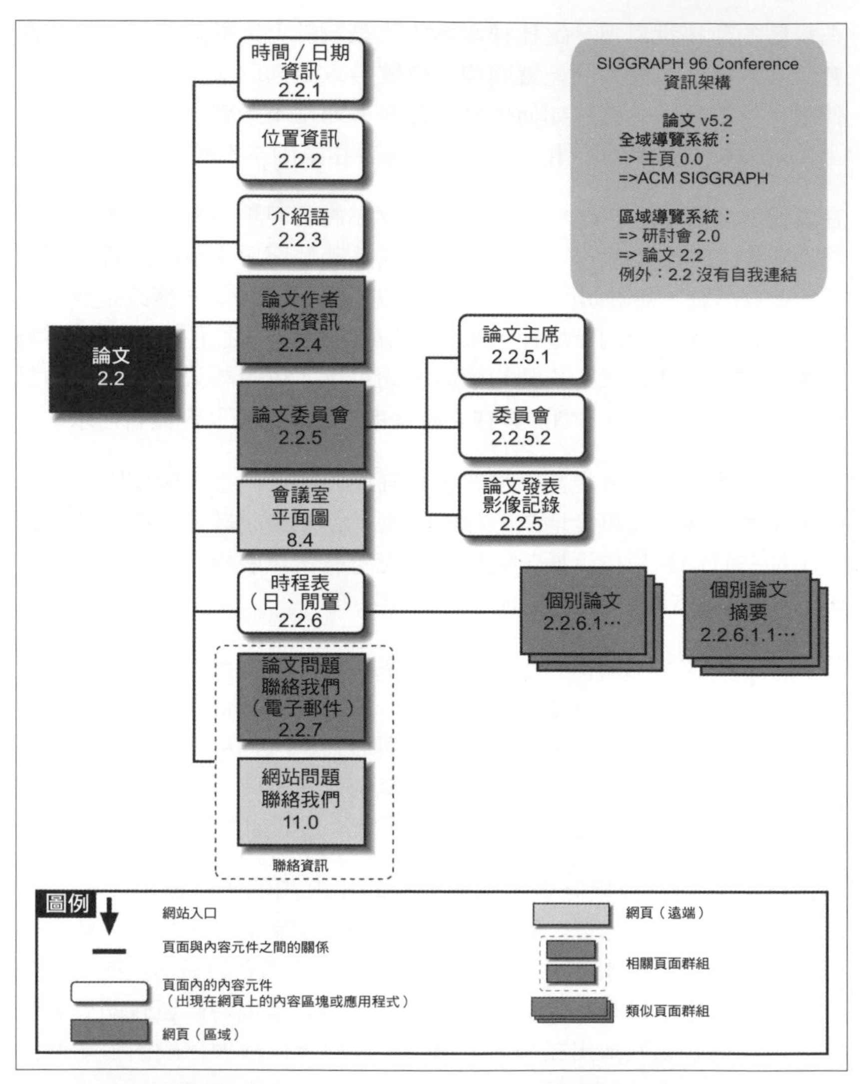

圖 13-8　SIGGRAPH 研討會網站資訊架構某個局部的網站地圖

另一個重要概念與內容元件或內容區塊有關。為了因應製作流程的需求，往往必須將內容從容器中抽離出來。網頁就是內容的容器，它可以容納許多大小不一的區塊，資訊架構規劃者必須有能力看穿網頁結構，去感知個別的區塊。例如「論文問題聯絡我們」與「網站問題聯絡我們」等內容區塊，都是由一兩個段落所組成的獨特資訊單元（我們在本章稍後會就「內容區塊」做更詳細的討論）。圍繞在內容區塊外面的虛線長方形，表示這兩者是緊密相關的。利用這個方法，架構師讓設計師在定義版面配置時更有彈性。每一個內容區塊需要的空間或大或小，設計師可以選擇將這些內容區塊呈現在同一個網頁上，或者建立一個緊密連結的網頁群。

你當然也可以利用這些詳細的網站地圖來表現導覽系統。在某些情況下，箭頭可以用來顯示導覽路徑，但是這種作法可能會讓人混淆，也容易被製作人員忽略掉。如同圖 13-8 所示，通常側欄（sidebar）是同時表現全域和區域導覽系統最好的方法。位於網站地圖右上角的側欄說明了全域和區域導覽系統如何被應用於網站中。

安排網站地圖

隨著專案的進展，網站地圖的節點會越來越多，包含的內容範疇也越來越大，總有一天你會遇到不知如何將所有節點放進同一張架構圖的困境，而這一天很快就會到來。當然，你也可以找一些軟體，幫助你把巨大的資訊架構圖切割列印成許多張紙，不過你也會發現，整理這疊紙所要的時間，恐怕比你當初構思設計來得費時。過大的資訊架構圖不只閱讀使用有困難，當你需要進行編輯調整時，也不怎麼容易。

在這種情況下，我們建議拆解資訊架構的網站地圖，藉著模組化（modularizing）的技巧把不同節點或不同單元，分別繪製獨立但是有關聯的網站地圖，從資訊架構的最上層節點開始，逐次連結到其下階層的資訊架構節點，然後以此類推。

這一系列的圖表會以帶有流水號特性的專屬代碼串在一起。舉例來說，圖 13-9 是某個網站資訊架構的最上層網站地圖，主頁面代碼是 x.0，而代表「委員會及成員（Committees and officers）」的頁面代碼則是 4.0，這個節點可連結圖 13-10 所示的 4.0 網站地圖。圖 13-10 的所有網頁節點與內容元件都以代碼 4.0 作為前綴編碼，表示它們都屬於 4.0 這個節點往下展開的子節點。

儘管你的架構圖還是得用上好幾張紙，透過定義流水號代碼的方式，將不同層級的網站地圖串在一起，這種技巧的確多少減輕了一些紙張尺寸所帶來的壓力。這種方法也有助於將內容庫存（content inventory），資訊架構樹狀圖，和任務流程圖這三種不同的文件連接起來。內容庫存盤點紀錄通常是以清單列表呈現，常見的格式是

Excel，而樹狀圖或流程圖上所標示的節點代碼則可以與內容清單的代碼相互參照。再小的內容元件或內容區塊，都可以藉此與網站地圖互相參照。因此在製作網站地圖的階段時，在添加內容的時候，通常就會增加代碼流水號，這兩項工作差不多是同時發生的。

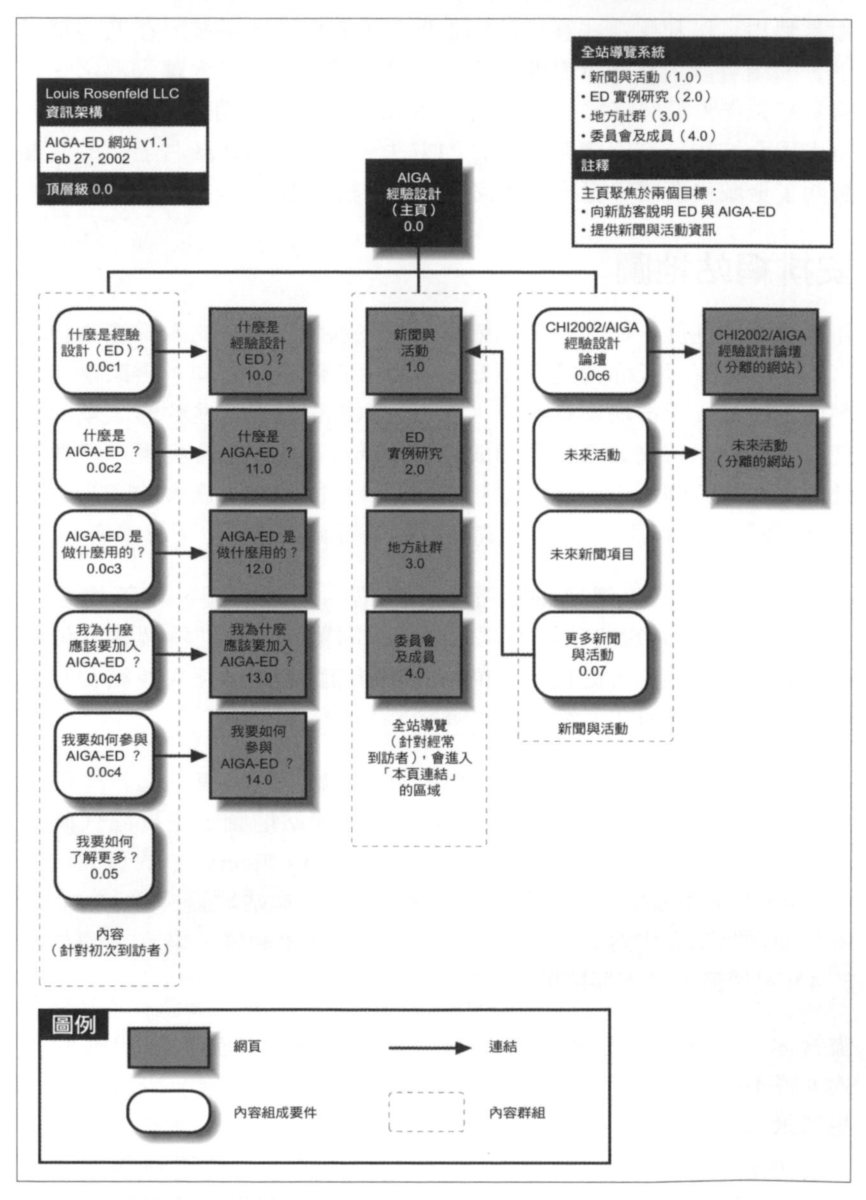

圖 13-9　詳盡的網站地圖說明了好幾個概念

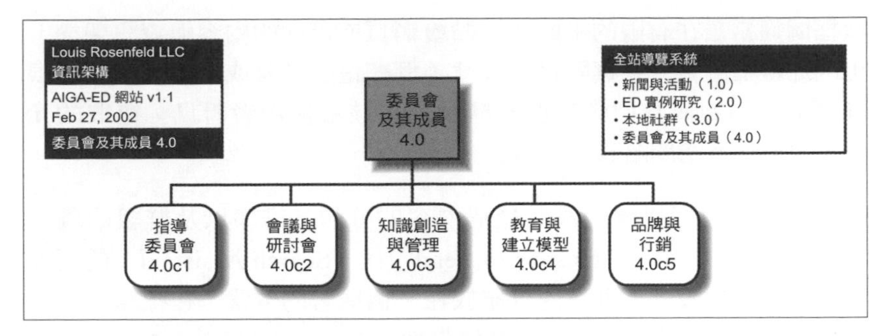

圖 13-10　延續自頂層網站地圖的子網站地圖

線框圖（Wireframes）

網站地圖可以幫助你決定內容應該往哪裡放，以及這些內容在網站、子網站、應用程式、或內容群組的脈絡下，應該要如何導覽。線框圖則扮演了另外一種角色：它們從架構的觀點描繪個別的網頁或範本應該有的樣貌，線框圖連結了產品的資訊架構與它的互動設計。

線框圖的意思是由線條與線框構成畫面，也有許多設計團隊會稱為「線稿」或「示意圖」，這些講法也都對。線稿隱含草稿的意思，表示這個畫面是用於提案或討論，不是最終定稿；示意圖則是指這個畫面是用來表示概念用的，不是用來討論視覺設計。在許多不熟悉線框圖的專案情境下，如果你開始採用線框圖來幫助溝通討論，最好要事先提醒你的對象，這些文件是用來確認方向與細節的概念草稿，不要落入計較視覺美醜的陷阱，那不是這個階段的討論重點。

舉例來說，線框圖會迫使你去思考，導覽系統要安排在網頁畫面上的哪一個位置？有了線框圖後，你更容易在版面配置的初稿上，明白地看到導覽路徑的設計思路。行進動線是否過於繁複？瀏覽會不會不夠順暢？在線框圖的脈絡下，更容易去想清楚資訊架構的規劃細節，有些時候甚至會迫使你退回網站地圖的規劃。雖然回頭調整網站地圖有點累，但是變動紙上的作業，總是強過在未來重新改造整個系統。這種未來的變動成本往往會非常高，高到讓專案決策為了就開發進度而犧牲設計品質。

線框圖通常是在有限的平面上，描繪網頁或畫面的內容與資訊架構。也因此線框圖會受到實際畫布尺寸（例如電腦螢幕或紙張大小）的限制。這些限制使我們必須從架構中選擇該被使用者看見、存取的元件，才能保留空間給真正的內容。

繪製線框圖也可以幫助我們釐清內容的分類、排序以及群組的優先性。在圖 13-11 中，「Reasons to Send」比「Search Assistant」的優先性來得高；在設計上則將內容擺放在一個顯著的位置、在標題上使用了較大的字體，清楚地表現了其優先性。

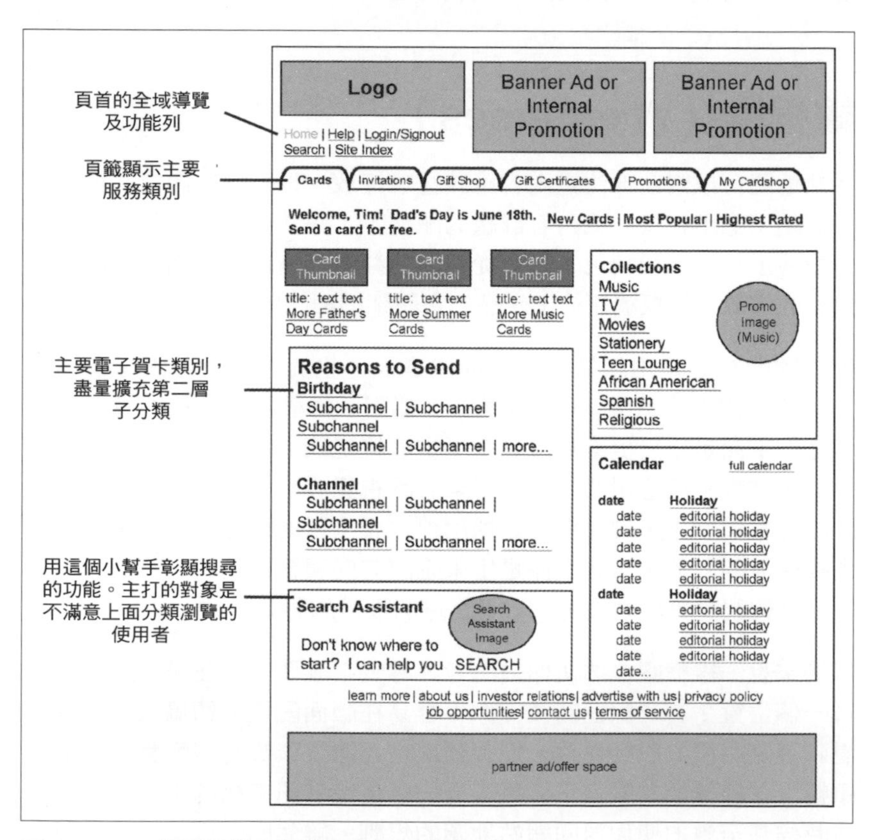

圖 13-11　一個電子賀卡網站首頁的線框圖

線框圖通常用來規劃資訊空間的最主要畫面，例如首頁、分類頁、搜尋介面，或其他重要內容與功能，也經常作為大量相似內容或相似功能的模版畫面（template）。此外，在設計過程中，它們還可以將混亂難懂的頁面以視覺化的手法表現出來。除非你有足夠的時間跟心力，否則不需要為整個資訊空間的每一個畫面都繪製線框圖，只有那些重要、複雜、獨特或作為範本的頁面才需要線框圖。

線框圖也可以幫助你表示，當頁面受到螢幕尺寸影響時，畫面會因此而做了哪些調整改變。圖 13-12 所展示的是響應式設計（responsive design，也可以稱為自適應式設計），可以如何因應在手機、平板裝置與桌上型電腦瀏覽器上，顯示出不同裝置上所產生的版面重組（reflowing）規劃。

線框圖呈現了某種程度的介面外觀，踏進了視覺設計與互動設計的工作範圍。線框圖和網頁設計是互相交疊，且經常產生衝突的前端區域。事實上，繪製線框圖的人本身不見得有視覺或互動設計的專長；由這群不具備視覺設計專長的人來陳述介面設計，即使只是排版，經常會讓平面設計師或其他視覺導向的人們感到非常不舒服，也讓那些期待看到視覺設計的高階主管們很不諒解。

基於這一點，我們強烈建議，任何以線框圖進行溝通的場合，都應該要事先說明它們是用來討論與溝通資訊架構的細節，並非用來取代真正的視覺設計。線框圖上的字型、色彩（或沒有色彩）、留白、與其他視覺特性都只是在描繪網站的資訊架構，以及如何與其他網頁互動。你要讓視覺設計師與互動設計師知道，你其實很期望與他們一起合作，共同讓資訊空間整體設計更具美感，或者攜手改善網頁互動特性以及功能流程。

我們也建議你除了在口頭上聲明這一點之外，同時也提到線框圖將會減少視覺設計師與互動設計師不喜歡，或不屬於他們的工作。例如，你已經設計了主要導覽列，並且確認了最好的命名與分類方式，設計師們就不用再操心導覽選單的命名，而可以專注於導覽列的顏色或大小位置。

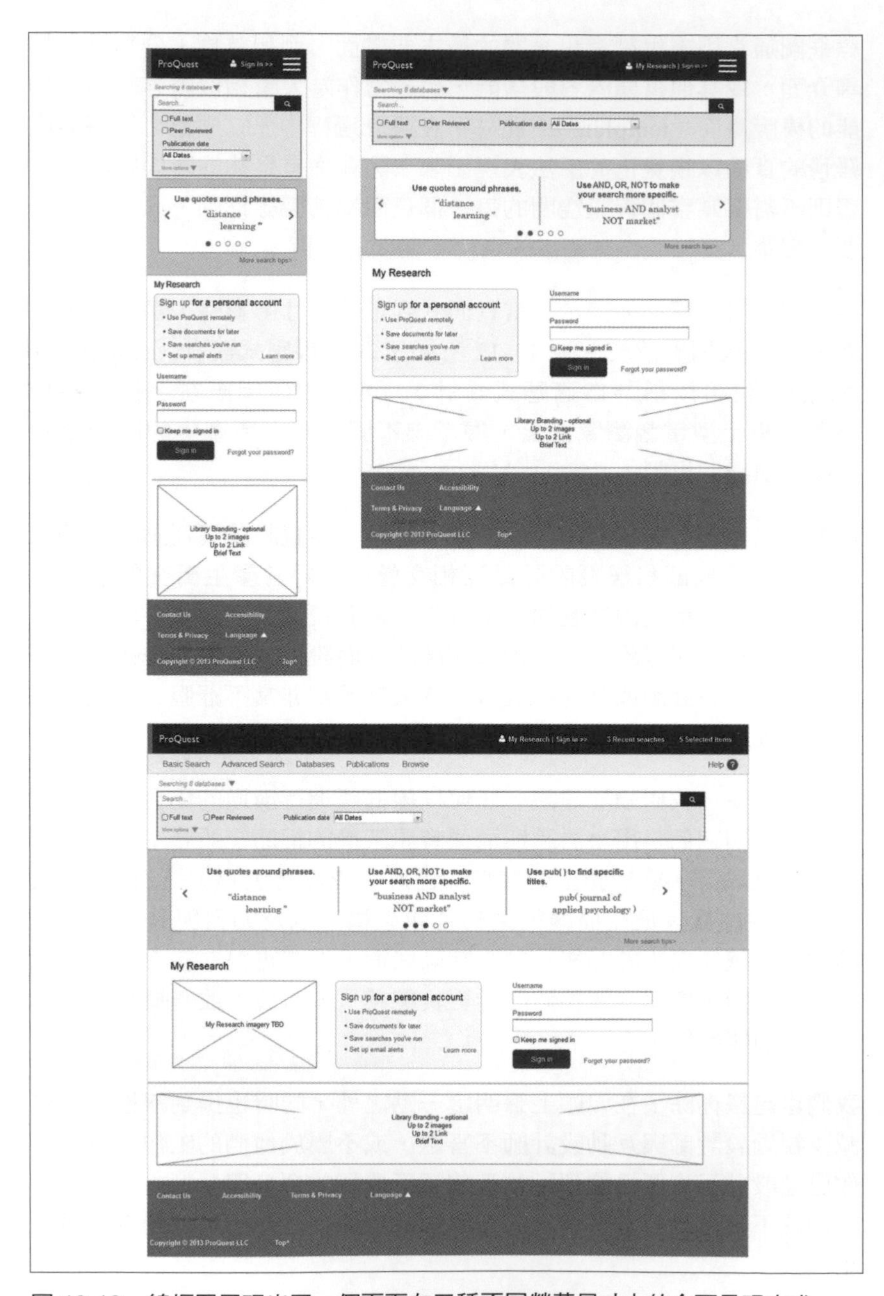

圖 13-12　線框圖展現出同一個頁面在三種不同螢幕尺寸上的介面呈現方式

最後，由於線框圖確實與視覺設計相關，它們的發展過程正是與視覺設計師合作的絕佳機會，在這個階段，視覺設計師或互動設計師可以提供非常多，非常好好的設計觀點。因此，千萬別把設計師與開發人員排除於線框圖繪製耕作之外，反而應該好好利用線框圖，來幫助跨領域合作的良性刺激。

線框圖的類型

就如同網站地圖，線框圖有許多種外形與大小，擬真精準程度也可以視你的目的而定。隨興一點，在紙上或白板上隨手畫一張線框圖草稿；正式一點，可以利用 HTML 或者像 Adobe Illustrator 這類的繪圖軟體來製作線框圖[譯註]。儘管你的精準度會根據開發週期的階段而定（通常愈早期需要的精準度愈低），多數時候線框圖的精準程度會落在中間：不會太簡略也不至於太詳細。讓我們來看幾個例子，圖 13-13 這個範例是一個低擬真（Low-Fidelity，簡稱 Lo-Fi）的線框圖，這是 ProQuest 資訊架構師 Chris Farnum 的作品，他任職於 Argus Associates，也是一位資訊架構規劃專家。

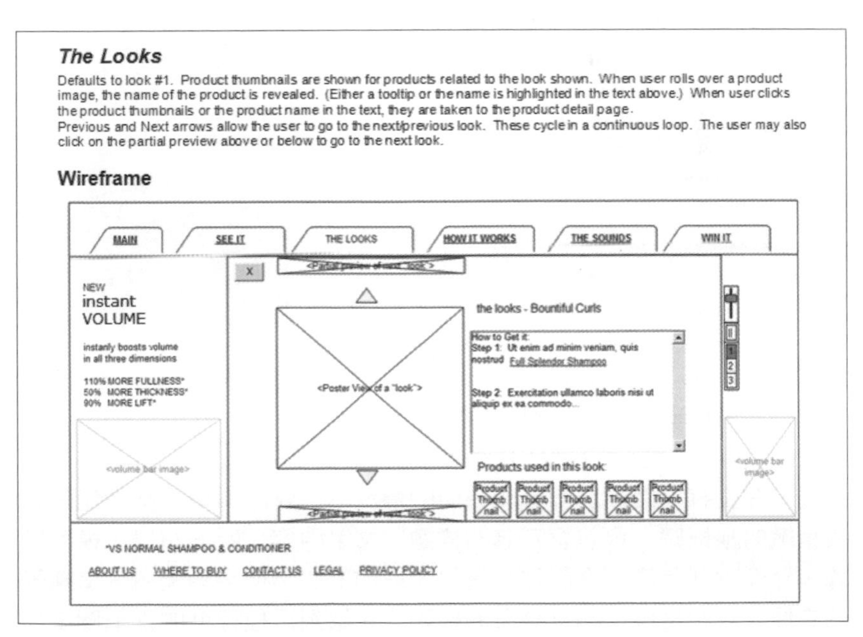

圖 13-13　低擬真線框圖的訴求重點是版面配置與視覺要素，並不講內容正確性。

譯註　採用專業的原型設計工具，例如 Axure RP 或 Basalmiq Mockup 也是不錯的選擇，不僅能表達二維平面規劃，還能夠創造互動效果。

比低擬真線框圖更仔細一點的作法，可以將內容、版面配置、導覽系統的表現方式都加入繪製範圍中，例如圖 13-14 是有更多細節的線框圖，這種線框圖用於對高階主管、平面設計師與程式設計師的溝通。

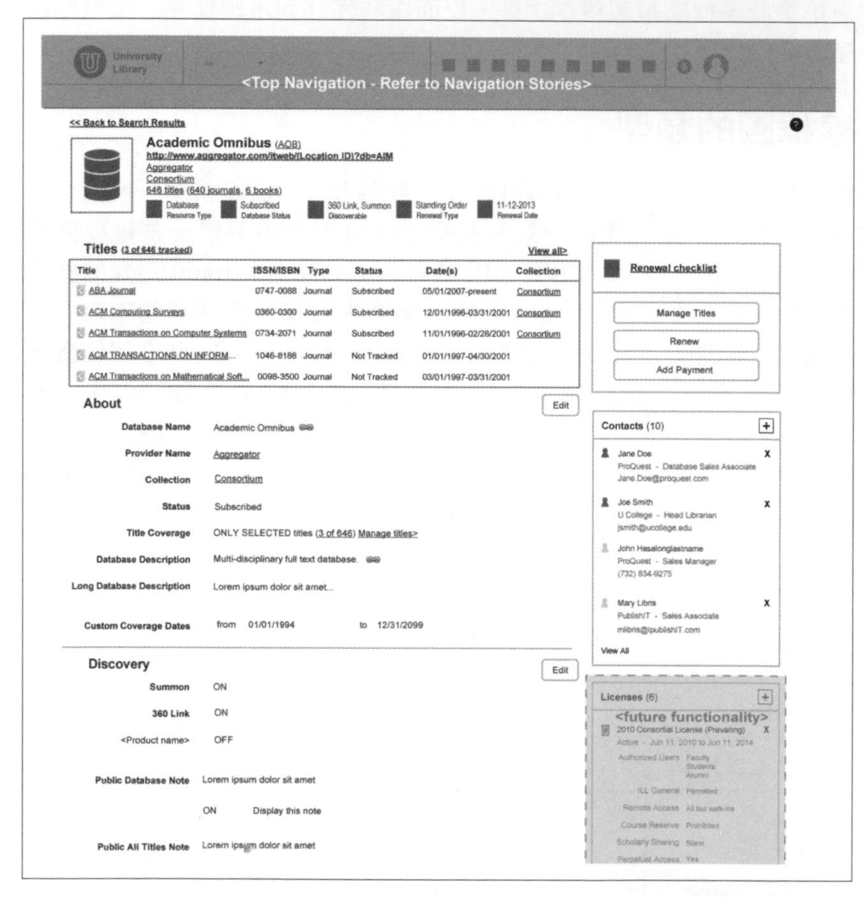

圖 13-14 Chris Farnum 及 Katherine Root 製作的中度擬真線框圖。裡頭有更多細節、說明以及獨有的內容。

最後，在沒有平面設計師參與協助的情況下，資訊架構規劃者能做到最精緻的線框圖，會包含正確的標題、文字內容、版面布局、模擬數據、介面設計元素、介面控制元件、或加上灰階或突顯配色，這樣子的文件大致能呈現出網頁該有的樣貌了。做到這種程度的線框圖屬於高擬真（High-Fidelity，又稱 Hi-Fi）線框圖，圖 13-15 是一個實際的例子。

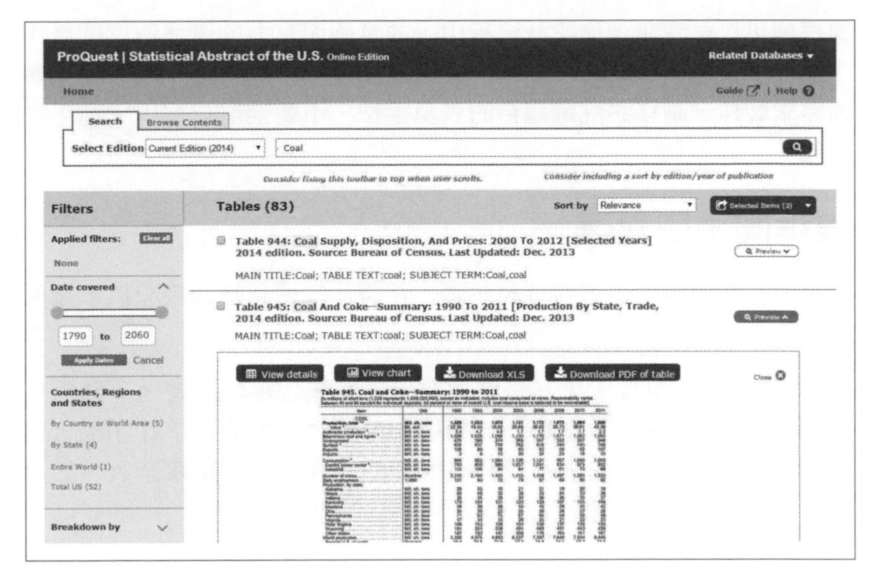

圖 13-15　高擬真線框圖

這種高擬真的線框圖具有以下優點：

- 內容與局部配色讓頁面看起來更實際更生動，有助於吸引客戶與同事們的注意力
- 藉由模擬實際的畫面寬度與字型大小，可以讓你理解網頁製作的限制

高擬真的線框圖提供了足夠明確的介面布局與內容，是能讓一般使用者提供意見或回饋的形式，所以也可以當作是紙本原型（paper prototype），作為進行使用者測試的素材。

相對的，高擬真的線框圖也因此而產生一些缺點：

- 愈高擬真的線框圖需要投入愈多的心力。要設計這樣詳細的線框圖會花上許多時間，可能會延緩工作進程並增加時間成本
- 為了將視覺要素與內容整合進版面，往往會導致對介面視覺設計的過度關切，而忘了資訊架構的重點

線框圖可以是資訊架構設計流程中，非常強而有力的溝通與協同合作工具。了解各種擬真程度線框圖的優缺點後，可以依據不同的專案溝通需求製作，請務必挑選適合的表現手法，不要全部只採用一種手法到底。

線框圖繪製建議

克里斯為我們提供了一些實務建議。在製作線框圖時要謹記以下幾個重點：

- 一致性非常重要。尤其是當你要呈現好幾個線框圖時，一致性是專業表現的底線。良好一致的規劃會讓你的對象留下好印象。更重要的是，你的同事們對於線框圖的內容通常會照單全收，因此一致性可以讓他們的設計與製作流程進行得更順利。
- 善用繪圖工具軟體或原型設計軟體提供的共用模組或背景圖層功能，可以讓你在多個頁面上重複使用導覽列與網頁版面設計。模組化的功能，也讓你可以建立一套用於描繪網頁要素的標準繪圖元件庫。
- 外部註記（Callouts）－分布在你的線框圖上的各種小註釋，是說明網頁要素及功能的有效方法。請在線框圖的側邊與上方保留標記註釋的預留空間。
- 就像其他交付項目一樣，線框圖必須是可用的、具有專業程度的。因此繪製完成的線框圖可以試著裝訂在一起，寫上頁碼、頁面名稱、專案名稱以及最後修改日期。
- 假如有多於一位的團隊成員共同製作線框圖，請確認你們有一套良好的程序，用來管理開發、分享及維護共用範本與模板，例如你們可以指定某人為線框圖管家或架構管理。尤其在多人協作線框圖的情況下，務必在專案時程中保留一些時間，用來調整彼此的線框圖樣式，以確保線框圖外觀具有高度的一致性。同時也要確認這些原本各自分離的文件，如果兜在一起時確實是可以整合起來，而不至於自相矛盾或遺漏。

內容對應與內容盤點清單

在研究與策略階段，你會專注於由上而下去定義資訊空間的使命、願景、對象與內容。隨著邁入設計與製作階段，你會由下而上進行內容收集與細節分析。而內容盤點比對，就是這兩種活動的交會處。

詳細的內容對應工作包括分解既有內容，或將之組合為適用於資訊空間的內容區塊（data chunks）或內容模組。內容區塊不見得是完整的句子、段落或頁面，但它必須是值得被獨立出來，或需要個別處理的內容中，資訊顆粒程度最小的一個單位。

內容經常來自於各式各樣的來源，有五花八門的格式，它們必須被對應到資訊架構上，實際開發系統時才知道這些內容該放在什麼地方。由於格式之間的差異，你沒辦法拿資料來源與內容頁直接一頁對應一頁，印刷手冊上的一頁不見得能對應到網站上的一個頁面。因此，我們必須在資料來源與內容頁上，分別從資訊載體（也就是手冊或網頁）中將實質內容分離出來。

除此之外，如果你採用資料庫程式為主要網頁製作方式，那麼進行內容管理的工作時，將內容與資訊載體分離開來，可以讓內容區塊重複應用於多種頁面上，這也是內容模組的意義。舉例來說，客服部門的聯絡資訊可能會出現在整個系統當中不同的頁面上。假使聯絡資訊更動，你只需要修改資料庫記錄上那筆內容，修改後的結果就會一字不差的更新到整個系統了。

並不是手上有大量現成內容才需要內容對應。即使你還在建立新內容，內容對應仍然是必要的步驟。一般來說，我們會利用像是 Microsoft World 這樣的文書處理軟體來撰寫內容，借助軟體的編輯、排版、與拼字檢查的能力來幫助我們整理內容。如此一來，你就需要將 Word 文件上的內容對應到 HTML 頁面（或者其他系統上的內容格式）。當新內容是由組織裡的多位作者共同建立時，更需要仔細地進行內容對應；對應的流程因而成為追蹤不同內容來源的重要管理工具。

定義內容區塊的思考流程，可以依照以下問題來決定：

- 這個內容，應該被分解成更小單位，讓使用者能夠個別取得嗎？
- 內容中，需要被個別建立索引的最小區段是什麼？
- 這個內容，需要在多個文件中或流程中被重複利用嗎？

一旦內容區塊定義出來，它們就可以被對應到最終的地點，或觸及使用者的資訊媒介上，也許是個網頁、動態訊息（news feeds）、或是其他媒介。你會需要一個系統化的方法將所有內容來源與內容應用的終點都記錄下來，這樣製作團隊才能按規劃來執行設計或開發。就如同我們之前的討論，其中一個作法就是為每個內容區塊配置一個獨一無二的識別碼。

舉例來說，建立 SIGGRAPH 96 Conference 網站之前，這個學術會議的內容早已存在於各種印刷文件上，所以將文字印刷內容移植到網路環境上是必然的工作。在這種情況下，內容對應工作必須詳述印刷物的內容區塊如何對應到網頁上。以 SIGGRAPH 96 來說，我們必須將精美的手冊、公告與課程內容對應到網頁。拿印刷頁面與網路頁面直接對應意義不大，更好的作法是先分解內容結構，由大到小，接著再以文書編輯軟體彙整後，進行雙邊對應。

首先，按照手冊頁碼順序，我們將手冊的每一頁各自分解為合乎邏輯的內容區塊（如圖 13-16 的文件形式），把各種分解後的結果進行彙整盤點，再將分解後的大大小小內容區塊進行編號。所有內容區塊的編號都前綴手冊頁碼，如「P36-1」，以利於未來辨識內容的來源。

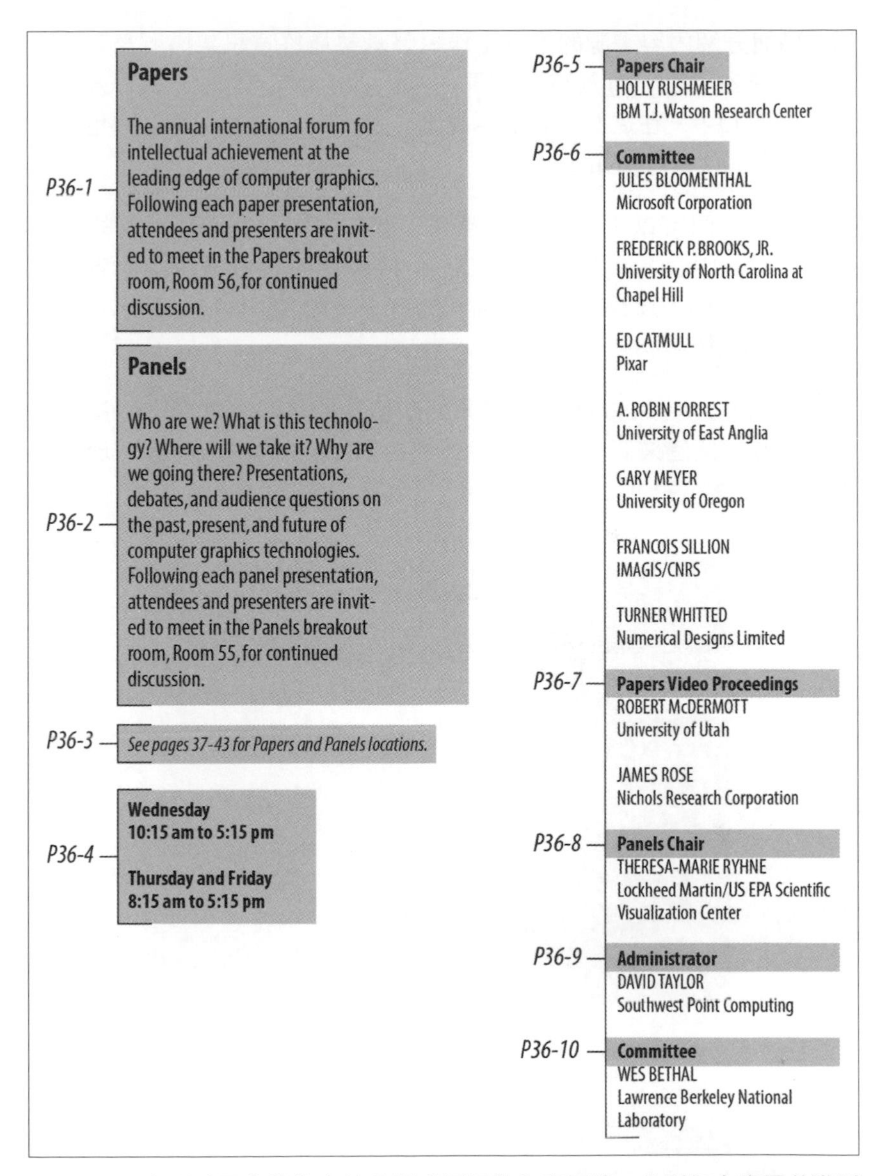

圖 13-16 印刷手冊上的內容被分解成不同的內容區塊，分別加上專屬的識別碼，如 P36-1，如此一來它們就可以被對應與管理。

另一頭與分解內容來源的平行工作，是彙整最終資訊架構所涵蓋的大大小小內容項目，而彙整的結果通常以內容庫存盤點清單的方式呈現，如圖 13-9。在這份內容清單裡頭，每一列紀錄的內容區塊也具備獨立的識別代碼，例如 2.2.3。

接下來，我們可以透過內容對應表（圖 13-17），把圖 13-16 的原始資料來源的內容區塊 P36-1，與圖 13-19 的最終內容清單的內容區塊 2.2.3 進行對應，以說明印刷手冊裡的每一個內容區塊應該顯示在網站上的哪個地方。

在這個例子當中，P36-1 指的是原始印刷手冊第三十六頁上的第一個內容區塊。這個來源內容區塊對應到編號 2.2.3 的目標內容區塊，其所在位置為網站上的 2.2 論文區。

內容對應表

起源（印刷手冊）	終點（網站）
P36-1	2.2.3
P36-2	2.3.3
P36-3	2.2.2
P36-4	2.2.1
P36-5	2.2.5.1
P36-6	2.2.5.2
P36-7	2.2.5.3
P36-8	2.3.5.1
P36-9	2.3.5.2
P36-10	2.3.5.3

圖 13-17 這個內容對應表標示了原始來源 P36-1 與最終網站資訊架構的 2.2.3 的對應關係。

有了原始印刷文件、網站內容清單、與內容對應表，製作團隊就能夠按圖（表）索驥，循著你規劃的這三種文件，判斷網站不同位置的內容分別來自何處，去建構 SIGGRAPH 96 網站。如圖 13-18 所示。

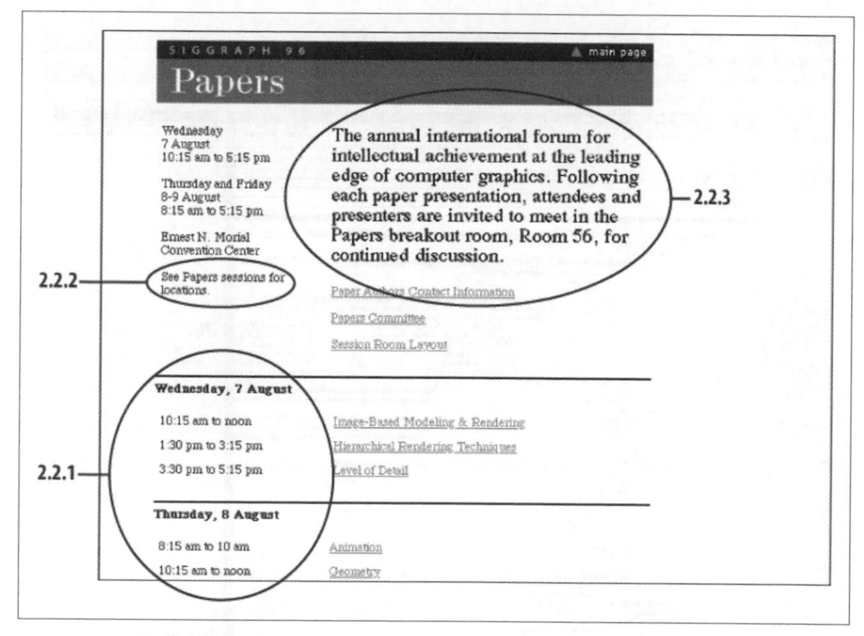

圖 13-18　這個網頁內容來自手冊第三十六頁的三個內容區塊：P36-1 對應 2.2.3，P36-3 對應 2.2.2，P36-4 對應 2.2.1。

內容對應工作過程所產出的內容盤點清單（content inventory），也是一份相當重要的資訊架構文件。這份文件詳細地描述了各種可取得的內容，以及內容的來源位置（例如，現行的網站或企業年報），以及需要被填補的內容空缺。

依照網站規模與複雜度的不同，以及製作時所採用的流程與技術差異，內容盤點清單的呈現方式也有許多種類型。以較大型的資訊系統專案來說，你需要的或許是一份文件，或許是一個透過資料庫技術管理大量內容的管理解決方案。許多這類應用程式也提供工作流程，定義團隊進行頁面層級設計與編輯的方法。至於較小的資訊架構專案，採用一般的試算表軟體就綽綽有餘了，見圖 13-19。Seneb Consulting 的 Sarah Rice 製作了一個很棒的試算表（*http://bit.ly/ex_content_inv*），你可以自行下載使用。這個範例是以資訊架構協會（Information Architecture Institute）網站當作示範所彙整的網站內容清單。

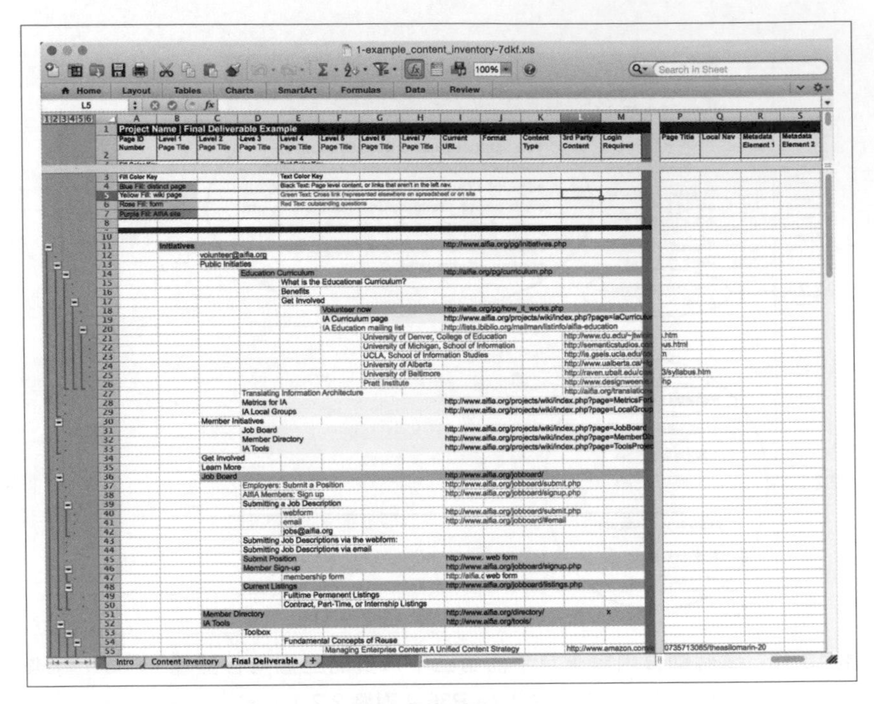

圖 13-19　資訊架構協會網站的內容盤點清單

行有餘力時，你也可以順便建立一個網路內容資料庫，專門用來管理內容清單。如圖 13-20 所示，這個清單顯示網站每個頁面的標題與編號；點擊編號，還會彈出另一個瀏覽器視窗來顯示實際對應的網頁。

你可以在完成內容對應工作後，才開始盤點內容清單，反過來也沒問題，或者兩者交互輪替進行。一旦完成彙整詳細的內容清單之後，就可以接著進行「內容稽核（content audit）」的工作：檢查現行的內容來源，了解直到整合最終的成品之前，還需要建立或調整多少內容，有多少網頁介面需要設計，還有哪些內容管理的功能需要開發 [3]。

3　對於內容盤點清單的完整介紹，請參考之前提及的著作《網路內容策略》第二版（*Content Strategy for the Web*，*Second Edition*），作者為 Kristina Halvorson and Melissa Rach， San Francisco：New Riders，2012。

1.0	Pilot Site: Main Page
1.1	Pilot Site: Why Digital
1.2	Pilot Site: About this Pilot Program
2.0.1.A	Gateway (for subscribers)
2.0.1.B	Gateway (for non-subscribers)
2.0.2	Browser Compatibility Test
2.0.3	Browser Incompatible
2.0	Main
2.1.1	The Dissertation Abstracts Database
2.1.2	The UMI Digital Library of Dissertations
2.1.3	Future Enhancements
2.1.1.1	Submitting Electronic Theses and Dissertations
2.1.4	Feedback
2.1.5	Thank You
2.2.1	Search Results: Quick Search, Less Than 20 Hits
2.2.1.A	Search Results: Quick Search, Greater Than 20 Hits

圖 13-20　具備超連結效果的網站內容盤點清單

內容模型

內容模型（Content Models）是由互相連結的內容區塊所組成的資訊架構。內容模型特別適合用來規劃網頁中的內文導覽（contextual navigation）。許多資訊架構規劃案，經常被忽略的就是內文導覽的部分。為什麼這一塊經常會被忽略呢？因為對多數企業來說，要累積內容是很容易的事情，但要以有用的方式將內容與內容之間連結起來，卻超乎異常的艱難。

為什麼內容之間的連結很重要？

內容模型無所不在，食譜就是一個很好的例子。食譜的內容就是一份包括材料、作法、料理名稱等等的清單。即使你以隨機假文（lorem ipsum）[4] 代換掉食譜的實際內容，它還是可以被認出是份食譜。但是如果改變一下邏輯，將料理步驟擺到材料之前，或者拿掉某個重要的內容物件，這時候整個內容模型就瓦解了。內容模型有賴於一致性的物件組合，以及它們彼此之間合乎邏輯的連結，以保持運作與表達方式。

4　「Lorem ipsum」是一段拉丁文，設計師經常將之做為填補文字，以方便在簡報中表示內容。更多資訊請參考：*http://en.wikipedia.org/wiki/Lorem_ipsum*。

規劃內文導覽系統（contextual navigation）

想像你已經在某個服裝零售網站逛了一陣子，打算找一件時髦的藍色牛津布襯衫，藉著關鍵字搜尋或查找分類或篩選條件，你的行為透露了許多具體的購物需求線索給網站，比起剛剛抵達首頁的新使用者，你已經提供了豐富的需求資訊。假使這個零售網站還不懂得好好利用這項情報，趕快給消費者一些好處，那豈不是太笨了？更別提網站本身可以從中得到多大的好處了。

網站會依據訪客需求，自動呈現「你也會感興趣的……」的商品資訊，這代表大多數的線上零售網站都懂得利用這些資訊，再推銷幾件適合訪客的長褲或配件。如果沒有做好這樣的內容推薦，零售網站只能祈禱顧客夠聰明，能猜到適合的相關商品，或者夠努力去上下翻找網站各種商品。

在資訊架構的不同層級或分群之間，直接讓使用者在空間之中隨意移動，這是情境式導覽能夠提供的特殊瀏覽路徑，這時候你的移動是根據你身為使用者的需求而產生（主動隨意移動），並不是受限於環境架構的影響（被迫限制移動）。無論是電商網站提供零售商品間的交叉銷售，運動新聞網站要將棒球迷連結到記分板背後的故事，或是產品網站向潛在消費者介紹產品的詳細規格，內容模型就是為了提供這種型態的導覽方式而存在的。

因應大量內容

在大量複雜的資訊中，分離抽取出相類似的資訊結構，進一步去定義共同的模式，這就是內容模型的主要工作。通常在我們開始盤點內容時，會發現到大量類似的資訊，埋藏在內容管理系統與資料庫中。舉例來說，手機廠商的網站設計專案，經過內容盤點後會發現，每個手機型號都有好幾十筆基本產品資訊的內容區塊，除此之外還有幾千筆顧客評價，以及一大堆週邊商品的資訊。即使是手機產品有數十數百種型號，但是所有的手機產品頁面在外觀上、結構上、運作上以及表現上其實都一模一樣，評論頁面與週邊商品頁面也是如此。

假使每種類型的內容區塊運作起來都一樣，為什麼不利用這種共通性將它們都連結起來呢？就讓使用者自然而然地從特定的手機網頁，移動到它的產品評論與週邊商品網頁。更好的作法是，以自動化的方式讓這些連結即時產生，而不需要等待一群程式設計師來決定誰跟誰連結。讓產生內容區塊連結這件事自動化，代表著你的使用者有更多、更好的方式，能依照當下的內容情境來瀏覽網站，在資訊空間中依據主動需求而移動，而你的企業組織也得以從內容投資中獲得更多的回報。

所以說，當我們有許多彼此相似但卻沒有適當連結的高價值內容區塊，而且手邊也剛好具有內容管理技術，能幫助系統自動建立相關連結時，內容模型就顯得特別有用。你要為極少量的內容區塊建立內容模型，例如公司董事會十位成員的相關資訊，也沒有人會反對你，因為這個資料量極小，小到你以手動方式來連結這些物件，也是輕鬆愜意。或者，你也可以為所有內容建立內容模型，但這個過程需要投入相當多心力。因此我們建議你只針對最有價值的內容來建立內容模型，至於什麼是最有價值的內容，則取決於使用者需求與企業組織目標。

範例

我們假設你在為某間媒體公司工作，公司投入了許多資源來整合熱門音樂的相關資訊，用來介紹藝人或唱片專輯的資訊量高達幾千筆，而且它們看起來的長相與作用都一樣。你或許已經意識到這裡可能適合建立一個以熱門音樂迷為服務對象的內容模型。與其讓樂迷們仰賴資訊架構層級去找出特定藝人或專輯相關的內容，何不就建一個內容模型？

以內容盤點清單為基礎，進行內容稽核分析之後，可能會找到幾個與音樂相關的內容物件，適合被拿來設計特定的內容模型，如圖 13-21。

唱片「頁面」

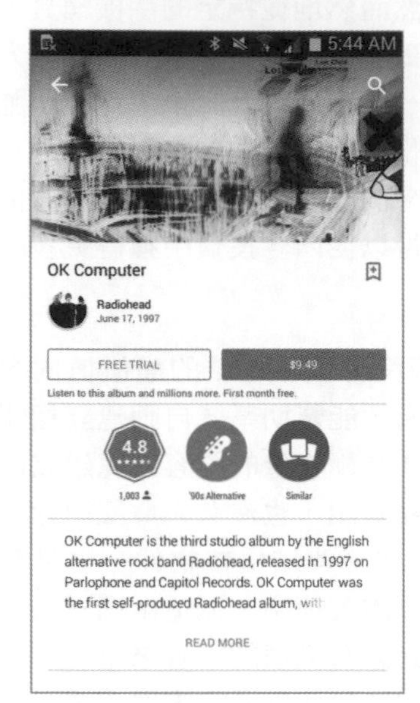

唱片介紹

藝人介紹

唱片評論

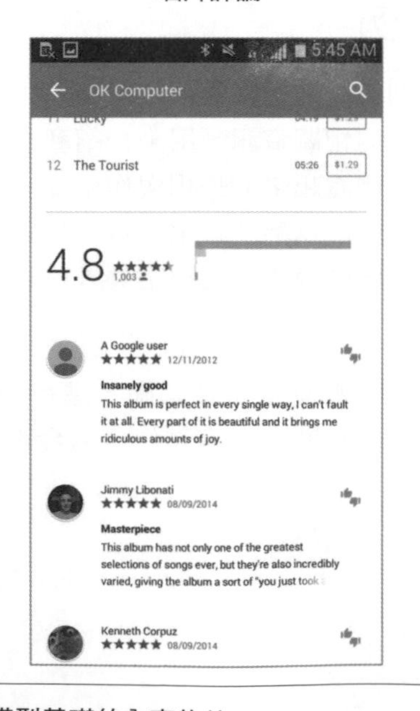

圖 13-21　可能會成為唱片專輯資訊內容模型基礎的內容物件

這些物件要如何被連結起來呢？我們當然可以判定，一張唱片的頁面應該和它的評論、藝人介紹、還有專輯介紹等等連結在一起，但是不見得每次都能夠找出如理所當然的連結。再者，就算這個關係相當明顯，你或許還是需要作一些使用者研究來驗證你的連結是有效的。

以這種情況來說，你可以考慮使用一種變化過的卡片分類法（card sorting）。先替每個內容物件列印一份樣張，拿掉其中的主要導覽元素，以避免既有的架構造成先入為主的想法。接著請受試者看看每一個內容物件，思考他們接下來想往哪裡去。然後讓他們將物件集中在一起，並且在物件之間畫上線條以表示瀏覽路徑，他們可以利用細繩來做這件事，也可以將內容物件樣張貼在白板上，再以白板筆畫線。箭頭可以用來表示使用者是否希望進行雙向的瀏覽、或者傾向於只作單向連結。

如果要進行簡單的落差分析，可以詢問受試者，覺得應該將哪個缺漏的部分加進來。藉此，你對於內容模型中要加入什麼物件會更有概念。如果你運氣還不錯，缺漏的物件或許已經存在網站上的某個地方，你會很快的知道該新增什麼內容，或得設法找誰談內容授權。

不論最後的結果，是根據使用者研究，或是你自己的直覺而建立，在完成這段過程後，你應該會知道內容模型該如何運作，其結果可能看起來像是圖 13-22 的模樣。

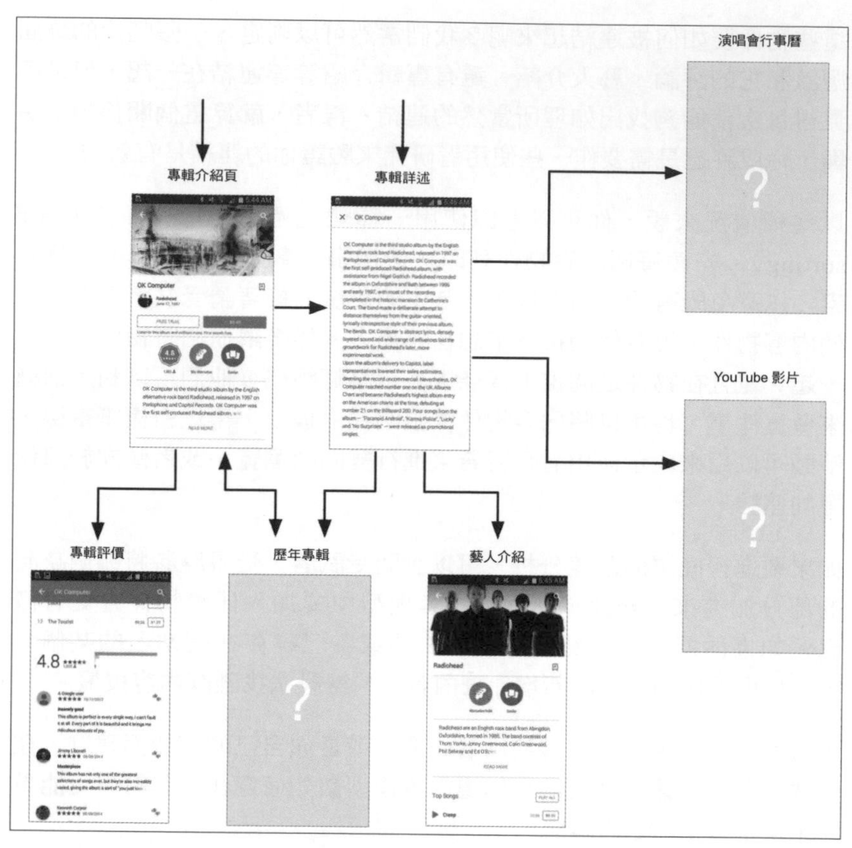

圖 13-22　理想的內容模型，呈現了導覽路徑與缺漏的內容物件。

將內容模型概念轉變成視覺化呈現後，我們發現了需要新建的內容物件，像是歷年專輯（discography），並且連結到了其他內容，例如放在 YouTube 上的影片與演唱會行事曆上的活動日期。這些在內容模型上是相當合乎邏輯的延伸，甚至於連到了未來可以應用的內容模型。我們也找到了合理的內容模型「頂端」，或進入相關內容的共通點。最後，我們對於使用者會想要如何在網站內部進行瀏覽，也開始有了具體概念。

但是別急，還沒結束，因為我們還沒有搞定內容物件之間的連結要從何而來。

假使你是 Amazon 的話，你就會有非常大量的用戶行為數據可以取用。Amazon 利用消費者行為資料來製作其內容模型當中，相關產品之間的連結。常見的作法像是「買了這件商品的人同時也買了」、以及「看過這件商品的人最後買了」之類，網頁下方所列出的商品清單，但並不是每一個組織都有如此龐大的流量跟技術可以收集到這類資料。

如果我們無法擁有大型電商的資訊技術跟用戶流量當基礎，至少，我們可以選擇利用 metadata（詮釋資料）來作為連結內容區塊的基礎，藉著不同資料使用相同的 metadata 的作法，來將對應的內容區塊串連起來。

舉例來說，假使我們想要將某個唱片的頁面與評論連結起來，其中的邏輯看起來會是這樣子的：

```
若 專輯頁面上的專輯名稱 = 評價資料中的專輯名稱，
則 連結專輯頁面與評價內容。
```

上面這條規則對於那些很獨特的專輯名稱來說，或許已足夠應付，例如《OK Computer》。但假使專輯名稱十分普通，像是《暢銷精選》（Greatest Hits）時怎麼辦呢？如果你夠幸運，這個物件有它專屬的識別代碼，類似出版品專用的國際標準書號 ISBN 編號，就可以用它來連結詮釋資料：

```
若 專輯頁面上的專輯 ISBN 編號 = 評價資料中的專輯 ISBN 編號，
則 連結專輯頁面與評價內容。
```

但真實狀況往往並非如此，你的連結邏輯通常會更複雜一點，還需要其他的 metadata 屬性，例如：

```
若 專輯頁面上的專輯名稱 = 評價資料中的專輯名稱，
且 專輯頁面上的藝人姓名 = 評價資料中的藝人姓名，
則 連結專輯頁面與評價內容。
```

如你所見，這些規則都建立在 metadata 之上。我們經常會滿懷希望，最好我們需要的 metadata 屬性現成可用，但是你往往得花時間從頭建立新的 metadata，或設法去挖掘出來。

當然，無論資訊架構專案的規模多大或多小，都應該考量到 metadata 的規劃與取得方法。好消息是，內容模型的建立流程可以幫助你從各種可能性中，挑選出最有用的 metadata 屬性，並決定應該投資在哪些 metadata 屬性上。

根據圖 13-22 上的箭頭線索，我們可以去思考哪一項 metadata 是必要的，有助於系統運作底層的連結邏輯。你可以製作一個簡單的表格，列出每一個內容物件，標示出：它應該連結到哪些物件？需要哪些詮釋資料屬性來建立這些連結？完成這些標示之後，會得到一個像是表 13-2 的文件。

表 13-2　內容物件連結表

內容物件	連結到其他內容物件	共用的 metadata 屬性
專輯頁面	專輯評論、歷年專輯、藝人	專輯名稱、藝人姓名、其他標籤、發行日期
專輯評論	專輯頁面	專輯名稱、藝人姓名、評論作者、來源、發表日期
歷年專輯	專輯評論、藝人詳細介紹	藝人姓名、專輯名稱、發行日期
專輯詳述	藝人個人頁面、歷年專輯、演唱會行事曆、電視節目表演清單	藝人姓名、專輯製作人、專輯日期
藝人個人頁面	藝人詳細介紹	藝人姓名、個別藝人姓名
演唱會行事曆	藝人詳細介紹	藝人姓名、巡迴演出、演出場地、日期、時間
Youtube 清單	藝人詳細介紹	影片名稱、URL、觀看人次

有注意到這裡的模式嗎？其中某些 metadata 屬性出現的頻率比其他屬性來得高。這些就是內容模型最需要留意的關鍵屬性，在時間與精力的限制之下，我們可以依據這種方式來決定 metadata 屬性規劃的優先順序。

善用內容模型規劃流程

內容模型的分析是一種很好的練習，幫助資訊架構規劃的落實。它同時也是一種很有價值的交付文件，因為內容模型會直接影響到情境式導覽的設計，通常這類導覽的設計問題都深藏在資訊環境當中，很不容易做好規劃。除此之外，這個工作流程也附帶了兩個極大的好處。

首先，這個流程幫助我們去思考內容重要性的優先順序，決定什麼樣的內容是非得放到模型中不可的。每一個內容模型的建立都要費工夫，我們不太可能為所有內容建立所有的模型。於是，我們必須反問自己：哪些內容具有同質性（homogeneity）、數量也夠大、還具備夠高的價值？經過這樣的思考練習後，你或許會發現你已經排定了先後順序。舉例來說，或許你會先設計一套以產品資訊為核心的內容模型，過一陣子之後，再設計另一套關於服務支援資訊的內容模型，接著再將這兩個內容模型連結起來，並獲得更大的好處。

第二個好處是，建立內容模型也會促使我們挑出能用的 metadata 屬性。能夠聚焦在關鍵內容與關鍵的 metadata 的同時，也就代表這個巨大複雜的問題空間，經過抽絲剝繭後已經被簡化，並且轉換為可管理，可運作的資訊架構，這可是相當了不起的成果。

控制詞彙（Controlled Vocabularies）

與控制詞彙開發有關的工作成果有兩種主要類別。首先，你需要能幫你決定控制詞彙優先順序的 metadata（詮釋資料）矩陣（請見表 13-3 的範例）。其次，你需要能夠管理詞彙的工具。

表 13-3　為 3Com 設計的 metadata 矩陣

詞彙	描述	範例	維護
主題	某些詞彙，用來描述網路用的	家庭網路；伺服器	難
產品類型	3Com 銷售的產品類型	集線器；數據機	中
產品名稱	3Com 銷售的產品名稱	PC 數位網路攝影機	難
產品品牌	3Com 銷售的產品品牌	HomeConnect；SuperStack	易
技術	與產品有關的技術類型	ISDN；寬頻；訊框中繼	中
通訊協定	與產品有關的標準與協定類型	TCP/IP；乙太網路	中
硬體	安裝使用該產品的硬體	PDA；無線電話；網路設備；PC	中
地理位置：區域	地理區域名稱	歐洲；APR	易
地理位置：國家	國家名稱	德國；捷克	易
語系	語系名稱	德語；捷克語	易
技術應用	技術應用名稱	電話客服中心；電子商務	中

詞彙	描述	範例	維護
產業	3Com 合作的產業類型	醫療保健；政府機關	易
目標對象	3Com 網站的各種對象	消費者；新訪客；媒體	易
客群：工作空間	顧客的工作場所類型	家裡；辦公室	中
客群：企業客戶	顧客的企業大小或規模	小型企業；大型企業；服務供應商	中
角色	在企業中的各種顧客角色類型	資訊主管；顧問	中
文件類型	內容物件的目的	表格；使用說明；指南	易

如表 13-3 所示，可能的詞彙包羅萬象，我們必須在優先順序、時間與預算的限制下，決定要發展哪些控制詞彙。metadata 矩陣可以就每一個詞彙，對使用者經驗的價值與開發管理的成本作出衡量，幫助你帶領客戶與同事走過困難的決策流程。

從挑選詞彙轉換到建立詞彙的過程，很難只用手動維護文件來達成，最好能找到一套管理詞彙與詞彙關係的資料庫工具。萬一要處理更複雜的詞庫關聯，例如相等（equivalence）、階層與關聯（associative）這些資料關係時，你真的應該認真考慮投資一套詞庫管理軟體（關於控制詞彙的詳細介紹請見第十章）。然而，假使你開發的詞庫夠簡單，只有優先詞（preferred terms）與變異詞（variant terms），那麼至少應該要用文書處理軟體、試算表或基本的資料庫來進行管理。

下面這個例子是我們在幫 AT&T 電話客服中心，建立一套數千位客服人員所使用的控制詞彙時的規劃。我們是以 Microsoft Word 來管理優先詞（或接受詞）與變異詞（見表 13-4）。

表 13-4　節錄部分 AT&T 的控制詞彙資料庫

專屬 ID	優先詞	產品代碼	變異詞
PS0135	Access Dialing	PCA358	10-288；10-322；dial around
PS0006	Air Miles	PCS932	AirMiles
PS0151	XYZ Direct	DCW004	USADirect；XYZ USA Direct；XYZDirect card

在這個專案當中，我們總共建立了 7 套詞彙庫，裡頭包含大約 600 個優先詞：

- 產品與服務（151 個優先詞）

- 夥伴與競爭者（122 個優先詞）
- 計畫與促銷宣傳（173 個優先詞）
- 地理代碼（51 個優先詞）
- 調節代碼（36 個優先詞）
- 企業的專門術語（70 個優先詞）
- 時間代碼（12 個優先詞）

就算這些詞彙的規模小，相對來說簡單，但是我們發現僅僅依賴 Word 軟體來應付這些工作，其實相當吃力。你可以想像一下，每一套詞彙庫裡頭都有一份非常長的表格，而這份文件會由一位控制詞彙管理者負責管理與修訂，並且透過網路分享這份文件給其他人使用。我們的索引專家團隊可以利用 Word 裡的「搜尋」功能找尋優先詞與變化詞，我們也可以輸出定位字元分隔檔案（tab-delimited files），讓網站資料庫的程式設計師匯入資料。

設計協作

資訊架構的規劃工作會產出許多種文件：資訊空間地圖（網站地圖）、線框圖、內容模型以及控制詞彙，這些文件的價值並不是獨立存在，如果沒有協作，就沒有辦法產生價值。無論文件品質夠不夠好，你終究要跟所有其他參與的設計開發人員一同合作，包含視覺設計師、程式設計師、內容作者、或管理人員。你必須能從前期去掌握、傳達你的設計概念，一直到後期將設計概念與其他團隊成員的願景整合在一起。

想當然爾，整合團隊願景這事情並不容易，甚至有些時候比起完成資訊架構規劃還困難。團隊成員往往來自不同領域，不同背景，但是每個人都希望能在最終成品上扮演舉足輕重的角色，因此在溝通過程中經常出現較勁的字眼與破局的場面。

假使團隊具備優質的溝通文化，每個人都有開放的心胸，再加上好的協作工具，這個棘手的階段也會有完美的結果，因為最終會建立一個共同的願景，這是任何個人單打獨鬥都難以達到的成就。設計草圖（design sketches）與網站原型（web prototypes）就是兩個整合歧見的關鍵工具。

設計草圖

在設計階段，設計團隊會提出大家想要的視覺表現或外觀設計。技術團隊則會評估企業組織的資訊技術基礎及平台限制，他們也了解哪些功能可行，哪些不可行，例如評估動態內容管理與互動性。當然，還有資訊架構師為整個空間設計的高階資訊架構。視覺設計草圖則是將這三個團隊的知識匯聚起來的好方法，可以視為網站或手機應用程式，最頂層介面設計的初試啼聲。這是跨領域使用者介面設計的大好機會。

依照資訊架構師提供的線框圖，設計師會開始繪製初步設計草圖，有些時候是畫在紙張上，嘗試一些想法，用來與工程師及資訊架構師討論。以下是設計草圖階段可能的對話：

> 工程師：「我喜歡你畫的設計版型，不過我還想在導覽系統加些有趣的互動效果。」（心中可能想要表現某些前端工程技法）
>
> 設計師：「我們可不可以用下拉式選單來作導覽系統？這在架構上來說合理嗎？」（心中可能想要試圖收納資訊元素，好讓畫面更清爽一些，所以才提出這個構想）
>
> 你擔心採用下拉選單的作法，會使得導覽系統不太友善，於是提出另一個構想：「也許可以，但是這麼一來，很可能會讓使用者搞不清楚所在的位置。如果改成目錄的方式（Table of Content）呢？過去的經驗來看，使用者對於這種作法的反應還不錯。」
>
> 工程師：「單純從技術角度來看，我們都做得到。不過，一個獨立分離的目錄網頁會長什麼樣子呢？你能畫個草圖給我們看嗎？也許我可以先試著開發一個簡單的原型。」

這段對話，由設計草圖開啟，很快加入三位成員的不同意見，對整個計畫來說，這個溝通過程的時間成本很低，在設計草圖上討論調整，遠比去修改設計完稿，或改寫程式都容易多了。而且，你會發現不同角色的團隊成員，即使講法一樣，但是對於具體的呈現可能還是有不小的差異，與其透過口語溝通，不如將概念視覺化（以設計草圖呈現），而這些草圖就可以發揮協助溝通的功能，促進快速的迭代與密集的協同合作。設計草稿階段的最終成果可能會如圖 13-23。

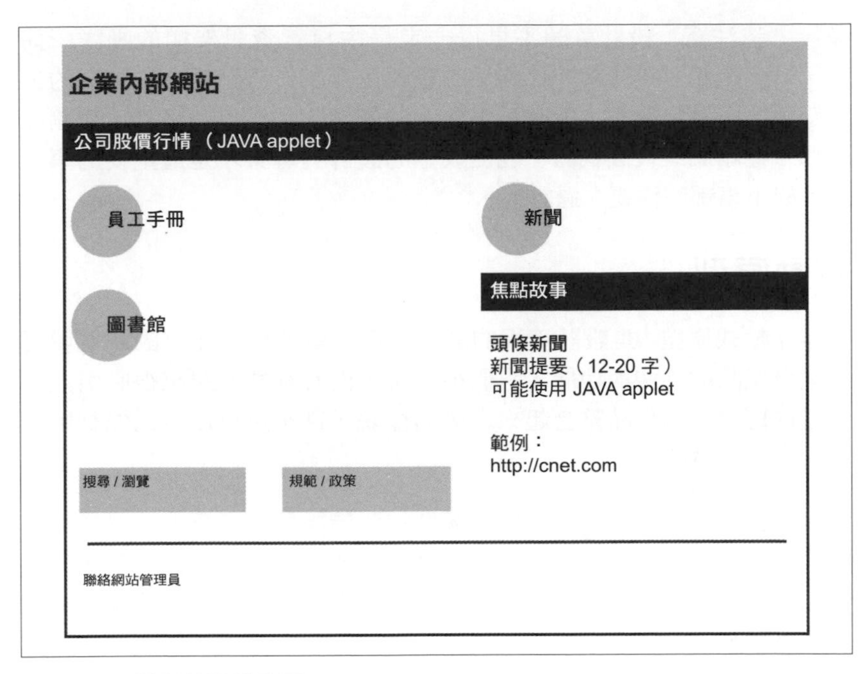

圖 13-23　簡單的設計草圖

在這個範例中，員工手冊、圖書館、新聞被佈署放在網頁主要區域裡。搜尋 / 瀏覽和規範 / 政策則成為網頁下方的換頁導覽區域。焦點故事區塊則提供新聞動態呈現的功能。這張設計草圖看起來和線框圖沒有太大的不同。事實上，設計團隊很有可能一開始基於資訊架構師的線框圖，然後經過團隊討論，不斷調整設計構想，最後由視覺設計師完成這張設計草圖，而且這張設計草圖，也很可能回頭去影響線框圖，導致線框圖必須重新修改。

不論是線框圖或隨手塗鴉的設計草稿，從草圖開始是跨專業溝通的成功關鍵。

草圖讓每一位參與者有了共同的焦點，可以降低大家對於與會者個人特質的在意。有了草圖，參與者比較會以同樣的用語來討論設計，設計概念上的共用詞彙往往直接來自於草圖本身。

最後，請注意：設計草圖不見得一定是由負責資訊架構的團隊所擁有。舉例來說，描述功能性條件的草圖可能屬於設計師或工程師的工作範圍。千萬不要被「所有權歸屬」的問題困住，無論是誰，無論採用哪一種繪圖或製圖軟體，能促成好的設計對專案才是最重要的事，其他的小事都不需要太過計較。[譯註]

互動原型

製作互動式原型[5]是設計流程的高潮。這些數位模型比草圖或情境更能呈現產品的外觀與功能。它們很具體，而且往往看起來很吸引人；你可以實際看到作品整合起來之後的樣貌，甚至還可以自己先試用看看。

雖然現在重點轉移到頁面版型或圖像特色等美學的考量上，但是原型經常會突顯出過去看不見的資訊架構問題或機會。一旦你的架構與導覽系統嵌入了真實的互動系統中，要確認它們是否能夠順暢運作，就容易得多了。

同一種的資訊架構規劃，設計師經常會提出一到兩種設計概念提案，好讓客戶做一些取捨跟討論。得到客戶的回饋意見之後，設計師會進行設計提案的調整，依照客戶或設計師的偏好，並符合客戶期待的概念，繼續延伸把設計細節做出來。此刻，概念設計的階段正式結束，專案進程進入真正的開發製作階段。完成資訊架構上最令人興奮的挑戰之後，接下來就是細活的開始。

5　關於原型的製作，請參閱塔德．薩齊．瓦爾費爾（Todd Zaki Warfel）的著作《原型設計：從業人員指南》（Prototyping：A Practitioner's Guide，Brooklyn，NY：Rosenfeld Media，2011）。

譯註　原文提到的設計草圖繪製工作，較偏屬於設計師的工作範疇，至於線框圖，則比較偏屬於資訊架構師的工作範疇。但是，無論是手繪草圖，或以繪圖軟體繪製草圖，都是被用來當作團隊討論的基礎，而不是當作最終視覺設計成品，所以誰來畫草圖都是有可能的。至於視覺設計師繪製的草圖，在這個階段應該避免過度表現視覺完稿，一來可能會失去容納不同意見的空間，二來容易導致討論失焦，過度著重在視覺風格的討論，而忽略了資訊架構的層面。重點是，在實際設計開發工作中，無論是由誰來操刀繪製草圖，凡是透過這樣的方式來溝通討論，綜合團隊觀點達成共識，就是個好的作法。

資訊架構的製作重點

理想上，製作流程應該只要按圖（資訊架構規劃出來的各種文件藍圖）索驥就能夠順利完成，你大可坐下來，好好放鬆一下。然而現實的情況是，你必須主動參與，確認架構按著計畫建置，並且處理任何突發狀況。畢竟，人不可能事事都想得周全。

製作階段必須作出許多決策。這些內容區塊是否已經小到我們可以把它們組合在同一頁面上？或者它們還是應該被分散在不同頁面上？我們是否應該替這個區域加上區域導覽的功能？我們能不能縮短頁面的文字標題？請注意，在這個階段，這些問題的答案可能會對製作團隊的負擔與產品的可用性造成直接影響，任何變動都會增加更多的工作。你必須在客戶的要求，製作團隊的勞累程度，預算與時間，以及你對於這個資訊架構的願景之間求取平衡。

理論上，在這個時間點已經不需要對架構作什麼重大調整了，因為照理說該思考的問題或該調整的工作，在之前都已經底定了。如果到這時候才發現資訊架構上的重大缺陷，這肯定是專案的惡夢。假使你按照研究階段、策略階段、設計階段的流程按部就班，這種狀況不太可能會發生。你已經投入許多心力定義了產品的使命、願景、對象以及內容；你已經將這些決策都記錄保存下來了；你已經透過內容對應與詳細的網站地圖，調和了由上而下與由下而上的作法；在謹慎的規劃下，你已經建立了一個經得起時間考驗，堅實穩固的資訊架構。

不過，你還是要提醒自己，沒有一個資訊架構是完美的。內容、人、與商業脈絡的這三種因素經常在改變，架構也是。你應該花些心思讓同事們了解，資訊架構設計是一個持續的進程，而不是為了「這樣才對」而花力氣與他們爭辯。

百川匯流：資訊架構設計規範

資訊環境不斷在成長與改變，你必須協助，引導資訊產品或服務的發展，甚至在上線後也是如此。否則資訊架構可能會偏移，或者更糟的是，使用者經驗將無法隨使用者進化而日漸敗壞。整個資訊空間裡頭的內容組織、導覽系統、命名方式、與搜尋功能都是你精心設計，萬一維護者忽略了原始目的而亂改亂加，這絕對是令人挫折痛苦的事情。儘管要完全避開這種崩毀現象似乎不可能，但是「資訊架構設計規範」讓後繼負責營運維護的人，有能夠保持正確方向的機會。

資訊架構設計規範是一份文件，用以說明資訊環境如何被規劃安排、為什麼以這種方式組織、為誰而組織、以及架構應該如何隨著系統成長而擴展。了解初衷是很重要的一件事，你的規範文件要先從資訊空間本身的使命與願景開始說明。接著是關於目標對象的介紹：這是為誰設計的？他們的目標是什麼？關於他們在資訊方面的需求有哪些假設？然後是關於內容發展政策的描述，哪一種類型的內容會（或是不會）被放進來，為什麼？內容多久會更新一次？什麼時候會移除？誰負責管理內容？

處理「為什麼」類型的問題

研究、策略、設計等階段所學到的經驗與所作的決策，一定要記錄下來，一定要記錄下來，一定要記錄下來。重要的事情總是要說三遍，這些根本道理不僅驅動資訊架構的設計與維護，同時也能引導你的產品渡過未來的重大改變。

舉例來說，你的組織或許會與其他企業合併、或者被分割出去。它可能會推出新產品，或者試著去開發新市場，走向全球化。這些重大改變往往會與大型組織變革同時發生，比方說新上任的高階經理人，會希望在所有領域裡都留下他們的印記，包括在產品設計上。但是，網站的資訊架構就一定要因應企業的新規定與組織的重大變革，來作改變嗎？理想上來說，不需要。這時候，如果有一份文件，清楚記錄當初規劃的基本原理，就可以說明資訊架構的本質意義，並展現調整的靈活性。如此一來，將可以緩解許多重新設計折磨人的極端狀況。

通常你所遭遇到的最大「為什麼」會來自於企業內部，例如資深副總、行銷經理或產品經理，他們的問題歸納起來就是「為什麼我喜歡的那個特點不能作得更明顯一些？為什麼我們部門負責的內容不能再更突顯一些？」資訊架構設計規範文件也許能夠當作你的護身符，藉著這些具體的文件記錄，幫助你釐清諸多要求應該如何篩選或排除。甚至在必須開口拒絕的時候，可以拿它出來當擋箭牌。

處理「如何」類型的問題

你的資訊架構設計規範應該包括一些基本要件，好協助各個團隊維護資訊環境。必須考慮放在完整規範文件中的章節，應該要包含：

標準（規則）*Standards*

在維護與變更環境時，通常至少會有幾條規則是必須遵循的。舉例來說，在發表新建立的文件之前，必須先從合適的控制詞彙表裡選擇詞彙，並以此建立索引。或者會有必須遵循的特定程序，以確保新內容可以立刻被搜尋系統抓取並建立檢索。這類關於建立標準的規則可以寫在設計規範裡頭。

指導原則 *Guidelines*

指導原則會建議應該如何維護資訊架構，但不是硬性規定，才能讓資訊架構的調整有一些彈性。標準規則與指導原則這二者在嚴謹的程度上是有所區別的。這些指導原則可能會取材自資訊架構的最佳實務作法（best practice）[6]，通常需要針對每一種情況加以補充說明或解釋，而這些不同的情況是專案曾經經歷過的。舉例來說，指導原則會建議避免讓網頁出現過長的連結清單，或者建議如何下網頁標題。

維護程序 *Maintenance procedures*

維持資訊環境的存續所必須的日常工作，應該要被完整記錄下來，例如在何時，用什麼方式為控制詞彙表增加新的詞彙。

介面樣式庫 *Pattern library*

你的資訊空間設計中應該會有不少可供重複使用的介面元件，例如使用者經常用來瀏覽搜尋結果頁的換頁導覽工具等等。設計規範應該要為這些常見的介面元件或流程，建立一套可以參考，容易取用的介面樣式庫[7]，如此一來可以大量節省重複設計的工作，也可以控制各種介面模式的一致性。

---

6 關於資訊架構經驗法則的一些範例，請參考本書作者之一 Lou Rosenfeld 的著作：〈資訊架構經驗法則〉（IA heuristics）和〈搜尋系統的資訊架構經驗法則〉（IA heuristics for search systems）。

7 想了解 Yahoo! 如何發展出精彩的樣式庫，請參閱由 Erin Malone、Matt Leacock、和 Chanel Wheeler 所著的〈在現實世界裡建置樣式庫：Yahoo! 個案研究〉（Implementing a Pattern Library in the Real World：A Yahoo! Case Study）。

資訊架構設計規範應該要能呈現網站地圖、線框圖、控制詞彙表以及其他設計流程產生的文件，並且在這個資訊空間的生命週期中被拿出來反覆使用。因為你不會一直在那裡說明這些交付項目，所以替網站地圖附上文字說明是必要的。

此外你還需要為「內容增補」這件一定會發生的事情，提前建立管理原則，以確保整個內容組織、命名、導覽與搜尋的一致性與完整性，這可是個大挑戰。什麼時候應該增加新的層級？什麼情況下可以引進新的索引詞彙？區域導覽系統要如何隨著網站壯大而擴展？透過預先思考與記錄決策，你可以為這個資訊環境的維護者提供他真正需要的建議，說穿了，其實這也就是資訊架構維護與營運的使用者手冊。

請記住，不同的對象可能會使用同一份設計規範，他們也許是內容編輯，或者是設計師。舉例來說，大型組織裡的內容編輯可能在全球各地，他們也許只需要大概了解網站整體策略，但是他們會更在乎與自身工作切身相關的規範，例如新文件標題最多能用幾個字。另一種情況，設計師對於導覽選單裡滑鼠移過時（mouse over）要採用什麼替代文字（alt text），會比較在乎。這兩種不同的對象在意的規範是不太一樣的。

就如同其他的資訊系統一樣，請將資訊架構設計規範視為一種用來回答「如何與為何」問題的文件。也請記住，你的企業組織或許已經有關於品牌、內容、與其他網路形象方面的設計規範或風格指南，有機會的話，請盡量嘗試將資訊架構設計規範，也整合到既有的設計規範當中，而不是獨立存在。

要點回顧

我們回顧一下這個章節學到什麼：

- 在設計階段，專案的重點從流程轉移到了交付項目，資訊架構從此開始變得清楚明白。
- 但是話說回來，只專注於交付項目也不對，畢竟文件不代表全部，正確的設計流程在這個階段就如同在研究與策略階段一樣重要。

- 資訊架構的本質是抽象概念，不易呈現，因此結合文字或圖表以多種面向去解釋是必要的。
- 你應該為資訊架構提供多元「觀點」，以呈現它不同的面向。
- 這些觀點應該要為特定對象與不同需求而發展。
- 資訊架構圖表定義了內容組成元件、以及元件之間的連結。
- 網站地圖顯示網頁與內容元件等資訊要素之間的關係，可用於描繪內容組織、導覽、命名。
- 線框圖描繪了個別網頁或範本網頁的樣貌。
- 內容模型有助於建立內文導覽。
- 控制詞彙表的呈現應該要結合 metadata 矩陣及管理詞彙的應用程式。
- 進入設計階段，你不再是單兵作戰，與其他團隊夥伴一起協作開發產品是必然的。保持開放的心胸，運用好的協作工具是不可或缺的。

尾聲

恭喜你，終於完成了！你已經讀到《資訊架構學》的結尾了！好吧，其實還有一點。在我們告退之前，再回頭看看我們如何走到這兒，重述我們在書中所學，以及展望未來。

資訊架構的成長軌跡

本書第一版問世時，網站不過剛出現幾年。當時的讀者是初次面對這新媒介設計的第一代人。由於網站為發佈與瀏覽資訊帶來巨大、充滿潛能與激進的各種可能方式，設計網站需要全新的作法，才能使其易用易懂。當時我們能求教的對象不多，大家其實都在邊走邊摸索學習一從很多方面來說其實是在發明各種方法。我們就像剛學會走路的好奇幼兒，缺乏經驗但充滿樂觀、充滿活力，並為面前等待探索的廣大新世界而興奮不已。

在第二版出現的時候，事情看來已大致底定。在網站設計者的圈內，資訊架構已經成為重要課題：有各種研討會、專業組織，及熱情的專業人士帶來各式紮實的成果。除了新興的網站外，這些從業工作者也開始試圖解決傳統資訊系統的資訊架構問題。我們就像小孩逐漸長大，但是童音依然稚嫩，還沒開始變聲。

第三版出版之際，我們已開始面對社交網路類型資訊空間，所帶來的各種挑戰與機會。標籤（Tagging）及各種使用者能加入的組織規則，帶來許多嶄新的角度，也引發對資訊架構角色的各種熱烈討論。隨著大小企業開始瞭解資訊易找易懂的策略價值，許多讀者也在企業中向上晉升。我們相信自己擁有企業所需的答案。關於資訊架構在專案中的角色，當時有個正在成形的議題，就是究竟資訊架構應該具體解決可尋性問題（即「小」資訊架構），還是更廣泛地關注全面的體驗（「大」資訊架構，也就是今日所稱的使用者經驗）。我們在第三版的立場明確傾向後者，也讓本書具有更大的雄心。我們有了一把閃亮的新工具，可以用來解決許多的問題！這是我們的青春期，對自己的觀點和能力擁有無比自信－也許過度自信了些。

這些成長歷程帶著我們一路走到你手上拿著的第四版，我們希望這一版反映出我們所見的這個領域更成熟的一面。我們已不再爭辯到底資訊架構的角色是「大」還是「小」，也放棄前幾版中想要壯大自身領域的渴望。資訊架構應該為**所有**想要讓資訊易找易懂的人而服務，無論職稱或領域為何。

簡言之，在這個更廣大的設計世界中，我們不再覺得需要向別人證明什麼：資訊架構在此供所有的人使用。此外，現在我們對於眼前巨大與複雜的挑戰，也有更多瞭解，同時對自己的侷限也是。到處都接觸得到資訊空間，以及各種說不清楚的系統，這些空間日益增多，到處都是。如 Marc Andreessen 所說，「軟體正在侵食世界」[1]。事物之間的連結糾纏愈來愈深入。很明顯地，設計高效的資訊架構是很困難的工作。

為一本廣受歡迎與接受的專業書籍，修訂第四版是一件困難的「資訊架構」工作。到底該放進哪些內容？該捨棄哪些？目標該調整多少？多少部分該重寫？如何建立敘事結構使得內容能清楚傳達？對一個成人來說，過去的經歷是形成今日為人的重要部分。成長過程獲得的關鍵能力是，學會如何面對過去，包括瞭解過去對今日與未來成為怎麼樣的人的意義。人無法改變過去，可能也不想改變過去：過去的經歷使你成為今日的你。在以資訊架構角度思考第四版的時候（包括面對本書悠久與珍貴的歷史），我們盡力擁抱並致敬其過去，也為從第一版開始累積的知識提供新的思考框架，以致能更好地適應現在與近期未來的需求。相較於從頭寫一本新書，我們認為這一版更有個性（好的方面），內容也更豐富。

---

1 參見 Marc Andreessen 的專文 “Why Software Is Eating the World（*http://bit.ly/software_eating_world*）。

回顧書中要點

前面的自省告一段落，我們現在來回顧在這本新版北極熊書中學到的東西。

在第一部分中，我們說明資訊架構能幫助我們面對的挑戰：資訊超載和存取情境增生。為了對付這些挑戰，我們把產品和系統看作資訊空間（或由資訊打造的場所）。使用者在不同情境、透過不同管道與這些資訊空間互動，但在跨管道的互動中，資訊空間必須提供一致的體驗。為了此一目標，設計師需要全面和系統性地思考解決方案。我們期待的成果，是資訊能易於**尋找**、易於**理解**。為尋找而設計就是為資訊建立結構，以致能滿足使用者的資訊需求，因此我們介紹了圖書資訊學領域中的資訊尋求行為。為理解而設計則是為資訊建立脈絡，以致對使用者來說有意義，因此我們討論了建築領域中的空間營造和組織原則。

在第二部分中，我們討論一些基本原則，好為資訊建立易找易懂的結構。我們介紹了組織資訊空間的不同方法，包括精確與模糊的組織規則，階層、結構化的資料庫，和自由連結的超文件。我們也學到命名的重要性，也就是連結、標題及其他地方使用的文字。此外也探討了各種導覽與搜尋體系，以及使用者無法接觸、「看不見」的體系，例如 metadata、同義詞典和多層面分類規則。

在第三部分中，我們介紹了實現前述原則的設計流程，並將流程分為三個階段：**研究**階段中，團隊試著瞭解要解決的問題；**策略**階段中，團隊提出整合的完整解決方案；**設計與文件**階段中，團隊設計出方案的實際樣貌，並與負責建置資訊空間的人進行溝通。

身為作者的我們是否認為本書的內容與結構，就是資訊架構今日樣貌的最佳呈現呢？不，我們並不覺得。正如所有資訊架構實務一樣，其實有不只一種的方法達成易找易懂的目標。但即使如此，我們仍然覺得本書相當不錯：它的優勢在經歷時間淬煉，能滿足不斷變化的需求，無論是設計師、客戶或更廣泛的實務情境中的需要。隨著資訊空間日益豐富與複雜，我們認為資訊架構必定會持續演進。

接下來就是你的事了

一般人閱讀完本書的時間，臉書上大概又多了 1,180,800,000 則貼文，YouTube 也增加了 144,000 小時的影片，Pinterest 則新貼了 1,666,560 張圖片，Apple 的 App Store 也被下載了 23,040,000 個 apps，Yelp 裡上傳了 12,662,400 篇評論，Twitter 中分享了 132,960,000 個簡短的想法，個人的電子郵箱可能有數十或數百封新郵件等待處理。這些資訊真是嚇人地多！

試著在上下班時間，去搭乘主要的大眾運輸系統，你會發現周圍的通勤者大部分雖然身在車廂中，但心思卻在其他地方；他們透過手上瘦長的玻璃、塑膠和矽化物裝置，暫時進入了共享的資訊空間。我們愈來愈常在這些資訊空間中工作、娛樂、學習和溝通，而這些空間也日益增多。

你身處這鋪天蓋地而來資訊的接受端，但若你是設計師（**任何**一種設計師都可以），你同時也是這些資訊的供應端。你的工作成果會匯入資訊洪流中，要嘛幫助大家簡化資訊，要嘛讓資訊更不易使用、讓大家更痛苦。這是個浩瀚的新世界，等待我們去開拓…但更重要的是，去設計這個世界。讓資訊易找易懂，對人類生活有極大影響和幫助。瞭解資訊架構，包括由圖書資訊和與建築領域學到的策略和執行方法，可以更有效地完成這個任務。

在這個快速變動、敏捷開發的環境中，要把這些抽象觀念具體說明給團隊其他夥伴並不容易。請靈巧地運用這些策略與執行方法，也要顧及群體利益，並能帶著大家一同往前！接下來，這些就是你的事了！

參考文獻

好了，這次真的是結尾了。在你進入真實世界開始改善資訊空間之時，我們列出了一些書籍，有助你的持續鍛鍊。我們也建議了一些專業協會，可以找到領域中的同伴和導師。

書籍

- Christopher Alexander, *The Timeless Way of Building* (Oxford: Oxford University Press, 1979)
- Christopher Alexander, Sara Ishikawa, Murray Silverstein, Max Jacobson, Ingrid Fiksdahl-King, and Shlomo Angel, *A Pattern Language: Towns, Buildings, Construction* (Oxford: Oxford University Press, 1977)
- Ricardo Baeza-Yates and Berthier Ribeiro-Neto, *Modern Information Retrieval* (Boston: Addison-Wesley, 2011)
- Benjamin K. Bergen, *Louder Than Words: The New Science of How the Mind Makes Meaning* (New York: Basic Books, 2012)
- Hugh Beyer and Karen Holtzblatt, *Contextual Design: Defining Customer-Centered Systems* (Burlington, MA: Morgan Kaufmann, 1997)
- Nate Bolt and Tony Tulathimutte, *Remote Research: Real Users, Real Time, Real Research* (Brooklyn, NY: Rosenfeld Media, 2010)
- Dan Brown, *Communicating Design: Developing Web Site Documentation for Design and Planning, Second Edition* (San Francisco: New Riders, 2010)

- Alan Cooper, *The Inmates Are Running the Asylum: Why High Tech Products Drive Us Crazy and How to Restore the Sanity* (Carmel, IN: Sams Publishing, 2004)
- Alan Cooper, Robert Reimann, David Cronin, and Christopher Noessel, *About Face: The Essentials of Interaction Design* (Hoboken, NJ: Wiley, 2014)
- Abby Covert, *How to Make Sense of Any Mess: Information Architecture for Everybody* (printed by CreateSpace, 2014)
- Thomas Davenport and Lawrence Prusak, *Information Ecology: Mastering the Information and Knowledge Environment* (Oxford: Oxford University Press, 1997)
- Elizabeth Goodman and Mike Kuniavsky, *Observing the User Experience: A Practitioner's Guide to User Research, Second Edition* (Burlington, MA: Morgan Kaufmann, 2012)
- Dave Gray, *Gamestorming: A Playbook for Innovators, Rulebreakers, and Changemakers* (Sebastopol, CA: O'Reilly, 2010)
- Joann Hackos and Janice Redish, *User and Task Analysis for Interface Design* (Hoboken, NJ: Wiley, 1998)
- Kristina Halvorson and Melissa Rach, *Content Strategy for the Web, Second Edition* (San Francisco: New Riders, 2012)
- Andrew Hinton, *Understanding Context* (Sebastopol, CA: O'Reilly, 2014)
- James Kalbach, *Designing Web Navigation* (Sebastopol, CA: O'Reilly, 2007)
- Steve Krug, *Don't Make Me Think: A Common Sense Approach to Web Usability* (San Francisco: New Riders, 2014)
- George Lakoff, *Women, Fire, and Dangerous Things* (Chicago: University of Chicago Press, 1990)
- George Lakoff and Mark Johnson, *Metaphors We Live By* (Chicago: University of Chicago Press, 2003)
- Thomas K. Landauer, *The Trouble with Computers: Usefulness, Usability, and Productivity* (Cambridge, MA: MIT Press, 1996)

- William Lidwell, Kritina Holden, and Jill Butler, *Universal Principles of Design, Revised and Updated: 125 Ways to Enhance Usability, Influence Perception, Increase Appeal, Make Better Design Decisions, and Teach through Design* (Beverly, MA: Rockport Publishers, 2010)
- Karen McGrane, *Content Strategy for Mobile* (New York: A Book Apart, 2012)
- Donella Meadows, *Thinking in Systems: A Primer* (White River Junction, VT: Chelsea Green Publishing, 2008)
- Peter Morville, *Ambient Findability* (Sebastopol, CA: O'Reilly, 2005)
- Peter Morville, *Intertwingled: Information Changes Everything* (Ann Arbor, MI: Semantic Studios, 2014)
- Peter Morville and Jeffery Callender, *Search Patterns: Design for Discovery* (Sebastopol, CA: O'Reilly, 2010)
- Bonnie Nardi and Vicki O'Day, *Information Ecologies* (Cambridge, MA: MIT Press, 2000)
- Jakob Nielsen, *Designing Web Usability* (San Francisco: New Riders, 1999)
- Don Norman, *The Design of Everyday Things* (New York: Basic Books, 2013)
- Miranda Lee Pao, *Concepts of Information Retrieval* (Westport, CT: Libraries Unlimited, 1989)
- Steve Portigal, *Interviewing Users: How to Uncover Compelling Insights* (Brooklyn, NY: Rosenfeld Media, 2013)
- Andrea Resmini and Luca Rosati, *Pervasive Information Architecture: Designing Cross-Channel User Experiences* (Burlington, MA: Morgan Kaufmann, 2011)
- Louis Rosenfeld, *Search Analytics for Your Site: Conversations with Your Customers* (Brooklyn, NY: Rosenfeld Media, 2011)
- Donna Spencer, *Card Sorting: Designing Usable Categories* (Brooklyn, NY: Rosenfeld Media, 2011)

- Sara Wachter-Boettcher, *Content Everywhere: Strategy and Structure for Future-Ready Content* (Brooklyn, NY: Rosenfeld Media, 2012)
- Gerald Weinberg, *An Introduction to General Systems Thinking* (New York: Dorset House, 2001)
- Richard Saul Wurman, *33: Understanding Change & the Change in Understanding* (Flushing, NY: Greenway Communications, 2009)
- Richard Saul Wurman, *Information Anxiety* (New York: Bantam, 1989)
- Indi Young, *Mental Models: Aligning Design Strategy with Human Behavior* (Brooklyn, NY: Rosenfeld Media, 2011)
- Todd Zaki Warfel, *Prototyping: A Practitioner's Guide* (Brooklyn, NY: Rosenfeld Media, 2011)

專業協會

- 資訊科學暨科技學會（Association for Information Science & Technology，ASIS&T）*https://www.asist.org*
- 資訊架構協會（The Information Architecture Institute，IAI）*http://iainstitute.org*
- 互動設計協會（The Interaction Design Association，IxDA）*http://ixda.org/*
- 使用者經驗專業協會（User Experience Professionals Association，UXPA）*https://uxpa.org/*
- ASIS&T 台北分會：*http://www.asist-tw.org*
- 台灣互動設計協會（IxDA Taiwan）*http://www.ixda.org.tw/*
- 台灣使用者經驗設計協會（UiGathering）*http://www.uigathering.org/*

索引

※提醒您：由於翻譯書排版的關係，部分索引名詞的對應頁碼會和實際頁碼有一頁之差。

Symbols（符號）

A

B

C

D

E

F

G

H

I

K

L

M

N

O

P

Q

R

S

T

U

V

W

關於作者

路易士・羅森菲爾德（Louis Rosenfeld）是獨立資訊架構顧問，致力於建立資訊架構領域的專業學門，並將圖書館學的角色與價值應用在資訊架構領域上。Lou 也是全球最早的三個資訊架構學術研討會的主要推動者與規劃者，包括 ASIS&T Summits、IA 2000。除了組織與推動大型論壇會議之外，他也是一位熱心的老師，在許多場合演講與提供指導，包括 CHI（全球最大的 HCI 領域學術研討會）、COMDEX、由 Miller Freeman、C|net、Thunder Lizardd 等機構舉辦的企業內網或網站設計研討會，也在 Nielsen Norman Group 使用者經驗研討會上提供授課教學。

彼得・摩威爾（Peter Morville）是 Semantic Studios 公司總裁，也是資訊架構、使用者經驗與可尋性的顧問專家。自從 1994 年起，就陸續擔任過許多知名企業及機構的顧問，包括 AT&T、Harvard、IBM、美國國會圖書館、微軟、美國國家癌症研究所、Vodafone 及 the Weather Channel。他被譽為資訊架構之父，並與 Lou 合著資訊架構學－網站應用（Information Architecture for the World Wide Web）一書，這本書是資訊架構領域最暢銷的書籍。他曾任教於密西根大學資訊學院，也是該校資訊架構研究所的顧問董事。他也應邀於各種大型國際研討會上擔任主題演講者，他的文章著作被主要知名媒體出版品發表過，包括：Business Week, 經濟學人 Fortune, 華爾街日報。想要聯繫 Peter，可以透過 *morville@semanticstudios.com* 或造訪這幾個網站：*semanticstudios.com*、*fndability.org* 及 *searchpatterns.org*。

豪爾赫・阿朗戈（Jorge Arango）是一位資訊架構師，數位產品與服務相關設計經驗已經超過 20 年。他是 FutureDraft 公司合夥人，這是一家位於加州奧克蘭的數位設計顧問公司。同時也擔任過全球用戶體驗社群領導者、IAI 資訊架構研究機構理事（IAI 是非營利組織 *http://www.iainstitute.org*）及 *Boxes and Arrows* 線上媒體的編輯。

出版記事

本書書封是一隻北極熊（學名：*Ursus maritimus* 即海熊的意思）。北極熊主要的分佈地點是格陵蘭和北美與亞洲最北部的冰凍海岸。牠們非常擅長游泳，極少冒險離開水域太遠。北極熊也是最大型的陸上肉食性動物，公熊體重約 770 磅到 1,400 磅之間，母熊則介於 330 磅至 550 磅。北極熊經常補獵出沒於北極海域的環斑海豹及髯海豹，抓不到海豹的時候，也會吃魚、鹿、鳥、漿果，甚至人類留下的垃圾。

北極熊完全適應在北極圈的酷寒生活，牠們的皮膚是黑色的，外面覆蓋一層又厚又防水的白色毛髮，有助於補獵時隱匿行跡。成熊有一層很厚的脂肪用來保暖，得以生存於極地，為了避免過熱，牠們通常行動緩慢，由於氣球暖化造成散熱不易過熱現象則是新的問題。大型的腳掌能夠分散重量壓力，幫助牠們在薄冰上行走。因為全年都能獵補食物，多數的北極熊並不冬眠，除了懷孕的母熊之外，幼熊通常在冬眠時期出生。北極熊沒有天敵，是北極圈生物鍊的最頂端，即使遇到人類也會把人視為獵物，但北極熊不會主動跟人接觸，一旦雙方遭遇，赤手空拳的人類絕對不是北極熊的對手。

在歐萊禮書籍出現的大多數動物都遭遇到瀕臨絕種的危機，所有的動物對世界都很重要。想要了解更多，或想知道如何幫助牠們，可造訪我們的動物網站 *http://animals.oreilly.com*。

封面圖片出自於十九世紀的版畫，這些版畫收藏在 *the Dover Pictorial Archive* 系列叢書中。

資訊架構學第四版

作　　者：Louis Rosenfeld 等
譯　　者：蔡明哲 / 陳書儀
企劃編輯：蔡彤孟
文字編輯：江雅鈴
設計裝幀：陶相騰
發 行 人：廖文良

發 行 所：碁峰資訊股份有限公司
地　　址：台北市南港區三重路 66 號 7 樓之 6
電　　話：(02)2788-2408
傳　　真：(02)8192-4433
網　　站：www.gotop.com.tw
書　　號：A439
版　　次：2017 年 12 月初版
　　　　　2021 年 03 月初版九刷
建議售價：NT$680

圖書館出版品預行編目資料

/ Louis Rosenfeld 等原著；蔡明哲, 陳
-- 臺北市：碁峰資訊, 2017.12

cture, 4th Edition
裝)
統

106022266

讀者服務

- 感謝您購買碁峰圖書，如果您對本書的內容或表達上有不清楚的地方或其他建議，請至碁峰網站：「聯絡我們」\「圖書問題」留下您所購買之書籍及問題。（請註明購買書籍之書號及書名，以及問題頁數，以便能儘快為您處理）
http://www.gotop.com.tw
- 售後服務僅限書籍本身內容，若是軟、硬體問題，請您直接與軟體廠商聯絡。
- 若於購買書籍後發現有破損、缺頁、裝訂錯誤之問題，請直接將書寄回更換，並註明您的姓名、連絡電話及地址，將有專人與您連絡補寄商品。